U0228501

计算机技术开发与应用丛书

HarmonyOS 移动应用开发

刘安战 余雨萍 李勇军 等 ◎ 编著

清華大学出版社
北京

内 容 简 介

本书系统阐述了 HarmonyOS 应用开发相关技术，并详细讲解了移动应用开发的主要实现方式。

全书共 12 章。第 1 章为概述，介绍 HarmonyOS 的特点、历史、体系架构等。第 2 章介绍 HarmonyOS 应用开发环境和基础。第 3 章介绍常用的 UI 组件。第 4 章介绍事件和通知。第 5 章介绍布局。第 6～8 章介绍 HarmonyOS 应用开发框架中的三大能力，即 Page、Service 和 Data。第 9 章介绍数据存储。第 10 章介绍多媒体相关的开发技术。第 11 章介绍应用开发中的设备管理。第 12 章综合实现了一个完整的应用案例。

书中包含了大量的示例代码，使读者在掌握理论知识的基础上可以灵活应用。书中示例代码是基于 Java 语言实现的，因此要求读者具备一定的 Java 语言基础。书中所有代码示例均在模拟器或真实设备上通过了测试。

本书可作为 HarmonyOS 移动应用开发的入门书籍，也可作为大学计算机、软件专业相关课程的教材或参考书，也可作为 HarmonyOS 应用开发工程师的参考书籍。

图书在版编目（CIP）数据

HarmonyOS 移动应用开发/刘安战等编著. —北京：清华大学出版社，2022.6
（计算机技术开发与应用丛书）
ISBN 978-7-302-60333-7

Ⅰ. ①H… Ⅱ. ①刘… Ⅲ. ①移动终端－应用程序－程序设计 Ⅳ. ①TN929.53

中国版本图书馆 CIP 数据核字(2022)第 043513 号

责任编辑：赵佳霓
封面设计：吴　刚
责任校对：胡伟民
责任印制：杨　艳

出版发行：清华大学出版社
网　　址：http://www.tup.com.cn，http://www.wqbook.com
地　　址：北京清华大学学研大厦 A 座　　**邮　　编**：100084
社 总 机：010-83470000　　**邮　　购**：010-62786544
投稿与读者服务：010-62776969，c-service@tup.tsinghua.edu.cn
质量反馈：010-62772015，zhiliang@tup.tsinghua.edu.cn
课件下载：http://www.tup.com.cn，010-83470236
印 装 者：三河市东方印刷有限公司
经　　销：全国新华书店
开　　本：186mm×240mm　　**印　　张**：26.75　　**字　　数**：668 千字
版　　次：2022 年 7 月第 1 版　　**印　　次**：2022 年 7 月第1次印刷
印　　数：1～2000
定　　价：100.00 元

产品编号：095505-01

前言

PREFACE

中国华为公司发布的鸿蒙操作系统(HarmonyOS)恰逢我国近年来在高精尖及基础领域受到国外挤压的关键时期。作为软件系统的基座,操作系统的国产化对我国软件行业发展具有战略意义。

HarmonyOS的出现,是华为公司技术突围的结果,也是我国多年来信息技术发展积淀的结果,更是万物互联时代的产物。HarmonyOS是一款面向未来、面向全场景的分布式操作系统,是一个可以进行部署移动办公、运动健康、社交通信、媒体娱乐等各种场景应用的操作系统。HarmonyOS具有硬件互助、资源共享,一次开发、多端部署,统一OS、弹性部署等诸多优点,势必会成为万物互联时代的新宠。

在发布HarmonyOS的同时,华为公司也发布了基于HarmonyOS的应用开发工具包,进行应用开发的集成开发工具,以及各种各样的模拟器和工具,为开发者能够进行HarmonyOS应用开发提供了支持和保障。

本书适合具有一定的Java语言基础的读者,适合具有一定计算机或软件开发基础的大学生或软件开发者。本书通过系统地阐述和丰富的案例帮助开发者掌握HarmonyOS应用开发技术,快速进入HarmonyOS应用开发领域。

本书主要内容

第1章主要介绍什么是HarmonyOS、HarmonyOS的特点、体系架构,同时简要介绍了常见的一些操作系统,便于读者对比及认识HarmonyOS。

第2章介绍HarmonyOS应用开发基础,包括搭建开发环境、开发第一个HarmonyOS应用、HarmonyOS应用项目结构、资源和配置等。

第3章介绍常用的UI组件,包括显示型组件和交互型组件,用户和应用交互主要通过UI组件实现,本章在介绍常用组件的同时,给出了多个实例。

第4章介绍事件和通知,事件包括组件事件和公共事件,本章介绍组件事件的监听原理和开发方法。本章还介绍了公共事件的概念、公共事件的处理接口及使用方法、通知的概念及使用方法。

第5章介绍布局,包括布局创建的方式、常用的布局、自定义布局。组件解决了应用界面中放什么的问题,布局则解决了应用界面中组件如何放置的问题。

第6章介绍Page Ability,包括Page概念、Page和Slice关系、生命周期、Slice间导航、

Intent、Page 跨设备迁移等。Page 是 HarmonyOS 提供的界面活动能力。

第 7 章介绍 Service Ability,包括服务的概念、服务的定义、生命周期、命令方式访问服务、连接方式访问服务、任务分发和前台服务等。服务是 HarmonyOS 提供的后台运行的能力。

第 8 章介绍 Data Ability,包括概念、Data 的创建和实现、访问 Data 等,本章还给出了一个 Data 实例。Data 是 HarmonyOS 提供的数据服务能力。

第 9 章介绍数据存储,包括概述、轻量级数据存储、关系型数据存储、对象关系映射存储、分布式数据服务等。数据存储为 HarmonyOS 应用提供数据持久化,使数据可以长期保存在设备中。

第 10 章介绍多媒体开发相关技术,包括图像处理、声频播放、视频播放等,通过对多媒体数据的处理,可以使所开发的应用更加丰富多彩。

第 11 章介绍设备管理,包括控制类小器件、位置服务、传感器、设备管理等,通过系统提供的 API 可以利用与设备相关的一些服务,使应用能够更好地使用设备的硬件特性。

第 12 章是一个天气预报的综合应用实例,通过综合运用相关技术,呈现一个完整的 HarmonyOS 移动应用开发的过程和方法。

本书第 1、2、5～8 章由刘安战撰写,第 3、4 章由李勇军撰写,第 9 章由朱彦松撰写,第 10～12 章由余雨萍撰写,本书各章的习题主要由张玉莹撰写,贾晓辉参与了全书的审阅修改工作,以上 6 位参与者均为中原工学院教师。本书最后由刘安战进行了通篇审阅、修改和定稿。

阅读建议

本书是一本 HarmonyOS 应用开发的入门书籍,但是由于技术的依赖性,我们认为学习本书需要具备一定的软件开发基础。

希望学习本书的读者具备一定的 HTML 或 XML 基础,具备一定的 Java 语言开发基础。大学计算机或软件相关专业的高年级学生一般具备学习本书的能力。如果读者具有 Android 或 iOS 应用开发的经验,则学习本书会更加轻松和快捷。

本书资源

本书配套资源可扫描下方二维码获取。

教学课件(PPT)

源代码

致谢

在本书的撰写过程中,作者得到了来自多方的支持和帮助,在这里特别表示感谢。

首先感谢家人的支持，否则作者可能无法完成本书。

感谢团队成员余雨萍、李勇军、朱彦松、张玉莹和贾晓辉老师，是大家的通力合作才使我们能够完成本书。感谢研究生周鹏、本科生张志昆、侯迎圣、赵明祺、朱美颖、赵月芽、王正昊参与了代码调试工作。感谢工作单位的其他相关老师和领导的帮助和支持。

感谢华为公司的李红前、谭景盟、胡皓、于小飞等在成书过程的支持和帮助，同时感谢华为公司一大批优秀的工程师，如果没有他们的努力恐怕不会有 HarmonyOS 的面世。在成书过程中我们参考了华为公司提供的在线官方技术文档。

感谢 51CTO 鸿蒙技术社区提供的学习和交流平台，特别是社区讲师负责人王雪燕，在成书过程中给予了很多交流机会和帮助。

感谢清华大学出版社工作人员的辛勤工作，特别是赵佳霓编辑，从选题到出版过程中付出了很多努力。

刘安战

2022 年 3 月

目录
CONTENTS

第1章 概　述

【学习目标】

■ 了解什么是 HarmonyOS

■ 了解 HarmonyOS 的历史及特性

■ 理解 HarmonyOS 的体系架构

■ 认识常见的操作系统

9min

1.1 什么是 HarmonyOS

HarmonyOS 是由中国华为公司开发的计算机操作系统。中国有一个神话传说，据说盘古在昆仑山开天辟地(图 1-1)之前，世界是一片混沌的元气，这种自然的元气叫鸿蒙，那个时代称为鸿蒙时代，华为以鸿蒙为所开发的操作系统命名可能也有开天辟地之寓意吧。鸿蒙操作系统的英文名字为 HarmonyOS，OS 是我们熟悉的 Operating System 的缩写，Harmony 可以认为是鸿蒙二字的音译，或许你会觉得音译不够准确，华为终端公司董事长余承东针对鸿蒙操作系统的英文名称曾解释，不管是 GenesisOS，还是 HongmengOS，可能发音起来都比较困难，为了统一和方便就选用了 HarmonyOS 这个名字，因此有一点可以肯定，该操作系统是先有中文名字，而后才有英文名字的。另外，因为华为的终极目标是想为这个世界带来更多的和谐，Harmony 这个英文词本身就有和谐协调的含义，以 HarmonyOS 作为鸿蒙操作系统的英文名字是非常合适的。

图 1-1　盘古开天辟地

关于 HarmonyOS，官方给出了这样的解释：HarmonyOS 是一款“面向未来”、面向全场景(移动办公、运动健康、社交通信、媒体娱乐等)的分布式操作系统。

HarmonyOS 是一个操作系统，说起操作系统，读者首先想到的可能是微软的 Windows、开源的 Linux、苹果公司的 Mac OS，另外还有 DOS、OS/2、UNIX、XENIX、NetWare 等，这些都是操作系统，也有很多版本，但是，不管怎样，从用户的角度看，操作系统都是管理计算机系统的硬件资源、软件资源和数据资源的系统软件，是为了计算机使用者能够方便和高效地使用和管理计算机系统的。从专业开发者的角度看，操作系统是需要进行进程管理、处理器管理、存储管理、设备管理、文件管理、作业管理等的系统软件，是计算机系统的核心基础软件，这些一般在专业的操作系统书籍中会有详细介绍。

HarmonyOS 是分布式操作系统，和分布式相对应的是单机式，分布式和单机式操作系统的区别是多方面的，包括资源管理、通信和系统架构等。HarmonyOS 在传统的单设备系统能力的基础上，提出了基于同一套系统能力、适配多种终端形态的分布式理念，支持多种终端设备。HarmonyOS 的分布式特性使用户在使用时可以在多个相同或不同类型设备之间进行平滑切换，使用户就像在使用一台设备一样，设备包括手机、智慧屏、平板电脑、车载计算机等。

HarmonyOS 的目标是覆盖“1+8+N”全场景终端设备，这里“1”代表的是手机，“8”代表的是 PC、平板电脑、智能手表、智慧屏、AI 音响、耳机、AR/VR 眼镜、智能汽车，“N”代表的是其他物联网(Internet of Things，IoT)生态产品，如图 1-2 所示。

图 1-2 HarmonyOS 1+8+N 全场景终端设备

对普通用户而言，HarmonyOS 能够将生活场景中的各类终端设备整合在一起，可以实现不同的终端设备之间的快速连接、协作、资源共享，使用户好像是在使用一个超级设备，获得流畅的全场景体验。

对设备开发者而言，HarmonyOS 采用了组件化的设计方案，可以根据设备的资源能力和业务特征进行灵活裁剪，满足不同形态的终端设备对于操作系统的要求，使 HarmonyOS 可以适配各种硬件。

对应用开发者而言，HarmonyOS除了可以支持单机应用开发外，还采用了多种分布式技术，使应用程序的开发实现与不同终端设备的形态差异无关，能够让开发者聚焦于上层业务逻辑，更加便捷、高效地开发各种单机或分布式应用。HarmonyOS应用开发支持多语言，包括Java、XML(Extensible Markup Language)、C/C++、JS(JavaScript)、CSS(Cascading Style Sheets)和HML(HarmonyOS Markup Language)等。

2min

HarmonyOS的历史不长，下面根据目前了解到的情况，简单列举关于HarmonyOS发展过程中的一些大事件。

2012年，华为公司开始规划自己的操作系统，命名为“鸿蒙”。

2018年8月24日，华为公司向国家知识产权商标局申请了“华为鸿蒙”商标，注册公告日期是2019年5月14日，专用权限期是从2019年5月14日到2029年5月13日。

2019年8月9日，华为正式发布了HarmonyOS，同时对外表示HarmonyOS开源。

2020年8月7～8日，在中国信息化百人会2020年峰会上，华为公司宣布HarmonyOS已经应用到华为智慧屏和华为智能手表上，未来会应用到更多全场景终端设备上。

2020年9月10日，华为HarmonyOS升级至2.0版本，即HarmonyOS 2.0，并面向终端设备开源。

2020年12月16日，华为发布HarmonyOS 2.0手机开发者Beta版本。

2021年6月2日，华为正式发布HarmonyOS 2及多款搭载HarmonyOS 2的新产品。

1.2 HarmonyOS的特性

8min

作为操作系统，HarmonyOS具有操作系统的一般特性。除此之外，HarmonyOS还有3个显著的技术特性：一是硬件互助，资源共享；二是一次开发，多端部署；三是统一OS，弹性部署。

1. 硬件互助，资源共享

HarmonyOS是一个分布式操作系统，硬件互助、资源共享是其显著特性之一，这一特性是由其提供的分布式设备虚拟化平台、分布式软总线来保障的。

分布式设备虚拟化平台实现了不同设备的资源融合、设备管理、数据处理，多种设备共同形成一个超级虚拟终端。针对不同类型的任务，HarmonyOS为用户匹配并选择合适的执行硬件，让业务在不同设备间流转，充分发挥不同设备的资源优势，如图1-3所示。

HarmonyOS分布式软总线为多种终端设备提供一个统一的基座，如图1-4所示，分布式软总线为设备之间的互联互通提供了统一的分布式通信能力，能够快速发现和连接设备，高效地传输数据和调度任务。

基于分布式软总线，HarmonyOS提供了分布式数据管理和分布式任务调度。

分布式数据管理实现了应用程序数据和用户数据的分布式管理，使用户数据可以不存储在单一物理设备上，应用在跨设备运行时数据可以无缝衔接，为打造一致、流畅的用户体验提供了保障，分布式数据管理如图1-5所示。

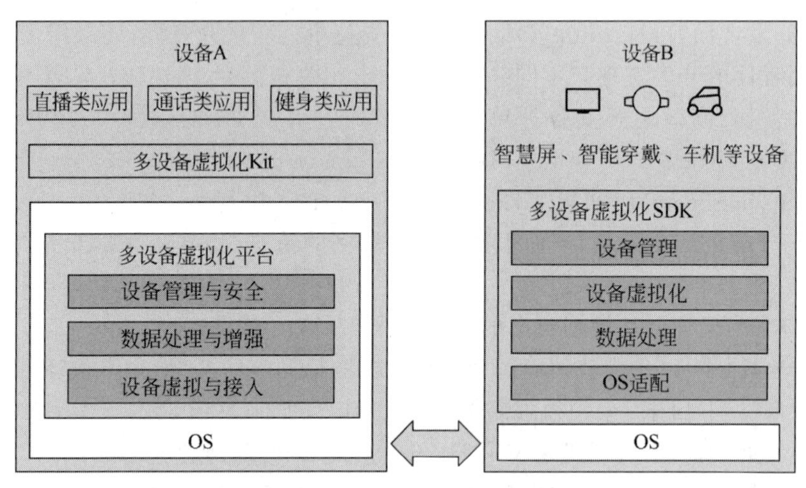

图 1-3 分布式设备虚拟化示意图

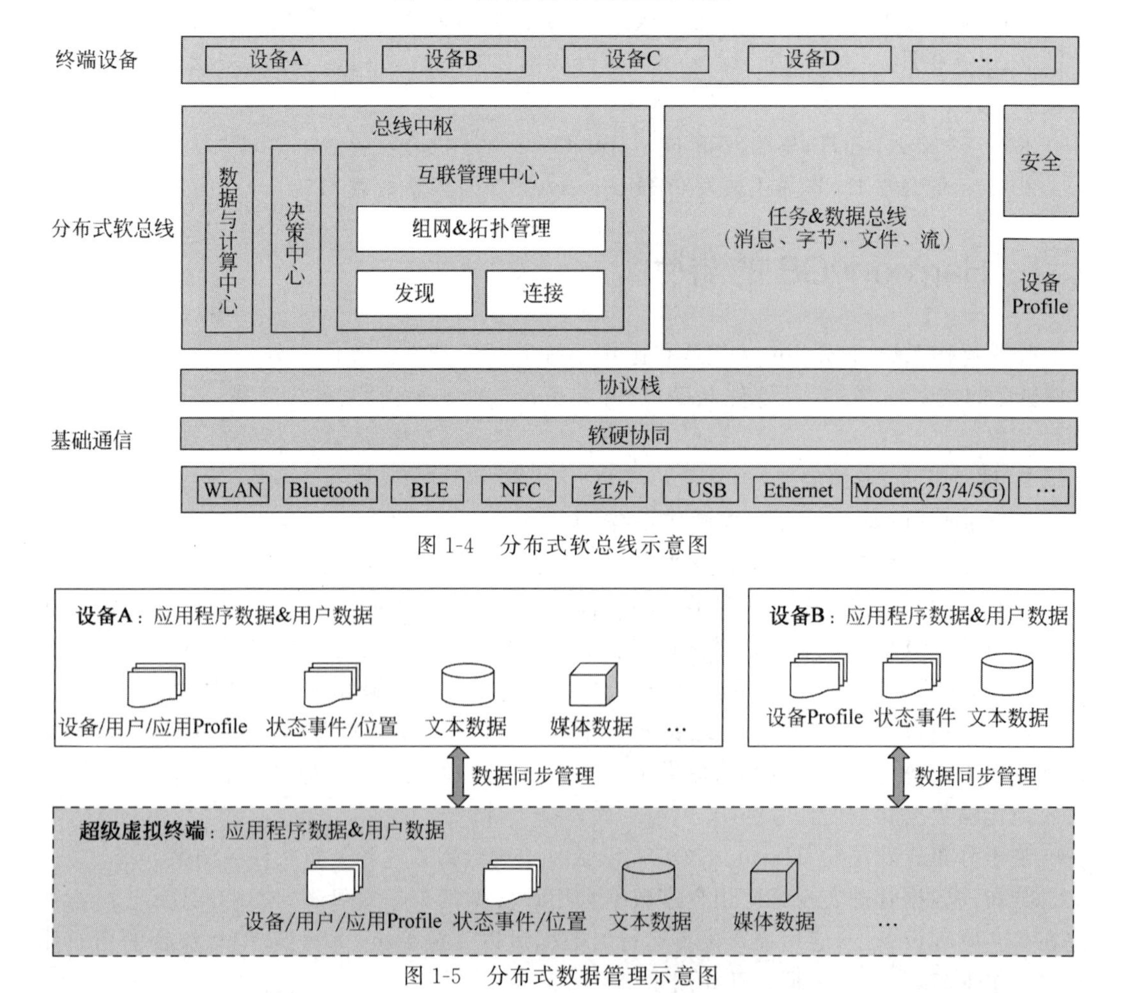

图 1-4 分布式软总线示意图

图 1-5 分布式数据管理示意图

分布式任务调度为开发者提供了构建统一的分布式服务管理机制，支持跨设备的应用远程启动、远程调用、远程连接及迁移等，使应用可以根据不同设备的能力、位置、业务运行状态、资源使用情况，以及用户的习惯和意图，选择合适的设备运行分布式任务，如图1-6所示。

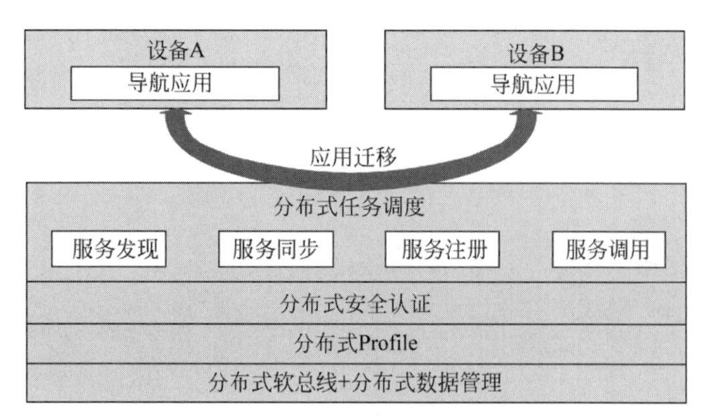

图1-6　分布式任务调度能力

2. 一次开发，多端部署

HarmonyOS为开发者提供了用户程序框架、Ability框架及UI框架等一整套开发框架。开发者可以将业务逻辑和界面逻辑在不同终端进行复用，实现应用的一次开发、多端部署，进而大大提升跨设备应用的开发效率，如图1-7所示。

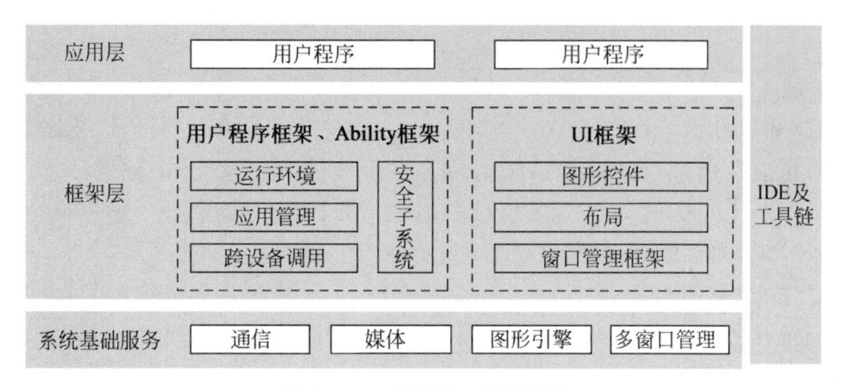

图1-7　一次开发、多端部署

3. 统一操作系统，弹性部署

HarmonyOS设计上采用了组件化和小型化的基本思想，支持多种终端设备在采用统一的操作系统的同时，实现按需弹性部署。

HarmonyOS可以根据硬件的形态和需求，选择所需的组件，支持组件内功能集的配置，支持组件间根据编译链关系自动生成组件化的依赖关系，例如图形框架组件自动选择所依赖的图形引擎组件。总之，HarmonyOS可大可小，弹性部署。

6min

1.3 HarmonyOS 体系架构

和很多操作系统类似，HarmonyOS 整体上采用的是分层的体系架构，如图 1-8 所示，体系结构分四层，从下向上依次是：内核层、系统服务层、框架层和应用层。在系统功能结构上，从大到小是按照系统、子系统、功能/模块分级展开的。在多设备部署场景下，可以根据实际需求，按照子系统或功能/模块进行裁剪，实现系统弹性适应。

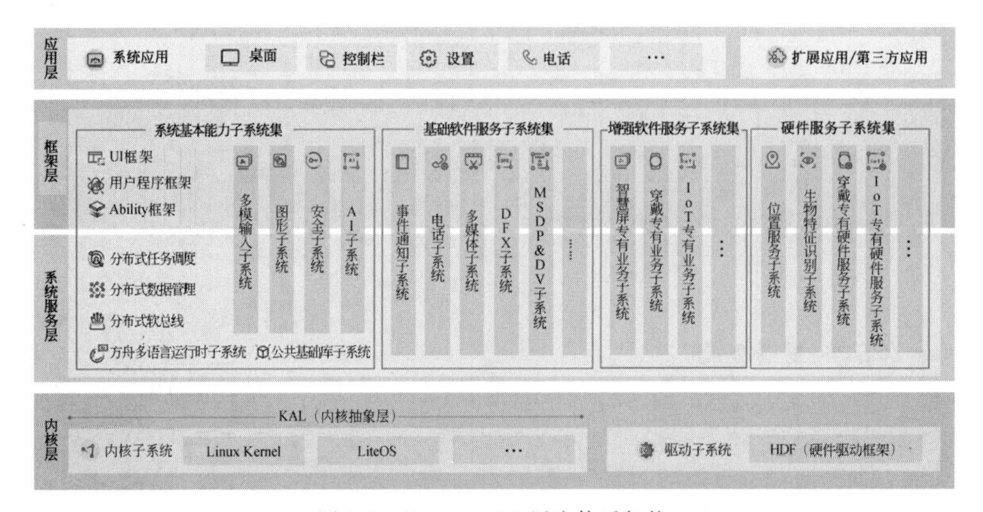

图 1-8　HarmonyOS 层次体系架构

1. 内核层

内核层是和硬件直接打交道的一层，HarmonyOS 采用了多内核设计，支持针对不同资源受限设备，可以选用适合的操作系统内核。在内核子系统之上，系统设计了内核抽象层(Kernel Abstract Layer，KAL)，通过屏蔽多内核差异，为上层提供统一的基础内核能力，包括进程/线程管理、内存管理、文件系统管理、网络管理和外设管理等。

另外，内核层中还包括驱动子系统，用于驱动不同的硬件，其中的硬件驱动框架(Hardware Driver Framework，HDF)为 HarmonyOS 硬件扩展提供了基础，为开发者提供了统一的外设访问、驱动开发和管理框架。

2. 系统服务层

系统服务层是 HarmonyOS 的核心能力集合，该层包含 4 个子系统集，分别是系统基本能力子系统集、基础软件服务子系统集、增强软件服务子系统集、硬件服务子系统集。

系统基本能力子系统集为分布式应用在 HarmonyOS 的多设备上的运行、调度、迁移等操作提供了基础能力，它由分布式软总线、分布式数据管理、分布式任务调度、方舟多语言运行时、公共基础库、多模输入、图形、安全、AI 等子系统组成。

基础软件服务子系统集为 HarmonyOS 提供公共的、通用的软件服务，包括事件通知、电话、多媒体、DFX(Design For X)、IoT、MSDP&DV 等子系统。

增强软件服务子系统集为 HarmonyOS 提供针对不同设备的、差异化的增强型软件服务，主要包括智慧屏专有业务、穿戴专有业务、IoT 专有业务等子系统。

硬件服务子系统集为 HarmonyOS 提供硬件服务，包括位置服务、生物特征识别、穿戴专有硬件服务、IoT 专有硬件服务等子系统。

另外，根据不同设备形态部署环境，子系统集内部可以按子系统粒度裁剪，每个子系统内部又可以按功能粒度裁剪。

3. 框架层

框架层为鸿蒙应用开发提供基础，其向下和系统服务层对接，向上为应用层提供服务，HarmonyOS 框架层包括用户程序框架、Ability 框架、UI 框架等。用户程序框架和 Ability 框架支持 Java/C/C++/JS 等多种开发语言，使开发者可以自由选择。UI 框架包括 Java UI 框架和方舟开发框架。鸿蒙框架层提供了多种软硬件服务对外开放的多语言框架 API，根据系统的组件化裁剪程度，HarmonyOS 设备支持的 API 也会有所不同。

4. 应用层

应用层是 HarmonyOS 的最上层，该层包括很多系统应用或第三方应用软件，是普通用户使用系统的接口。鸿蒙应用一般由一个或多个特性能力（Feature Ability，FA）或元能力（Particle Ability，PA）组成，其中，FA 有用户界面，可以与用户直接进行交互，PA 没有界面，仅提供后台运行任务或数据访问。基于 FA 和 PA 开发的应用，能够实现特定的业务功能，支持跨设备调度与分发，为用户提供一致、高效的应用体验。

1.4 常见的操作系统介绍

13min

为了更好地认识 HarmonyOS，我们从使用者的视角介绍一下常用的操作系统。常用的操作系统有 Windows 系列、UNIX、Linux、Mac OS、iOS、Android、HarmonyOS 等。

1. Windows 系列

Windows 是由美国微软公司成功开发的一个多任务操作系统。其最大特点是采用了图形窗口界面，用户对计算机的各种复杂操作几乎可以通过窗口完成，这也正是 Windows 的原本含义。

Windows 经过长期发展，发布了一系列版本，如 Windows 3.0、Windows 98、Windows 2000、Windows XP、Windows 7、Windows 8、Windows 10 等，现在我们的日常用个人计算机（Personal Computer，PC）多数配置了 Windows 10 操作系统，图 1-9～图 1-12 展示了 Windows 系统的几个经典版本的界面。

2. UNIX

UNIX 最早是由肯·汤普森（Ken Thompson）和丹尼斯·里奇（Dennis Ritchie）于 1969 年在美国 AT&T 的贝尔实验室开发的，它是一个多用户、多任务操作系统，支持多种处理器架构。

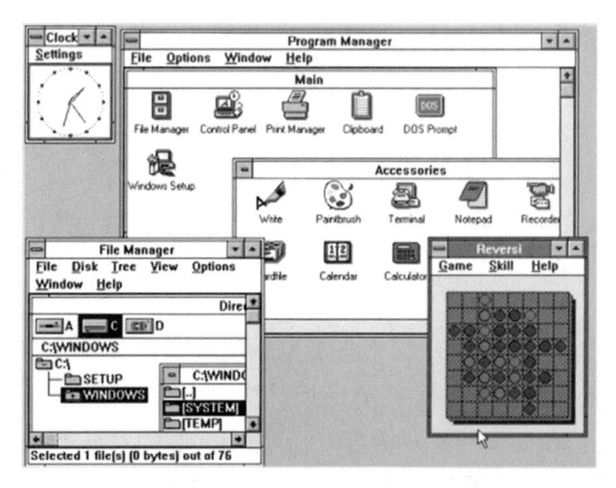

图 1-9　Windows 3.0 界面

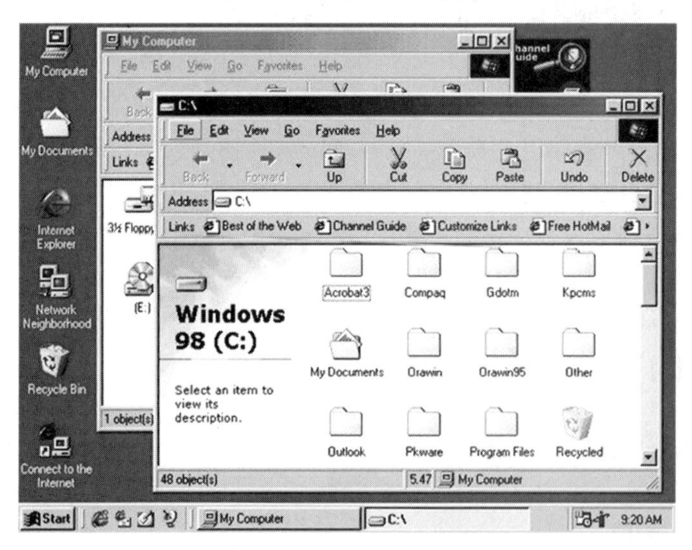

图 1-10　Windows 98 界面

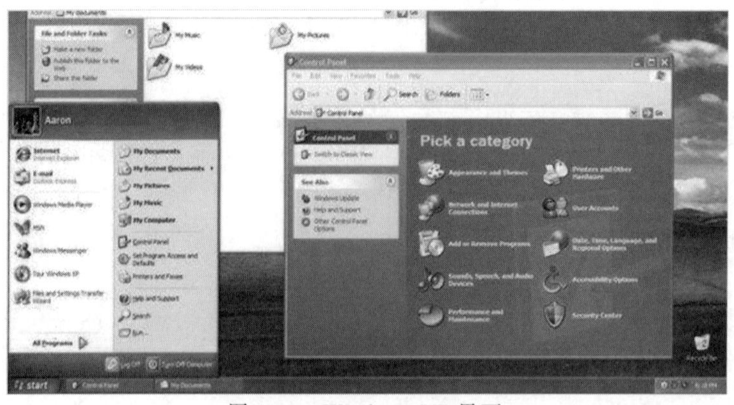

图 1-11　Windows XP 界面

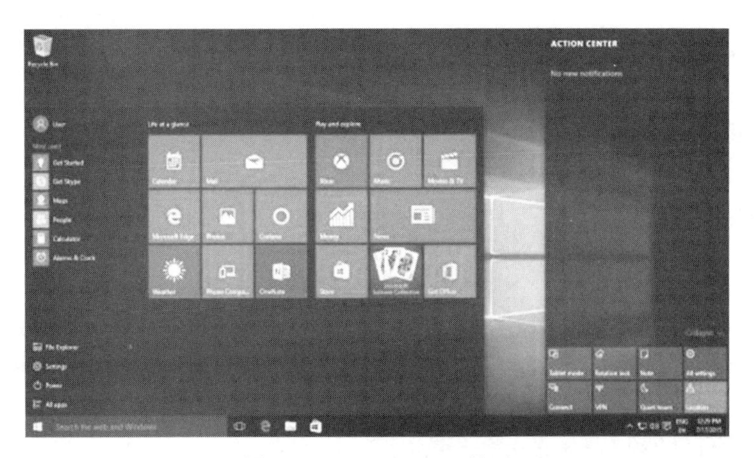

图 1-12　Windows 10 界面

长期以来，由于 UNIX 是由一些大型的公司在维护，因此 UNIX 通常与这些公司所生产的硬件配套使用。也正是由于这个原因，在很大程度上限制了 UNIX 在普通用户群中的广泛传播和使用，但是其强大的功能和高效的服务能力使其在很多专业的服务器上得到了广泛使用。

3. Linux

Linux 是基于 UNIX 的一个操作系统，最初的内核是由芬兰赫尔辛基大学的林纳斯·托瓦兹(Linus Torvalds)在学生时代开发的。于 1991 年正式推出后，便开始得到广泛关注。它是一个多用户、多任务的开源操作系统，与 UNIX 完全兼容，其内核源代码可以自由传播，因此得到了长足发展和广泛使用。目前，Linux 操作系统在服务器上已成为主流的操作系统。

基于 Linux 操作系统发展出了很多发行版本，如 Fedora Core、CentOS、Debian、Ubuntu、Gentoo、FreeBSD、openSUSE 等，图 1-13 和图 1-14 展示了两个比较常用的 Linux 系统版本界面。

图 1-13　Fedora Core 界面

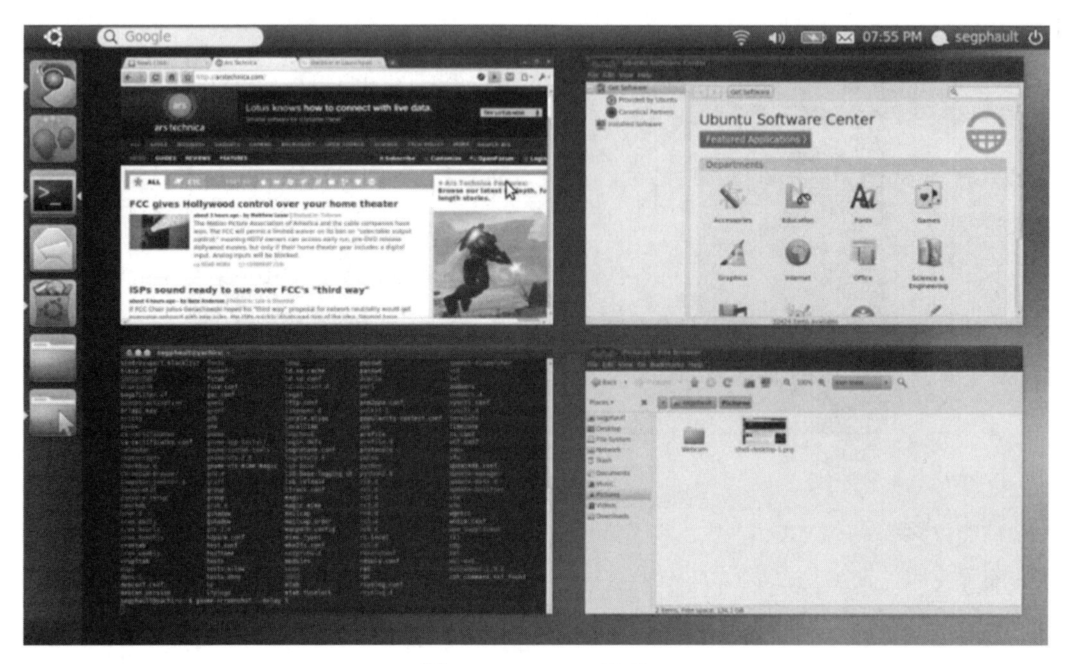

图 1-14　Ubuntu 界面

4. Mac OS

Mac OS 是由美国苹果公司推出的专门运行在苹果计算机上的操作系统，也是在商用领域首个在图形用户界面获得成功的操作系统。从 1984 年诞生起，历经几十年的发展，演变出了一系列版本，目前最新的版本是 Mac OS Big Sur，版本号是 11.0.1，并且还在不断升级中，图 1-15 是运行了 macOS 操作系统的苹果笔记计算机。

图 1-15　运行了 Mac OS 操作系统的苹果笔记本电脑

5. iOS

iOS是由苹果公司开发的移动操作系统，该操作系统最早于2007年1月9日的Macworld大会上公布，其最初只是设计给iPhone使用的，后来逐渐发展到了iPad等设备上。iOS与苹果的Mac OS操作系统一样，都属于类UNIX的商业操作系统。

iOS早期系统名为iPhone OS，因为iPad、iPhone、iPod touch都使用了iPhone OS，乔布斯在WWDC 2010上宣布将iPhone OS系统重新命名为iOS。在iOS发展过程中，也涌现出了一系列的经典版本，如iOS 4、iOS 5等，目前最新的版本是iOS 14.4版本，图1-16是官方展示的装载了iOS 14系统的手机。

6. Android

Android操作系统是由美国谷歌公司开发的基于Linux内核的开源代码的操作系统。Android主要使用于移动设备，如智能手机和平板电脑等。Android的中文名字是安卓，Android一词的本义指的是机器人。

实际上，Android操作系统最初由安迪·鲁宾（Andy Rubin）开发，2005年8月被谷歌注资收购。2007年11月，谷歌与84家硬件制造商、软件开发商及电信营运商组建开放手机联盟共同研发及改良Android系统，随后以开源的方式发布了Android系统。2008年10月，第一部Android智能手机发布，随后逐渐扩展到平板电脑及其他领域，如电视、数码相机、游戏机、智能手表等。2013年全世界采用Android系统的设备数量已经达到10亿台，图1-17是Android系统手机的界面风格。

图1-16　苹果iOS 14系统手机

图1-17　Android系统的手机界面

谷歌采用了甜点作为Android系统版本的代号的命名方法。从Android 1.5版本开始，每个版本命名所代表的甜点的尺寸越变越大，后来开始按照26个字母的顺序命名，如果冻豆（Jelly Bean，Android 4.1和Android 4.2）、奇巧（KitKat，Android 4.4）、棒棒糖（Lollipop，Android 5.0）、棉花糖（Marshmallow，Android 6.0）、牛轧糖（Nougat，Android 7.0）、奥利奥（Oreo，Android 8.0）、派（Pie，Android 9.0）等。从Android 10开始，Android不再

按照美味零食或甜点的字母顺序命名，而是转换为版本号，目前最新的 Android 版本是 Android 12。

7．HarmonyOS

HarmonyOS 即鸿蒙操作系统，是一款可以运行于智慧屏、手机、平板电脑、计算机、智能汽车、可穿戴设备等多终端设备的全场景操作系统，它能够协调各种软硬件资源，为我们带来全场景的分布式应用体验，如图 1-18 所示。

图 1-19 是 HarmonyOS 的智能手机用户界面，该操作系统目前还是一个相对新生的操作系统，系统还在不断完善升级中，但是作为国产的操作系统，其发展潜力是巨大的。

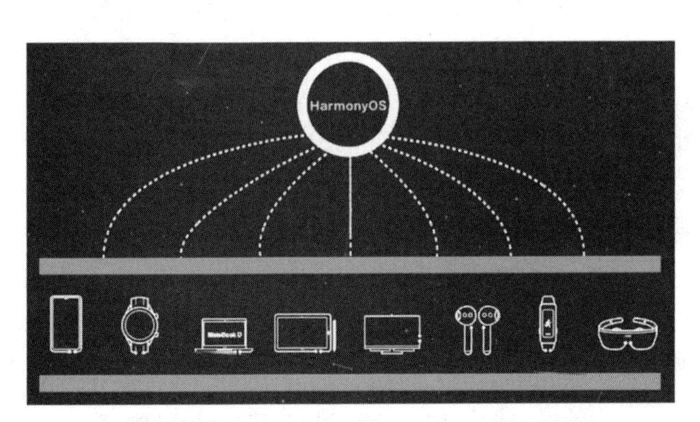

图 1-18　HarmonyOS 协同各种软硬件资源

图 1-19　鸿蒙操作系统的手机界面

本书将以鸿蒙移动应用开发技术为主要内容，带领大家开启鸿蒙移动应用开发之旅。

小结

本章主要介绍了 HarmonyOS。HarmonyOS 的历史并不悠久，它是我国华为公司开发的面向全场景的分布式操作系统，具有硬件互助、资源共享、一次开发、多端部署、统一操作系统、弹性部署等特点。在体系架构方面，HarmonyOS 采用了分层的体系架构。为了更好地认识 HarmonyOS，本章还简要介绍了一些常见的操作系统，读者可以对比学习，以便更好地认识 HarmonyOS。

习题

1．判断题

（1）HarmonyOS 是由中国的华为公司开发的。（　　）

（2）HarmonyOS 历史比 iOS 的发展历史要长。（　　）

（3）HarmonyOS 分布式软总线是多种终端设备的统一基座，为设备之间的互联互通提

供了统一的分布式通信能力。( )

(4) HarmonyOS 通过组件化和小型化等设计方法,支持多种终端设备按需弹性部署,能够适配不同类别的硬件资源和功能需求。( )

(5) HarmonyOS 支持应用开发过程中多终端的业务逻辑和界面逻辑复用,能够实现一次开发、多端部署,提升了跨设备应用的开发效率。( )

2. 选择题

(1) iOS 操作系统是由哪个国家的公司开发的?( )

A. 中国　　B. 美国　　C. 芬兰　　D. 德国

(2) HarmonyOS 是由哪个国家的公司开发的?( )

A. 中国　　B. 美国　　C. 日本　　D. 俄罗斯

(3) 下面操作系统中是开源操作系统的是。( )

A. Windows 10　　B. Android　　C. UNIX　　D. Mac OS

(4) 下面是"面向未来"、面向全场景的分布式操作系统的是。( )

A. Linux　　B. iOS

C. Windows XP　　D. HarmonyOS

(5) 华为正式发布 HarmonyOS 2 及多款搭载的新产品的时间是。( )

A. 2019 年 8 月　　B. 2020 年 12 月

C. 2021 年 6 月　　D. 2022 年 1 月

3. 填空题

(1) 鸿蒙操作系统的英文名字是________________。

(2) 鸿蒙操作系统的目标是逐步覆盖"________________"全场景终端设备。

(3) 鸿蒙操作系统的体系架构从上往下依次是________________、________________、________________、________________四层。

(4) IoT 指的是________________。

4. 问答题

(1) 请问 HarmonyOS 有哪些特点?

(2) 你认为未来操作系统会有哪些发展?

第2章 开发环境与基础

【学习目标】

■ 掌握 HarmonyOS 应用开发环境的搭建和配置方法

■ 掌握创建和运行第 1 个 HarmonyOS 应用 Hello World 的方法

■ 理解 HarmonyOS 应用项目的结构、资源和配置

■ 掌握 HiLog 控制台输出的使用方法

11min

2.1 搭建开发环境

2.1.1 DevEco Studio 介绍

DevEco Studio 是华为公司为 HarmonyOS 应用开发提供的一个集成开发环境(Integrated Development Environment，IDE)，全名为 HUAWEI DevEco Studio。它是一个基于 IntelliJ IDEA Community 开源版本的面向华为全场景多终端设备的集成开发环境，开发者可以通过该 IDE 进行项目创建、开发、编译、调试、发布等。DevEco Studio 使开发者可以方便地开发各种 HarmonyOS 应用，提升开发效率。

作为一款集成开发工具，除了具有基本的代码开发、编译构建及调测等功能外，DevEco Studio 还具有 6 大特点，如图 2-1 所示。

(1) 多设备统一开发环境：DevEco Studio 支持多种 HarmonyOS 设备的应用开发，包括手机(Phone)、平板电脑(Tablet)、智慧屏(TV)、穿戴设备(Wearable)等。开发者使用统一的开发环境可以开发多种不同设备上的应用。

(2) 支持多语言的代码开发和调试：支持的开发语言包括 Java、JavaScript、C/C++、XML 等。

(3) 支持 FA 和 PA 快速开发：FA(Feature Ability)和 PA(Particle Ability)是 HarmonyOS 抽象的元能力，DevEco Studio 支持通过向导快速创建 FA/PA，一键式生成 HAP(HarmonyOS Ability Package)包，大大提升了开发效率。

(4) 支持分布式多端应用开发：HarmonyOS 是分布式操作系统，DevEco Studio 支持一个项目代码跨设备运行和调试，支持不同设备界面的实时预览和差异化开发，为分布式应

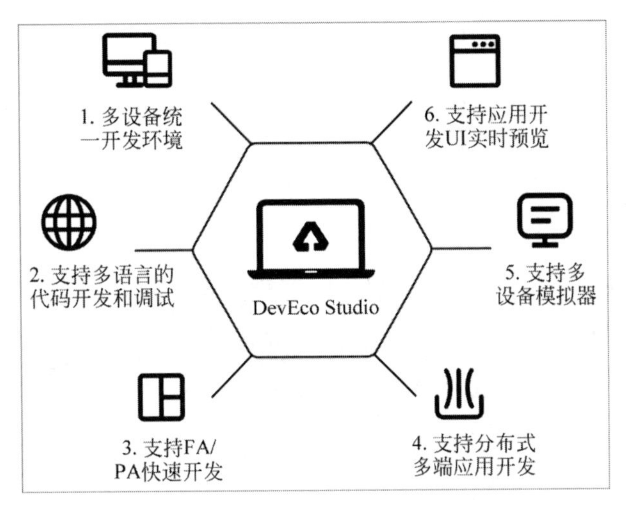

图 2-1 DevEco Studio 的特点

用开发提供了支持。

(5) 支持多设备模拟器：DevEco Studio 中提供了多种类型设备的模拟器，包括手机、平板电脑、智慧屏、智能穿戴设备等模拟器，方便开发者高效地进行调试。

(6) 支持应用开发 UI 实时预览：DevEco Studio 提供了预览器功能，可以实时动态地查看应用的布局及效果，同时还支持同时预览同一个布局文件在不同设备上的呈现效果，使开发者不进行运行调试即可根据效果调整。

总之，DevEco Studio 是一个功能强大的、专门针对 HarmonyOS 应用开发的集成开发工具，是开发者进行 HarmonyOS 应用开发的必备工具，但是，该集成开发环境也并非是一个完全独立的 IDE 工具，开发者在进行应用开发之前还需要进行一些必要的依赖软件准备和配置。

2.1.2 搭建开发环境的基本流程

在开始进行 HarmonyOS 应用开发之前，开发者首先需要搭建开发环境，搭建开发环境的基本流程如图 2-2 所示。首先是开发环境软件的下载和安装，需要下载和安装 Node.js、DevEco Studio 两个软件安装包，然后需配置 SDK，之后便可以进行创建和运行 HarmonyOS 应用。

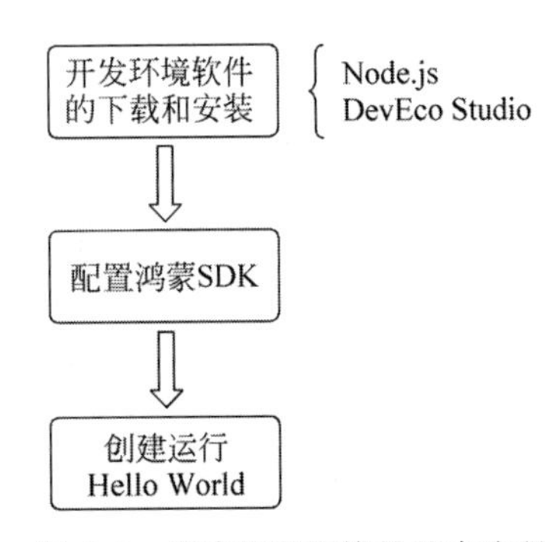

图 2-2 搭建开发环境的基本流程

DevEco Studio 目前有 Windows 和 Mac OS 两个版本，分别适用于两个不同的操作系统环境，因此在安装和配置开发环境之前要先确定所用的计算机操作系统环境，下面以 Windows 10 环境为例说明开发环境的搭建过程。

2.1.3 软件下载和安装

Node.js是开发环境依赖的软件工具，是开发HarmonyOS应用过程中必备的软件，因此需要下载和安装Node.js。其官方下载网址是https://nodejs.org/en/download，打开官网链接，选择Downloads，如图2-3所示，对于Windows系统用户，选择Windows Installer(.msi) 64-bit进行下载。

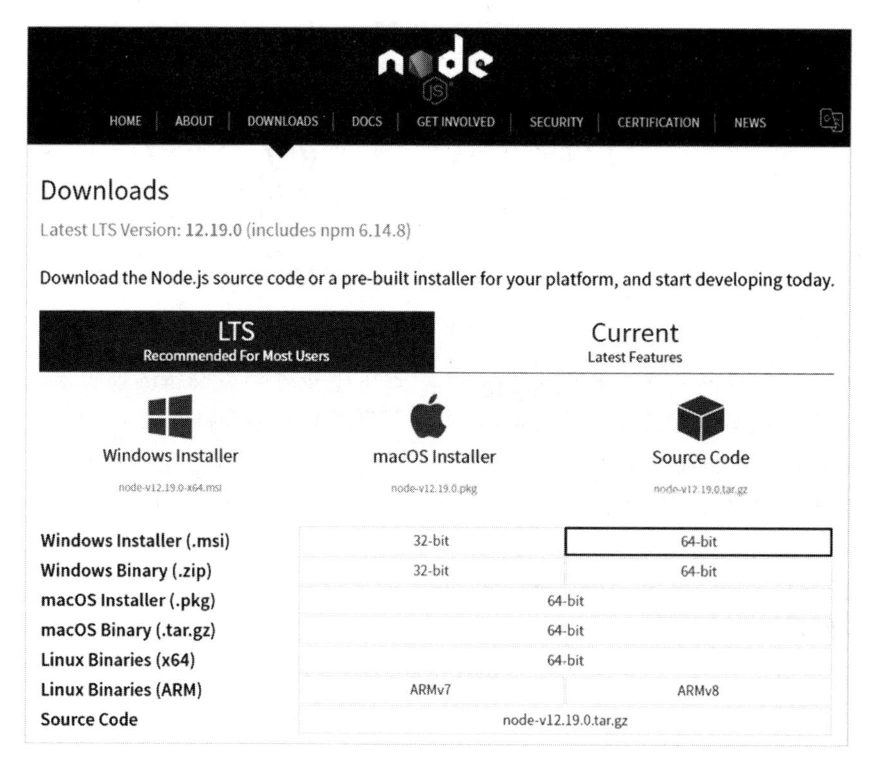

图2-3 Node.js下载界面

下载完成后，双击下载的安装文件即可进行Node.js的安装，安装过程可以根据向导提示进行，直到完成。图2-4～图2-7展示了安装过程中的主要界面。

如果要验证是否安装成功，可以按下Win+R组合键，打开运行窗口，输入cmd，按回车键后便可进入命令行窗口，如图2-8所示，然后输入命令node -v查看Node.js版本，如果出现安装的版本号，则证明Node.js安装成功。

下载和使用DevEco Studio需要华为开发者联盟账号，因此在进行该软件下载并安装之前首先需要进行华为开发者联盟账号的注册和实名认证。

注册华为开发者联盟账号的网址是https://developer.harmonyos.com。注册及认证过程和一般的网站账号注册和认证没有太大的区别，只需根据提示填写一些基本信息后，进行注册并进行实名认证，这里就不再赘述。

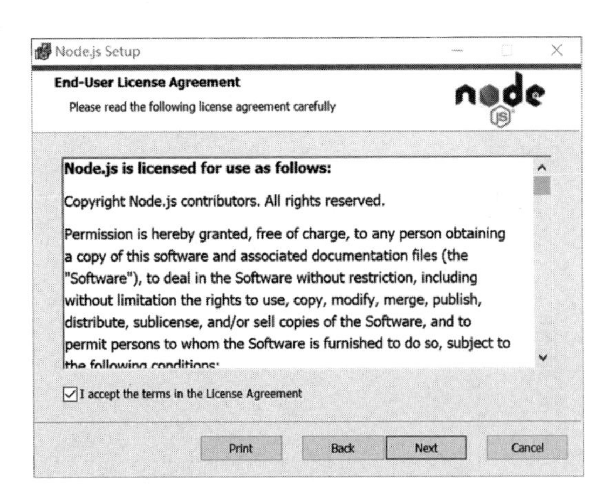

图 2-4　安装 Node. js 的过程(1)

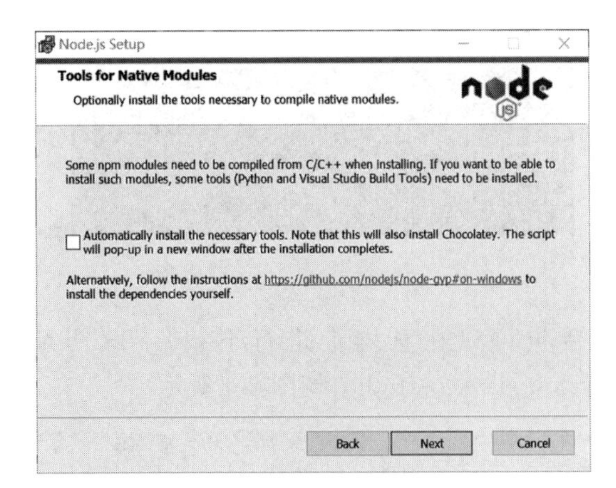

图 2-5　安装 Node. js 的过程(2)

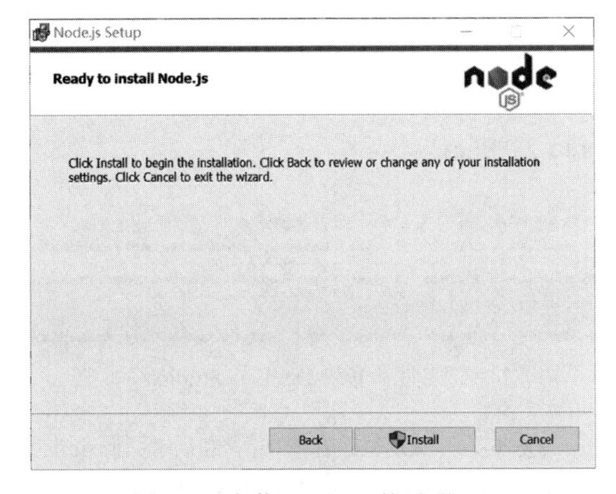

图 2-6　安装 Node. js 的过程(3)

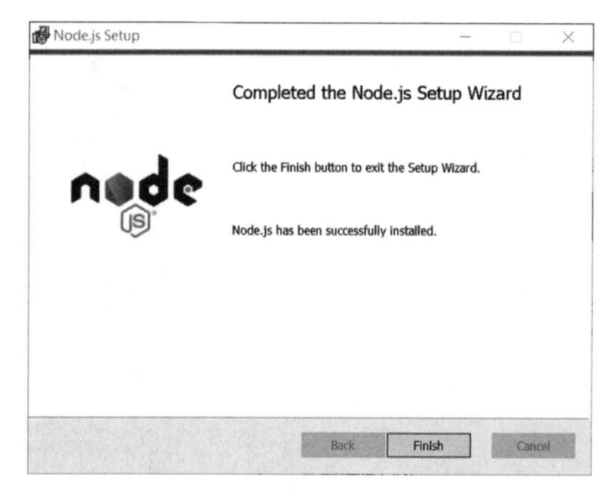

图 2-7　安装 Node. js 的过程(4)

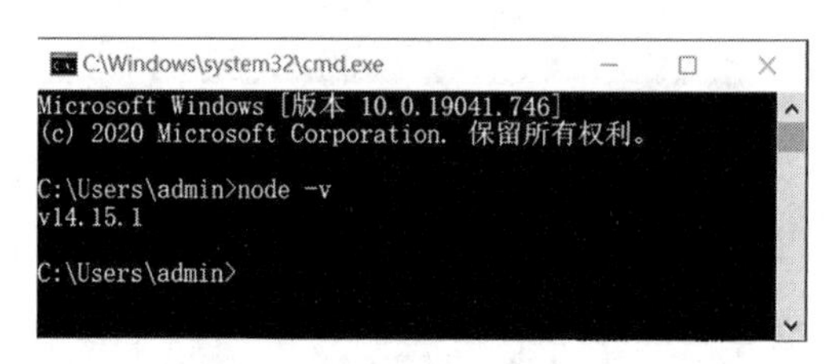

图 2-8　查看 Node. js 的版本

DevEco Studio 安装包可以在官网上进行下载，下载网址是 https://developer.harmonyos.com/cn/develop/deveco-studio，如图 2-9 所示。

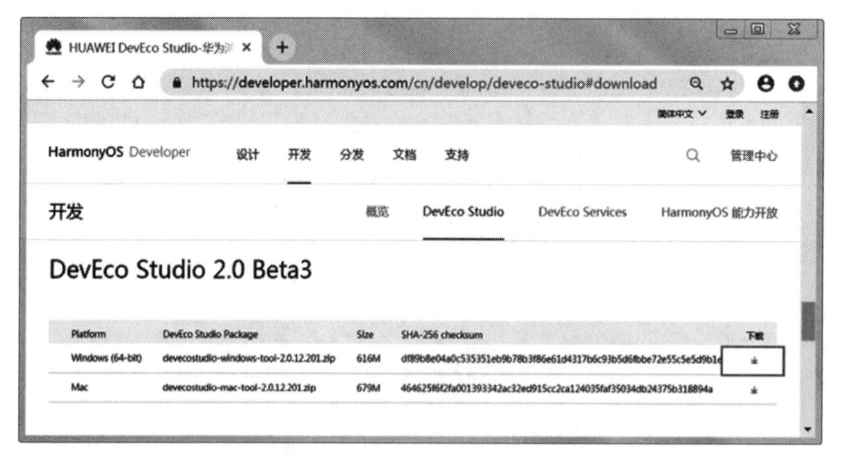

图 2-9　下载 DevEco Studio

下载 Windows(64-bit)版本，下载完成后解压，然后运行 deveco-studio-xxx. exe，进入 DevEco Studio 安装向导，这里的 xxx 是软件的版本编号。

安装过程和一般的 Windows 软件安装类似，按照向导安装即可，图 2-10、图 2-11 和图 2-12 展示了安装过程中的主要界面。

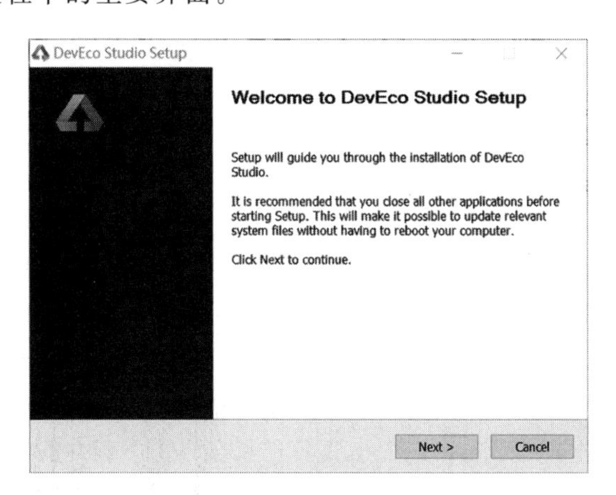

图 2-10 开始安装 DevEco Studio

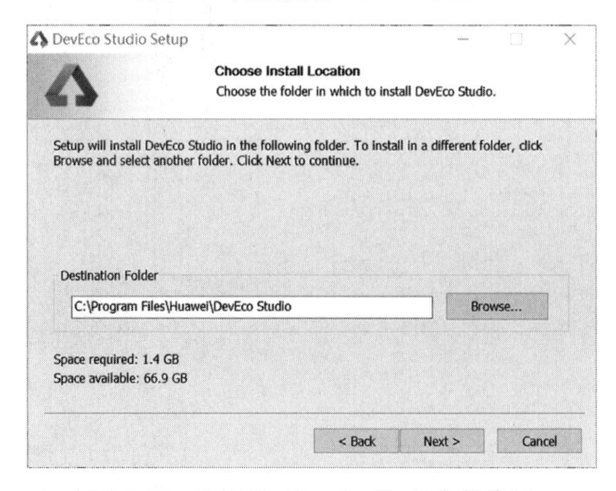

图 2-11 选择 DevEco Studio 的安装路径

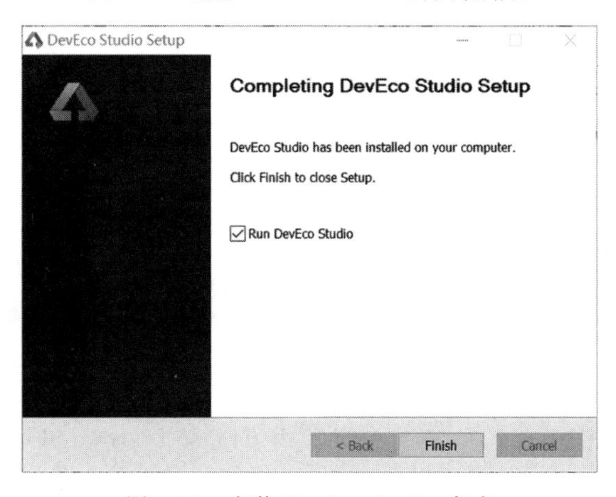

图 2-12 安装 DevEco Studio 完成

安装完成后，可以直接启动 DevEco Studio，也可以通过开始菜单或桌面快捷方式启动 DevEco Studio。

至此，DevEco Studio 的下载和安装就完成了。另外，DevEco Studio 在安装过程中会自动安装一些依赖软件或工具包，如编译构建依赖的 JDK 等。一般在安装过程中只要保持网络畅通，所依赖的软件工具包可以自动完成安装。

2.1.4 安装配置 SDK

利用 DevEco Studio 开发 HarmonyOS 应用需要 HarmonyOS 环境的支持，在进行正式应用开发之前，需要安装和配置 HarmonyOS 软件开发工具包，即 HarmonyOS SDK。

在打开的 DevEco Studio 中，选择菜单 File→Settings，找到 HarmonyOS SDK，如图 2-13 所示。其中 HarmonyOS SDK Location 为下载的 SDK 的保存路径，Platforms 选项卡下包含了若干 SDK 版本，一般选择最新的版本，单击 Apply 按钮，IDE 工具会自动下载并安装对应的 SDK。

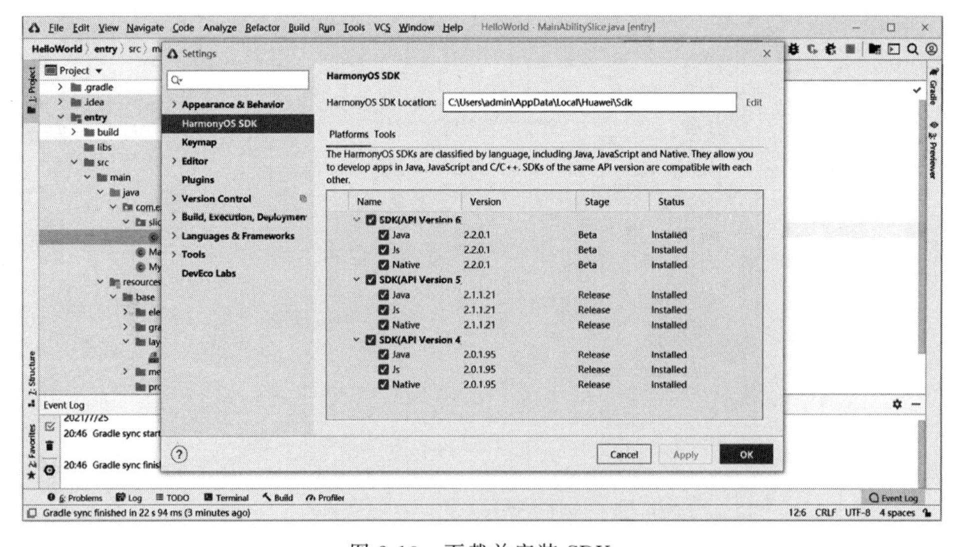

图 2-13 下载并安装 SDK

待提示下载成功，即表示完成 SDK 的配置，至此基本的开发 HarmonyOS 应用的开发环境已经配置成功。

7min

2.2 第 1 个 HarmonyOS 应用

2.2.1 创建并运行 Hello World

DevEco Studio 开发环境配置完成后，就可以开发一个简单的 Hello World 应用了。打开 DevEco Studio，如图 2-14 所示，在欢迎页单击 Create HarmonyOS Project 选项，创建一个新工程。

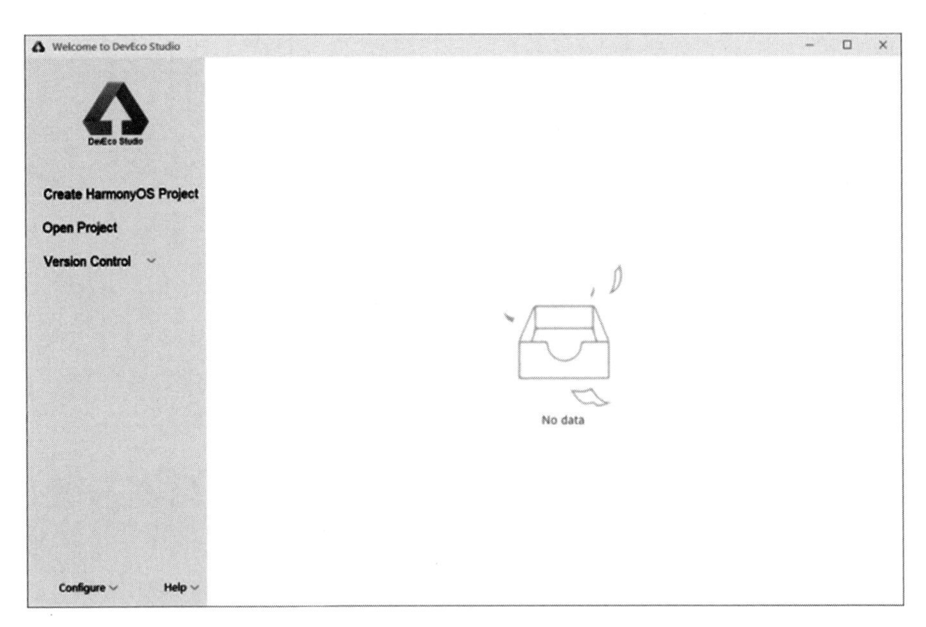

图 2-14　打开 DevEco Studio

选择设备类型和模板，如图 2-15 所示，这里将设备类型配置为 Phone，即手机应用，模板选择 Empty Feature Ability(Java)，即以 Java 语言为基本应用，单击 Next 按钮。

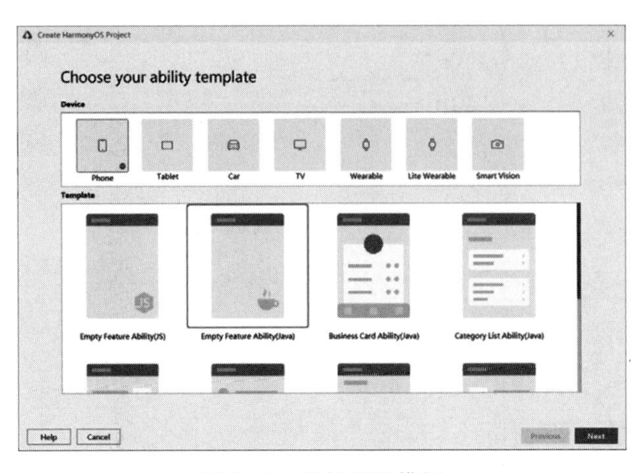

图 2-15　选择项目模板

填写项目相关信息，包括项目名、包名、保存路径和 SDK 版本，这些内容是有默认值的，初学者可以保持默认值，单击 Finish 按钮，如图 2-16 所示。

然后，DevEco Studio 会自动进行工程的创建，首次创建工程时，需要下载 Gradle 工具，时间可能较长，需耐心等待。创建成功后，如图 2-17 所示。

为了运行该项目，接下来需创建鸿蒙操作系统虚拟机（HarmonyOS Virtual Device，HVD），通过 Tools 菜单，打开华为虚拟机管理器 HVD Manager，如图 2-18 所示。

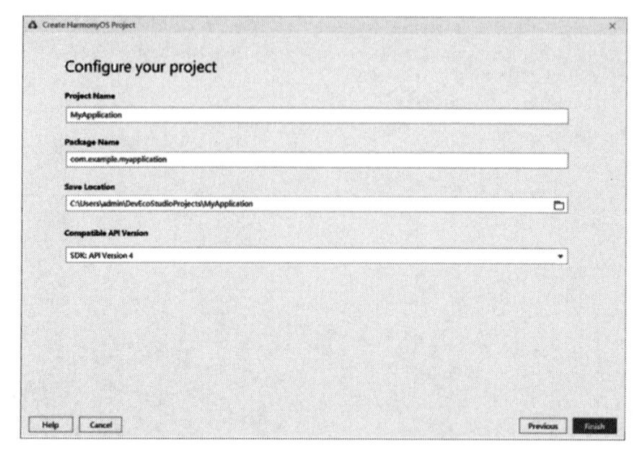

图 2-16　配置并填写项目基本信息

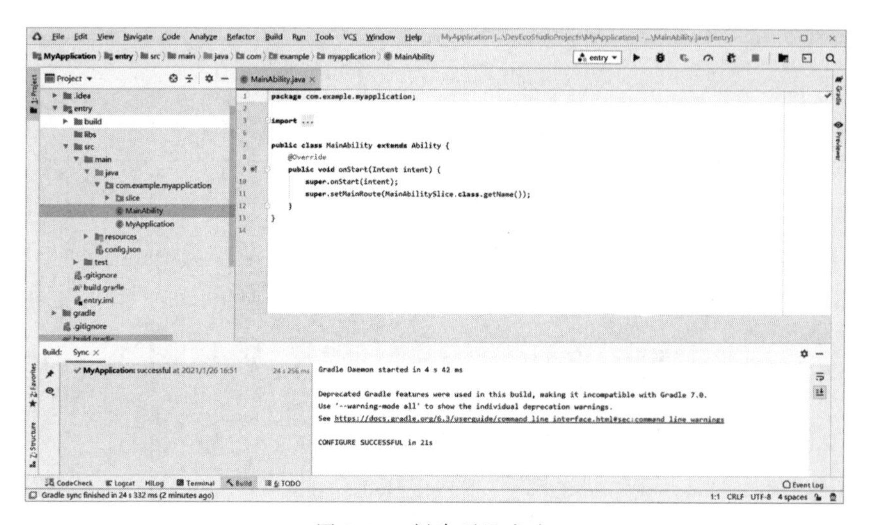

图 2-17　创建项目成功

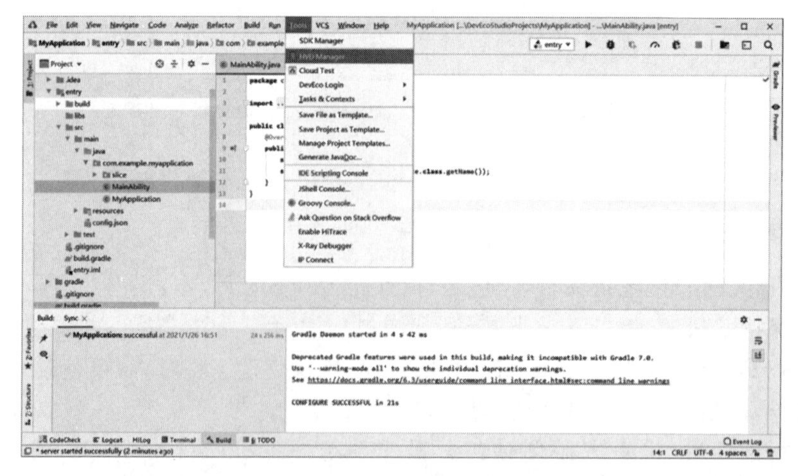

图 2-18　打开华为虚拟机管理器

第一次进入系统时会提示下载模拟器资源，如图 2-19 所示。单击 Ok 按钮，直到提示下载成功(Download all resources successfully)即可。

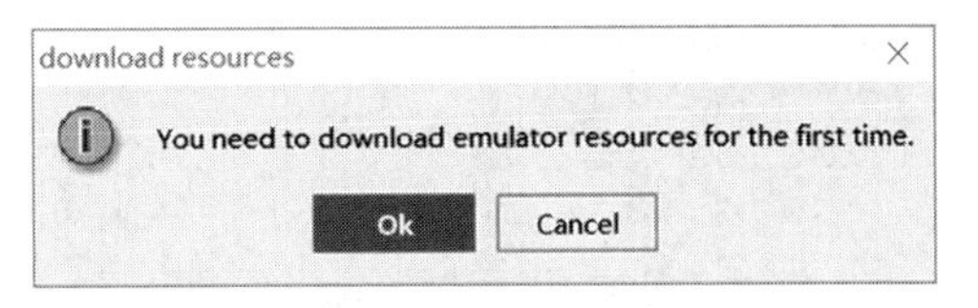

图 2-19　下载模拟器资源

进行模拟器启动需要登录华为开发者账号，并允许 DevEco Studio 访问华为账号，如图 2-20 所示，待出现授权界面后，单击“允许”按钮。

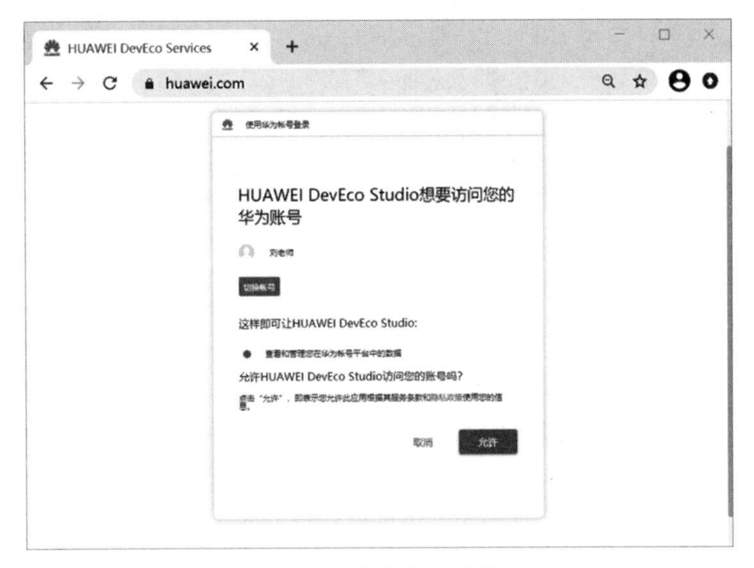

图 2-20　授权华为账号

待出现虚拟机设备(Virtual Devices Manager)界面，如图 2-21 所示，选择运行的设备类型，这里选择 P40，单击启动按钮，启动虚拟机。

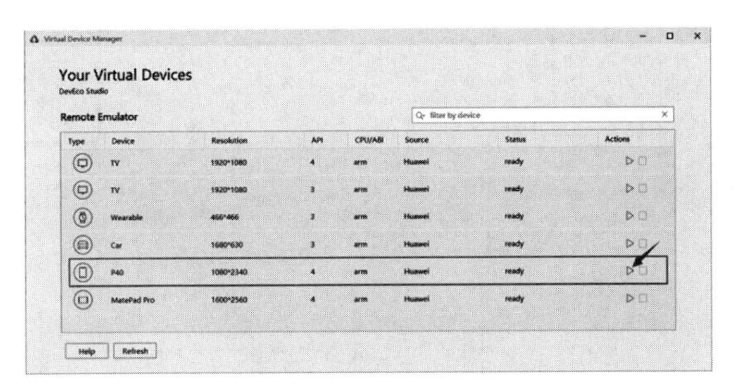

图 2-21　启动虚拟设备

虚拟机启动后，就可以在模拟器设备上运行所创建的项目了，如图 2-22 所示，单击运行按钮，选择链接的设备，即可启动项目。

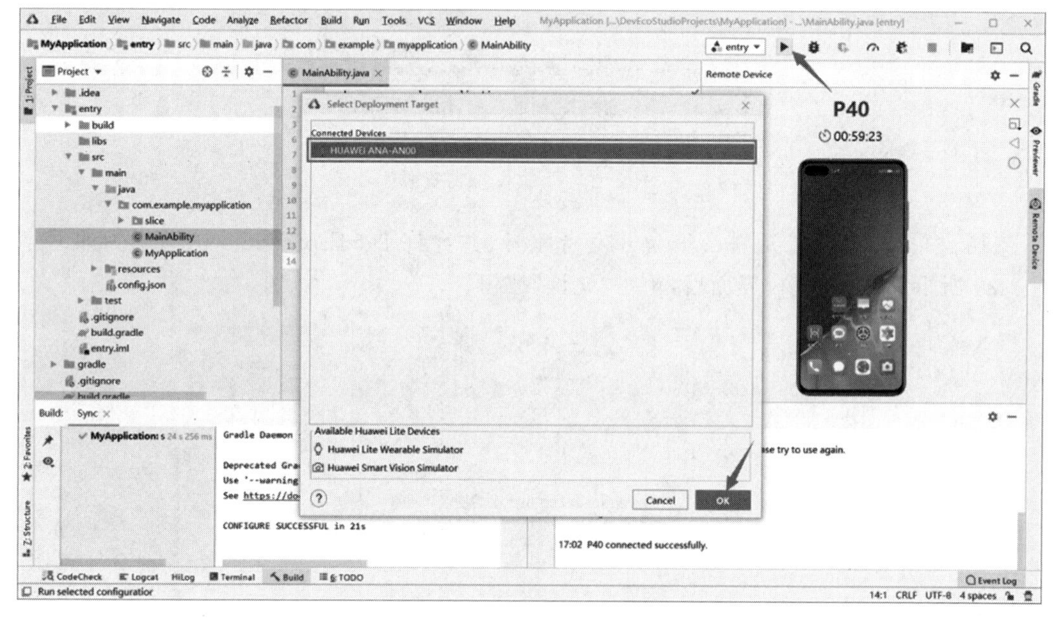

图 2-22　在虚拟设备上运行项目

HelloWorld 项目运行成功的界面如图 2-23 所示，模拟器上会显示已启动的 MyApplication 应用，至此一个最简单的 HarmonyOS 手机应用运行成功了。

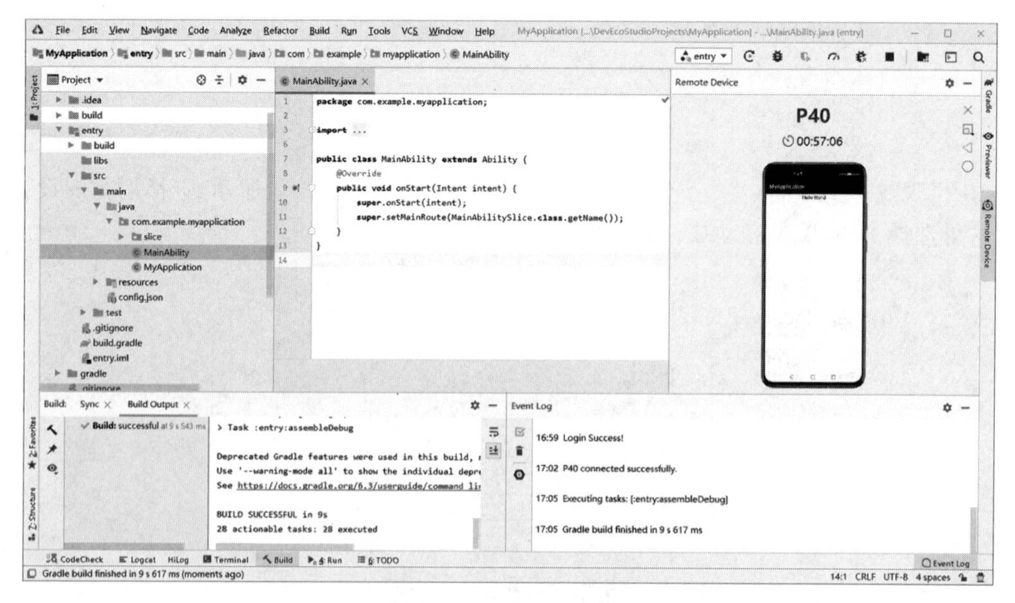

图 2-23　运行项目成功

2.2.2 项目启动过程

一个项目的启动要有一个起点，HarmonyOS 移动应用的运行起点是从解析配置文件开始的。在 HarmonyOS 中，每个应用都有一个 config.json 配置文件，该文件是一个 JSON 格式文本文件，当运行一个项目时，首先会解析该文件，获得配置文件中的 module 配置信息，找到要启动的应用对象。对于我们前面创建的 Hello World 应用，其应用对象是 MyApplication，MyApplication 是一个类，继承了 AbilityPackage 类，代码如下：

```
//ch02\HelloWorld 项目中的 MyApplication.java
public class MyApplication extends AbilityPackage {
    @Override
    public void onInitialize() { //初始化
        super.onInitialize();
    }
}
```

整个应用就是一个 MyApplication 对象，系统会根据 MyApplication 类创建的一个 MyApplication 对象，以此进入项目。其实 HarmonyOS 是按照能力包(Ability Package)进行管理的。这里的 MyApplication 继承了 AbilityPackage，根据面向对象思想，子类的对象也是父类的对象，因此也可以认为整个应用就是一个 AbilityPackage 对象。

MyApplication 对象接着会执行其初始化方法 onInitialize()，以此完成一些初始化工作。

接着，系统会根据配置文件中模块(module)配置的能力(abilities)信息获得配置的能力(ability)，一个项目中可以配置多个能力，其中有一个是首先启动的能力，这个是通过其 skills 属性中的 actions 值设置的，当其值为 action.system.home 时，我们称它为主能力，也就是首先启动的能力。这一点读者可以类比 C 语言中的主函数或 Java 中的主方法，也可以类比 Android 应用开发中 Androidmanifest.xml 文件中配置的主组件。

接下来，根据主能力的类创建启动主能力对象，调用 onStart()方法启动主能力，通过 setMainRoute()方法设置主路由，启动 AbilitySlice，HarmonyOS 应用项目启动的基本过程如图 2-24 所示。

2.2.3 真实设备运行项目

前面，我们运行的 HarmonyOS 应用是在模拟器中进行的，对于开发者而言，多数情况下会在模拟器中进行项目的调试，但是 HarmonyOS 应用最终需要运行在装有 HarmonyOS 的真实设备上，因此有必要了解在真实设备上运行应用的基本操作流程。表 2-1 给出了在真机上运行所开发的应用的基本过程。

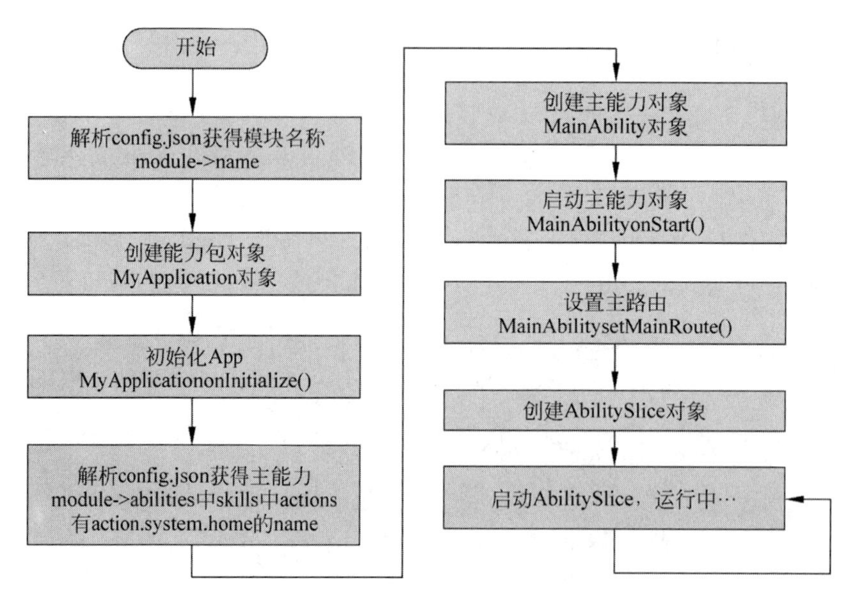

图 2-24　HarmonyOS 应用启动的基本过程

表 2-1　真实设备上运行应用的步骤

步骤	操 作 步 骤	操 作 说 明
1	生成密钥和证书请求文件	使用 DevEco Studio 来生成私钥(存放在.p12 文件中)和证书请求文件(.csr 文件)
2	创建 AGC 项目	申请调试证书前,需要登录 AppGallery Connect 后创建项目
3	创建 HarmonyOS 应用	在 AppGallery Connect 项目中,创建一个 HarmonyOS 应用,用于调试证书和 Profile 文件申请
4	申请调试证书和 Profile 文件	在 AppGallery Connect 中申请、下载调试证书和 Profile 文件
5	配置签名信息	在真实设备上运行前,需要使用已制作的私钥(.p12)文件、在 AppGallery Connect 中申请的证书(.cer)文件和 Profile(.p7b)文件对应用进行签名
6	在真实设备上运行应用	

通过 DevEco Studio 在真实设备上运行 HarmonyOS 应用时,需要在 AppGallery Connect 官网中申请调试证书和 Profile 文件,并对 HAP 进行签名。AppGallery Connect 官网的网址是 https://developer.huawei.com/consumer/cn/service/josp/agc/index.html。在真实设备上运行应用在开发阶段一般使用的频度不高,读者只要按照操作过程和官网说明进行实践操作一般即可轻松掌握,HarmonyOS 设备管理支持远程真实设备。

另外,随着系统版本的不断增加,真实设备调试运行应用的过程在不断简化和优化,方便开发者在实际环境下测试应用,自动签名方式的真实设备调试过程可参考本书附录 A。

2.3 应用项目结构

2.3.1 逻辑结构

HarmonyOS 应用发布形态为应用包(Application Package,App Pack),应用包也称为 App,一个 App 由一个或多个 HarmonyOS 能力包(HarmonyOS Ability Package,HAP)及描述 App 的 pack.info 文件组成。

一个 HAP 在工程目录中对应一个模块(Module),模块又由代码、资源、第三方库及应用清单文件组成,模块可以分为主模块(Entry)和特性模块(Feature)两种类型。

主模块:也称为入口模块或 Entry 模块,是应用的入口模块。在一个 App 中,对于同一设备类型必须有且只有一个 Entry 类型的 HAP,可独立安装运行。

特性模块:也称为 Feature,是应用的动态特性模块。一个 App 可以包含 0 个或多个特性模块类型的 HAP。

HAP 是 Ability 的部署包,Ability 是应用所具备能力的抽象表示,也是应用程序的重要组成部分。一个应用可以具备多种能力,即可包含多个 Ability,HarmonyOS 支持应用以 Ability 为单位进行部署。图 2-25 展示了 HarmonyOS 应用的逻辑结构。

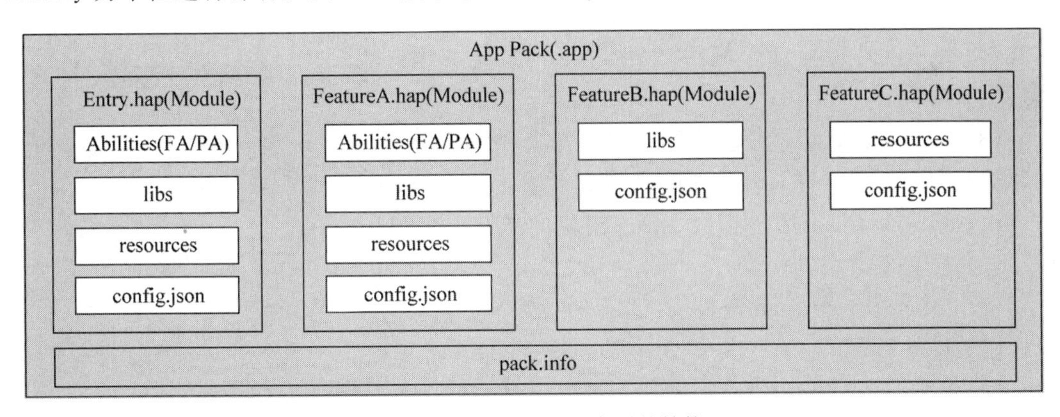

图 2-25 HarmonyOS 应用的结构

Ability 分为两种类型,分别是 FA(Feature Ability)和 PA(Particle Ability)。FA 和 PA 是应用的基本组成单元,能够实现特定的业务功能。FA 有 UI 界面,而 PA 无 UI 界面。Ability 的类型及组成如图 2-26 所示。

Page Ability 是 FA 唯一支持的模板,用于提供与用户交互的能力。一个 Page Ability 又可以包含一组相关页面,每个页面即为一个 AbilitySlice 对象。

PA 支持 Service Ability 和 Data Ability 两种模板,前者用于提供后台运行任务的能力,后者用于对外部提供统一的数据访问。

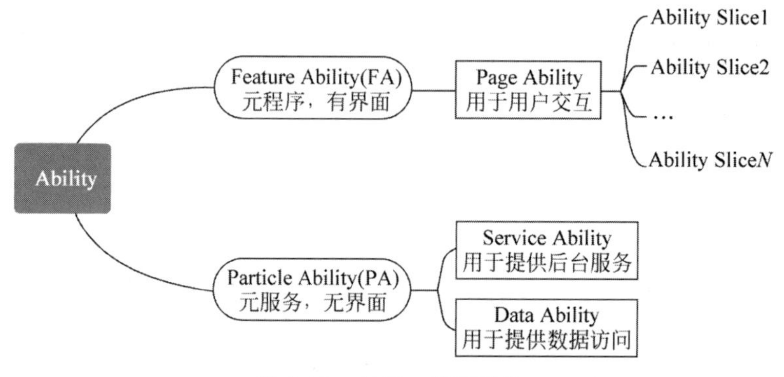

图 2-26 Ability 类型划分

2.3.2 目录结构

这里以前面建立的 Hello World 项目为例，说明 HarmonyOS 应用项目的目录结构，一个 HarmonyOS 应用项目的基本目录结构如图 2-27 所示。

(1) .gradle：Gradle 配置文件，由系统自动生成，一般情况下不需要进行修改。

(2) build：构建目录，用于存放编译构建生成的文件，由开发环境自动生成，一般情况下开发者不需要修改。

(3) entry：默认启动模块，即主模块，开发者用于存放编写的源码文件及开发资源文件的目录。

(4) entry→libs：用于存放 entry 模块的依赖库文件目录。

(5) entry→src→main→Java：用于存放 Java 源代码文件的目录。

(6) entry→src→main→resources：用于存放应用所用到的资源文件目录，如图形、多媒体、字符串、布局文件等。

(7) entry→src→main→config.json：HAP 配置文件，详细说明及参考 config.json 配置文件介绍。

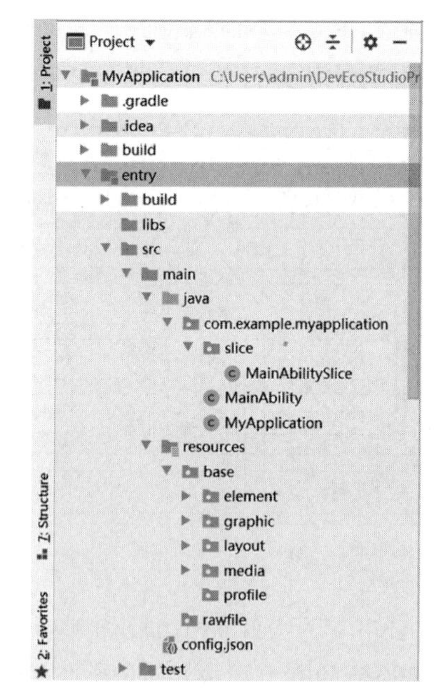

图 2-27 项目的基本目录结构

(8) entry→src→test：存放单元测试代码的目录，一般运行在本地 Java 虚拟机上。

(9) entry→.gitignore：用于标识 git 版本管理需要忽略的文件。

(10) entry→build.gradle：entry 模块的 Gradle 编译配置文件。

开发者在开发 HarmonyOS 应用的过程中，主要需要编辑的是程序源代码、资源和配置文件,程序源代码会随着学习的深入而不断掌握,下面重点介绍一下资源和配置。

14min

2.4 资源和配置

2.4.1 资源说明

在应用开发中,难免要使用一些图片、声频等,这些都称为资源。在 HarmonyOS 应用中,资源被统一放在 resources 目录下,包括字符串、图形、布局、图片、音视频等。HarmonyOS 应用中资源可以被分为三类,分别是基础资源、原始文件资源和限定词资源,基础资源位于 base 目录下,原始文件资源位于 rawfile 目录下,限定词资源由开发者自行创建目录存放资源,所建立目录的名称需要遵守 HarmonyOS 应用资源限定词资源的要求。通过向导创建的默认资源目录结构如图 2-28 所示。

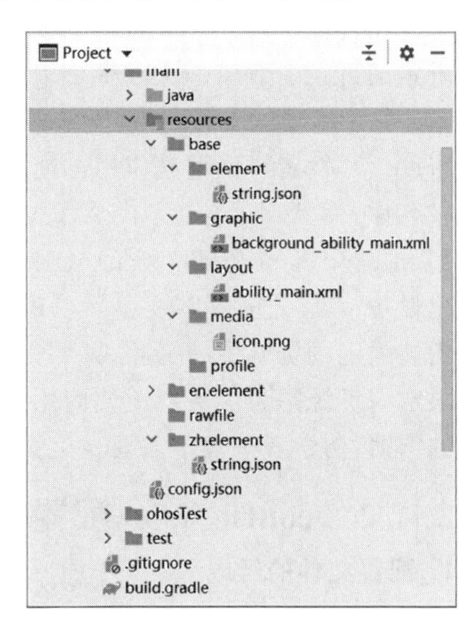

图 2-28 资源目录结构

在资源中,base 目录下包括 element、graphic、layout、media、profile 等子目录,不同的子目录用于存放不同的资源,详细说明如表 2-2 所示。

表 2-2 base 目录下的资源及说明

资源组目录	目录说明
element	元素资源,其下一般用于存放一些常量,不同类型一般采用对应的 JSON 文件表示 boolean:布尔型;color:颜色;float:浮点型;integer:整型;intarray:整型数组;pattern:样式;plural:复数形式;strarray:字符串数组;string:字符串;一般同一类型常量保存在同一文件中
media	媒体资源,包括图片、声频、视频等文件,其下文件名可自定义,如:logo. png
animation	表示动画资源,采用 XML 文件格式,其下文件名可自定义,如:ani_loop. xml
layout	表示布局资源,采用 XML 文件格式,其下文件名可自定义。如:main_layout. xml
graphic	表示可绘制图形资源,采用 XML 文件格式,其下文件名可自定义,如:shape_rect. xml
profile	以原始文件形式保存的资源文件,其下文件名可自定义,如 picture. jpg

资源文件在项目构建过程中会被赋予资源 ID,在开发中,通过指定资源类型、名称或 ID 进行引用。

在资源中,rawfile 目录下一般存放一些原始文件,目录中的资源文件会被直接打包进应用,不进行编译,也不会被赋予资源文件 ID,项目中通过指定文件路径和文件名进行引用,该目录中放置的一般为一些比较大的原始文件,如视频文件等。开发者可以根据需要在 rawfile 目录下创建多层子目录并自行命名目录名和资源文件名。

限定词资源是 HarmonyOS 为了匹配不同应用场景或设备环境而进行的资源配置。开发者可以在资源目录(resources)下创建限定词资源目录,并在其中放入限定词资源。

限定词目录一般由一个或多个表征应用场景或设备特征的限定词组合而成,限定词的组合顺序是:移动国家码_移动网络码-语言_文字_国家或地区-横竖屏-设备类型-颜色模式-屏幕密度。开发者可以根据应用的使用场景和设备特征,选择其中的一类或几类限定词组成目录名称。

如 mcc460_mnc00-zh_Hans_CN-car-ldpi 表示中国_中国移动-中文-中文简体-中国-智能汽车设备-大尺寸屏幕密度。简单地说,当应用运行的场景符合以上描述的场景时,会选择使用该限定词资源中的资源。

限定词资源是为了更好地使应用进行场景匹配,对开发复杂场景应用及应用国际化有很好的帮助,初学者一般不需要过度关心限定词资源。

2.4.2 config.json 配置文件

1. 配置文件的组成

配置文件 config.json 是一个 JSON 格式文本文件,其中包含了一系列配置项,每个配置项由属性和值两部分构成。

(1) 属性:代表的是配置项的名称,属性出现的顺序不分先后,并且每个属性最多只允许出现一次。

(2) 值:属性的值表示配置的含义,值为 JSON 的基本数据类型,包括数值、字符串、布尔值、数组、对象和 null 类型等。

2. 配置文件的内部结构

应用的配置文件 config.json 由 app、deviceConfig 和 module 3 个基本部分组成,这三部分缺一不可,它们的含义及说明如表 2-3 所示。

表 2-3 配置文件的内部结构说明

属性名称	含义说明
app	表示应用的全局配置信息。同一个应用的不同 HAP 包的 App 配置必须保持一致
deviceConfig	表示应用在具体设备上的配置信息
module	表示 HAP 包的配置信息。该标签下的配置只对当前 HAP 包生效

下面是前面建立的第 1 个 HarmonyOS 应用所对应的 config.json 配置文件,该文件内容整体上是一个 JSON 对象,最外层由{}包围,其中包含 app、deviceConfig 和 module 3 个属性,每个属性的值又是 JSON 对象。

```
//ch02\HelloWorld 项目中的 config.json
{
    "app": {
        "bundleName": "cn.edu.zut.myapplication",
```

```
        "vendor": "laz",
        "version": {
            "code": 1000000,
            "name": "1.0.0"
        },
        "apiVersion": {
            "compatible": 5,
            "target": 5
        }
    },
    "deviceConfig": {},
    "module": {
        "package": "cn.edu.zut.myapplication",
        "name": ".MyApplication",
        "mainAbility": "cn.edu.zut.myapplication.MainAbility",
        "deviceType": [
            "phone"
        ],
        "distro": {
            "deliveryWithInstall": true,
            "moduleName": "entry",
            "moduleType": "entry",
            "installationFree": false
        },
        "abilities": [
            {
                "skills": [
                    {
                        "entities": [
                            "entity.system.home"
                        ],
                        "actions": [
                            "action.system.home"
                        ]
                    }
                ],
                "orientation": "unspecified",
                "name": "cn.edu.zut.myapplication.MainAbility",
                "icon": "$media:icon",
                "description": "$string:mainability_description",
                "label": "$string:entry_MainAbility",
                "type": "page",
                "launchType": "standard"
            }
        ]
    }
}
```

1）app 配置

app 的配置主要是面向整个应用的，其内部可以包含多个属性，有的属性还可以包含子属性，表 2-4 给出了 app 配置的主要属性及含义。

表 2-4 app 对象内部的主要属性及说明

属性名称	含义说明
bundleName	表示应用的包名，是应用的唯一性标识，同一个设备上不能存在两个相同包名的应用。包名命名规则和 Java 包名的命名规则相同，通常采用域名倒序形式，如：cn. edu. zut. myapp
vendor	表示应用开发厂商的信息，取值为字符串
version	表示应用的版本信息，包含 code 和 name 两个子属性，code 表示应用的版本号，name 表示版本名称，前者取值为整数，后者为字符串
apiVersion	表示应用依赖的 HarmonyOS 的 API 版本，包括 compatible、target 和 releaseType 3 个子属性。compatible 表示要求的最低版本，值为整数，不可缺；target 表示应用运行的目标版本，releaseType 表示目标版本的类型，值可为 CanaryN、BetaN 或者 Release，其中，N 代表大于 0 的整数。target 和 releaseType 可以省略

2）deviceConfig 配置

deviceConfig 其配置的是在不同类型设备上的应用配置信息，其内部可以包含 default、phone、tablet、tv、car、wearable、liteWearable 和 smartVision 等属性，default 标签内的配置适用于所有设备，其他设备类型对应的含义如表 2-5 所示，如果没有特殊的需求，这些属性都可以省略。

表 2-5 deviceConfig 对象内部的主要属性及说明

属性名称	含义说明
default	表示所有设备通用的应用配置信息
phone	表示手机类设备的应用信息配置
tablet	表示平板电脑的应用配置信息
tv	表示智慧屏特有的应用配置信息
car	表示智能汽车特有的应用配置信息
wearable	表示智能穿戴特有的应用配置信息
liteWearable	表示轻量级智能穿戴特有的应用配置信息
smartVision	表示智能摄像头特有的应用配置信息

3）module 配置

module 配置的是 HAP 包的信息，该标签下的配置只对当前 HAP 包生效。module 对象的内部结构如表 2-6 所示。

表 2-6 module 对象内部的主要属性及说明

属性名称	含义说明
package	包名称，应用内唯一标记，值为字符串，不可缺属性
name	类名，前缀需要与同级的 package 标签指定的包名一致，也可采用“.”开头，在命名中省略包名，值为字符串，不可缺顺序
description	描述信息，值为字符串，可省略
deviceType	运行的设备类型，系统预定义的设备类型包括：phone(手机)、tablet(平板电脑)、tv(智慧屏)、car(智能汽车)、wearable(智能穿戴)、liteWearable(轻量级智能穿戴)等。值为字符串数组，不可省略
distro	表示 HAP 发布的具体描述
abilities	表示当前模块内的所有 Ability。采用对象数组格式，其中每个数组元素表示一个 Ability 对象
defPermissions	表示应用定义的权限。应用调用者必须申请这些权限，这样才能正常调用该应用。值为对象数组，可以省略
reqPermissions	表示应用运行时向系统申请的权限。值为对象数组，可以缺省

在 module 中有一个 abilities 配置项，abilities 的值配置的是当前模块中的所有 Ability 信息，该项值类型为数组，数组的每个元素表示一个 Ability，Ability 是 HarmonyOS 应用的能力抽象，一个应用中可以拥有多个能力，每个能力都需要在配置文件中进行配置，每个 Ability 内部的主要配置属性及说明如表 2-7 所示。

表 2-7 Ability 的主要配置属性及说明

属性名称	含义说明
name	Ability 名称，即类名，例如 cn.edu.zut.myapplication.MainAbility；也可采用“.”开头结合包名方式表示，如.MainAbility。值不能省略
description	Ability 的描述信息，值为字符串，可以省略
skills	Ability 能够接收的 Intent 的特征说明信息，用于启动该能力。值类型为对象数组，可以省略
icon	Ability 的图标，可引用资源图片，如：$media:ability_icon。如果该 Ability 的 skills 属性中 actions 的取值包含 action.system.home，entities 取值中包含 entity.system.home，则该 Ability 的 icon 将同时作为应用的 icon
label	Ability 对用户显示的名称，值为字符串，也可引用资源。如果在该 Ability 的 skills 属性中，actions 的取值包含 action.system.home，entities 取值中包含 entity.system.home，则该 Ability 的 label 将同时作为应用的 label
type	Ability 的类型，包括 3 种类型，分别为 page、service、data。page：表示基于 Page 模板开发的 FA，用于提供与用户交互的能力；service：表示基于 Service 模板开发的 PA，用于提供后台运行任务的能力；data：表示基于 Data 模板开发的 PA，用于对外部提供统一的数据访问抽象
uri	Ability 的统一资源标识符，仅当 type 为 data 时有意义，uri 是 data 对外提供的数据访问接口，格式为[scheme:][//authority][path][? query][#fragment]

续表

属性名称	含义说明
launchType	Ability 的启动模式，支持 standard 和 singleton 两种模式。standard：标准模式，每次启动时创建一个 Ability 实例，可以有多实例，适用于大多数应用场景；singleton：单例模式，多次启动时只创建一个 Ability 实例
visible	Ability 可见性，表示是否可以被其他应用调用，值为 true 或 false。true：可以被其他应用调用；false：不能被其他应用调用
permissions	表示其他应用的 Ability 调用此 Ability 时需要申请的权限。通常采用反向域名格式，取值可以是系统预定义的权限，也可以是开发者自定义的权限。如果是自定义权限，取值必须与 defPermissions 标签中定义的某个权限的 name 标签值一致
orientation	表示该 Ability 的显示模式。该标签仅适用于 page 类型的 Ability。可以取 4 种值。unspecified：由系统自动判断显示方向；landscape：横屏模式；portrait：竖屏模式；followRecent：跟随栈中最近的应用
backgroundModes	表示后台服务的类型，仅适用于 service 类型的 Ability。值为字符串数组，可以省略

在 Ability 中 skills 配置项用于配置当前 Ability 能够接收的 Intent 的特征说明信息。某种程度上代表了当前 Ability 进入的方式和限制，skills 内部的主要配置属性及说明如表 2-8 所示。

表 2-8 skills 对象的内部配置说明

属性名称	说明
actions	表示能够接收的 Intent 的 action 值，可以包含一个或多个 action。取值通常为系统预定义的 action 值，具体参见 ohos. aafwk. content. Intent 类
entities	表示能够接收的 Intent 的 Ability 的类别，可以包含一个或多个 entity。取值通常为系统预定义的类别，详见 ohos. aafwk. content. Intent 类，也可以自定义
uris	表示能够接收的 Intent 的 uri，可以包含一个或者多个 uri。每个 uri 中又包含以下属性。scheme：表示协议值；host：表示主机值；port：表示端口值；path：表示路径值；type：表示类型值

下面是一个 skills 配置实例，代码如下：

```
"skills": [
    {
        "actions": [
            "action.system.home"
        ],
        "entities": [
            "entity.system.home"
        ],
```

```
            "uris": [
            {
                "scheme": "http",
                "host": "www.xxx.com",
                "port": "80",
                "path": "query/student/name",
                "type": "text"
            }
        ]
    }
]
```

2.5 HiLog 控制台终端输出

10min

HarmonyOS 提供了 HiLog 日志系统，使应用可以按照类型、级别、格式字符串输出日志内容信息，帮助开发者在应用中输出运行状态信息，以便更好地调试程序。

要使用好输出日志，主要需使用好系统定义的两个类，一个是 HiLog 类，另外一个是 HiLogLabel 类，前者用于日志输出，后者用于定义日志标签。

2.5.1 定义日志标签

在输出日志之前，需要使用 HiLogLabel 定义日志标签，HiLogLabel 类的构造方法如下：

```
HiLogLabel( int type, int domain, String tag ){
}
```

(1) type：用于指定输出日志的类型。HiLog 中当前只提供了一种日志类型，即应用日志类型 LOG_APP。

(2) domain：用于指定输出日志所对应的业务领域，取值范围为 0x0～0xFFFFF，开发者可以根据需要进行自定义。

(3) tag：用于指定日志标识，可以为任意字符串。

下面是一个定义 HiLogLabel 标签对象的示例代码：

```
HiLogLabel LABEL = new HiLogLabel( HiLog.LOG_APP, 0x201, "MY_TAG" );
```

2.5.2 输出日志

HiLog 类中定义了 5 种日志级别和对应级别的日志输出方法，这 5 种日志级别从低到高依次为 DEBug、INFO、WARN、ERROR、FATAL，每个级别有一个输出方法，对应的输出方法和说明如表 2-9 所示。

表 2-9 HiLog 输出 5 种日志级别的方法及说明

方法名称	含义
debug (HiLogLabel label, String format, Object…args)	输出 DEBug 级别的日志，DEBug 表示调试，默认不输出，输出前需要在设备中打开"USB 调试"开关
info(HiLogLabel label,String format,Object …args)	输出 INFO 级别的日志，INFO 表示普通信息
warn (HiLogLabel label, String format, Object…args)	输出 WARN 级别的日志，WARN 表示警告
error (HiLogLabel label, String format, Object…args)	输出 ERROR 级别的日志，ERROR 表示错误
fatal (HiLogLabel label, String format, Object…args)	输出 FATAL 级别的日志，FATAL 表示致命的、不可恢复的错误

5 个级别日志输出方法的名称和日志级别是一一对应的，它们的形式参数是完全一样的，形参说明如下。

(1) label：是事先定义好的 HiLogLabel 标签。

(2) format：格式字符串，用于日志的格式化输出。在格式字符串中可以设置多个参数，如在格式字符串为"msg 值为 %s."中"%s"表示参数类型为 string 的变参标识。每个变参标识前还可以添加隐私标识，表示分为{public}或{private}，{public}表示日志打印结果可见；{private}表示日志打印结果不可见，输出时显示<private>，默认为{private}。变参的具体取值在 args 中给出。

(3) args：可以为 0 个或多个参数，该参数是格式字符串中变参标识对应的参数列表。参数的数量、类型必须与格式字符串中的变参标识一一对应。

下面是输出一条 INFO 级别信息的示例代码：

```
//ch02\HiLog 项目中 MainAbilitySlice.java 的部分代码
int value = 100;
String msg = "ok";
HiLog.info(LABEL, "value 值为: %{private}d, msg 值为: %{public}s."
                , value, msg);
```

以上代码表示输出一个日志标签为 label 的提示信息，格式字符串为"value 值为：%{private}d, msg 值为：%{public}s."，其中 value 的值输出为隐私方式，msg 的值输出方式为公共方式，输出到 Hilog 窗口的日志显示如图 2-29 所示。

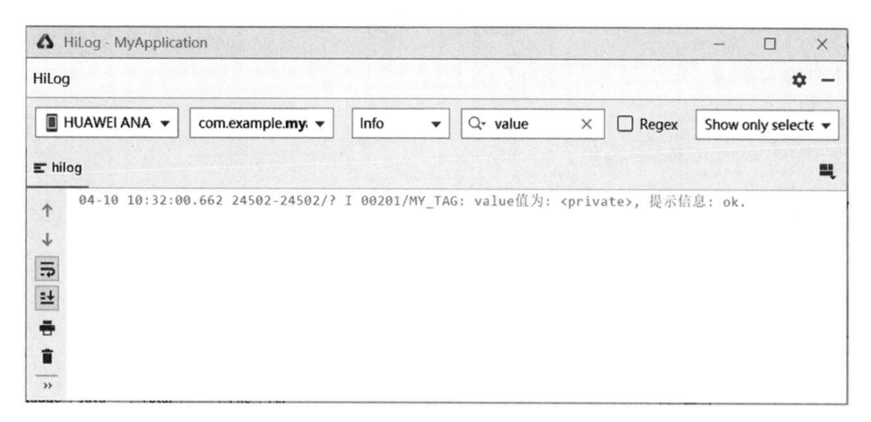

图 2-29　HiLog 窗口输出信息

小结

本章主要介绍了 HarmonyOS 开发的基础知识，主要包括开发环境的配置、第 1 个 HarmonyOS 应用、基本的应用项目的结构、项目中的资源和配置等，这些是开发者进一步学习 HarmonyOS 移动应用开发的基础，内容繁杂，对于初学者来讲没有必要过度关心每个细节，可以在后续的学习中不断认识和理解。HiLog 是 HarmonyOS 应用开发提供的一个用于日志输出的类，它可以帮助开发者输出提示信息，方便开发者进行程序调试。

习题

1. 判断题

(1) 开发 HarmonyOS 应用需要下载并安装 Node.js。(　　)

(2) 下载使用 DevEco Studio 及远程模拟器不需要华为开发者联盟账号和实名认证。(　　)

(3) 搭建 HarmonyOS 应用开发环境在 DevEco Studio 安装完成后，需要下载并安装 SDK Platforms 及 SDK Tools。(　　)

(4) 每个 HarmonyOS 应用都有一个 config.json 配置文件。(　　)

(5) 当运行一个 HarmonyOS 应用项目时，首先会解析 config.json 配置文件。(　　)

(6) 在一个 App 中，对于同一设备类型必须有且只有一个 entry 类型的 HAP，可独立安装运行。(　　)

2. 选择题

(1) HarmonyOS 应用包(App Pack)是由(　　)组成的。(多选)

A. 一个或多个 HarmonyOS 能力包 HAP

B. 描述 App Pack 属性的 pack. info 文件

C. Module 模块

D. config. json 配置文件

(2) 模块 Module 由(　　)组成。(多选)

A. 代码　　B. 资源

C. 第三方库　　D. 应用清单文件

(3) 以下说法错误的是(　　)。

A. Ability 分为两种类型：FA 和 PA。FA 有 UI 界面，而 PA 无 UI 界面

B. Page 模板是 FA 唯一支持的模板，用于提供与用户交互的能力

C. 一个 Page 实例只对应一个相关页面，该页面用一个 AbilitySlice 实例表示

D. PA 支持 Service Ability 和 Data Ability

(4) resources 目录不包括以下哪个目录。(　　)

A. Java 目录　　B. base 目录

C. 限定词目录　　D. rawfile 目录

(5) 配置文件 config. json 中由哪 3 个部分组成。(　　)(多选)

A. Media　　B. App

C. deviceConfig　　D. module

3. 填空题

(1) 华为公司为 HarmonyOS 应用开发提供了一个集成开发环境(IDE)，名字叫______________________。

(2) HarmonyOS 应用发布形态为______________________。

(3) HarmonyOS 能力包 HAP 的全称是______________________。

(4) 一个 HAP 在工程目录中对应一个模块(Module)，模块可以分为____________和____________两种类型。

(5) 一个 App 可以包含____________feature 类型的 HAP。

(6) 配置文件 config. json 包含了一系列配置项，每个配置项由________和________两部分构成。

(7) HarmonyOS 应用开发提供的用于日志输出的类是____________类。

4. 上机题

(1) 搭建开发环境，熟悉 DevEco Studio 开发环境。

(2) 开发并运行第 1 个手机 HarmonyOS 应用 Hello World。

第3章 常用 UI 组件

【学习目标】

■ 理解 HarmonyOS 中的 UI 组件及组件容器

■ 掌握常用的显示型组件，如 Text、Image、ProgressBar 等

■ 掌握常用的交互型组件，如 TextField、Button、RadioButton、Switch 等

■ 会综合使用 HarmonyOS 中常有的 UI 组件

3.1 概述

UI 即 User Interface，是应用的用户界面，是用户和应用之间的交互接口。用户和应用之间的接口非常广泛，如：查看屏幕上应用的界面、单击按钮、语音输入、扫一扫、摇一摇等都是用户和应用的接口。应用 UI 组件是 HarmonyOS 为应用开发提供的界面元素，例如文本框、图像、按钮、进度条等。组件是应用界面的基本构成单元，借助组件，开发者可以高效构建自己的应用图形界面。

组件，即 Component，也可以称为控件，它是绘制在设备屏幕上的一个对象，组件是组成应用用户界面的基本单位，组件需要放置到组件容器中。组件容器，即 ComponentContainer，组件容器可以容纳组件，也可以容纳组件容器。可以说应用中绝大多数的用户界面效果是由组件容器和组件对象构成的，二者通过包含和被包含、相互配合形成丰富的用户界面，应用界面中的组件容器和组件在组织上是一个树形结构，如图 3-1 所示。

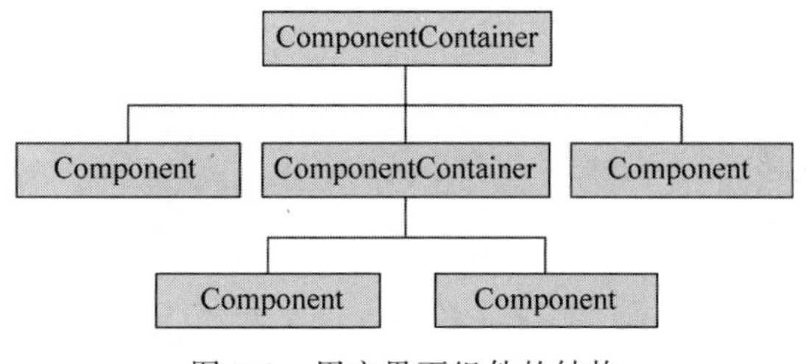

图 3-1 用户界面组件的结构

HarmonyOS 中定义了一些常用的 UI 组件类，如 Text、Button、Switch 等，这些组件类直接或间接继承了 Component 类，因此在管理上，它们都可以作为组件进行统一管理，在实现上它们又各不相同，各自实现了具体的功能。开发者可根据具体的应用场景选择合适的组件。例如，显示内容可以选择 Text、Image 等，如果需要响应用户交互动作，则可以选择 Button、Switch 等组件。

HarmonyOS 中也定义了 ComponentContainer 类，即组件容器类，该类继承了 Component 类，因此，组件容器实际上也是一种特殊的组件，它可以包含其他组件或组件容器。组件容器对应的是界面布局，常用的布局如 DirectionalLayout、DependentLayout 等，它们都继承自 ComponentContainer，关于布局后续章节会进一步阐述。

在 HarmonyOS 应用开发中，UI 实现包括 Java UI 和方舟开发两个框架，本章主要围绕 Java UI 框架阐述，Java UI 框架提供了常用组件的 Java 实现。为了阐述方便，本书中把这些组件从主要功能方面划分为显示型组件和交互型组件，前者主要用于在应用界面中展示信息数据等，如显示文本、图片等，后者多用于和用户进行交互，如按钮单击、开关操作等。下面分别详细介绍一些组件，供开发者参考，需要特别注意的是所有的 UI 组件操作默认都是在界面主线程中执行的。

3.2 显示型组件

显示型组件一般用于在应用界面中显示信息，如显示文字、展示图片等，一般不需要为组件编写事件响应代码，因此显示型组件一般通过 XML 文件定义其显示内容和效果，下面介绍几个常用的显示组件。

11min

3.2.1 Text 组件

Text 组件，即文本组件，也可称为文本或文本显示组件，在应用开发中，当需要显示文本信息时，可以考虑使用 Text 组件。

1. 使用 Text 组件

使用 Text 组件的基本方法是在需要的界面布局中加入< Text >标签。实际上，当创建一个基本的应用工程时，向导创建的默认布局文件 ability_main. xml 中就有一个 Text 组件，在 XML 布局文件中，默认生成的代码如下：

```
< DirectionalLayout
    xmlns:ohos = "http://schemas.huawei.com/res/ohos"
    ohos:height = "match_parent"
    ohos:width = "match_parent"
    ohos:orientation = "vertical">
    < Text
        ohos:id = " $ + id:text_helloworld"
        ohos:height = "match_content"
```

```
        ohos:width = "match_content"
        ohos:background_element = " $ graphic:background_ability_main"
        ohos:layout_alignment = "horizontal_center"
        ohos:text = " $ string:HelloWorld"
        ohos:text_size = "50vp"
        />
</DirectionalLayout>
```

Text 标签有若干属性，通过设置属性可以改变显示的内容和效果。所有的属性都是以 ohos：开头的，这是 HarmonyOS 规定的属性开头，其含义是 OpenHarmonyOS。

Text 标签的属性值可以是直接值，如上述示例中 Text 的高度 height、宽度 width、布局中的对齐方式 layout_alignment、文本大小 text_size 属性，它们被直接进行了赋值，其中，Text 组件的高度值和宽度值的含义是适应其内容 match_content，组件在布局中的对齐方式为水平居中 horizontal_center，文本大小为 50vp。

Text 标签的属性值也可以是间接值，如上述示例中 Text 的背景元素 background_element 和文本内容 text 属性，它们的值中包含了 $ 符号，$ 符号表示引用别的资源，如 $ graphic：background_ability_main 表示引用 graphic 下的 background_ability_main 资源，被引用的资源要求必须是存在的，因此，本例要求在资源目录 graphic 下必须有一个 background_ability_main. XML 文件资源，该资源文件的内容如下：

```
<?xml version = "1.0" encoding = "UTF - 8" ?>
< shape xmlns:ohos = "http://schemas. huawei. com/res/ohos"
       ohos:shape = "rectangle">
       < solid
         ohos:color = " # FFFFFF"/>
</shape >
```

在该资源文件中定义了一个形状 shape，该形状是一个矩形 rectangle，该矩形是实心 solid 的，颜色 color 是白色 # FFFFFF 的，因此，ohos：background_element＝" $ graphic：background_ability_main"的含义是说 Text 组件的背景是一个白色矩形。

再如，ohos：text＝" $ string：HelloWorld"表示的是文本组件显示的文本内容取自资源 string 中的 HelloWorld，因此，在资源目录 element 下有一个 string. json 文件，其中定义的所需的字符串资源如下：

```
{
    "string": [
        {
            "namie": "HelloWorld",
            "value": "Hello World"
        }
    ]
}
```

在该 string. json 文件中定义了一个字符串，名字为 HelloWorld，值为 Hello World，因此在文本组件中显示的内容为 Hello World。

示例中 Text 组件的 id 属性值为"$+id:text_helloworld"，其值在包含了 $ 符号的同时，还包含了+号，这个表示为该 Text 组件建立一个 id，此时会在资源表文件 ResourceTable. java 中自动加入一个静态整型常量 Id_text_helloworld，该常量可以供项目源代码使用，以便能够在程序中引用对应的 Text 组件。资源表文件是开发环境自动建立的帮助项目维护所建立的资源的源代码文件，一般不需要程序员修改，该文件位于项目的 build\generated\souce\r\目录下。

2. 设置 Text 属性

前面已经使用了 Text 组件的一些属性，另外 Text 组件还有一些别的属性，通过设置 Text 组件的属性可以改变它的显示效果，下面介绍几个比较常用的属性。

文本颜色 text_color、字体 text_font、是否倾斜 italic 等属性是 Text 组件属性中关于文字显示效果的，下面的 Text 属性用于将字体设置为蓝色、大小设置为 80vp、采用 HwChinese-medium 字体且倾斜效果。

```
ohos:text_color = "blue"
ohos:text_size = "80vp"
ohos:text_font = "HwChinese - medium"
ohos:italic = "true"
```

Text 组件除了可以设置显示的文本内容外，还有一些组件显示样式设置，如显示的背景、形状等。如果要将组件背景设置为图形资源，首先需要创建一幅图形资源，创建方法是在 graphic 目录下创建 XML 资源文件。具体操作是右击 resources/base/graphic，在弹出的窗口中选择 New→File，如图 3-2 所示。随后会弹出输入文件名对话框，如图 3-3 所示，在输入框中输入创建的文件名，如输入 text_element. xml，单击 OK 按钮，即可创建图形资源文件。

编辑所建立的资源文件，建立< shape >节点，在其属性中指定形状，在其子节点中通过< solid >设置填充颜色。如形状为椭圆，背景为红色的背景资源代码如下：

```
<?xml version = "1.0" encoding = "utf - 8"?>
< shape
    xmlns:ohos = "http://schemas. huawei. com/res/ohos"
    ohos:shape = "oval">
    < solid
        ohos:color = "#FF0000"
    ></solid>
</shape>
```

创建好背景资源后，就可以在 Text 组件的属性中进行引用了，使用 Text 的背景元素属性 background_element 设置 Text 的背景代码如下：

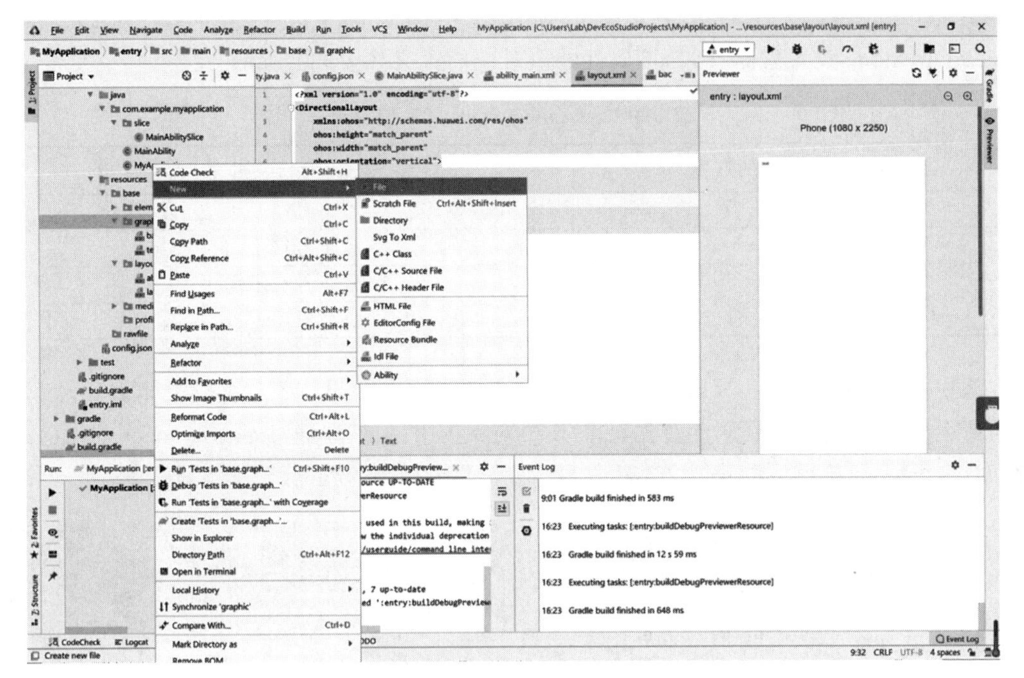

图 3-2　新建图形资源文件

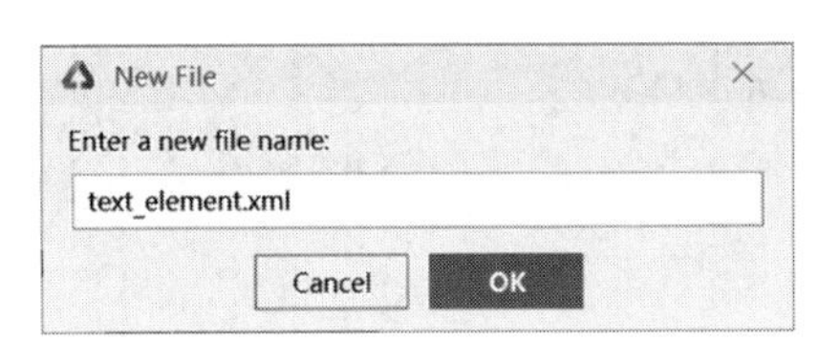

图 3-3　新建文件文本框

```
ohos:background_element = " $ graphic:text_element"
```

Text 组件还有关于边距的属性，组件中的文本内容在显示时可以设置文本距离组件边框的边距，这个边距称为内边距，内边距的相关属性为 padding，组件和外部其他组件的边距称为外边距，外边距的相关属性为 margin。内外边距既可以整体设置，也可以在上、下、左、右四方向上分别设置。

将 Text 的上外边距设置为 10vp，将下外边距设置为 10vp，将左内边距设置为 50vp，将右内边距设置为 50vp，代码如下：

```
ohos:top_margin = "10vp"
ohos:bottom_margin = "10vp"
ohos:left_padding = "50vp"
ohos:right_padding = "50vp"
```

另外，当 Text 组件的大小不足以显示其中的全部文本内容时，可以通过属性 truncation_mode 设置省略方式，该属性的值对应的含义如表 3-1 所示。

表 3-1　truncation_mode 属性值说明

truncation_mode 属性值	说　　明
ellipsis_at_start	省略号在开头
ellipsis_at_middle	省略号在中间
ellipsis_at_end	省略号在末尾
auto_scrolling	自动滚动

其中，auto_scrolling 表示自动滚动，可以实现跑马灯的效果。不过要让文本真正动起来，还需要运行代码支持，在代码中首先获得 Text 对象的引用，然后通过 startAutoScrolling()方法启动自动滚动，这样就可以获得文本组件显示跑马灯的效果，核心代码如下：

```
public void onStart(Intent intent) {
    super.onStart(intent);
    //设置显示的布局
    super.setUIContent(ResourceTable.Layout_ability_main);
    //声明并绑定布局中 Text 组件 text_helloworld
    Text text = (Text)findComponentById
                        (ResourceTable.Id_text_helloworld);
    //将 text 设置为开启自动滚动
    text.startAutoScrolling();
}
```

3. Text 使用实例

实例 TextDemo 给出了 5 个不同的 Text 组件显示效果，如图 3-4 所示，它们均被放置在屏幕的水平中间，它们的内容都是“欢迎来到鸿蒙开发世界”，它们的显示样式不同。

23min

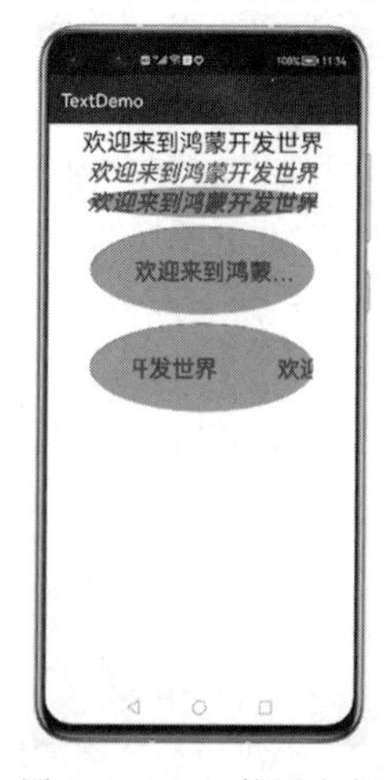

图 3-4　Text 使用实例

实例 TextDemo 对应的布局文件 ability_main.xml 的具体的代码如下：

```
//ch03\TextDemo 项目中的 ability_main.xml
<DirectionalLayout
    xmlns:ohos = "http://schemas.huawei.com/res/ohos"
    ohos:height = "match_parent"
    ohos:width = "match_parent"
    ohos:orientation = "vertical">
    <Text  ohos:id = "$ + id:text_1"
          ohos:height = "match_content"
          ohos:width = "match_content"
          ohos:layout_alignment = "horizontal_center"
          ohos:text = "欢迎来到鸿蒙开发世界"
          ohos:text_size = "28fp"/>
    <Text
        ohos:id = "$ + id:text_2"
        ohos:height = "match_content"
        ohos:width = "match_content"
        ohos:background_element = "$graphic:background_ability_main"
        ohos:layout_alignment = "horizontal_center"
        ohos:text = "欢迎来到鸿蒙开发世界"
        ohos:text_color = "blue"
        ohos:text_font = "HwChinese - medium"
        ohos:italic = "true"
        ohos:text_size = "80"
        />
    <Text
        ohos:id = "$ + id:text_3"
        ohos:height = "match_content"
        ohos:width = "match_content"
        ohos:background_element = "$graphic:text_element"
        ohos:layout_alignment = "horizontal_center"
        ohos:text = "欢迎来到鸿蒙开发世界"
        ohos:text_color = "blue"
        ohos:text_font = "HwChinese - medium"
        ohos:italic = "true"
        ohos:text_size = "80"
        />
    <Text
        ohos:id = "$ + id:text_4"
        ohos:height = "100vp"
        ohos:width = "260vp"
        ohos:layout_alignment = "horizontal_center"
        ohos:background_element = "$graphic:text_element"
        ohos:text = "欢迎来到鸿蒙开发世界"
        ohos:text_color = "blue"
```

```
        ohos:text_size = "80"
        ohos:top_margin = "10vp"
        ohos:left_padding = "50vp"
        ohos:truncation_mode = "ellipsis_at_end"
        />
    <Text
        ohos:id = "$ + id:text_5"
        ohos:height = "100vp"
        ohos:width = "260vp"
        ohos:layout_alignment = "horizontal_center"
        ohos:background_element = "$graphic:text_element"
        ohos:text = "欢迎来到鸿蒙开发世界"
        ohos:text_color = "blue"
        ohos:text_size = "80"
        ohos:top_margin = "10vp"
        ohos:left_padding = "50vp"
        ohos:truncation_mode = "auto_scrolling"
        />
</DirectionalLayout>
```

实际上，对于 Text 组件的属性，在对应的 Text 类实现中，一般提供了对应的 set()方法，可以进行属性设置，例如：Text 类提供了一个 setTruncationMode()方法，该方法可以在代码中设置 truncation_mode 的取值，设置文本自动滚动模式的代码如下：

```
//ch03\TextDemo 项目中的 MainAbilitySlice.java
public void onStart(Intent intent) {
    super.onStart(intent);
    super.setUIContent(ResourceTable.Layout_ability_main);
    Text text = (Text)findComponentById(ResourceTable.Id_text_5);
    //自动滚动
    text.setTruncationMode(Text.TruncationMode.AUTO_SCROLLING);
    text.startAutoScrolling();
}
```

通过 text.setTruncationMode(Text.TruncationMode.AUTO_SCROLLING)方法设置文本组件自动滚动模式和在 XML 文件中设置是等价的，HarmonyOS 体系 Java UI 框架提供了 XML 中的属性值和 Text 类中的常量对应关系，如表 3-2 所示。

表 3-2 truncation_mode 设置值的对应关系

XML 中的属性值	Text 类中对应的常量
auto_scrolling	Text.TruncationMode.AUTO_SCROLLING
ellipsis_at_start	Text.TruncationMode.ELLIPSIS_AT_START
ellipsis_at_middle	Text.TruncationMode.ELLIPSIS_AT_MIDDLE
ellipsis_at_end	Text.TruncationMode.ELLIPSIS_AT_END

另外，绝大多数组件的常用属性可以通过对应的组件类的set()方法进行设置，set()方法的名称和属性的名称基本是对应的。

3.2.2　Image组件

18min

Image是用来显示图片的组件，在程序开发中，经常会遇到需要显示图片的情形，这时就可以考虑使用该组件了。使用Image需要为其准备其中显示的图片，项目中的图片资源一般放在entry→src→main→resources→base→media文件夹下。

这里准备一张图片，文件名为Harmonyos.png，如图3-5所示，将此图片放到media目录下，后面将通过$media:HarmonyOS引用该图片资源。

1. 使用Image组件

创建Image组件和Text组件的方式类似，可以在XML布局文件中添加Image节点，也可以在代码中直接创建Image对象。在XML布局文件中添加Image节点的参考代码如下：

```
//ch03\ImageDemo 项目中的 Ability_main.xml
<?xml version = "1.0" encoding = "utf - 8"?>
< DirectionalLayout
    xmlns:ohos = "http://schemas.huawei.com/res/ohos"
    ohos:height = "match_parent"
    ohos:width = "match_parent"
    ohos:orientation = "vertical">
    < Image
        ohos:height = "match_content"
        ohos:width = "match_content"
        ohos:image_src = " $ media:HarmonyOS"/>
</DirectionalLayout >
```

以上布局运行出的显示效果如图3-6所示。

图3-5　Harmonyos.png图片

图3-6　使用Image组件

2. Image 常用属性

通过 alpha 属性可以设置 Image 的透明度，alpha 取值范围为 0～1，0 表示完全透明，1 表示完全不透明。

图片缩放也是经常使用的，Image 组件提供了 scale_x、scale_y 两个属性，可以分别设置其中的图片在 X、Y 轴方向缩放的倍数。以下代码是将图片设置为 50%透明，X 轴方向缩小到 0.5 倍，Y 轴方向放大到 2 倍的属性设置代码：

```
ohos:alpha = "0.5"
ohos:scale_y = "2"
ohos:scale_x = "0.5"
```

图片缩放默认为以 Image 组件中心为基准点的，当 Image 组件的宽度和高度与图片本身的宽度和高度比例不一致时，缩放可能会出现图片显示不正常的情况。Image 组件提供了一个 scale_mode 属性，可以让 Image 组件中的图片以一定的方式适应组件。

例如，当将 Image 的宽度和高度值都设置为 200vp 时，按比例放大或缩小并居中显示图片的代码如下：

```
<Image
    ohos:height = "200vp"
    ohos:width = "200vp"
    ohos:background_element = "#FF0000"
    ohos:image_src = "$media:HarmonyOS"
    ohos:scale_mode = "zoom_center"
    />
```

运行效果如图 3-7 所示，背景展示了 Image 组件的大小，图片以中心为原点进行了自动放大，当宽度和组件大小一样后，适配了组件大小，上下留了一些组件背景。

图 3-7　按照 zoom_center 缩放并居中显示

当 scale_mode 取不同的值时，对应的图片放大或缩小适配组件的方式如表 3-3 所示。

表 3-3 Image 支持的缩放方式

scale_mode 值	缩 放 方 式
zoom_center	按比例将原图扩大或缩小到 Image 的宽或高，居中显示，在宽或高有一个方向上撑满组件。此情况下，图片显示是完整的，组件背景不一定会被完全覆盖
zoom_start	宽和高按比例将原图扩大或缩小到 Image 组件的边界，和居中显示不同的是，此时图片放置在 Image 组件的左上角位置
zoom_end	缩放同上，不同的是图片放置在 Image 组件的右下角位置
stretch	图片拉伸或挤压到 Image 组件的大小，图片撑满整个组件，不一定保持原来的宽高比
center	保持原图片的大小，图片显示在 Image 组件的中心。当图片尺寸小于组件大小时，按图片大小显示；当图片的尺寸大于 Image 组件的尺寸时，对超过部分进行裁剪处理
inside	图片放置到 Image 组件内，当图片大于组件大小时，按比例将原图缩小到 Image 的宽度或高度，将图片的内容完整地居中显示；当图片小于组件大小时，直接居中显示图片
clip_center	按比例将原图扩大或缩小到 Image 组件大小，图片恰好可以覆盖满组件，对多余的部分进行裁剪。此情况下，组件背景会被完全覆盖，图片不一定显示完整

除了缩放，图片裁剪也是比较常用的功能，一般情况下，当所展示的图片大于所在的 Image 组件大小时，就会进行裁剪。裁剪可以选择不同的对齐方式，关于裁剪的对齐方式，读者可以认为 Image 组件就是一个贴板，其中的图片可以认为是贴纸，当贴纸大于贴板时，会进行裁剪，裁剪前需要把贴纸放到贴板的指定位置，也就是和贴板的哪个边或角对齐的问题。Image 组件提供的 clip_alignment 属性可以设置裁剪方式，以下代码是将裁剪对齐方式设置为左侧对齐：

```
ohos:clip_alignment = "left"
```

默认情况下，裁剪的对齐方式是居中的，因此以上代码的功能是将裁剪对齐设置为水平方向左侧对齐、垂直方向居中对齐。clip_alignment 属性的取值和裁剪对齐方式如表 3-4 所示。

表 3-4 Image 裁剪方式

clip_alignment 值	裁剪方式说明
left	图片左侧和 Image 组件对齐，裁剪右侧
right	图片右侧和 Image 组件对齐，裁剪左侧
top	图片上方和 Image 组件对齐，裁剪下侧
bottom	图片底部和 Image 组件对齐，裁剪上侧
center	图片中心和 Image 组件对齐，裁剪四周

在进行裁剪对齐方式设置时，可以多个值同时使用，如设置右侧下侧对齐方式的代码如下：

```
ohos:clip_alignment = "right|bottom"
```

此代码采用的是一种或运算，但实际上表示的是而且关系，也就是同时具有两个值的效果。

8min

3.2.3 DatePicker组件

DatePicker是一个日期组件，应用中有时需要选择填写日期，DatePicker组件是专门用来显示选择日期的。

使用DatePicker组件可以在布局中加入<DatePicker>节点，设置宽和高等属性即可创建DatePicker组件，下面是使用该组件的示例代码：

```
//ch03\DatePicker项目中的ability_main.xml
<?xml version = "1.0" encoding = "utf - 8"?>
< DirectionalLayout
    xmlns:ohos = "http://schemas.huawei.com/res/ohos"
    ohos:height = "match_parent"
    ohos:width = "match_parent"
    ohos:orientation = "vertical">
    < DatePicker
        ohos:id = " $ + id:data_picker"
        ohos:height = "match_content"
        ohos:width = "match_parent"
        ohos:date_order = "year - month - day"
        ohos:text_size = "30vp"
        ohos:selected_text_size = "36vp"
        ohos:normal_text_color = "blue"
        ohos:selected_text_color = "red"
        ohos:background_element = " # CCCCCC"
        />
</DirectionalLayout >
```

以上代码的运行效果如图3-8所示，默认显示选中的日期是当天。

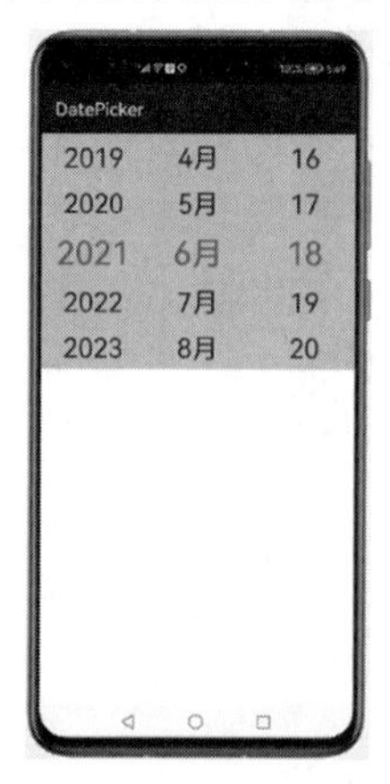

图3-8 DatePicker显示效果

DatePicker组件常用的属性说明如表3-5所示，开发者可以根据需要进行相应的属性设置，以便满足应用使用日期组件的具体需求。

表3-5 DatePicker的常用属性及说明

属性名称	描述	取值及说明	使用举例
date_order	设置显示格式，值实际为0～10枚举值，不同的值组件显示的日期格式不同	day-month-year 显示为日月年 month-day-year 显示为月日年 year-month-day 显示为年月日 year-day-month 显示为年日月 day-month 显示为日月 month-day 显示为月日 year-month 显示为年月 month-year 显示为月年 only-year 仅显示年 only-month 仅显示月 only-day 仅显示日	ohos:date_order="year-month-day"
year_fixed	是否固定年份，如果固定，则年份不能改变	true或false true表示固定，false表示不固定，默认值为false	ohos:year_fixed="true" ohos:year_fixed="$boolean:true"
month_fixed	是否固定月份	同上	ohos:month_fixed="true" ohos:month_fixed="$boolean:true"
day_fixed	是否固定日期	同上	ohos:day_fixed="true" ohos:day_fixed="$boolean:true"
text_size	默认文本大小	取值的默认单位为px，可以是带px/vp/fp单位的浮点数值，可以是浮点数值，也可以引用float资源	ohos:text_size="30" ohos:text_size="16fp" ohos:text_size="$float:size_value"
normal_text_size	未选中文本的大小	同上	ohos:normal_text_size="30" ohos:normal_text_size="16fp" ohos:normal_text_size="$float:size_value"
selected_text_size	选中的文本的大小	同上	ohos:selected_text_size="30" ohos:selected_text_size="16fp" ohos:selected_text_size="$float:size_value"
normal_text_color	未选中文本的颜色	可以直接设置色值，可以使用常用的颜色名称，也可以引用颜色资源	ohos:normal_text_color="#0000FF" ohos:normal_text_color="#blue" ohos:normal_text_color="$color:blue"

续表

属性名称	描述	取值及说明	使用举例
selected_text_color	选中文本的颜色	同上	ohos:selected_text_color="#FF0000" ohos:selected_text_color="red" ohos:selected_text_color="$color:red"
operated_text_color	操作时文本显示的颜色，当操作选择年、月或日时，文本显示的颜色	同上	ohos:operated_text_color="#00FF00" ohos:operated_text_color="green" ohos:operated_text_color="$color:green"
selector_item_num	组件界面上显示供选择的项数	取值为一个整数，如5表示5个日期显示在界面上	ohos:selector_item_num="5" ohos:selector_item_num="$integer:num"
wheel_mode_enabled	是否为循环模式，如选择月份，向上滑动到12后，是否出现1月	true表示循环模式，false表示不循环	ohos:wheel_mode_enabled="true" ohos:wheel_mode_enabled="$boolean:true"

11min

3.2.4 TimePicker组件

TimePicker是用来选择时间的组件，和DatePicker显示选择的年、月、日不同，TimePicker显示选择的是时、分、秒，当应用中需要显示时间和选择功能时，就可以考虑使用TimePicker组件。

TimePicker的用法与DatePicker比较类似，在需要显示时间的布局中添加<TimePicker>组件标签即可。下面是TimePicker使用的一段示例代码：

```
//ch03\TimePickerShow项目中的ability_main.xml
<?xml version="1.0" encoding="utf-8"?>
<DirectionalLayout
    xmlns:ohos="http://schemas.huawei.com/res/ohos"
    ohos:height="match_parent"
    ohos:width="match_parent"
    ohos:orientation="vertical">
<TimePicker
        ohos:height="match_content"
        ohos:width="match_parent"
        ohos:mode_24_hour="false"
        ohos:am_pm_order="left"
        ohos:hour="22"
        ohos:minute="30"
        ohos:second="29"
        ohos:text_pm="下午"
```

```
        ohos:normal_text_size = "30fp"
        ohos:selected_text_size = "50fp"
        ohos:selected_text_color = "#0000FF"
        ohos:shader_color = "#DCFFC2F7"
        ohos:bottom_line_element = "#FF7700FF"/>
</DirectionalLayout>
```

该例子中设置了 TimePicker 的几个属性，包括高度(height)、宽度(width)、是否为 24h 制(mode_24_hour)、上下午位置(am_pm_order)、默认选中的时分秒(hour、minute、second)、字体大小(normal_text_size)、选中文本大小(normal_text_size)、选中文本颜色(selected_text_color)、组件背景色(shader_color)、下画线(bottom_line_element)等，运行的效果如图 3-9 所示。

TimePicker 组件的常用属性和 DatePicker 的常用属性比较类似，具体如表 3-6 所示，开发者可以根据需要进行相应的属性设置，以便满足具体应用的需求。

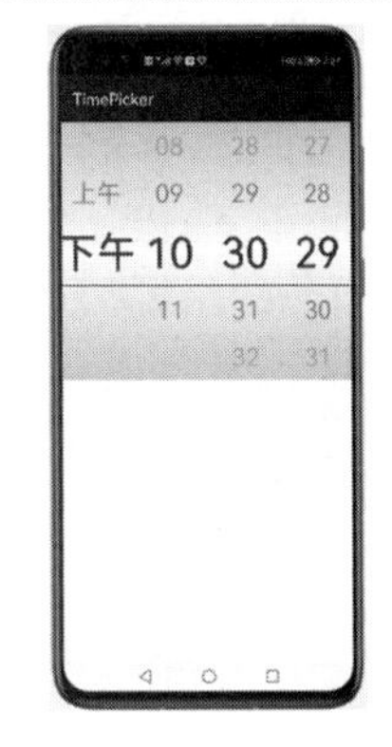

图 3-9 TimePicker 示例

表 3-6 TimePicker 组件的常用属性

属性名称	描述	取值及说明	使用案例
mode_24_hour	设置是否以 24h 制显示时间，不设置时该属性默认为 24h 制	true 或 false，true 表示是，false 表示否	ohos:mode_24_hour="true" ohos:mode_24_hour="$boolean:true"
am_pm_order	上午和下午的位置，当不采用 24h 制时，该属性才生效	left 表示上/下午在组件左侧； right 表示上/下午在组件右侧	ohos:am_pm_order="2"
text_am	上午显示的文本内容	字符串，或直接设置文本字符串，或引用 string 资源	ohos:text_am="上午" ohos:text_am="$string:am"
text_pm	下午显示的文本内容	同上	ohos:text_pm="下午" ohos:text_pm="$string:pm"
hour	默认选中显示的小时值	取值为 0～23，可直接设置整型数值，也可以引用 integer 资源	ohos:hour="22" ohos:hour="$integer:hour"
minute	默认选中显示的分钟值	取值为 0～59，可直接设置整型数值，也可引用 integer 资源	ohos:minute="30" ohos:minute="$integer:minute"

续表

属性名称	描　述	取值及说明	使用案例
second	默认选中显示的秒值	同上	ohos:second="29" ohos:second="$integer:second"
normal_text_size	未选中时间文本的大小	默认单位为px,可为带px/vp/fp单位的浮点值,也可引用float资源	ohos:normal_text_size="30" ohos:normal_text_size="16fp" ohos:normal_text_size="$float:size_value"
selected_text_size	选中的时间文本的大小	同上	ohos:selected_text_size="30" ohos:selected_text_size="16fp" ohos:selected_text_size="$float:size_value"
normal_text_color	未选中时间文本的颜色	可直接设置颜色值,可使用常用的颜色名称,也可以引用颜色资源	ohos:normal_text_color="#0000FF" ohos:normal_text_color="#blue" ohos:normal_text_color="$color:blue"
selected_text_color	选中文本时间的颜色	同上	ohos:selected_text_color="#FF0000" ohos:selected_text_color="red" ohos:selected_text_color="$color:red"
operated_text_color	操作时时间文本的颜色,当操作选择年或月或日时,文本显示的颜色	同上	ohos:operated_text_color="#00FF00" ohos:operated_text_color="green" ohos:operated_text_color="$color:green"
shader_color	组件背景颜色	同上	ohos:shader_color="#DCFFC2F7" ohos:shader_color="black" ohos:shader_color="$color:black"
top_line_element	选中时间的上线显示效果	可直接配置色值,可引用color资源,也可引用media/graphic中的图资源	ohos:top_line_element="#FF7700FF" ohos:top_line_element="red" ohos:top_line_element="$color:red" ohos:top_line_element="$media:media_src" ohos:top_line_element="$graphic:graphic_src"
bottom_line_element	选中时间的下线显示效果	同上	ohos:bottom_line_element="#FF7700FF" ohos:bottom_line_element="$color:red" ohos:bottom_line_element="$media:media_src" ohos:bottom_line_element="$graphic:graphic_src"

续表

属性名称	描　述	取值及说明	使用案例
selector_item_num	组件界面上显示供选择的项数	整数，如 5 表示 5 个时间显示在界面上	ohos:selector_item_num="5" ohos:selector_item_num="$integer:num"
wheel_mode_enabled	是否为循环模式，如选择小时，向上滑动到 23 时，是否出现 0 月	true 表示循环模式，false 表示不循环，默认模式为不循环	ohos:wheel_mode_enabled="true" ohos:wheel_mode_enabled="$boolean:true"

3.2.5 ProgressBar 组件

5min

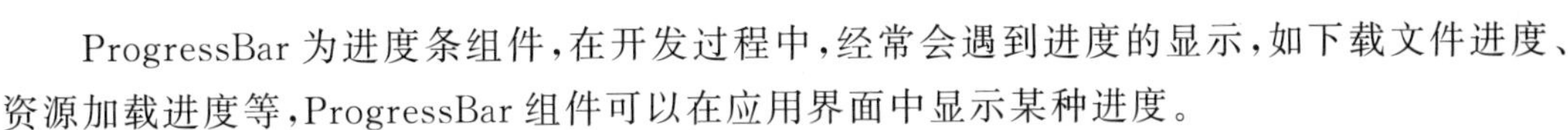

ProgressBar 为进度条组件，在开发过程中，经常会遇到进度的显示，如下载文件进度、资源加载进度等，ProgressBar 组件可以在应用界面中显示某种进度。

ProgressBar 进度条对应的标签为<ProgressBar>，使用方法和其他组件类似，在需要的布局中添加<ProgressBar>节点，配置需要的属性，下面是一个配置进度条的示例代码：

```
//ch03\ProgressBar 项目中的 ability_main.xml
<?xml version = "1.0" encoding = "utf - 8"?>
<DirectionalLayout
    xmlns:ohos = "http://schemas.huawei.com/res/ohos"
    ohos:height = "match_parent"
    ohos:width = "match_parent"
    ohos:orientation = "vertical">
    <ProgressBar
        ohos:height = "60vp"
        ohos:width = "300vp"
        ohos:progress_width = "10vp"
        ohos:orientation = "horizontal"
        ohos:background_element = "#888888"
        ohos:background_instruct_element = "#FF0000"
        ohos:progress_color = "#00FF00"
        ohos:min = "0"
        ohos:max = "100"
        ohos:progress = "30"
        ohos:progress_hint_text = "30%"
        ohos:layout_alignment = "center"/>
</DirectionalLayout>
```

以上代码运行的效果如图 3-10 所示，该示例展示了 ProgressBar 常用的一些属性效果。

ProgressBar 常用属性如表 3-7 所示，开发者可以根据需要选择合适的属性进行设置。

图 3-10　ProgressBar 效果图

表 3-7　ProgressBar 组件的常用属性

属性名称	描　述	取值及说明	使用举例
height	组件的高度	单位为 px 的整数值，或单位为 px/vp/fp 的浮点数值，也可以引用资源	ohos:height="20" ohos:height="60vp" ohos:height="$float:size_value"
width	组件的宽度	同上	ohos:width="100" ohos:width="300vp" ohos:width="$float:size_value"
progress_width	进度条的宽度	同上	ohos:progress_width="10vp"
progress_color	组件中完成进度部分的颜色	可直接设置颜色值，也可引用 color 资源	ohos:progress_color="#00FF00" ohos:progress_color="$color:green"
progress_element	组件中完成进度部分的元素	或为配置颜色值，或引用 color 资源，或引用 media/graphic 下的图片资源	ohos:progress_element="#00FF00" ohos:progress_element="$color:green" ohos:progress_element="$media:media_src" ohos:progress_element="$graphic:graphic_src"
background_instruct_element	组件中进度部分的元素	同上	类似 progress_element 取值
background_element	整个组件的背景元素	同上	类似 progress_element 取值
progress_hint_text	进度条上提示的文本信息	字符串，可以设置文本字串，也可以引用 string 资源	ohos:progress_hint_text="30%" ohos:progress_hint_text="$string:test_str"

续表

属性名称	描　述	取值及说明	使用举例
progress_hint_text_color	进度条上提示文本信息的颜色	可以直接设置颜色值,也可以引用color资源	ohos:progress_hint_text_color="#000000" ohos:progress_hint_text_color="$color:black"
progress_hint_text_size	进度条上提示文本信息的大小	float类型,其默认单位为px;可以是带px/vp/fp单位的浮点数值;也可以引用float资源	ohos:progress_hint_text_size="100" ohos:progress_hint_text_size="20fp" ohos:progress_hint_text_size="$float:size_value"
progress_hint_text_alignment	进度条上提示文本信息的对齐方式	left表示左对齐,right表示右对齐,top表示顶部对齐,bottom表示底部对齐,horizontal_center表示水平居中,vertical_center表示垂直居中,center表示居中	可以设置单个值,也可以使用"|"进行多值组合。 ohos:progress_hint_text_alignment="top" ohos:progress_hint_text_alignment="top|left"
max	最大值,进度条进度结束时的值	整数,可以直接设置整型数值,也可以引用integer资源	ohos:max="100" ohos:max="$integer:i100"
min	最小值,进度条进度开始时的值	同上	ohos:min="0" ohos:min="$integer:i0"
progress	进度条当前的进度值	整数,介于最大值和最小值之间	ohos:progress="30" ohos:progress="$integer:i30"
step	进度的步长	整数,默认值为1。若将step设置为10,进度值则为10的倍数	ohos:step="10" ohos:step="$integer:ten"
orientation	组件的放置方向	水平或垂直,horizontal表示水平,vertical表示垂直,默认为水平放置	ohos:orientation="horizontal" ohos:orientation="vertical"

续表

属性名称	描述	取值及说明	使用举例
divider_lines_enabled	进度条进度是否分段显示	true表示分段显示，false表示不分段，默认值是false	ohos:divider_lines_enabled="true" ohos:divider_lines_enabled="$boolean:true"
divider_lines_number	进度条进度分段显示时的分段数	整数，介于最大值和最小值之间	ohos:progress="5" ohos:progress="$integer:i5"

3.3 交互型组件

交互型组件一般在用于界面显示信息的同时还需要用户与之进行交互，如输入文字、单击、滑动等。交互型组件的外观一般通过属性进行定义，这一点和前面介绍的显示型组件类似，组件交互过程一般需要编写事件响应代码，关于响应代码将在事件处理部分详细介绍。下面主要介绍几个常用的交互型组件的基本用法。

12min

3.3.1 TextField组件

TextField组件，即文本框组件，也可称为文本域或输入框组件。文本框主要用于用户输入文本内容，如输入用户名、密码等。在Java UI框架中的TextField类继承了Text类，因此Textfield组件拥有Text组件所拥有的属性，文本框特有的主要功能是文本的输入。TextField类似于Android中的EditText或iOS中的UITextField，下面具体介绍一下TextField组件。

1. 使用TextField组件

使用文本框组件可以在相应布局文件中添加< TextFiled >节点，通过设置属性修饰组件，如组件大小、背景颜色、提示信息等。下面是一个通过XML布局文件使用文本框的例子代码：

```
//ch03\TextField 项目中的 ability_main.xml
<?xml version = "1.0" encoding = "utf - 8"?>
< DirectionalLayout
    xmlns:ohos = "http://schemas.huawei.com/res/ohos"
    ohos:height = "match_parent"
    ohos:width = "match_parent"
    ohos:orientation = "vertical">
    < TextField
        ohos:height = "40vp"
        ohos:width = "260vp"
        ohos:left_padding = "10vp"
```

```
        ohos:text_alignment = "center"
        ohos:layout_alignment = "center"
        ohos:hint = "输入电话号码"
        ohos:text_size = "30fp"
        ohos:background_element = " $ graphic:background_textfield"
        />
</DirectionalLayout >
```

以上代码在设置文本框背景元素(background_element)时引用了图形资源,所引用的资源文件 background_textfield. xml 的代码如下:

```
//ch03\TextField 项目中的 background_textfield.xml
<?xml version = "1.0" encoding = "utf - 8"?>
< shape
    xmlns:ohos = "http://schemas. huawei. com/res/ohos"
    ohos:shape = "rectangle">
    < corners
        ohos:radius = "40" />
    < solid
        ohos:color = "#999999" />
</shape >
```

以上示例代码的运行效果如图 3-11、图 3-12 所示,单击文本输入框可以输入文本信息,输入信息时提示的信息"输入电话号码"会自动消失,同时自动弹出输入虚拟键盘。

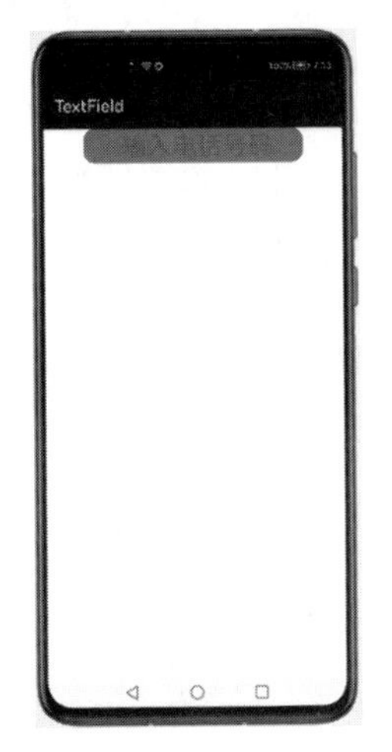

图 3-11　TextField 运行效果

图 3-12　文本框输入时的效果

2. TextField 常用属性

对于 TextField 组件,Text 组件所拥有的属性 TextField 都有,因此一些基本的属性这里不再赘述。文本框主要用于输入文本,当光标点移入文本框时,界面上会出现一个气泡,如果开发者不想使用默认的气泡样式，可以通过 element_cursor_bubble 属性进行重新设置，该属性可以采用一幅图形资源作为值，也可以自由定义所需要的样式，如下代码为设置气泡的例子：

```
...
    <TextField
        ...
        ohos:element_cursor_bubble = "$graphic:cursor_bubble_textfield"
        />
...
```

其中，引用了图形资源 cursor_bubble_textfield，该资源对应的资源文件 cursor_bubble_textfield.xml 的代码如下：

```
//ch03\TextField 项目中的 cursor_bubble_textfield.xml
<?xml version = "1.0" encoding = "utf-8"?>
<shape
    xmlns:ohos = "http://schemas.huawei.com/res/ohos"
    ohos:shape = "oval">
    <solid
        ohos:color = "#0000FF"/>
    <stroke
        ohos:width = "5vp"
        ohos:color = "#FF0000"/>
</shape>
```

图 3-13 修改气泡后的效果图

这里定义的气泡形状是一个圆形 oval，填充颜色为蓝色 #0000FF，边线宽度是 5 个虚拟像素 5vp，颜色是红色 #FF0000，运行效果如图 3-13 所示。

multiple_lines 属性可以设定是否多行显示，若该属性值为 true 则表示多行，若该属性值为 false，则表示单行显示。多行显示效果与 TextFiled 组件的高度有关系，当高度值不够大时可能无法显示多行效果。

basement 属性可以为文本框设置一个基线，也就是可以在文本框下面加一条带颜色的线，该属性的值为基线的颜色。

在实际应用中，我们还会经常碰到输入密码、输入手机号等具有一定限制的文本框输入。如输入密码时往往不希望以明文的形式显示，而是希望以掩码的方式显示，即用符号“*”遮挡所输入的密码内容。在输入手机号时，希望直接弹出的是数字键盘，而非字母键盘，免得进行键盘切换。为了提供更好的输入体验，文本框组件提供了 text_input_type 属性，该属性值及说明如表 3-8 所示。

表 3-8　文本输入类型的取值及说明

text_input_type 属性值	说　　明
ohos:text_input_type="pattern_null"	无约束限制
ohos:text_input_type="pattern_text"	普通文本
ohos:text_input_type="pattern_number"	数字模式，显示数字键盘
ohos:text_input_type="pattern_password"	密码模式，输入内容以 * 显示

3.3.2　Button 组件

7min

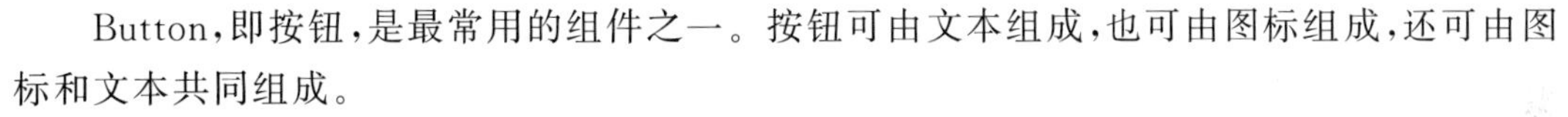

Button，即按钮，是最常用的组件之一。按钮可由文本组成，也可由图标组成，还可由图标和文本共同组成。

1. 使用 Button 组件

使用 Button 组件时可以在布局中添加< Button >节点，也可以在代码中实例化 Button 按钮。下面以在布局文件中添加 Button 节点为例，来说明按钮组件的使用。

如在所建的项目 src→main→resources→layout 布局目录下，在布局文件 ability_main.xml 中添加按钮组件的示例代码如下：

```
//ch03\Button 项目中的 ability_main.xml
<?xml version = "1.0" encoding = "utf - 8"?>
< DirectionalLayout
    xmlns:ohos = "http://schemas.huawei.com/res/ohos"
    ohos:height = "match_parent"
    ohos:width = "match_parent"
    ohos:orientation = "vertical">
    < Button
        ohos:id = " $ + id:button01"
        ohos:height = "match_content"
        ohos:width = "match_content"
        ohos:layout_alignment = "center"
        ohos:text_size = "50fp"
        ohos:text = "按钮 01"
        ohos:element_left = " $ media:icon"
        ohos:background_element = " $ graphic:background_button01"
        />
</DirectionalLayout >
```

上面代码在按钮的左侧加入了一张图标，引用的是 $ media:icon 图标资源，这张图片资源是创建项目时自带的一个默认图标，用户可以根据需要添加并使用新的图片资源。

按钮的形状也是通过引用的资源定义的，background_element 属性引用的 $ graphic:background_ button01 资源在 graphic 目录下，对应的 XML 文件名为 background_ button01.xml,其中定义了一个基本的矩形形状,其代码如下:

```
//ch03\Button 项目中的 background_button01.xml
<?xml version = "1.0" encoding = "UTF - 8" ?>
< shape xmlns:ohos = "http://schemas.huawei.com/res.ohos"
        ohos:shape = "rectangle">
        < solid
          ohos:color = " # FF007DFF"/>
</shape >
```

以上示例代码运行的效果如图 3-14 所示。

2. 多种形状 Button

按钮可以根据需要制作成不同的形状,如矩形按钮、胶囊按钮、椭圆按钮和圆形按钮等以适用于不同的应用场景,其效果如图 3-15 所示。

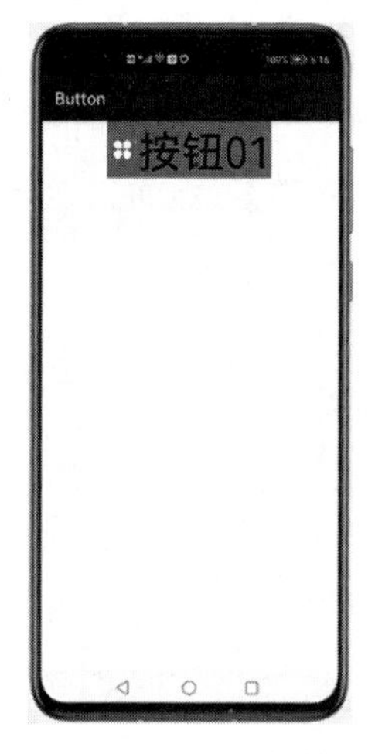

图 3-14 Button 运行效果图

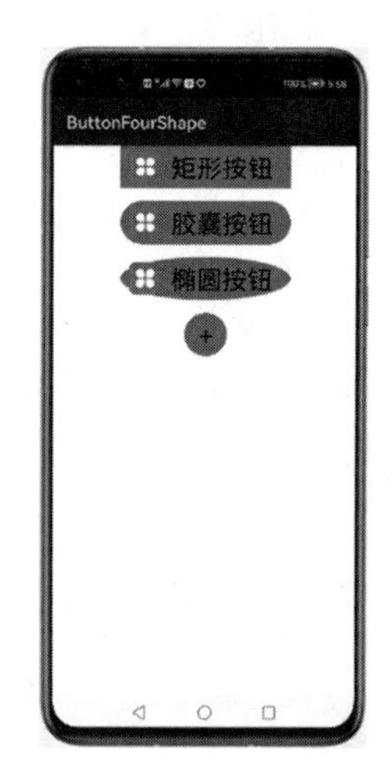

图 3-15 不同形状的按钮

默认情况下使用的按钮为矩形按钮,可以改变按钮中显示的文本和背景的颜色,当然也可以通过背景元素 ohos:background_element 属性设置指定的形状。

胶囊按钮可以通过将背景元素设置为圆角矩形形状实现,椭圆按钮都可以通过设置椭圆形状实现,当椭圆按钮的高和宽一样时,便成为圆形按钮。

图 3-15 显示的是不同形状的按钮,对应的实现代码如下:

```
//ch03\ButtonFourShape 项目中的 ability_main.xml
<?xml version = "1.0" encoding = "utf - 8"?>
< DirectionalLayout
    xmlns:ohos = "http://schemas.huawei.com/res/ohos"
    ohos:height = "match_parent"
    ohos:width = "match_parent"
```

```
ohos:orientation = "vertical">
<Button
    ohos:id = "$ + id:button01"
    ohos:height = "50vp"
    ohos:width = "200vp"
    ohos:background_element = "$ graphic:element_button_rectangle"
    ohos:element_left = "$ media:icon"
    ohos:layout_alignment = "center"
    ohos:bottom_margin = "15vp"
    ohos:left_padding = "10vp"
    ohos:right_padding = "10vp"
    ohos:text = "矩形按钮"
    ohos:text_size = "30fp"
    />
<Button
    ohos:id = "$ + id:button02"
    ohos:height = "50vp"
    ohos:width = "200vp"
    ohos:background_element = "$ graphic:element_button_capsule"
    ohos:element_left = "$ media:icon"
    ohos:layout_alignment = "center"
    ohos:bottom_margin = "15vp"
    ohos:left_padding = "10vp"
    ohos:right_padding = "10vp"
    ohos:text = "胶囊按钮"
    ohos:text_size = "30fp"/>
<Button
    ohos:id = "$ + id:button03"
    ohos:height = "50vp"
    ohos:width = "200vp"
    ohos:background_element = "$ graphic:element_button_oval"
    ohos:element_left = "$ media:icon"
    ohos:layout_alignment = "center"
    ohos:bottom_margin = "15vp"
    ohos:left_padding = "10vp"
    ohos:right_padding = "10vp"
    ohos:text = "椭圆按钮"
    ohos:text_size = "30fp"
    />
<Button
    ohos:id = "$ + id:button04"
    ohos:height = "50vp"
    ohos:width = "50vp"
    ohos:background_element = "$ graphic:element_button_oval"
    ohos:layout_alignment = "center"
```

```
        ohos:bottom_margin = "15vp"
        ohos:left_padding = "10vp"
        ohos:right_padding = "10vp"
        ohos:text = " + "
        ohos:text_size = "30fp"
        />
</DirectionalLayout>
```

其中，矩形按钮对应的资源文件 element_button_rectangle. xml 的代码如下：

```
//ch03\ButtonFourShape 项目中的 element_button_rectangle.xml
<?xml version = "1.0" encoding = "UTF - 8" ?>
<shape
    xmlns:ohos = "http://schemas.huawei.com/res.ohos"
    ohos:shape = "rectangle">
    <solid
        ohos:color = "#007CFD"/>
</shape>
```

在胶囊按钮对应的资源文件中，通过< corners >标签将圆角的半径设置为 100，资源文件 element_button_capsule. xml 的代码如下：

```
//ch03\ButtonFourShape 项目中的 element_button_capsule.xml
<?xml version = "1.0" encoding = "UTF - 8" ?>
<shape
    xmlns:ohos = "http://schemas.huawei.com/res.ohos"
    ohos:shape = "rectangle">
    <corners
        ohos:radius = "100"/>
    <solid
        ohos:color = "#007CFD"/>
</shape>
```

椭圆和圆按钮对应的资源文件 element_button_oval. xml 的代码如下：

```
//ch03\ButtonFourShape 项目中的 element_button_oval.xml
<?xml version = "1.0" encoding = "utf - 8" ?>
<shape
    xmlns:ohos = "http://schemas.huawei.com/res/ohos"
    ohos:shape = "oval">
    <solid
        ohos:color = "#007CFD">
    </solid>
</shape>
```

6min

3.3.3 Checkbox 组件

Checkbox，即复选框，或称为多选按钮。在一些应用中会碰到多选的情况，如考试系统中的多选题、调查问卷中的爱好选择统计等。Checkbox 是专门为多选提供的组件。

下面通过一个调查兴趣爱好的例子，说明一下复选框的基本用法。该示例运行的效果如图 3-16 所示，可以通过单击选择自己的爱好。

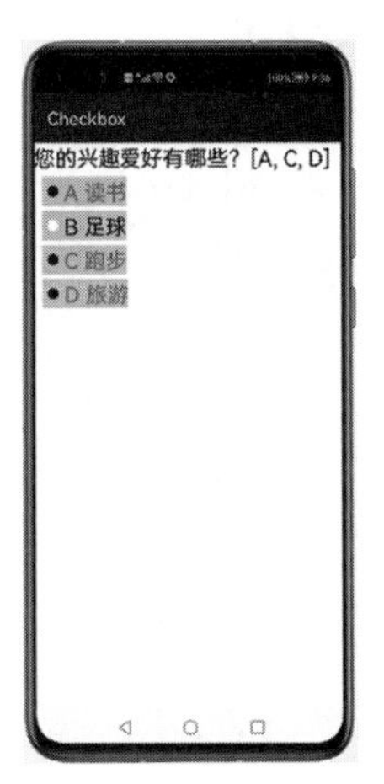

图 3-16　Checkbox 使用示例

实现该效果，需要在布局文件中添加 4 个< Checkbox >节点，分别代表 4 个爱好选项，设置组件的宽、高等基本属性，这些和按钮、文本等组件类似，Checkbox 提供了两个特有的属性，一个是 ohos:text_color_on，另一个是 ohos:text_color_off，它们可以分别表示当选中和未选中时组件中显示的内容信息，下面是兴趣爱好示例的具体布局代码：

```
//ch03\CheckboxDemo 项目中的 ability_main.xml
<?xml version = "1.0" encoding = "utf - 8"?>
< DirectionalLayout
    xmlns:ohos = "http://schemas.huawei.com/res/ohos"
    ohos:height = "match_parent"
    ohos:width = "match_parent"
    ohos:orientation = "vertical">
    < DirectionalLayout
        ohos:height = "match_content"
        ohos:width = "match_parent"
        ohos:orientation = "horizontal">
        < Text
            ohos:height = "match_content"
            ohos:width = "match_content"
            ohos:text = "你的兴趣爱好有哪些?"
            ohos:text_size = "25fp"/>
        < Text
            ohos:id = " $ + id:text_answer"
            ohos:height = "match_content"
            ohos:width = "match_content"
            ohos:text = "()"
            ohos:text_size = "25fp"/>
    </DirectionalLayout >
    < Checkbox
        ohos:id = " $ + id:check_box_1"
        ohos:height = "match_content"
        ohos:width = "match_content"
```

```
        ohos:background_element = "#CCCCCC"
        ohos:left_margin = "10vp"
        ohos:text = "A 读书"
        ohos:text_color_off = "#000000"
        ohos:text_color_on = "#FF3333"
        ohos:text_size = "25fp"
        ohos:top_margin = "5vp"/>
    <Checkbox
        ohos:id = "$ + id:check_box_2"
        ohos:height = "match_content"
        ohos:width = "match_content"
        ohos:background_element = "#CCCCCC"
        ohos:left_margin = "10vp"
        ohos:text = "B 足球"
        ohos:text_color_off = "#000000"
        ohos:text_color_on = "#FF3333"
        ohos:text_size = "25fp"
        ohos:top_margin = "5vp"/>
    <Checkbox
        ohos:id = "$ + id:check_box_3"
        ohos:height = "match_content"
        ohos:width = "match_content"
        ohos:background_element = "#CCCCCC"
        ohos:left_margin = "10vp"
        ohos:text = "C 跑步"
        ohos:text_color_off = "#000000"
        ohos:text_color_on = "#FF3333"
        ohos:text_size = "25fp"
        ohos:top_margin = "5vp"/>
    <Checkbox
        ohos:id = "$ + id:check_box_4"
        ohos:height = "match_content"
        ohos:width = "match_content"
        ohos:background_element = "#CCCCCC"
        ohos:left_margin = "10vp"
        ohos:text = "D 旅游"
        ohos:text_color_off = "black"
        ohos:text_color_on = "#FF3333"
        ohos:text_size = "25fp"
        ohos:top_margin = "5vp"/>
</DirectionalLayout>
```

3.3.4 RadioButton/RadioContainer

RadioButton，即单选按钮，或称为单选框。和复选框不同的是单选框一般应用于多选一的情况，如性别选择、回答是与否的选择等。对于单选框需要在一个组内实现互斥，为了更好地实现这一点，在使用单选框（RadioButton）时，一般还会使用单选框容器（RadioContainer），位于同一个单选框容器中的单选框自动实现互斥，即同一时刻只能有一个会被选中。

下面是一个通过单选按钮选择性别的示例，该示例的运行效果如图3-17所示。

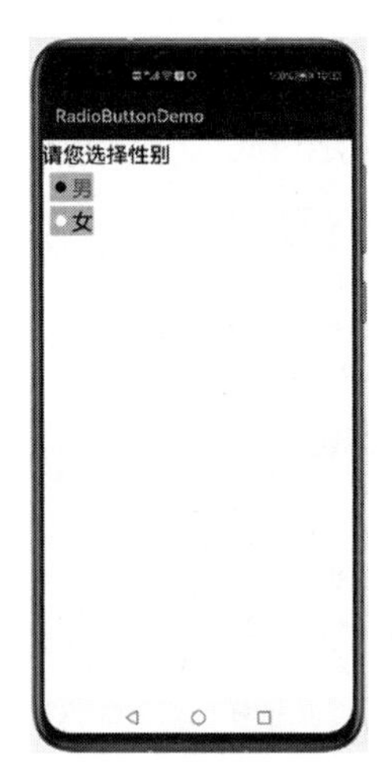

图3-17 单选按钮示例

该示例对应的布局代码如下：

```
//ch03\RadioButtonDemo 项目中的 ability_main.xml
<?xml version = "1.0" encoding = "utf - 8"?>
< DirectionalLayout
    xmlns:ohos = "http://schemas.huawei.com/res/ohos"
    ohos:height = "match_parent"
    ohos:width = "match_parent"
    ohos:orientation = "vertical">
    < Text
        ohos:height = "match_content"
        ohos:width = "match_content"
        ohos:text = "请你选择性别"
        ohos:text_size = "25fp"/>
    < RadioContainer
        ohos:id = " $ + id:radio_container"
        ohos:height = "match_content"
        ohos:width = "match_parent"
        ohos:orientation = "vertical">
        < RadioButton
            ohos:id = " $ + id:r_btn_male"
            ohos:height = "match_content"
```

```
            ohos:width = "match_content"
            ohos:background_element = "#CCCCCC"
            ohos:left_margin = "10vp"
            ohos:text = "男"
            ohos:text_color_off = "#000000"
            ohos:text_color_on = "#ff3333"
            ohos:text_size = "25fp"
            ohos:top_margin = "5vp"
            />
        <RadioButton
            ohos:id = "$ + id:r_btn_female"
            ohos:height = "match_content"
            ohos:width = "match_content"
            ohos:background_element = "#CCCCCC"
            ohos:left_margin = "10vp"
            ohos:text = "女"
            ohos:text_color_off = "#000000"
            ohos:text_color_on = "#ff3333"
            ohos:text_size = "25fp"
            ohos:top_margin = "5vp"
            />
    </RadioContainer>
</DirectionalLayout>
```

该示例布局中有两个单选按钮，一个文本显示的内容是“男”，另一个文本显示的内容是“女”，它们位于同一个单选按钮容器中，因此当选择其中一个选项时，另外一个选项会自动取消。

3.3.5 Switch 组件

Switch，即开关组件，在手机设置界面，经常会看到开关按钮，应用开发中使用 Switch 组件可以实现开关功能。

如下是一个模仿常用的设置中打开和关闭个人热点的界面，布局代码如下：

```
//ch03\SwitchDemo 项目中的 ability_main.xml
<?xml version = "1.0" encoding = "utf-8"?>
<DirectionalLayout
    xmlns:ohos = "http://schemas.huawei.com/res/ohos"
    ohos:height = "match_parent"
    ohos:width = "match_parent"
    ohos:orientation = "horizontal">
    <Text
        ohos:height = "match_content"
        ohos:width = "match_content"
```

```
            ohos:text = "个人热点"
            ohos:top_margin = "15vp"
            ohos:left_margin = "10vp"
            ohos:text_size = "30vp"/>
        < Switch
            ohos:height = "30vp"
            ohos:width = "60vp"
            ohos:top_margin = "10vp"
            ohos:left_margin = "160vp"
            ohos:text_state_off = "关"
            ohos:text_state_on = "开"
            ohos:text_size = "20vp"
            />
    </DirectionalLayout >
```

组件中的 text_state_off 和 text_state_on 属性分别用来设置关闭和打开状态时显示的文本，运行效果如图 3-18(a)和图 3-18(b)所示。

图 3-18　Switch 开关效果图

当然，Switch 开关组件可以通过设置更多属性来修饰其显示效果。

3.4　组件应用示例

本节以一般的应用登录界面为例，综合应用前面所学的组件，本例运行后显示的效果如图 3-19 所示。登录界面的最上方有一张图片 logo，其下是输入用户名和密码框，再往下是记住密码选项，然后是登录和注册功能，最下方是忘记密码功能。

该示例中，各个功能与所使用的组件的对应关系如表 3-9 所示。

图 3-19　登录界面示例效果

表 3-9　文本输入类型的取值及说明

功　　能	使用组件及说明
最上方的图片 logo	Image 组件
请输入用户名	TextField 组件，通过 basement 实现底边线显示效果
请输入密码	TextField 组件，通过 basement 实现底边线显示效果
记住密码	CheckBox 组件
登录	Button 组件，通过背景图形实现圆角效果
注册	Button 组件，通过背景图形实现圆角效果
忘记密码	Text 组件
忘记密码下方线	Text 组件，通过背景线及组件高度控制，显示线效果

该示例的布局实现代码如下：

```
//ch03\LoginUIDemo 项目中的 ability_main.xml
<?xml version = "1.0" encoding = "utf - 8"?>
< DirectionalLayout
    xmlns:ohos = "http://schemas.huawei.com/res/ohos"
    ohos:height = "match_parent"
    ohos:width = "match_parent"
    ohos:alignment = "center"
    ohos:orientation = "vertical">

    < Image
        ohos:height = "100vp"
        ohos:width = "100vp"
        ohos:foreground_element = " $ media:icon"
        ohos:margin = "20vp"
```

```
    />

<TextField
    ohos:height="match_content"
    ohos:width="200vp"
    ohos:basement="$graphic:bg_line"
    ohos:hint="$string:inputName"
    ohos:margin="10vp"
    ohos:text_alignment="center"
    ohos:text_size="27vp"
    />

<TextField
    ohos:height="match_content"
    ohos:width="200vp"
    ohos:basement="$graphic:bg_line"
    ohos:hint="$string:inputPassword"
    ohos:margin="10vp"
    ohos:text_alignment="center"
    ohos:text_input_type="pattern_password"
    ohos:text_size="27vp"
    />

<Checkbox
    ohos:height="match_content"
    ohos:width="150vp"
    ohos:bubble_height="50vp"
    ohos:check_element="$graphic:checkbox"
    ohos:margin="10vp"
    ohos:text="$string:checkPassword"
    ohos:text_size="22vp"
    />

<DirectionalLayout
    ohos:height="match_content"
    ohos:width="match_parent"
    ohos:alignment="center"
    ohos:orientation="horizontal">

    <Button
        ohos:height="match_content"
        ohos:width="120vp"
        ohos:background_element="$graphic:bg_button"
        ohos:margin="10vp"
        ohos:padding="3vp"
```

```
                ohos:text = " $ string:login"
                ohos:text_size = "28vp"
                />

            <Button
                ohos:height = "match_content"
                ohos:width = "120vp"
                ohos:background_element = " $ graphic:bg_button"
                ohos:margin = "10vp"
                ohos:padding = "3vp"
                ohos:text = " $ string:register"
                ohos:text_size = "28vp"
                />
        </DirectionalLayout>

        <Text
            ohos:height = "match_content"
            ohos:width = "match_content"
            ohos:layout_alignment = "horizontal_center"
            ohos:text = " $ string:forget"
            ohos:text_color = " # 0000FF"
            ohos:text_size = "20vp"
            ohos:top_margin = "50vp"
            />

        <Text
            ohos:height = "1vp"
            ohos:width = "100vp"
            ohos:background_element = " $ graphic:bg_line"
            ohos:bottom_margin = "50vp"
            ohos:layout_alignment = "horizontal_center"
            />
</DirectionalLayout>
```

布局中引用的资源文件 bg_line.xml 的代码如下：

```
//ch03\LoginUIDemo 项目中的 bg_line.xml
<?xml version = "1.0" encoding = "utf - 8"?>
<shape
    xmlns:ohos = "http://schemas.huawei.com/res/ohos"
    ohos:shape = "line"
>
    <stroke
        ohos:width = "2vp"
        ohos:color = " # 0000FF"
        />
    </shape>
```

布局中引用的资源文件 checkbox.xml 的代码如下：

```
//ch03\LoginUIDemo 项目中的 checkbox.xml
<?xml version = "1.0" encoding = "utf - 8"?>
< state - container xmlns:ohos = "http://schemas.huawei.com/res/ohos">
    < item ohos:state = "component_state_checked"
          ohos:element = " $ graphic:checkbox_checked"/>
    < item ohos:state = "component_state_empty"
          ohos:element = " $ graphic:checkbox_unchecked"/>
</state - container >
```

引用的资源文件 checkbox_checked.xml 的代码如下：

```
//ch03\LoginUIDemo 项目中的 checkbox_checked.xml
<?xml version = "1.0" encoding = "UTF - 8" ?>
< shape xmlns:ohos = "http://schemas.huawei.com/res/ohos"
        ohos:shape = "rectangle">
    < solid
        ohos:color = " # FF002CC9"/>
    < stroke
        ohos:color = " # 666666"
        ohos:width = "1vp" />
</shape >
```

引用的资源文件 checkbox_unchecked.xml 的代码如下：

```
//ch03\LoginUIDemo 项目中的 checkbox_unchecked.xml
<?xml version = "1.0" encoding = "UTF - 8" ?>
< shape xmlns:ohos = "http://schemas.huawei.com/res/ohos"
        ohos:shape = "rectangle">
    < solid
        ohos:color = " # FFFFFF"/>
    < stroke
        ohos:color = " # 666666"
        ohos:width = "1vp" />
</shape >
```

布局中引用的资源文件 bg_button.xml 的代码如下：

```
//ch03\LoginUIDemo 项目中的 bg_button.xml
<?xml version = "1.0" encoding = "utf - 8"?>
< shape
    xmlns:ohos = "http://schemas.huawei.com/res/ohos"
    ohos:shape = "rectangle"
>
    < corners
```

```
        ohos:radius = "30vp" />
    < solid
        ohos:color = "#FFE2E2FF" />
</shape>
```

以上示例通过常用的组件实现了一个应用的登录功能界面，当然，开发者可以根据需要设计出更加能够提高用户体验的界面效果。该例子中两次使用 DirectionalLayout 布局，关于布局后续章节还会详细阐述，这里暂时不展开。目前，这个版本的登录功能界面还不能进行登录操作，如果要使登录按钮能够响应单击登录功能，则需要进行组件事件监听等，这些将在接下来的章节中介绍。

除了本章介绍的常用 UI 组件外，HarmonyOS 体系的 UI 框架还提供了一些其他组件，相信读者通过学习已经掌握了组件的使用方法，能够举一反三。更多的组件，开发者可以参阅相关的技术手册，限于篇幅，这里不再赘述。

小结

本章主要讲解了常用的 UI 组件，HarmonyOS 体系中的 Java UI 提供了丰富的界面组件，本章主要介绍一些常用的 UI 组件，主要包括显示型组件和交互型组件，显示型组件主要用于显示界面内容，一般不接受用户操作，如文本框、图片等；交互型组件在显示界面内容效果的同时，一般还会接受用户操作，如输入框、按钮、开关等。组件是构成 HarmonyOS 应用界面的基本元素，组件经过修饰和组合可以得到丰富的界面效果，开发者可以在组件使用的基本方法之上构建丰富多彩的应用界面。

习题

1. 判断题

(1) 组件一般直接继承 Component 或它的子类，如 Text、Image 等。(   )

(2) 组件参数中将宽度 ohos:width 的值设置为 match_content 时，表示组件大小与它的内容占据的大小范围相适应。(   )

(3) 组件参数中将高度 ohos:height 的值设置为 match_parent 时，表示组件大小为父组件允许的最大值，它将占据父组件方向上的剩余大小。(   )

(4) 组件设置独立 ID 的目的是为了方便在程序中查找该组件。(   )

(5) 在 Java UI 框架中，Component 和 ComponentContainer 以树状的层级结构进行组织，这样的一个大布局就称为组件树。(   )

(6) Button 组件既可以显示图片也可以显示文本。(   )

2. 选择题

(1) HarmonyOS 中，可使用的 UI 框架包括方舟开发框架和(   )。

A. C++UI 框架　　B. Java UI 框架

C. Swing UI 框架　　D. VUE UI 框架

(2) 鸿蒙应用基于 JS 的 UI 开发采用(　　)和(　　)作为页面布局和页面样式的开发语言,页面业务逻辑则采用(　　)语言。

A. WML　　B. HTML　　C. Java

D. CSS　　E. XML　　F. JavaScript

(3) Text 组件中用于显示内容的属性是(　　)。

A. ohos:text　　B. ohos:id

C. ohos:width　　D. ohos:hint

(4) Image 组件中用于加载显示的图片资源的属性是(　　)。

A. ohos:img　　B. ohos:image_src

C. ohos:src　　D. ohos:pic

(5) Button 组件的 4 种类型主要是通过(　　)属性完成的。

A. ohos:type　　B. ohos:backgroud_element

C. ohos:btn_type　　D. ohos:backgroud

(6) RadioButton 一般和组件(　　)一起使用,以达到单选的效果。

A. RadioGroup　　B. Radio

C. RadioContainer　　D. RadioBox

3. 填空题

(1) 界面中所有组件的基类是________________。

(2) 当 Button 组件的形状 ohso:shape 的值为________________时,其类型为普通按钮和胶囊按钮。

(3) 当 Button 组件的形状 ohso:shape 的值为________________时,其类型为椭圆按钮和圆形按钮。

(4) TextField 组件是________________组件的直接子类。

(5) TextField 组件的提示信息可以通过________________属性设置。

4. 上机题

(1) 仿照 QQ,实现用户的登录界面。

(2) 结合某一业务需求,如餐厅服务质量调查,实现问卷调查界面。

第4章 事件和通知

【学习目标】

■ 理解基于监听的事件处理原理

■ 掌握组件事件处理的开发方法，认识常用的组件监听器并会使用

■ 理解公共事件，掌握公共事件处理接口

■ 会在应用中发布、订阅、处理、退订公共事件

■ 会在应用中使用通知功能

在移动应用中，用户往往要进行各种操作，如单击按钮、滑动屏幕等，这些对于应用中的组件来讲就是触发了某个事件。事件和通知是应用自身内部组件之间、应用和应用之间、应用和系统之间及应用和用户之间进行信息交换的主要方式。HarmonyOS应用开发者需要掌握事件和通知相关技术，包括组件事件、公共事件和通知等，组件事件主要是基于监听原理实现的，下面首先从基于监听的事件原理讲起。

15min

4.1 基于监听的事件原理

HarmonyOS提供了两种形式的事件处理，一种是基于监听的事件处理，另一种是基于回调的事件处理。基于回调的事件处理一般应用于物理按键的处理，而目前大多数应用不需要物理按键操作，因此使用较少。基于监听的事件处理是组件处理事件的主要方式，下面详细介绍一下事件处理模型。

在事件监听的处理模型中，主要涉及事件源、事件和事件监听器3个对象。

（1）事件源(Event Source)：即事件的发生源，它是事件的发起对象，通常事件是由组件发起，如按钮单击等。

（2）事件(Event)：事件是事件源产生的动作的封装，事件可以理解成是事件源和事件监听器之间传递信息的载体，它封装了组件上发生的事件信息，通过事件对象传递给事件监听器。

（3）事件监听器(Event Listener)：负责监听事件源所发生的事件，并对监听到的事件做出相应的处理。

基于监听的事件处理在设计上是一种监听模式，一般当用户实施某种操作，如当单击界面中的按钮时，会触发一个相应的事件，该事件就会触发事件源上注册的事件监听器，事件监听器监听到事件后，调用相应的事件处理方法进行事件处理。开发者使用基于监听的事件处理的基本流程如图 4-1 所示。

第 1 步：为某个事件源(组件)设置一个监听器，用于监听用户操作。

第 2 步：外部动作触发事件源。

第 3 步：生成对应的事件对象。

第 4 步：事件对象作为参数传给事件监听器。

第 5 步：事件监听器对事件对象进行判断，调用相应的事件处理方法进行事件处理。

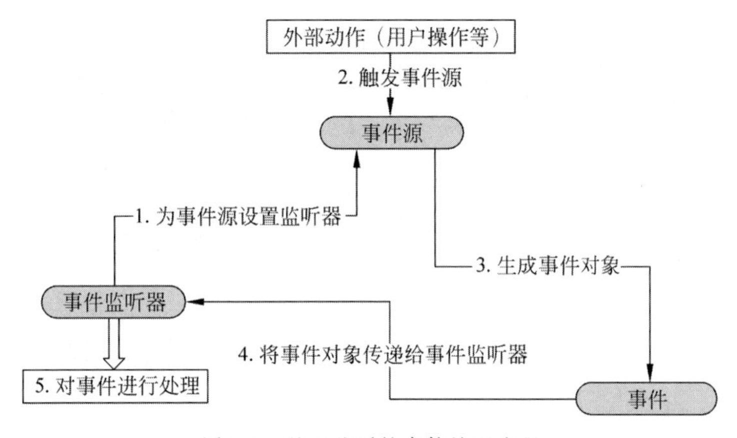

图 4-1　基于监听的事件处理流程

为了更好地理解基于监听的事件处理原理，这里实现一个极简的事件监听处理框架。首先定义一个事件类，代码如下：

```
//ch04\SimpleFramework 中的 Event.java
//事件类极简实现,当然该类可以很复杂,可以包含更多信息
public class Event {
    String type;
    Object obj;
    Event(String type, Object obj)
    {
        this.type = type;
        this.obj = obj;
    }
    public String getType(){
        return type;
    }
    Object getMsg(){
        return obj;
    }
}
```

为了监听事件源，事件源中需要具有设置监听器方法，通常事件源维护一个监听器引用列表，事件源通过设置监听器方法添加监听器，当事件源发生某个事件时，可以最终由实现监听器接口的具体监听器处理监听事件，下面是监听接口的极简实现，代码如下：

```
//ch04\SimpleFramework 中的 Listener.java
//极简监听器接口
public interface Listener {
    public void onEvent(Event e);
}
```

事件源类的极简实现，代码如下：

```
//ch04\SimpleFramework 中的 Source.java
//极简事件源类
public class Source {

    private List<Listener> listenerList = new ArrayList<>();

    //设置添加监听器方法
    public void setListener(Listener listener) {
        listenerList.add(listener);
    }

    //发出事件,触发监听器
    public void happenEvent(String type) {
        Object obj = new Object();
        Event event = new Event(type,obj); //创建事件对象
        for (Listener listener : listenerList) {
            listener.onEvent(event); //监听器调用方法
        }
    }
}
```

至此，一个极简的基于监听的事件处理框架已经实现。如果开发者要使用该框架，则需要实现相应的监听器类，下面是一种实现监听器接口的监听器类实现，代码如下：

```
//ch04\ SimpleFramework 中的 Main.java 相关代码
//具体的监听器类,实现了监听器接口
class YourListener implements Listener {
    @Override
    public void onEvent(Event e) {
        //可以根据具体事件进行具体的处理
        if (e.getType().equals("yourType"))
            System.out.println("自定义的处理事件过程");
    }
}
```

接下来，创建事件源和监听器对象，通过以下代码使用该极简事件监听处理框架，代码如下：

```
//ch04\ SimpleFramework 中的 Main.java 相关代码
Source  source = new Source();                    //实例化事件源
YourListener listener = new YourListener();       //实例化监听器
source.setListener(listener);                     //绑定监听器
source.happenEvent("yourType");                   //监听事件并处理
```

此后，当事件源上发生某个操作，这里是 happenEvent()方法被执行时，就会触发监听器进行相应的事件处理方法，这里调用了 YourListener 中的 onEvent()方法进行自定义事件处理。

在 UI 框架中，每个组件可以设置一个或多个事件监听器，每个监听器对象也可监听一个或多个组件事件源，事件源上不同的事件可以分发到不同的事件监听器进行事件处理，也可以让一个监听器监听并处理一类事件。也就是说，理论上事件源、事件、事件监听器之间并不是一一对应关系，但在实际使用中，为了避免混乱，往往一个监听器对象只监听一个事件源的一种事件。

在系统中，基于监听的事件处理在底层开发框架上已经实现，对于应用开发者而言，从某种程度上甚至可以不必关心其底层逻辑，只需定义自己的监听器并设置到被监听的事件源对象上，便可以利用底层框架实现事件监听。尽管如此，开发者在使用监听框架时，还可以采用不同的具体的监听器实现方法。

4.2 组件事件

4.2.1 事件监听处理方法

组件事件顾名思义是以组件为事件源发出的事件。在开发中，通过在组件上设置监听器对象对组件事件进行监听，组件事件监听处理一般需要做以下几项工作：

(1) 获得或定义组件对象。

(2) 定义组件事件监听器类，实现事件处理接口方法。

(3) 在组件上设置监听器对象。

对于(1)，一般可以通过 findComponentById()方法获得组件对象；对于(3)，组件可以调用组件类提供的设置监听器方法，一般为 setXxxListener()的形式；对于(2)，在实际开发中，定义实现事件监听器，通常又有以下 4 种不同的方式。

方式 1：将组件所在的 AbilitySlice 作为事件监听器。该方式通过让组件所在的 AbilitySlice 实现相应的监听器接口，并重写对应事件的处理方法实现。

方式 2：通过匿名内部类的形式实现。该方式在为组件设置监听器的同时实现监听器接口，所创建的类及对象都没有名字，故称为匿名内部类方式。

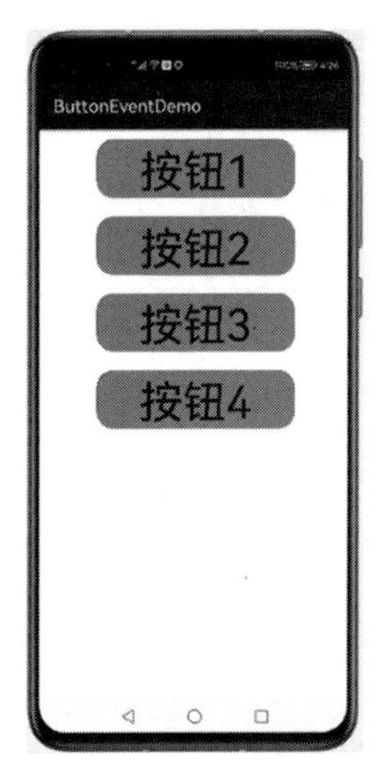

图 4-2 按钮的 4 种单击方式

方式 3：通过内部类的形式实现。将事件监听器类定义在当前类的内部，进而由该类创建监听器对象，并设置到被监听的组件对象上。

方式 4：通过外部类的形式实现。将事件监听器类定义在当前类的外部，进而由该类创建监听器对象，并设置到被监听的组件对象上。

为了使读者更好地理解组件事件监听的不同实现方式，下面以按钮的单击事件为例，分别为 4 个按钮实现以上 4 种不同的监听处理方式，以此监听按钮单击事件。

该示例运行的效果界面如图 4-2 所示，界面布局中有 4 个按钮，分别为按钮 1、按钮 2、按钮 3 和按钮 4，4 个按钮对应的 ID 依次是 btn1、btn2、btn3 和 btn4，它们依次采用以上 4 种方式处理单击事件。

1. 组件所在的类作为监听器

按钮 1 在 MainAbilitySlice 中，让该类 MainAbilitySlice 实现 Component. ClickedListener 监听器接口，同时实现该接口的抽象方法 onClick()，核心代码如下：

```
//ch04\ButtonEventDemo 项目中的 MainAbilitySlice.java 相关代码
//实现监听器接口
public class MainAbilitySlice extends AbilitySlice
        implements Component.ClickedListener { //实现监听器接口
    Button btn1;
    @Override
    public void onStart(Intent intent) {
        super.onStart(intent);
        super.setUIContent(ResourceTable.Layout_ability_main);

        //方式一:Slice 实现了监听器
        btn1 = (Button)findComponentById(ResourceTable.Id_btn1);
        btn1.setClickedListener(this);
    }

    @Override //重写接口中的方法,自定义处理过程
    public void onClick(Component component) {
        //定义一个弹出对话框,提示信息
        ToastDialog dialog = new ToastDialog(MainAbilitySlice.this);
        dialog.setText( "你单击了按钮" + component.getName() );
        dialog.show();
    }
}
```

这里 MainAbilitySlice 通过 implements 实现了 ClickedListener 接口，并实现了其中的 onClick()方法，按钮 1 通过 btn1. setClickedListener(this)语句将监听器设置为 this，this 代表当前对象，即 MainAbilitySlice 对象。这样当按钮被单击时，就会被监听器监听到所发生的事件，进而进行事件处理，事件处理会调用监听器相应的处理方法，即 onClick()方法。

在 onClick()方法中完成按钮的单击事件自定义处理，这里进行的处理是当单击按钮时，使用对话框提示信息，ToastDialog 是一个弹出式对话框，其会在屏幕上显示一段时间，然后自动消失，一般用于提醒功能。

2. 匿名内部类方式

匿名内部类是没有名称的内部类，匿名内部类方式是直接使用 new 关键字创建监听器接口对象实例，由于接口是抽象类，所以不能生成实例，因此需要同时实现接口，这样就实现了一个匿名的内部类。下面是在按钮 2 上，设置了匿名内部类监听器对象的实现核心代码：

```
//ch04\ButtonEventDemo 项目中的 MainAbilitySlice.java 相关代码
    //方式二:匿名内部类
    btn2 = (Button)findComponentById(ResourceTable.Id_btn2);
    btn2.setClickedListener( new Component.ClickedListener() {
        @Override
        public void onClick(Component component) {
            ToastDialog dialog = new ToastDialog(MainAbilitySlice.this);
            dialog.setText( "你单击了按钮" + component.getName() );
            dialog.show();
        }
    });
```

实际上，通过匿名内部类创建了一个匿名的监听器对象，并在按钮上设置了该监听器对象，实现了事件源和监听器对象的关联，进而能够处理示例中按钮的单击事件。

3. 内部类方式

和匿名内部类不同是内部类方式定义的类是有名字的，并且为监听器定义了一个类，此类在组件所在的类的内部。在按钮 3 所在的 MainAbilitySlice 类中定义了一个内部类 InnerListener 并实现按钮单击事件监听，主要代码如下：

```
//ch04\ButtonEventDemo 项目中的 MainAbilitySlice.java 相关代码
public class MainAbilitySlice extends AbilitySlice {
    Button btn3;
    @Override
    public void onStart(Intent intent) {
        super.onStart(intent);
        super.setUIContent(ResourceTable.Layout_ability_main);

        //方式三:内部类方式实现监听器
        btn3 = (Button)findComponentById(ResourceTable.Id_btn3);
```

```
        InnerListener listener = new InnerListener();
        btn3.setClickedListener(listener);
    }

    //定义内部类
    class InnerListener implements Component.ClickedListener{
        @Override
        public void onClick(Component component) {
            ToastDialog dialog = new ToastDialog(MainAbilitySlice.this);
            dialog.setText( "你单击了按钮" + component.getName() );
            dialog.show();
        }
    }
}
```

这里按钮 3 通过 btn3.setClickedListener(listener)语句设置了监听器对象 listener,该监听器对象是内部类 InnerListener 的对象。类 InnerListener 是定义的内部类,由于它需要具有监听单击的能力,因此该类实现了 Component.ClickedListener 接口,同时实现了 onClick()方法进行单击事件处理。

4. 外部类方式

外部类方式定义的监听器类不在组件所在的类的内部,和前面 3 种方式不同的是,外部类相对比较独立,脱离了组件运行的上下文环境,因此,在定义外部类时往往需要通过其构造方法为其传递应用的上下文环境引用。

下面是一个定义外部监听类的代码:

```
//ch04\ButtonEventDemo 项目中的 OuterListener.java
//方式四:定义外部类,实现接口
public class OuterListener implements Component.ClickedListener {
    MainAbilitySlice context;
    public OuterListener(MainAbilitySlice context) {
        this.context = context;
    }
    //重写接口方法,处理监听
    public void onClick(Component component) {
        ToastDialog dialog = new ToastDialog( context.getContext() );
        dialog.setText("你单击了按钮" + component.getName() );
        dialog.show();
    }
}
```

该外部类也是一个监听器类,实现了 ClickedListener 接口,但是,因为该类不在组件所在的类的内部,在外部类中构建 ToastDialog 对象时,又需要上下文环境参数,所以,这里通过构造函数把上下文引用传递了进来。

使用外部类，设置监听器对象的代码和使用内部类相似，通过外部类创建监听器对象，通过 btn4. setClickedListener(outerListener)语句为按钮 4 设置监听器，即可实现按钮的单击事件监听，主要代码如下：

```
//ch04\ButtonEventDemo 项目中的 MainAbilitySlice.java 相关代码
    //方式四:外部类实现监听器
    btn4 = (Button)findComponentById(ResourceTable.Id_btn4);
    OuterListener listener = new OuterListener(this);
    btn4.setClickedListener(listener);
```

以上以按钮单击为例，给出了 4 种不同的事件监听处理方式的实现。不管采用哪种方式，其基本思路都是首先确定被监听的组件事件源，其次创建对应的监听器对象，然后为组件设置监听器，这样当组件发生事件触发时，就会通过底层框架关联到相应的监听器对象，从而可以进行相应的事件处理。

4.2.2 常用组件监听器

在基于监听的事件处理框架下，系统提供了很多监听器接口，供开发者根据具体需要进行监听器实现，这些监听接口一般对应特定的一类事件，有的还对应特定的组件，因此在开发中应根据需要进行选择，常用监听器接口的说明如表 4-1 所示。

表 4-1 常用的监听器

监听器接口	监听事件	事件源组件
ClickedListener	单击事件	Component，相当于所有组件
LongClickedListener	长按事件	Component，相当于所有组件
DoubleClickedListener	双击事件	Component，相当于所有组件
DraggedListener	拖曳事件	Component，相当于所有组件
FocusChangedListener	组件焦点变化	Component，相当于所有组件
RotationEventListener	旋转事件	Component，相当于所有组件
ScaledListener	尺寸变化事件	Component，相当于所有组件
TouchEventListener	滑动事件	Component，相当于所有组件
CursorChangedListener	光标位置变化事件	TextField
ValueChangedListener	值改变事件	DatePicker
TimeChangedListener	时间变化事件	TimePicker
CheckedStateChangedListener	选择状态变化	Checkbox、RadioButton、RadioContainer
ItemClickedListener	条目单击事件	ListContainer
ItemLongClickedListener	条目长按事件	ListContainer
ItemSelectedListener	条目选中事件	ListContainer
PageChangedListener	页面改变事件	PageSlider

由于组件都直接或间接继承于 Component 类，因此表 4-1 中，监听器对应的事件源组

件为 Component，实际上就是对所有的组件都适用。

针对每个监听器，对应的组件类中都提供了设置方法，这些设置监听方法的名字和监听器接口名是对应的，几乎是在名称前多了一个 set，如：设置 ClickedListener 监听器的方法为 setClickedListener()，设置 ItemClickedListener 监听器方法为 setItemClickedListener()。也有个别例外，如 PageChangedListener 监听器对应的 PageSlider 中的设置方法是 addPageChangedListener()。

从理论上讲，所有的组件都可以设置任意的监听器进行事件监听处理，但是，作为具体的组件，一般有比较专门的用途，如按钮一般用来单击、文本框主要用来输入内容、列表主要用于条目数据的显示和操作等，因此，开发者在进行组件事件监听处理时，最好根据具体的组件和应用需求选择最合适的监听器加以实现，这样可以使项目代码更易理解和维护。

4.2.3 监听事件示例

1. 单项选择

在常用的 UI 组件中，已经介绍过单选框 RadioButton 的基本使用，如让用户选择性别等。本示例主要说明在状态改变时触发事件响应的方法。

本例假定，已经把一组单选框放在同一个 RadioContainer 内，当 RadioButton 的选项状态发生变化时，会触发其所在的 RadioContainer 选项状态发生变化的事件，因此，在实现时，既可使用 RadioButton 触发事件，也可以使用 RadioContainer 来触发选项改变事件。

9min

这里使用 RadioContainer 的 setMarkChangedListener()方法设置监听器，监听器接口采用 CheckedStateChangedListener，通过事件处理 onCheckedChanged()方法进行事件处理，采用内部匿名类方式实现，具体的代码如下：

```
//ch04\RadioButtonDemo 项目中的 MainAbilitySlice.java
public class MainAbilitySlice extends AbilitySlice {
    RadioContainer radioContainer;
    @Override
    public void onStart(Intent intent) {
        super.onStart(intent);
        super.setUIContent(ResourceTable.Layout_ability_main);
        radioContainer = (RadioContainer) findComponentById
                    (ResourceTable.Id_radio_container);

        //设置监听,匿名内部类方式
        radioContainer.setMarkChangedListener(new RadioContainer
                    .CheckedStateChangedListener() {
            @Override
            public void onCheckedChanged(RadioContainer radioContainer,
                                        int i) {
                //判断容器,同时判断其中的第 i 个组件
```

```
                switch (radioContainer.getId()) {
                    case ResourceTable.Id_radio_container:
                        String sex = "";
                        if (i == 0) {
                            sex = "男";
                        } else if (i == 1) {
                            sex = "女";
                        }
                        ToastDialog dialog
                                = new ToastDialog(MainAbilitySlice.this);
                        dialog.setText("容器状态改变 性别:" + sex);
                        dialog.show();
                        break;
                }
            }
        });
    }
}
```

这里 onCheckedChanged()方法的第 1 个参数指的是 RadioContainer 组件，第 2 个参数指的是当前组件中选中项的索引号，值从 0 开始。运行效果如图 4-3(a)所示，当点中选择某一项(如选择性别“男”)时，运行效果如图 4-3(b)所示。

2. 选择日期

DatePicker 是一个显示日期的组件，但是如果想在程序中使用选择的日期，就需要编写事件处理代码，下面实现一个监听 DatePicker 日期变化的事件处理示例，运行效果如图 4-4 所示，当日期选择变化时，在另外一个 Text 组件中显示所选择的日期。

图 4-3 RadioContainer 事件监听效果

图 4-4 显示选中日期

这里假设已经实现了布局代码,DatePicker 对应的 id 为 date_picker,其下方 Text 组件对应的 id 为 text_date。

实现 DatePicker 事件监听代码,首先需要创建 DatePicker 对象,然后设置值变化监听器,对应方法为 setValueChangedListener(),并实现监听器接口方法 onValueChanged(),这里以整个 Slice 为监听器类,实现 DatePicker. ValueChangedListener 接口,主要代码如下:

```
//ch04\DatePickerDemo 项目中的 MainAbilitySlice.java
public class MainAbilitySlice extends AbilitySlice
                    implements DatePicker.ValueChangedListener{ //实现监听接口
    DatePicker datePicker;
    Text text_date;

    @Override
    public void onStart(Intent intent) {
        super.onStart(intent);
        super.setUIContent(ResourceTable.Layout_ability_main);
        datePicker = (DatePicker)findComponentById
                        (ResourceTable.Id_date_picker);
        text_date = (Text)findComponentById(ResourceTable.Id_text_date);
        datePicker.setValueChangedListener(this);
    }

    @Override  //实现监听方法
    public void onValueChanged(DatePicker dP, int i, int i1, int i2) {
        text_date.setText(i + "年" + i1 + "月" + i2 + "日");
    }
}
```

3. 聊天消息软件模拟

本示例模拟实现一个聊天消息软件的部分功能,主要完成启动页和消息列表主界面。软件启动后,会出现 4 个引导界面,通过滑动事件监听切换,完成引导后进入聊天消息列表界面,当长按某一条消息时,弹出自定义提示对话框。运行效果如图 4-5、图 4-6、图 4-7 所示。

23min

本示例主要使用 PageSlider 和 ListContainer 组件,引导页面使用 PageSlice 完成,共有四页,如图 4-5(a)～图 4-5(d)所示。引导页面的前三页和最后一页不同,最后一页如图 4-5(d)所示,除文本显示之外,还出现了立马体验按钮,当单击按钮时进入所示的消息列表页面,如图 4-6 所示,在此页面中当长按某一条消息时,会弹出如图 4-7 所示的用户自定义对话框。

此示例中,引导页面采用 PageSlider 配合 PageSliderIndicator 实现,布局包括这两个组件,同时包含最后一页的“立马体验”按钮,由于引导页面前三页都没有该按钮,因此这里设置为默认不可见(invisible)。引导页对应的布局代码文件 page_slice. xml 的代码如下:

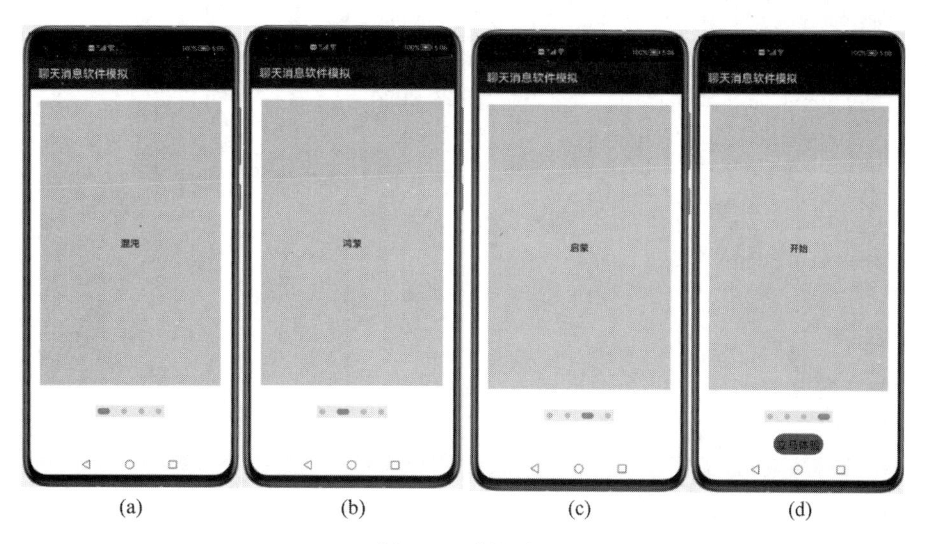

图 4-5　引导页面

图 4-6　聊天消息列表页面

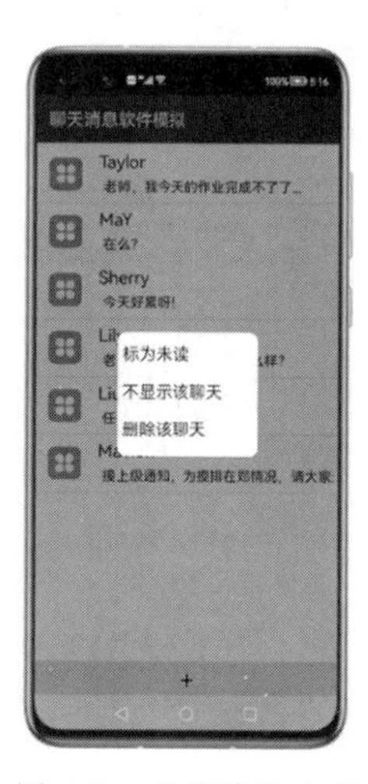

图 4-7　长按消息响应

```
//ch04\ChatDemo 项目中的 page_slice.xml
<?xml version = "1.0" encoding = "utf - 8"?>
< DirectionalLayout
    xmlns:ohos = "http://schemas.huawei.com/res/ohos"
    ohos:height = "match_parent"
    ohos:width = "match_parent"
    ohos:orientation = "vertical">

< PageSlider
        ohos:id = "$ + id:page_slider"
```

```
        ohos:height = "500vp"
        ohos:width = "match_parent"
        ohos:layout_alignment = "horizontal_center"
        ohos:margin = "20vp"/>
    <PageSliderIndicator
        ohos:id = "$ + id:indicator"
        ohos:height = "match_content"
        ohos:width = "match_content"
        ohos:padding = "5vp"
        ohos:layout_alignment = "horizontal_center"
        ohos:top_margin = "16vp"
        ohos:background_element = "#55FFC0CB"/>
    <Button
        ohos:id = "$ + id:use"
        ohos:height = "match_content"
        ohos:width = "match_content"
        ohos:text = "立马体验"
        ohos:top_margin = "20vp"
        ohos:padding = "5vp"
        ohos:layout_alignment = "horizontal_center"
        ohos:text_size = "20vp"
        ohos:visibility = "invisible"
        ohos:background_element = "$graphic:capsule_button_element"/>
</DirectionalLayout>
```

为了实现示例中左右滑动能够进行引导页的切换，需要对 PageSlider 组件进行初始化，同时为 PageSlider 设置 PageSlider. PageChangedListener 监听器，并重写其中的 onPageSliding()、onPageSlideStateChanged()和 onPageChosen()3 种方法。由于第四页不同，所以在方法 onPageChosen()中进行处理，当第四页被选中时，显示“立马体验”按钮，并为按钮设置单击事件监听，当单击此按钮时，跳转到“消息列表页面”，PageSlice 类的主要代码如下：

```
//ch04\ChatDemo 项目中的 PageSlice.java
public class PageSlice extends AbilitySlice {
    private Button btn_use;
    @Override
    public void onStart(Intent intent) {
        super.onStart(intent);
        super.setUIContent(ResourceTable.Layout_page_slice);
        initPageSlider();//初始化组件
        btn_use = (Button)findComponentById(ResourceTable.Id_use);
    }

    //初始化组件
```

```
private void initPageSlider(){
    PageSlider pageSlider = (PageSlider)findComponentById
            (ResourceTable.Id_page_slider);

    //通过 PageProvider 为页面提供数据,该类需要定义
    PageProvider pageProvider = new PageProvider(getData());
    pageSlider.setProvider( pageProvider );

    //初始化指示标识及显示样式
    PageSliderIndicator indicator = (PageSliderIndicator)
        findComponentById(ResourceTable.Id_indicator);
    ShapeElement normalElement = new ShapeElement(this,
        ResourceTable.Graphic_unselected_page_bg_element);
    ShapeElement selectedElement = new ShapeElement(this,
        ResourceTable.Graphic_selected_page_bg_element);
    indicator.setItemElement(normalElement, selectedElement);
    indicator.setItemOffset(60);
    indicator.setPageSlider(pageSlider);

    //设置页面改变监听,通过匿名内部类的方式实现
    pageSlider.addPageChangedListener(
                new PageSlider.PageChangedListener() {
        @Override
        public void onPageSliding(int i, float v, int i1) {
        //本方法在页面滑动过程中调用,即在两个页面切换的过程中调用
        }

        @Override
        public void onPageSlideStateChanged(int i) {
        //在页面状态更改时调用
        //参数 i 表示页面状态.值 0、1、2 分别表示空闲、拖动和滑动状态
        }

        @Override
        public void onPageChosen(int i) {
        //该方法在页面选中时调用,i 表示选中的页面索引从 0 开始编号
            if ( i == 3 ) { //最后一页
                //显示"立马体验"按钮
                btn_use.setVisibility( Component.VISIBLE );
                //设置按钮监听器
                btn_use.setClickedListener(
                                new Component.ClickedListener() {
                    @Override
                    public void onClick(Component component) {
                        //跳转到消息列表界面
```

```
                        present(new MainAbilitySlice(), new Intent());
                    }
                });
            } else {
                //将其他页面设置为"立即体验"按钮不可见
                btn_use.setVisibility( Component.INVISIBLE );
            }
        }
    });
}

//为页面提供显示数据
private ArrayList<DataItem> getData(){
    ArrayList<DataItem> dataItems = new ArrayList<>();
    dataItems.add(new DataItem("混沌"));
    dataItems.add(new DataItem("鸿蒙"));
    dataItems.add(new DataItem("启蒙"));
    dataItems.add(new DataItem("开始"));
    return dataItems;
}
}
```

聊天消息列表界面采用 ListContainer 组件，在列表容器中包含多个列表条目，每个列表条目表示一条聊天记录，聊天消息列表界面布局 main_slice. XML 文件的代码如下：

```
//ch04\ChatDemo 项目中的 main_slice.xml
<?xml version="1.0" encoding="utf-8"?>
<DirectionalLayout xmlns:ohos="http://schemas.huawei.com/res/ohos"
    ohos:width="match_parent"
    ohos:orientation="vertical"
    ohos:height="match_parent">
    <ListContainer
        ohos:id="$+id:list_container"
        ohos:width="match_parent"
        ohos:weight="1"
        ohos:top_margin="5vp"
        ohos:height="0vp"/>
        …
</DirectionalLayout>
```

ListContainer 组件表示的是显示一个列表，但是并未规定列表中每个条目的具体样式和内容，因此需要为列表条目定义布局样式，对应的布局文件 list_item. xml 的代码如下：

```
//ch04\ChatDemo 项目中的 list_item.xml
<?xml version = "1.0" encoding = "utf - 8"?>
< DirectionalLayout xmlns:ohos = "http://schemas.huawei.com/res/ohos"
    ohos:width = "match_parent"
    ohos:orientation = "vertical"
    ohos:height = "match_content">
    < DirectionalLayout
        ohos:width = "match_parent"
        ohos:orientation = "horizontal"
        ohos:height = "match_content">
        < Image
            ohos:height = "match_content"
            ohos:layout_alignment = "vertical_center"
            ohos:width = "0"
            ohos:image_src = " $ media:icon"
            ohos:weight = "1"/>
        < DirectionalLayout
                ohos:width = "0"
                ohos:orientation = "vertical"
                ohos:padding = "2vp"
                ohos:height = "match_content"
                ohos:weight = "4">
        < Text
                ohos:id = " $ + id:name"
                ohos:width = "match_content"
                ohos:height = "match_content"
                ohos:text = "标题"
                ohos:text_size = "20fp"/>
        < Text
                ohos:id = " $ + id:content"
                ohos:width = "match_content"
                ohos:height = "match_content"
                ohos:text_size = "16fp"
                ohos:margin = "5vp"
                ohos:text = "内容"/>
        </DirectionalLayout >
    </DirectionalLayout >
    < Text
        ohos:width = "match_parent"
        ohos:height = "1vp"
        ohos:text_size = "18fp"
        ohos:margin = "2vp"
        ohos:background_element = " #220000ff"/>
</DirectionalLayout >
```

在定义好列表布局后，就可以实现列表并显示列表数据了，同时当长按某一聊天消息条目时，监听到长按事件后会弹出对话框，实现的主要代码如下：

```
//ch04\ChatDemo 项目中的 MainAbilitySlice.java
public class MainAbilitySlice extends AbilitySlice {
    private ListContainer listContainer;
    private MsgItemProvider msgItemProvider;
    private ArrayList<Msg> msgData;
    private CustomDialog dialog;
    @Override
    public void onStart(Intent intent) {
        super.onStart(intent);
        super.setUIContent(ResourceTable.Layout_main_slice);

        //初始化
        initComponents();
        initMsgData();
        initProvider();

        //设置列表条目长按监听
        listContainer.setItemLongClickedListener(
                    new ListContainer.ItemLongClickedListener() {
            @Override
            public boolean onItemLongClicked(
                        ListContainer listContainer
                        , Component component
                        , int i, long l) {
                //创建自定义的对话框,CustomDialog需要定义
                dialog = new CustomDialog(MainAbilitySlice.this);
                dialog.showDialog();
                return true;
            }
        });
    }

    //初始化组件
    private void initComponents() {
        listContainer = (ListContainer)findComponentById(
                        ResourceTable.Id_list_container);
    }

    //初始化列表数据 Provider,关联数据和列表
    private void initProvider() {
        msgItemProvider = new MsgItemProvider(this, msgData);
        listContainer.setItemProvider(msgItemProvider);
        listContainer.setReboundEffect(true);
    }
```

```
    //初始化一些数据
    private void initMsgData() {
        msgData = new ArrayList<>();
        addMsg("Taylor","老师,我今天的作业完成不了了...");
        addMsg("MaY","在么?");
        addMsg("Sherry","今天好累呀!");
        addMsg("Lily","老同学,郑州现在情况怎么样?");
        addMsg("Liu","任务抓紧了...");
        addMsg("Mavlon","接上级通知,为摸排在郑情况,请大家速速填表");
    }
}
```

其中,使用的自定义对话框 CustomDialog 需要开发者自行定义,对话框的样式可以通过布局实现,类 CustomDialog 的代码如下:

```
//ch04\ChatDemo 项目中的 CustomDialog.java
//自定义对话框,对通用对话框进行了改造
public class CustomDialog {
    private static final int DIALOG_WIDTH = 500;
    private static final int DIALOG_HEIGHT = 430;
    private static final int DIALOG_CORNER_RADIUS = 30;
    private CommonDialog commonDialog;//通用的对话框
    private Context context;

    public CustomDialog(Context context) {
        this.context = context;
    }

    public void showDialog() {
        //根据布局创建自己的对话框,并显示
        Component container = LayoutScatter.getInstance(context)
            .parse(ResourceTable.Layout_custom_dialog, null, false);
        commonDialog = new CommonDialog(context);
        commonDialog.setSize(DIALOG_WIDTH, DIALOG_HEIGHT);
        commonDialog.setCornerRadius(DIALOG_CORNER_RADIUS);
        commonDialog.setContentCustomComponent(container);
        commonDialog.show();
    }
}
```

另外,本例中还需要准备列表数据,同时需要把列表数据和列表容器组件相结合,需要定义列表适配器,以便在数据发生变化时可以和列表形成联动,详细的实现方法可以参考配套的案例代码。

本例中还涉及了多个布局的使用，读者暂时可以不必过度关注其细节，先知道其基本使用方法，关于布局后续章节还会详细阐述。

18min

4.3 公共事件

4.3.1 什么是公共事件

公共事件是以广播的形式发出的事件，也可以称为广播，和组件事件不同的是公共事件具有明显的一对多的特征。HarmonyOS 通过公共事件服务（Common Event Service，CES）为应用程序提供订阅、发布、退订公共事件服务。

系统中公共事件可分为系统公共事件和自定义公共事件。

系统公共事件是由系统发出的公共事件，系统将收集到的事件信息，根据系统策略广播给订阅者。此类公共事件的内容一般是与系统相关的一些信息，如系统锁屏、USB 插拔、网络中断等。

自定义公共事件是由应用自定义并发出的公共事件，该类公共事件应用程序通过调用接口，以广播的形式发布出去，接收者接收到事件后进行相应的业务处理。

系统公共事件与自定义公共事件不同之处在于公共事件的发布者，前者是由系统发布的，后者则需要开发者在应用中自行发布，除此之外，二者是完全相同的，因此，在应用开发过程中，对于系统公共事件主要是订阅、处理和退订，而对于自定义公共事件则包括发布、订阅、处理和退订。

在应用开发过程中，使用公共事件一般包括 3 个基本方面。

（1）发布者发布公共事件。

（2）接收者订阅、处理公共事件。

（3）接收者退订公共事件。

HarmonyOS 在公共事件处理上采用的是发布订阅者模式，在该模式下订阅者把自己的订阅事件信息注册到服务中心，发布者在需要时将事件发布到服务中心，服务中心负责事件的统一调度，根据订阅者的注册信息进行事件分发调度，订阅者获得订阅的事件信息后，进而处理公共事件。

在此模式下，系统框架提供了一些类和接口，通过这些类和接口可以实现对公共事件的发布（适用于非系统公共事件）、订阅、处理和退订等。

4.3.2 公共事件处理接口

和公共事件处理相关的类主要包括：公共事件数据类 CommonEventData、公共数据发布信息类 CommonEventPublishInfo、公共事件订阅信息类 CommonEventSubscribeInfo、公共事件订阅者类 CommonEventSubscriber 和公共事件管理器类 CommonEventManager。

CommonEventData 类主要用于封装公共事件相关数据，其中主要包括 intent、code 和 data 3 个数据。intent 是 Intent 类对象，是公共事件所必需的，不能为空。code 为结果码，

data 为结果数据，code 和 data 都仅适用于有序公共事件场景。该类的主要方法如表 4-2 所示。

表 4-2 CommonEventData 类的主要方法说明

方 法 名	说 明
CommonEventData(Intent intent)	构造方法，根据 Intent 构造
getIntent()	获取事件 Intent 对象
setCode(int code)	设置公共事件的结果码
getCode()	获取公共事件的结果码
setData(String data)	设置公共事件的结果数据
getData()	获取公共事件的结果数据

CommonEventPublishInfo 类主要封装了用于公共事件发布的相关信息，包括公共事件对订阅者的权限要求、公共事件是否有序、是否是黏性公共事件等。该类的主要方法如表 4-3 所示。

表 4-3 CommonEventPublishInfo 类的主要方法说明

方 法 名	说 明
setSticky(boolean sticky)	设置公共事件是否是黏性事件，参数为 true 时表示是，参数为 false 时表示不是
setOrdered(boolean ordered)	设置公共事件是否为有序，参数为 true 时表示有序，参数为 false 时表示无序
setSubscriberPermissions(String[] subscriberPermissions)	设置公共事件订阅者的权限组

这里所谓的黏性是指当订阅者即使在公共事件发布之后订阅也能收到公共事件信息，而一般的公共事件需要订阅者在公共事件发布之前订阅才能收到事件通知。

CommonEventSubscribeInfo 类封装的是与公共事件订阅相关的信息，主要包括匹配规则、优先级、线程模式、权限、订阅的设备 ID 等，常用的方法及说明如表 4-4 所示。

表 4-4 CommonEventSubscribeInfo 类的主要方法说明

方 法 名	说 明
CommonEventSubscribeInfo(MatchingSkills matchingSkills)	创建公共事件订阅器，用于指定 matchingSkills
CommonEventSubscribeInfo(CommonEventSubscribeInfo)	复制公共事件订阅器对象
setPriority(int priority)	设置优先级，用于有序公共事件
setThreadMode(ThreadMode threadMode)	设置订阅者的处理事件的运行线程模式
setPermission(String permission)	设置订阅者的权限
setDeviceId(String deviceId)	设置订阅的公共事件的设备，用于跨设备事件

其中，线程模式会决定订阅者的回调事件的处理方法在哪个线程中执行，有HANDLER、POST、ASYNC、BACKGROUND 4种模式。HANDLER模式下在Ability的主线程上执行；POST模式下，在事件分发线程执行；ASYNC模式下，会创建一个新的异步线程执行；BACKGROUND模式下，会在后台线程执行。

CommonEventSubscriber类是公共事件订阅者类，该类的主要方法及说明如表4-5所示。

表4-5 CommonEventSubscriber类的主要方法说明

方法名	说明
CommonEventSubscriber (CommonEventSubscribeInfo subscribeInfo)	根据订阅信息数据构造公共事件订阅者实例
onReceiveEvent(CommonEventData data)	处理接收的公共事件，该方法在接收到公共事件时被调用，开发者可以重写该方法以实现事件处理
setCodeAndData(int code, String data)	设置公共事件的结果码和数据，应用于有序场景
setData(String data)	设置公共事件的结果数据，应用于有序场景
setCode(int code)	设置公共事件的结果码，应用于有序场景
getData()	获取公共事件的结果数据，应用于有序场景
getCode()	获取公共事件的结果码，应用于有序场景
abortComonEvent()	取消当前的公共事件，此方法仅对有序事件有效，取消后，事件不再向下一个订阅者传递
isOrderedCommonEvent()	判断是否为有序公共事件
isStickyCommonEvent()	判断是否为黏性公共事件

CommonEventManager类是公共事件管理类，该类提供了事件发布、订阅、退订的静态方法接口，是应用开发进行公共事件管理的主要接口类，其主要方法及说明如表4-6所示。

表4-6 CommonEventManager类的主要方法说明

方法签名	说明
publishCommonEvent (CommonEventData data)	根据事件数据发布公共事件
publishCommonEvent (CommonEventData data,CommonEventPublishInfo publishinfo)	根据事件数据和发布信息发布公共事件
publishCommonEvent (CommonEventData event, CommonEventPublishInfo publishinfo, CommonEventSubscriber resultSubscriber)	根据事件数据、发布信息和订阅者发布公共事件，所指定的订阅者是有序公共事件的最终接收者
subscribeCommonEvent (CommonEventSubscriber subscriber)	为订阅者订阅公共事件
unsubscribeCommonEvent (CommonEventSubscriber subscriber)	为订阅者取消公共事件订阅

4.3.3 使用公共事件

11min

1. 发布自定义公共事件

应用中发布自定义公共事件可以是无序公共事件、有序公共事件、带权限公共事件和黏性公共事件，这 4 种不同的公共事件是通过 CommonEventData 和 CommonEventPublishInfo 中的信息决定的。

8min

这里的有序和无序是相对于订阅者而言的。无序公共事件类似于电台广播，所有的订阅者都可以接收到且不分先后顺序。有序公共事件类似于审批流程，多个订阅者之间有先后关系，按照一定的先后顺序接收处理事件，先处理的订阅者有可能中止公共事件继续向后传递。

下面是发送无序公共事件的参考代码：

```
//ch04\CommonEventDemo 项目中的 MainAbilitySlice.java
    try {
        Intent intent = new Intent();
        Operation operation = new Intent.OperationBuilder()
                .withAction("cn.edu.zut.test")
                .build();
        intent.setOperation(operation);
        intent.setParam("msg","无序公共事件");

        //构造公共事件数据
        CommonEventData eventData = new CommonEventData(intent);

        //发布事件
        CommonEventManager.publishCommonEvent(eventData);

    }catch (RemoteException e){
        HiLog.info(LABEL,"发送无序公共事件失败");
    }
```

对于无序公共事件，一般会构造一个 Intent 对象，然后通过该对象构造 CommonEventData 对象，通过调用 CommonEventManager 的 publishCommanEvent()方法发布无序公共事件。

发布有序公共事件则需要构造 CommonEventPublishInfo 对象，并通过 setOrdered(true)方法设置为有序，然后进行发布。核心代码如下：

```
//ch04\CommonEventDemo 项目中的 MainAbilitySlice.java
    //eventData 构造和无序情况相同,此处省略

    //构造发布信息
    CommonEventPublishInfo publishInfo = new CommonEventPublishInfo();
```

```
    publishInfo.setOrdered(true);//设置为有序公共事件

    //发布公共事件
    CommonEventManager.publishCommonEvent(eventData, publishInfo);
```

带权限公共事件则为事件赋予了一定的访问权限，使只有申请对应权限的订阅者才能接收到事件，带权限公共事件为公共事件的应用提供了一定的安全机制。

发布带权限公共事件也是通过设置CommonEventPublishInfo对象实现的，为CommonEventPublishInfo对象设置权限，除此之外带权限公共事件和有序公共事件类似，设置权限的一般代码如下：

```
//ch04\CommonEventDemo项目中的MainAbilitySlice.java
    //构造发布信息
    CommonEventPublishInfo publishInfo = new CommonEventPublishInfo();
    //定义权限数组
    String[] permissions = {"cn.edu.zut.permission"};

    //设置权限
    publishInfo.setSubscriberPermissions(permissions);
```

黏性公共事件为在事件发布之后订阅者也能接收到事件提供了保障，而一般的公共事件需要订阅者在公共事件发布之前完成订阅。

发布黏性公共事件只需对构造的CommonEventPublishInfo对象调用setSticky(true)方法进行设置。

有序、带权和黏性公共事件可以组合使用，也就是说，一个公共事件可以是有序不带权限的，也可以是有序带权的，还可以未设置有序、但是设置了权限和黏性，三者可以任意组合，互不影响，但是有序和无序是互斥的，即公共事件要么是有序的，要么是无序的。

2. 订阅及处理公共事件

订阅公共事件首先需要明确订阅者，即需要创建订阅者CommonEventSubscriber类的对象，然后调用公共事件管理类的订阅方法进行订阅。订阅的基本代码如下：

```
    //subscriber为订阅者对象,即CommonEventSubscriber类的对象,此处略

    //订阅公共事件
    CommonEventManager.subscribeCommonEvent(subscriber);
```

至于订阅者订阅哪个或哪一类公共事件，则需要由订阅者本身决定，创建订阅者时，需要提供订阅者信息(CommonEventSubscribeInfo)，订阅者信息中可以设置权限、优先级、线程模式和订阅的设备ID，还可以加入匹配规则(MatchingSkills)等，这些都会作为公共事件服务中心调度的依据，实现公共事件按订阅分发。下面是构建订阅者的参考代码：

```
    //匹配规则
    MatchingSkills match = new MatchingSkills();
    match.addEvent("cn.edu.zut.test");

    //构建订阅信息对象
    CommonEventSubscribeInfo info = new CommonEventSubscribeInfo(match);
    info.setPriority(20);//设置优先级,用于订阅有序事件

    //构建订阅者对象,以便接收事件并进行响应处理
    subscriber = new YourSubscriber(info);

    //订阅事件
    CommonEventManager.subscribeCommonEvent(subscriber);
```

以上代码并未直接使用 CommonEventSubscriber 类创建订阅者对象，这是因为订阅公共事件的订阅者，在收到公共事件时一般会进行一定的处理，因此，开发者一般需要通过继承 CommonEventSubscriber 类定义自己的订阅者类，并重写其 onReceiveEvent()方法进行属于自己的业务处理逻辑，下面是定义订阅者的基本方法的代码：

```
//自定义订阅者类
class YourSubscriber extends CommonEventSubscriber {
    YourSubscriber(CommonEventSubscribeInfo info) {
        super(info);
    }
    @Override
    public void onReceiveEvent(CommonEventData commonEventData) {
        //这里可以根据 commonEventData 书写对公共事件的处理代码
    }
}
```

如果订阅者订阅的是有序公共事件，则需要使用 setPriority()方法对订阅者的订阅信息进行优先级设置，优先级可以为－1000～1000 的任意整数，优先级高的订阅者会优先收到公共事件并可以进行事件处理，同时可以决定是否继续让公共事件往下传播，如果要阻断有序公共事件继续传播，则可以调用 abortCommonEvent()方法取消当前公共事件。优先级低的订阅者收到有序公共事件的时间较晚，甚至会收不到订阅的公共事件。

对于设置了权限的公共事件，订阅者也需要相应的权限才能订阅到这类公共事件。在所在的应用配置文件 config.json 中配置相应的请求权限，即权限名称和公共事件设置的权限名称一致，供参考的配置代码如下：

```
"reqPermissions": [
    {
        "name": "cn.edu.zut.permission",
```

```
            "reason": "Get permission",
            "usedScene": {
                "ability": [
                    ".MainAbility"
                    ],
                "when": "inuse"
            }
        }
    ]
```

订阅者在订阅公共事件前，需要确定匹配规则，系统将根据匹配规则为订阅者分发订阅事件。

对于订阅自定义的公共事件，需要和发布的公共事件进行匹配，如：matchingSkills.addEvent("cn.edu.zut.test")指定的匹配字符串是"cn.edu.zut.test"，这样可以订阅发布者发布的公共事件中 Operation 参数的动作参数为该字符串的公共事件。

对于订阅系统公共事件，系统提供了 CommoEventSupport 类，该类中定义了若干系统公共事件对应的匹配字符串常量，如订阅设备电量低的系统公共事件的代码如下：

```
//匹配规则,添加电池电量低事件
MatchingSkills match = new MatchingSkills();
match.addEvent(CommonEventSupport.COMMON_EVENT_BATTERY_LOW);

//构建订阅信息对象
CommonEventSubscribeInfo info = new CommonEventSubscribeInfo(match);

//创建订阅者
subscriber = new YourSubscriber(info);

//订阅事件
CommonEventManager.subscribeCommonEvent(subscriber);
```

类 CommoEventSupport 中提供的系统公共事件对应的字符说明如表 4-7 所示，表中只列举了部分常用的公共事件，更多公共事件可以参阅 CommoEventSupport 类的定义。

表 4-7 常见的系统公共事件

系统公共事件	对应的字符串常量
系统电量低告警事件	COMMON_EVENT_BATTERY_LOW
开始充电事件	COMMON_EVENT_CHARGING
系统电量低告警解除事件	COMMON_EVENT_BATTERY_OKAY
停止充电事件	COMMON_EVENT_DISCHARGING
WiFi 状态变化事件	COMMON_EVENT_WIFI_CONN_STATE
WiFi 扫描结束事件	COMMON_EVENT_WIFI_SCAN_FINISHED
WiFi 热点变化事件	COMMON_EVENT_WIFI_HOTSPOT_STATE

续表

系统公共事件	对应的字符串常量
USB设备接入事件	COMMON_EVENT_USB_DEVICE_ATTACHED
USB设备断开连接事件	COMMON_EVENT_USB_DEVICE_DETACHED
屏幕熄灭事件	COMMON_EVENT_SCREEN_OFF
屏幕亮启事件	COMMON_EVENT_SCREEN_ON
登录华为账号事件	COMMON_EVENT_HWID_LOGIN
退出华为账号事件	COMMON_EVENT_HWID_LOGOUT
系统日期变化事件	COMMON_EVENT_DATE_CHANGED
系统事件变化事件	COMMON_EVENT_TIME_CHANGED
系统语言区域变化事件	COMMON_EVENT_LOCALE_CHANGED

3. 退订公共事件

和订阅相对的是退订，退订后订阅者将不能再接收发布的公共事件。退订工作一般会在AbilitySlice的onStop()方法中进行，通过调用CommonEventManager类的unsubscribeCommonEvnet()方法完成退订，退订的基本代码如下：

```
//取消订阅,subscriber为订阅者对象
CommonEventManager.unsubscribeCommonEvent(subscriber);
```

4.4 通知

通知是HarmonyOS提供的显示在应用之外的消息提示功能。系统通过高级通知服务(Advanced Notification Service，ANS)为应用程序提供发布通知的能力。

通知通常出现在设备的通知栏中，用户一般可以在设备屏幕中通过下拉看到通知栏里的通知信息。如常用的短信提醒、未接电话提醒、版本更新提醒等。

在应用中使用通知，主要涉及系统提供的3个API基础类，包含NotificationHelper、NotificationSlot、NotificationRequest。

(1) NotificationHelper类：主要用于发布和取消通知。

(2) NotificationRequest类：主要涉及的是对通知内容的封装。

(3) NotificationSlot类：主要是对通知的方式、等级等的封装。

下面通过实例NotificationDemo说明一下应用中使用通知的基本方法，该示例的运行效果如图4-8所示，单击发布通知按钮发出通知，系统界面上方通知栏中会显示通知图标，如图4-8(a)所示，可以下拉打开通知栏显示通知的详细信息，如图4-8(b)所示。单击取消通知按钮会取消通知栏中的通知。在图4-8(b)中，通知还可以通过操作系统提供的“通知管理”进行管理，通过系统打开该应用的通知管理，如图4-8(c)所示。通知是发送给操作系统的，系统有权决定是否“允许通知”，如：一些软件可能会发一些广告通知，用户可以通过

通知管理设置不接收指定应用的通知，以免被广告打扰。

13min

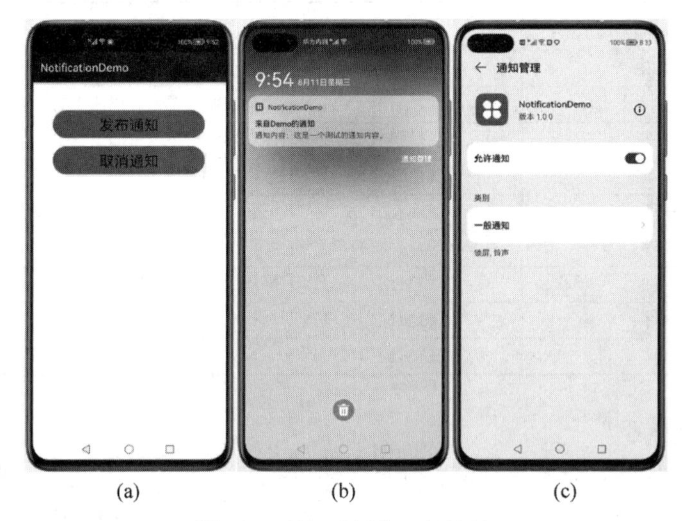

(a) (b) (c)

图 4-8 通知示例的运行效果

关于示例 NotificationDemo，布局代码读者可以根据运行效果自行编写，其主界面 MainAbilitySlice.java 文件的主要代码如下：

```
//ch04\NotificationDemo 项目中的 MainAbilitySlice.java
public class MainAbilitySlice extends AbilitySlice {
    static final HiLogLabel LABEL
            = new HiLogLabel(HiLog.LOG_APP,0x001,"Demo");
    Button btn01;//发送通知
    Button btn02;//取消通知
    private NotificationSlot slot;
    private int notificationId = 1;

    //初始化 NotificationSlot
    private void initSlot(){
        slot = new NotificationSlot("01"
                                   ,"一般通知"
                                   ,NotificationSlot.LEVEL_DEFAULT);
        slot.setDescription("Slot 描述信息");
        slot.setEnableVibration(true);//振动提醒
        slot.setEnableLight(true);//设置启动闪光灯提醒
        slot.setLedLightColor(Color.RED.getValue());//设置为红色灯光
        try {
            //设置通知样式方式生效
            NotificationHelper.addNotificationSlot(slot);
        }catch (RemoteException e){
            HiLog.warn(LABEL,"添加 Slot 异常");
```

```
        }
    }
    //发布通知
    private void publishNotification(){
        NotificationRequest request
                = new NotificationRequest(notificationId);
        request.setSlotId(slot.getId());
        String title = "来自 Demo 的通知";
        String msg = "通知内容:这是一个测试的通知内容.";

        //构建通知内容及请求
        NotificationRequest.NotificationNormalContent
                content = new NotificationRequest
                        .NotificationNormalContent();
        content.setTitle(title)
              .setText(msg);
        NotificationRequest.NotificationContent
                requestContent = new NotificationRequest
                            .NotificationContent(content);
        request.setContent(requestContent);

        try{
            //发布通知
            NotificationHelper.publishNotification( request );
        }catch (RemoteException e){
            HiLog.warn(LABEL,"发布通知异常");
        }
        HiLog.info(LABEL,"成功发布通知");

    }

    //取消通知
    private void cancelNotification(){
        try{
            //根据 Id 取消通知
            NotificationHelper.cancelNotification(notificationId);
        }catch (RemoteException e){
            HiLog.warn(LABEL,"取消通知异常");
        }
    }

    @Override
    public void onStart(Intent intent) {
        super.onStart(intent);
        super.setUIContent(ResourceTable.Layout_ability_main);
```

```
        //初始化组件按钮,设置监听器
        btn01 = (Button)findComponentById(ResourceTable.Id_btn1);
        btn02 = (Button)findComponentById(ResourceTable.Id_btn2);
        Listener listener = new Listener();
        btn01.setClickedListener(listener);
        btn02.setClickedListener(listener);
    }

    //定义监听器
    class Listener implements Button.ClickedListener{
        ToastDialog dialog;
        @Override
        public void onClick(Component component) {
            switch(component.getId()){
                case ResourceTable.Id_btn1:
                    initSlot();
                    publishNotification();//发布通知
                    break;
                case ResourceTable.Id_btn2:
                    cancelNotification();//取消通知
                    break;
            }
        }
    }
}
```

NotificationSlot 可以为通知进行分类,其构造方法的签名如下:

```
public NotificationSlot(String id, String name, int level);
```

第 1 个参数 id:分类标识,每个分类对应一个唯一的 id。

第 2 个参数 name:分类标识的名称,该名称会显示在系统应用通知管理中。

第 3 个参数 level:该分类通知级别,可以设置 5 种通知级别。

(1) LEVEL_HIGH:发布高级别通知,通知会触发提示音并自动弹出,一般用于及时重要的通知。

(2) LEVEL_DEFAULT:发布默认级别通知,通知不会自动弹出,但会触发提示音并显示在通知栏中。

(3) LEVEL_LOW:发布低级别通知,通知仅会显示在通知栏中。

(4) LEVEL_MIN:发布通知,但不显示在通知栏中。

(5) LEVEL_NONE:不发布通知。

另外,NotificationSlot 类还为通知提供了设置震动提醒、闪光灯提醒等方法。

在发布通知前，创建了通知请求 NotificationRequest 对象后，可以通过 setContent()方法为其设置通知内容，系统在 NotificationRequest 类内定义了多个请求内容内部类，开发者可以为通知设置丰富多彩的内容，几个通知内容类的说明如表 4-8 所示。

表 4-8 通知内容类说明

类名称	说明
NotificationContent	通知内容，一般使用下面更具体的通知内容类
NotificationNormalContent	普通文本内容，适用一般通知情况
NotificationLongTextContent	长文本内容，适用通知内容信息比较长的情况
NotificationMultiLineContent	多行内容，可以在内容中加入多行内容，适用通知内容显示多行的情况
NotificationPictureContent	图片内容，可以在内容中加入图片，适用通知内容中包含图片信息的情况
NotificationMediaContent	媒体内容，可以在内容中加入多媒体内容，如播放视频等，可以为内容添加组件响应代码，进行媒体控制
NotificationConversationalContent	社交内容，通知内容可以设置为消息列表形式，适用于社交软件的消息提醒场景

在通知发布后，通知会被系统接收，此时发布通知的应用不可能对通知进行方式设置或内容更改，但是，可以取消通知，也可以在再次发布通知时，使用相同通知请求 ID，此时新通知会覆盖前面已发布的通知。通知在多数情况下信息传递是单向的，也就是只是让用户看到一些消息提醒，但有时也需要用户对通知做出响应，如单击通知进入应用、打开链接等，此时就需要 IntentAgent 了。

IntentAgent 可以理解为意图代理，当应用把通知发出以后，通知便脱离了应用本身，由系统接收并显示在通知栏中。此时如果还希望通知能够做出一些响应，则需要委托系统通知去做一些动作，委托工作需要在发出通知之前进行设置，以便通知本身记录必要的动作信息。

下面修改 NotificationDemo 示例，在发通知前做意图代理设置，使其可以实现在通知上单击进入应用的目的，代码如下：

```
//ch04\NotificationDemo 项目中的 MainAbilitySlice.java
    //指定要启动的 Ability 的 BundleName 和 AbilityName
    Operation operation = new Intent.OperationBuilder()
            .withDeviceId("")
            .withBundleName("cn.edu.zut.notificationdemo")
            .withAbilityName("cn.edu.zut.notificationdemo.MainAbility")
            .build();
    Intent intent = new Intent();

    //将 Operation 对象设置到 Intent 中
    intent.setOperation(operation);
```

```
List < Intent > intentList = new ArrayList <>();

//将 Intent 对象添加到列表中
intentList.add(intent);

//定义请求码
int requestCode = 100;

//创建 flags 列表,并添加代理标记
List < IntentAgentConstant.Flags > flags = new ArrayList <>();
flags.add(IntentAgentConstant.Flags.UPDATE_PRESENT_FLAG);

//构建 Intent 代理信息
IntentAgentInfo paramsInfo = new IntentAgentInfo(
        requestCode
        , IntentAgentConstant.OperationType.START_ABILITY
        , flags
        , intentList
        , null);

//获取 Intent 代理实例
IntentAgent agent = IntentAgentHelper.getIntentAgent
        (this, paramsInfo);

//设置 Intent 代理
request.setIntentAgent(agent);

//后续发布通知代码省略
```

该功能实际上就是构建了一个 IntentAgent 对象,使其设置到 request 对象上,request 是发布通知的请求对象,这样就可以为发出的通知委托一个意图代理,通知可以根据该意图做一些操作。

构建意图代理主要需要涉及几个相关类,包括 IntentAgentHelper 类、IntentAgentInfo 类、IntentAgentConstant 类、Intent 类等。前 3 个类在其他场景下不常用,这里不再赘述,Intent 类在后续章节还会详细阐述。

小结

本章主要阐述了 HarmonyOS 中的事件和通知,事件分为组件事件和公共事件。系统中组件事件采用的是监听模式框架,应用开发中组件事件监听处理有 4 种基本方式,本章还给出了常用的事件监听器和一些监听处理示例。公共事件是以广播的形式发出的事件,包括系统公共事件和自定义公共事件。本章还介绍了与公共事件发布、订阅和退订相关开发

的接口及使用方法。通知是 HarmonyOS 提供的显示在应用之外的消息提示功能，默认通知显示在设备的通知栏中，应用可以发布和取消通知，也可以使用 IntentAgent 委托通知做更多的动作操作。

习题

1. 判断题

(1) 单击事件只能为 Button 组件设置。(　　)

(2) 公共事件都可以被拦截。(　　)

(3) HarmonyOS 中不同的组件一般需要实现相应的事件监听。(　　)

(4) HarmonyOS 应用开发中，实现组件事件监听，通常有 4 种形式。(　　)

(5) 若订阅者的订阅动作无论是在公共事件发布之前还是在发布之后均可接收到公共事件，则此公共事件为黏性公共事件。(　　)

2. 选择题

(1) 考虑数据隐私或数据安全，公共事件发布时最好使用(　　)公共事件。

A. 无序　　B. 有序　　C. 带权限的　　D. 黏性的

(2) HarmonyOS 中提供了两种形式的事件处理，一种是基于(　　)的事件处理，另一种是基于回调的事件处理。

A. 监听　　B. 触摸　　C. 按键　　D. 语音

(3) HarmonyOS 中的公共事件可分为系统公共事件和(　　)。

A. 无序公共事件　　B. 有序公共事件

C. 黏性公共事件　　D. 自定义公共事件

(4) 通知功能使用的场景一般不包括(　　)。

A. 显示收到的短信息、即时消息等

B. 显示应用的推送消息，如广告等

C. 显示当前正在进行的事件，如播放音乐、下载等

D. 显示手机电量

(5) 用于封闭 IntentAgent 实例所需的数据类是(　　)类。

A. IntentAgentHelper　　B. IntentAgentInfo

C. IntentAgent　　D. TriggerInfo

3. 填空题

(1) 组件单击事件需要定义在 Component 类中的____________接口。

(2) 实现 ClickedListener 接口时，必须实现它的____________方法。

(3) 为实现多个 RadioButton 的互斥操作，它们应该放在同一个____________内。

(4) 用于发布公共事件的公共事件管理类是________类。

(5) 用于发布通知的通知辅助类是________类。

4. 上机题

(1) 验证用户的登录信息,设计并实现一个登录界面,当用户输入账号和密码时验证是否正确并提示。当输入账号为 zut、密码为 soft 时,提示"验证通过",否则提示用户"账号或密码不正确,请重新输入",要求每天最多只有三次输错的机会。

(2) 实现有序公共事件的发送,并定义两个以上订阅者,要求权限高的订阅者根据公共事件的数据选择性地进行拦截。

第 5 章

布 局

【学习目标】

■ 理解 HarmonyOS 应用中的布局

■ 掌握布局创建的两种基本方法

■ 掌握常用的布局，如 DirectionalLayout、DependentLayout、StackLayout、TableLayout、PositionLayout 等

■ 了解自定义布局及组件继承体系

5.1 布局概述

在 HarmonyOS 的 UI 框架中，布局其实就是组件容器。组件是为了解决在界面上放什么的问题，而布局则是为了解决怎么放的问题。我们可以把用户看到的界面看成一个大容器，容器中可以放置组件，也可以放置小的容器。

放置在用户界面中的布局(组件容器)和组件结构可以用树表示，树根是一个布局，里面包含组件和子布局，子布局中又包含组件或布局。实际上，组件容器可以理解成特殊的组件，这样用户界面中的元素就形成了一棵组件树，如图 5-1 所示，根据这种规律，设计者可以设计出丰富的界面效果。

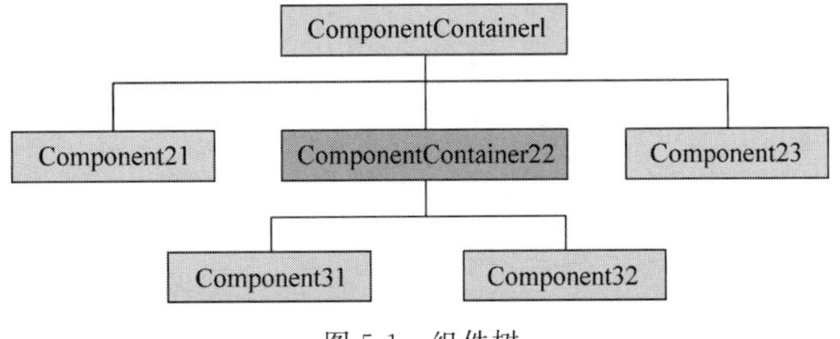

图 5-1 组件树

组件树只是说明了应用界面中组件容器和组件之间的逻辑关系，为了更好地理解，可以把设备屏幕理解成一个矩形框。用户界面中的组件树结构如图 5-2 所示，这样就可以更容

易地和设备中的应用界面对应。

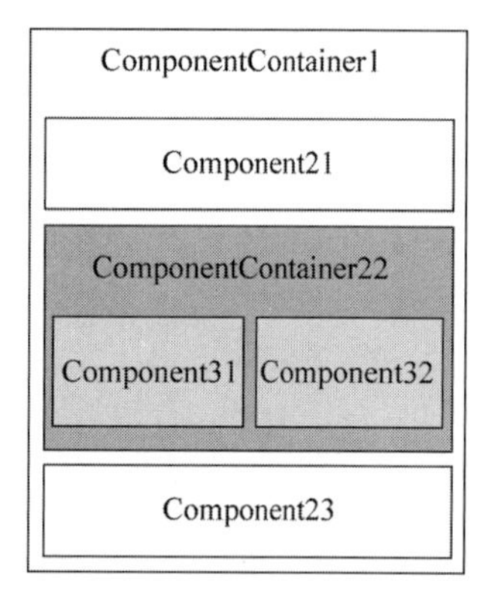

图 5-2 用户界面中的组件树结构

尽管根据图 5-2 更容易把组件树结构和应用界面联系在一起，但是，同一个组件树在屏幕中放置组件的位置还没有确定。如果不进行一定的设定或约束，则势必会造成界面凌乱。布局可以很好地组织界面中的元素，使应用界面组织更有序、更丰富多彩。

Java UI 框架关于组件和组件容器提供了 Component 和 ComponentContainer 两个类，前者称为组件，后者称为组件容器。实际上，ComponentContainer 类继承自 Component 类，因此，组件容器是特殊的组件。

正如 Text、Button、Image 等继承自 Componet 的具体组件一样，组件容器也有常用的具体组件容器，如 DirectionalLayout、DependentLayout、StackLayout 等，这些具体的组件容器一般以 Layout 结尾，故通常称为布局。

每种布局都有自己的特点，根据自身特点提供了布局配置，通过布局配置为布局中的组件设定布局属性和参数。布局通过设置属性对包含在其中的子组件进行布置和约束，进而使应用界面的效果达到设计要求。

在布局文件代码方面，组件树是以 XML 文件方式组织的，布局属性是和 XML 标签属性对应的，图 5-2 对应的 XML 文件的结构如下：

```
<ComponentContainer1
    属性 = 值
    … >
    <Component21 />
    <ComponentContainer22
        属性 = 值
        … >
        <Component31 />
        <Component32 />
    </ComponentContainer22>
    <Component23 />
</ComponentContainer1>
```

5.2 创建布局方式

创建布局有两种基本方式，一种方式是通过 XML 布局文件加载布局，另外一种方式是通过系统提供的布局类创建布局对象。

1. 通过 XML 文件加载布局

通过 XML 声明布局的方式简便直观。XML 文件本身就是一个树形结构的标签文档，系统支持的每种布局都可以用 XML 标签表示，布局的属性可以通过设置 XML 标签的属性表示。

定义方向布局(DirectionalLayout)，代码如下：

```
<?xml version = "1.0" encoding = "utf - 8"?>
< DirectionalLayout
    xmlns:ohos = "http://schemas.huawei.com/res/ohos"
    ohos:width = "match_parent"
    ohos:height = "match_parent"
    ohos:orientation = "vertical"
    ohos:padding = "32">
    < Button
        ohos:id = " $ + id:button"
        ohos:margin = "50"
        ohos:width = "match_content"
        ohos:height = "match_content"
        ohos:layout_alignment = "horizontal_center"
        ohos:text = "My name is Button."
        ohos:text_size = "50"/>
</DirectionalLayout >
```

布局中可以放置组件或布局，这样编写的布局代码可以根据需要定义得更加复杂，只要按照布局树的基本结构，就可以任意定义布局文件。

通过 setUIContent()方法可以使用定义好的布局文件资源，代码如下：

```
setUIContent(ResourceTable.Layout_ability_main);
```

在项目中，布局文件一般放置在 entry→src→main→resources→base→layout 目录下。

2. 使用布局类创建布局

布局在代码中也是一个对象，使用内置的布局类可以直接创建布局对象，通过设置对象的一些属性达到使用布局的目的。

下面以方向布局(DirectionalLayout)为例，说明使用该方式的过程。

首先，创建布局对象，代码如下：

```
DirectionalLayout dirLayout = new DirectionalLayout(getContext());
```

其次，设置布局属性，一般需要设置大小，即宽度和高度。调用方法设置布局对象的属性基本的代码如下：

```
dirLayout.setWidth(ComponentContainer.LayoutConfig.MATCH_PARENT);
dirLayout.setHeight(ComponentContainer.LayoutConfig.MATCH_PARENT);
```

方向布局一般需要设置布局中组件的排列方向，将排列方向设置为垂直排列，代码如下：

```
dirLayout.setOrientation(Component.VERTICAL);
```

通过调用布局方法，可以向布局中添加组件，也可以添加子布局。向布局中添加一个事先定义好的 button 组件，代码如下：

```
dirLayout.addComponent(button);
```

最后，将布局设置到应用界面中，代码如下：

```
setUIContent(directionalLayout);
```

17min

5.3 常用布局

5.3.1 DirectionalLayout

DirectionalLayout 布局，也可以称为方向布局或线性布局，该布局中的组件会按照某一方向线性排列在其中，方向布局是最常用的布局之一。

DirectionalLayout 的排列方向（orientation）分为水平(horizontal)和垂直(vertical)两种方式。可以使用 orientation 属性设置布局内组件的排列方式，默认为垂直方式。

如果希望在一个布局里以垂直方向依次放置 3 个按钮组件，则可以选择方向布局，设计效果如图 5-3 所示。

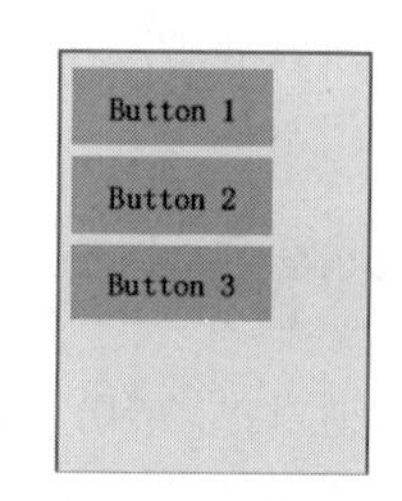

图 5-3 垂直方向线性排列

将 3 个按钮按照垂直方向依次放置到方向布局中，左边界和布局对齐，按钮之间有一定的间隔，代码如下：

```
//ch05\DirectionalLayout1 项目中的 ability_main.xml
<?xml version = "1.0" encoding = "utf - 8"?>
<DirectionalLayout
    xmlns:ohos = "http://schemas.huawei.com/res/ohos"
    ohos:width = "match_parent"
    ohos:height = "match_content"
    ohos:orientation = "vertical">
<Button
```

```
        ohos:width = "90vp"
        ohos:height = "50vp"
        ohos:top_margin = "10vp"
        ohos:left_margin = "10vp"
        ohos:background_element = " $ graphic:color_button_element"
        ohos:text_size = "20vp"
        ohos:text = "Button 1"/>
    < Button
        ohos:width = "90vp"
        ohos:height = "50vp"
        ohos:top_margin = "10vp"
        ohos:left_margin = "10vp"
        ohos:background_element = " $ graphic:color_button_element"
        ohos:text_size = "20vp"
        ohos:text = "Button 2"/>
    < Button
        ohos:width = "90vp"
        ohos:height = "50vp"
        ohos:top_margin = "10vp"
        ohos:left_margin = "10vp"
        ohos:background_element = " $ graphic:color_button_element"
        ohos:text_size = "20vp"
        ohos:text = "Button 3"/>
</DirectionalLayout >
```

以上布局代码运行的效果如图5-4所示，该布局中的组件排列方向是通过布局的属性ohos:orientation进行设置的，当其值为vertical时，布局中的组件将按照垂直方向排列，当其值为horizontal时，布局中的组件将按照水平方向排列。

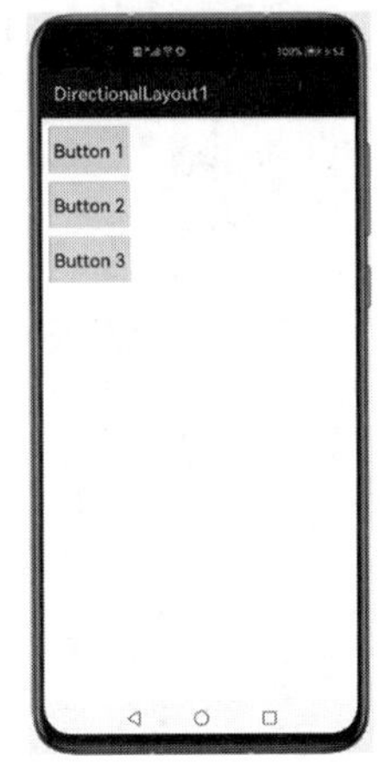

图5-4 垂直方向线性布局的运行效果

在布局代码中，方向布局属性ohos:width的值是match_parent，表示其宽度匹配父组件容器，由于该方向布局的外层没有别的布局了，因此其父组件容器为设备屏幕，属性ohos:height的值为match_content，表示适配其内容，即自动匹配其中的组件的高度。

代码中按钮组件属性ohos:background_element的值为$graphic:color_button_element，引用了别的资源文件，所引用的资源必须存在，因此对应的资源文件color_button_element.xml必须存在，代码如下：

```
//ch05\DirectionalLayout1 项目中的 color_button_element.xml
<?xml version = "1.0" encoding = "utf - 8"?>
```

```
<shape xmlns:ohos = "http://schemas.huawei.com/res/ohos"
        ohos:shape = "rectangle">
    <solid
        ohos:color = "#00FFFD"/>
</shape>
```

在方向布局中，通过 orientation 属性可以设定其中的组件应遵循的排列方向，但并不是说其中的组件只能放置在布局的一侧，可以使用组件的属性 layout_alignment 控制组件本身在布局中的对齐方式，当方向布局为垂直方向时，其中的组件 layout_alignment 的属性值可以为 left、horizontal_center、right。

如图 5-5 所示，3 个按钮按照垂直方向排列，第 1 个按钮居左，第 2 个按钮居中，第 3 个按钮居右。

图 5-5　不同的对齐方式

设置布局中组件的对齐方式属性 ohos:layout_alignment 的值，代码如下：

```
//ch05\DirectionalLayout2 项目中的 ability_main.xml
<?xml version = "1.0" encoding = "utf - 8"?>
<DirectionalLayout
    xmlns:ohos = "http://schemas.huawei.com/res/ohos"
    ohos:width = "match_parent"
    ohos:height = "match_content"
    ohos:orientation = "vertical">
    <Button
        ohos:width = "90vp"
        ohos:height = "50vp"
        ohos:margin = "10vp"
        ohos:background_element = "$graphic:color_button_element"
        ohos:text_size = "20vp"
        ohos:layout_alignment = "left"
        ohos:text = "Button 1"/>
    <Button
        ohos:width = "90vp"
        ohos:height = "50vp"
        ohos:margin = "10vp"
        ohos:background_element = "$graphic:color_button_element"
        ohos:text_size = "20vp"
```

```
        ohos:layout_alignment = "center"
        ohos:text = "Button 2"/>
    < Button
        ohos:width = "90vp"
        ohos:height = "50vp"
        ohos:margin = "10vp"
        ohos:background_element = " $ graphic:color_button_element"
        ohos:text_size = "20vp"
        ohos:layout_alignment = "right"
        ohos:text = "Button 3"/>
</DirectionalLayout >
```

运行效果如图 5-6 所示。

实际上既可以理解成 3 个按钮组件按照垂直排列，也可以理解成按照水平排列，只不过按照水平方向排列时，它们在父组件中的对齐方式依次为上、中、下而已。

在应用中，很多时候需要平均或按照一定比例分配组件所在的布局的空间大小，如图 5-7(a)下方的导航菜单所示，4 个菜单选项“消息”“好友”“动态”“我的”被平均分布在一个布局中，这样当界面从竖屏调整到横批时可以动态地调整，如图 5-7(b)所示。

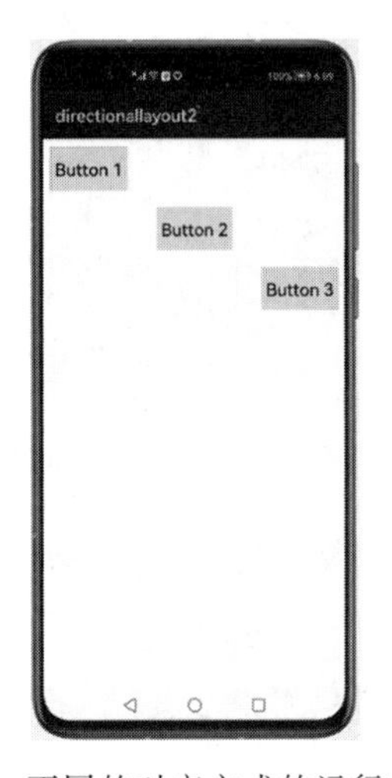

图 5-6 不同的对齐方式的运行效果图

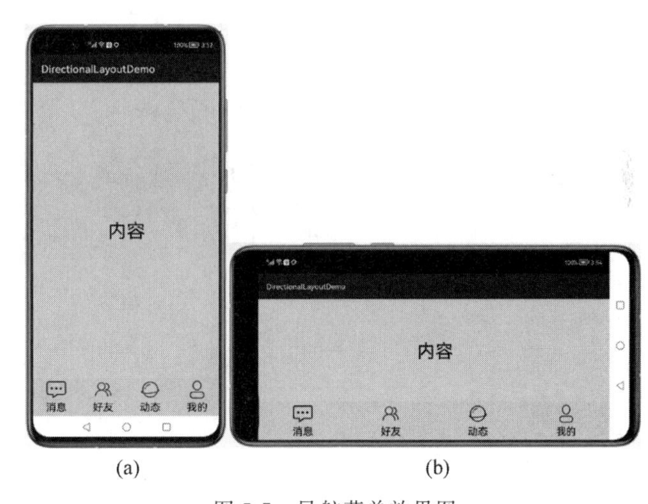

图 5-7 导航菜单效果图

为了达到组件在线性布局中按照一定比例显示的目的，可以为线性布局中的组件设置权重，即 weight 属性，代码如下：

```
//ch05\DirectionalLayoutDemo 项目中的 ability_main.xml
<?xml version = "1.0" encoding = "utf - 8"?>
< DirectionalLayout
    xmlns:ohos = "http://schemas.huawei.com/res/ohos"
    ohos:height = "match_parent"
```

```
ohos:width = "match_parent"
ohos:orientation = "vertical">

<Text
    ohos:height = "0"
    ohos:width = "match_parent"
    ohos:layout_alignment = "center"
    ohos:text_alignment = "center"
    ohos:background_element = "#CCCCCC"
    ohos:text = "内容"
    ohos:text_size = "36vp"
    ohos:weight = "1"
>
</Text>

<DirectionalLayout
    xmlns:ohos = "http://schemas.huawei.com/res/ohos"
    ohos:height = "match_content"
    ohos:width = "match_parent"
    ohos:background_element = "#330000FF"
    ohos:orientation = "horizontal">

    <Button
        ohos:height = "match_content"
        ohos:width = "0vp"
        ohos:element_top = "$media:icon"
        ohos:margin = "5vp"
        ohos:text = "消息"
        ohos:text_size = "20vp"
        ohos:layout_alignment = "center"
        ohos:weight = "1"/>

    <Button
        ohos:height = "match_content"
        ohos:width = "0vp"
        ohos:element_top = "$media:icon"
        ohos:margin = "5vp"
        ohos:text = "好友"
        ohos:text_size = "20vp"
        ohos:layout_alignment = "bottom"
        ohos:weight = "1"/>

    <Button
        ohos:height = "match_content"
        ohos:width = "0vp"
        ohos:element_top = "$media:icon"
```

```
            ohos:margin = "5vp"
            ohos:text = "动态"
            ohos:text_size = "20vp"
            ohos:layout_alignment = "bottom"
            ohos:weight = "1"/>

        <Button
            ohos:height = "match_content"
            ohos:width = "0vp"
            ohos:element_top = " $ media:icon"
            ohos:margin = "5vp"
            ohos:text = "我的"
            ohos:text_size = "20vp"
            ohos:layout_alignment = "bottom"
            ohos:weight = "1"/>
    </DirectionalLayout>
</DirectionalLayout>
```

该布局文件，外层是一个方向布局，布局的方向是垂直方向，里面包括一个 Text 和一个内层方向布局。内层方向布局的方向是水平方向，里面包含了 4 个按钮，分别是“消息”“好友”“动态”和“我的”，这 4 个按钮的 ohos:weight 属性值都被设置成了 1，由于它们的权重一样，所以平均分配内层方向布局的水平空间。

一般情况下，组件在分配父布局的水平宽度空间的计算公式如下：

$$组件宽度=\frac{组件权重}{同级所有组件权重之和}\times 父布局可分配宽度 \tag{5-1}$$

其中：

$$父布局可分配宽度=父布局宽度-所有同级组件宽度之和 \tag{5-2}$$

在实际使用过程中，为了使组件大小和权重成比例，一般会将同级的组件宽度属性 width 的值均设置为 0，这样组件宽度就会按设置的权重比例分配父布局的宽度。对于未设置权重的组件，默认其权重是 0。

在垂直方向的线性布局中，组件权重设置和组件高度分配与水平方向的线性布局类似，这里不再赘述。

5.3.2 DependentLayout

15min

DependentLayout 称为依赖布局，与方向布局相比，依赖布局拥有更多的排布方式。在依赖布局里，组件可以相对于其他组件设置位置，可以相对于其他同级元素组件的位置设置位置，也可以相对于父组件的位置设置位置。

依赖布局自身相对于父组件的对齐方式的属性取值如表 5-1 所示。

表 5-1　依赖布局的对齐方式的属性取值

属 性 取 值	取 值 说 明	使 用 说 明
ohos:alignment="left"	左对齐，和其父组件左侧对齐	可以设置单个值，也可以使用"|"进行多值组合 如：表示居上和居左 ohos: alignment = "top|left"
ohos:alignment="top"	顶部对齐	
ohos:alignment="right"	右对齐	
ohos:alignment="bottom"	底部对齐	
ohos:alignment="horizontal_center"	水平居中，放置到其父组件的水平中心	
ohos:alignment="vertical_center"	垂直居中，放置到其父组件的垂直中心	
ohos:alignment="center"	居中，水平和垂直同时居中	

在依赖布局中，组件可以通过一些属性设置其相对于其他组件或依赖布局的相对位置，组件的主要属性及含义如表 5-2 所示。

表 5-2　依赖布局中组件的属性值说明

属 性 名 称	值　类　型	说　　明
left_of	引用类型，仅可引用依赖布局中包含的其他组件的 ID	将右边缘与另一个子组件的左边缘对齐
right_of	同上	将左边缘与另一个子组件的右边缘对齐
above	同上	将下边缘与另一个子组件的上边缘对齐
below	同上	将上边缘与另一个子组件的下边缘对齐
align_baseline	同上	将子组件的基线与另一个子组件的基线对齐
align_left	同上	将左边缘与另一个子组件的左边缘对齐
align_top	同上	将上边缘与另一个子组件的上边缘对齐
align_right	同上	将右边缘与另一个子组件的右边缘对齐
align_bottom	同上	将底边与另一个子组件的底边对齐
start_of	同上	将结束边与另一个子组件的起始边对齐
end_of	同上	将起始边与另一个子组件的结束边对齐
align_start	同上	将起始边与另一个子组件的起始边对齐
align_end	同上	将结束边与另一个子组件的结束边对齐
align_parent_left	布尔类型值	将左边缘与父组件的左边缘对齐，true 表示对齐
align_parent_top	布尔类型值	将上边缘与父组件的上边缘对齐，true 表示对齐
align_parent_right	布尔类型值	将右边缘与父组件的右边缘对齐，true 表示对齐
align_parent_bottom	布尔类型值	将底边与父组件的底边对齐，true 表示对齐
center_in_parent	布尔类型值	将子组件保持在父组件的中心，true 表示对齐
horizontal_center	布尔类型值	将子组件保持在父组件水平方向的中心，true 表示对齐
vertical_center	布尔类型值	将子组件保持在父组件垂直方向的中心，true 表示对齐
align_parent_start	布尔类型值	将起始边与父组件的起始边对齐，true 表示对齐
align_parent_end	布尔类型值	将结束边与父组件的结束边对齐，true 表示对齐

表 5-2 中属性的名字和它的含义是基本对应的。下面以图 5-8 说明组件间的相对位置

依赖关系，假定依赖布局中组件 A 的位置已经确定，组件 B～组件 F 和组件 A 位于同一个依赖布局内，它们可以放置在 A 的周边，这时我们就可以设置组件 B～组件 F 的属性值来确定相对于组件 A 的位置。

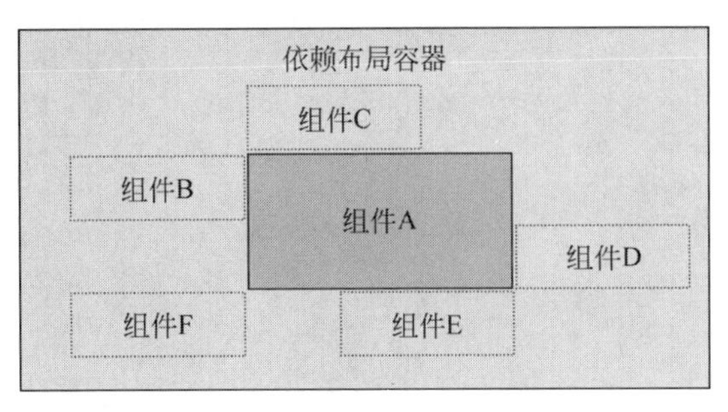

图 5-8　依赖组件的位置关系

假设组件 A 的 ID 是 component_a，如果希望达到图 5-8 所示的放置效果，则组件 B～组件 F 的属性设置如表 5-3 所示。

表 5-3　组件 B～F 相对于组件 A 的位置属性设置

组件	属性设置	说明
组件 B	ohos:left_of="$id:component_a" ohos:align_top="$id:component_a"	放到 A 的左侧 上边缘和 A 对齐
组件 C	ohos:above="$id:component_a" ohos:align_left="$id:component_a"	放到 A 的上方 左边缘和 A 对齐
组件 D	ohos:right_of="$id:component_a" ohos:align_bottom="$id:component_a"	放到 A 的右侧 下边缘和 A 对齐
组件 E	ohos:below="$id:component_a" ohos:align_right="$id:component_a"	放到 A 的下边 右边缘和 A 对齐
组件 F	ohos:left_of="$id:component_a" ohos:below="$id:component_a"	放到 A 的左侧 下边缘和 A 的上边缘对齐
	ohos:below="$id:component_a" ohos:start_of="$id:component_a"	放到 A 的下面 结束边(右边)和 A 的起始边(左边)对齐

具体实现的布局，代码如下：

```
//ch05\DependentLayout1 项目中的 ability_main.xml
<?xml version = "1.0" encoding = "utf - 8"?>
< DependentLayout
        xmlns:ohos = "http://schemas.huawei.com/res/ohos"
        ohos:width = "match_parent"
        ohos:height = "match_parent">
    < Button
        ohos:id = "$ + id:component_a"
```

```
        ohos:width = "100vp"
        ohos:height = "100vp"
        ohos:margin = "1vp"
        ohos:horizontal_center = "true"
        ohos:vertical_center = "true"
        ohos:background_element = " $ graphic:color_button_element"
        ohos:text_size = "20vp"
        ohos:text = "组件 A"/>
    < Button
        ohos:id = " $  + id:component_b"
        ohos:width = "60vp"
        ohos:height = "50vp"
        ohos:left_of = " $ id:component_a"
        ohos:align_top = " $ id:component_a"
        ohos:margin = "1vp"
        ohos:background_element = " $ graphic:color_button_element"
        ohos:text_size = "20vp"
        ohos:text = "组件 B"/>
    < Button
        ohos:id = " $  + id:component_c"
        ohos:width = "60vp"
        ohos:height = "50vp"
        ohos:above = " $ id:component_a"
        ohos:align_left = " $ id:component_a"
        ohos:margin = "1vp"
        ohos:background_element = " $ graphic:color_button_element"
        ohos:text_size = "20vp"
        ohos:text = "组件 C"/>
    < Button
        ohos:id = " $  + id:component_d"
        ohos:width = "60vp"
        ohos:height = "50vp"
        ohos:right_of = " $ id:component_a"
        ohos:align_bottom = " $ id:component_a"
        ohos:margin = "1vp"
        ohos:background_element = " $ graphic:color_button_element"
        ohos:text_size = "20vp"
        ohos:text = "组件 D"/>
    < Button
        ohos:id = " $  + id:component_e"
        ohos:width = "60vp"
        ohos:height = "50vp"
        ohos:below = " $ id:component_a"
```

```
        ohos:align_right = " $ id:component_a"
        ohos:margin = "1vp"
        ohos:background_element = " $ graphic:color_button_element"
        ohos:text_size = "20vp"
        ohos:text = "组件 E"/>
    <Button
        ohos:id = " $ + id:component_f"
        ohos:width = "60vp"
        ohos:height = "50vp"
        ohos:below = " $ id:component_a"
        ohos:start_of = " $ id:component_a"
        ohos:margin = "1vp"
        ohos:background_element = " $ graphic:color_button_element"
        ohos:text_size = "20vp"
        ohos:text = "组件 F"/>
</DependentLayout>
```

以上布局代码的运行效果如图 5-9 所示。

当依赖布局作为组件容器时，其包含的组件位置也可以相对于依赖布局进行设置。容器 A 是一个依赖布局，里面包含了组件 B～组件 F，它们可以相对于容器 A 放置到指定的位置，如图 5-10 所示。

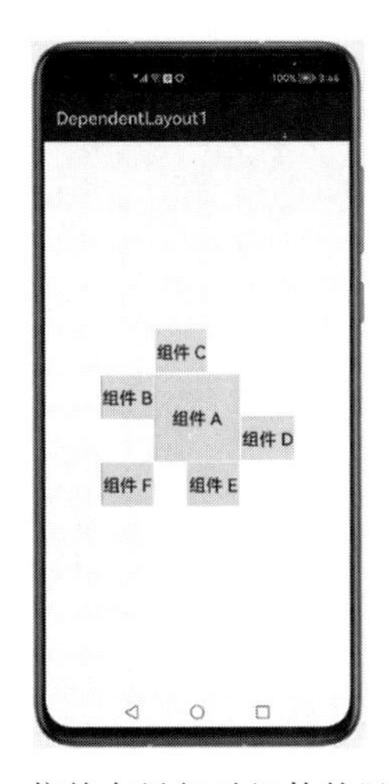

图 5-9　依赖布局相对组件的运行效果

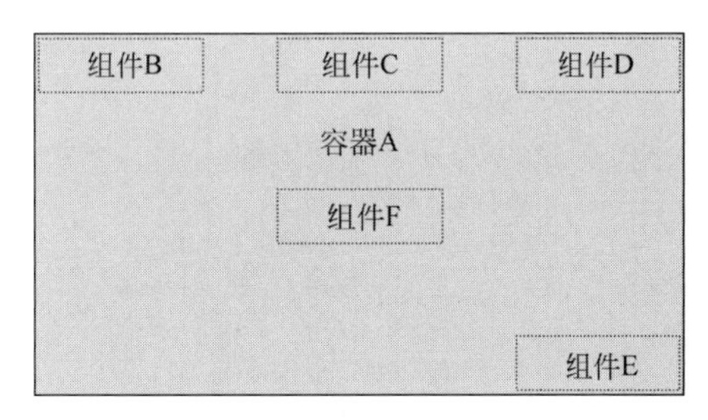

图 5-10　依赖布局的位置关系

如果希望达到该放置效果，则组件 B～组件 F 的属性设置如表 5-4 所示。

有时组件的位置可以通过不同的属性设置方式实现，如组件 F 位于父容器 A 的中心，可以直接通过 center_in_parent 属性设置，也可以通过 horizontal_center（水平居中）和 vertical_center（垂直居中）两个属性共同设置，代码如下：

表 5-4　组件 B～F 相对于容器 A 的位置属性设置

组件	属性设置	说　明
组件 B	ohos:align_parent_left="true" ohos:align_parent_top="true"	左边缘和 A 对齐 上边缘和 A 对齐
组件 C	ohos:align_parent_top="true" ohos:horizontal_center="true"	上边缘和 A 对齐 水平方向在父组件中心
组件 D	ohos:align_parent_right="true" ohos:align_parent_top="true"	右边缘和 A 对齐 上边缘和 A 对齐
组件 E	ohos:align_parent_right="true" ohos:align_parent_bottom="true"	右边缘和 A 对齐 下边缘和 A 对齐
组件 F	ohos:center_in_parent="true"	放到父组件 A 中心
	ohos:horizontal_center="true" ohos:vertical_center="true"	放到父组件 A 水平中心 放到父组件 A 垂直中心

```
//ch05\DependentLayout2 项目中的 ability_main.xml
<?xml version = "1.0" encoding = "utf - 8"?>
< DependentLayout
    xmlns:ohos = "http://schemas.huawei.com/res/ohos"
    ohos:width = "match_parent"
    ohos:height = "match_parent">
    < DependentLayout
        ohos:id = " $ + id:component_a"
        ohos:width = "300vp"
        ohos:height = "300vp"
        ohos:margin = "1vp"
        ohos:horizontal_center = "true"
        ohos:vertical_center = "true"
        ohos:background_element = "#FFBBBBBB"
    >
    < Button
            ohos:id = " $ + id:component_b"
            ohos:width = "60vp"
            ohos:height = "50vp"
            ohos:align_parent_left = "true"
            ohos:align_parent_top = "true"
            ohos:margin = "1vp"
            ohos:background_element = " $ graphic:color_button_element"
            ohos:text_size = "20vp"
            ohos:text = "组件 B"/>
        < Button
            ohos:id = " $ + id:component_c"
            ohos:width = "60vp"
            ohos:height = "50vp"
            ohos:align_parent_top = "true"
```

```
            ohos:horizontal_center = "true"
            ohos:margin = "1vp"
            ohos:background_element = " $ graphic:color_button_element"
            ohos:text_size = "20vp"
            ohos:text = "组件 C"/>
        < Button
            ohos:id = " $ + id:component_d"
            ohos:width = "60vp"
            ohos:height = "50vp"
            ohos:align_parent_right = "true"
            ohos:align_parent_top = "true"
            ohos:margin = "1vp"
            ohos:background_element = " $ graphic:color_button_element"
            ohos:text_size = "20vp"
            ohos:text = "组件 D"/>
        < Button
            ohos:id = " $ + id:component_e"
            ohos:width = "60vp"
            ohos:height = "50vp"
            ohos:align_parent_right = "true"
            ohos:align_parent_bottom = "true"
            ohos:margin = "1vp"
            ohos:background_element = " $ graphic:color_button_element"
            ohos:text_size = "20vp"
            ohos:text = "组件 E"/>
        < Button
            ohos:id = " $ + id:component_f"
            ohos:width = "60vp"
            ohos:height = "50vp"
            ohos:center_in_parent = "true"
            ohos:margin = "1vp"
            ohos:background_element = " $ graphic:color_button_element"
            ohos:text_size = "20vp"
            ohos:text = "组件 F"/>
    </DependentLayout >
</DependentLayout >
```

这里，整体是一个依赖布局，在这个依赖布局里又包含了一个依赖布局，即容器 A，其位置在父布局的中心，宽度和高度均为 300vp，id 为 container_a，其内部又包含了组件 B～F，运行效果如图 5-11 所示。

下面给出一个使用依赖布局的综合例子，该示例的运行效果如图 5-12 所示。

图 5-12 所示的界面效果与一些支付类移动应用界面类似，可以供开发者借鉴参考，界面中的一些图标及图片资源需要开发者自行准备，界面布局的代码如下：

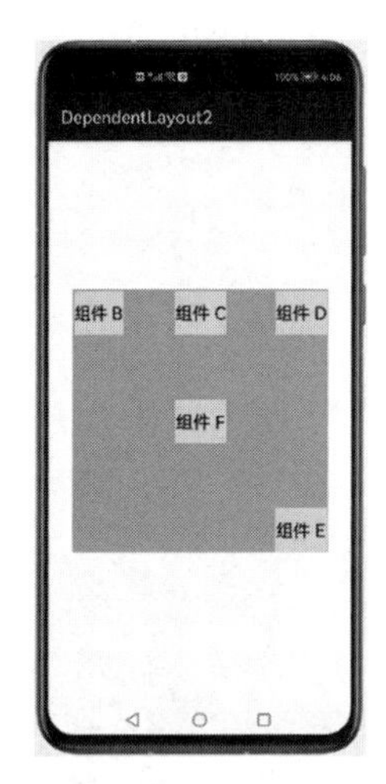

图 5-11　依赖布局相对布局的运行效果

图 5-12　依赖布局综合示例

7min

```
//ch05\DependentLayoutDemo 项目中的 ability_main.xml
<?xml version="1.0" encoding="utf-8"?>
<DependentLayout
    xmlns:ohos="http://schemas.huawei.com/res/ohos"
    ohos:width="match_parent"
    ohos:height="match_parent"
    ohos:padding="5vp"
    ohos:background_element="#25878787"
>
    <DirectionalLayout
        ohos:id="$+id:dirlayout1"
        ohos:width="match_parent"
        ohos:height="match_content"
        ohos:orientation="horizontal"
        ohos:align_parent_top="true"
        ohos:background_element="#FF00FF00"
    >
        <Button
            ohos:width="0"
            ohos:weight="1"
            ohos:height="match_content"
            ohos:padding="30vp"
            ohos:element_top="$media:icon1"
            ohos:text="收款"
            ohos:text_size="20vp" />
        <Button
            ohos:width="0"
            ohos:weight="1"
            ohos:height="match_content"
            ohos:padding="30vp"
            ohos:text="钱包"
```

```
            ohos:element_top = " $ media:icon2"
            ohos:text_size = "20vp" />
    </DirectionalLayout >
    < Text
        ohos:id = " $ + id:category01"
        ohos:height = "match_content"
        ohos:width = "match_parent"
        ohos:top_margin = "5vp"
        ohos:below = " $ id:dirlayout1"
        ohos:align_left = " $ id:dirlayout1"
        ohos:background_element = " # FFFFFF"
        ohos:text_size = "18vp"
        ohos:text = "理财类"
        />
    < Button
        ohos:id = " $ + id:btn01"
        ohos:width = "80vp"
        ohos:height = "match_content"
        ohos:below = " $ id:category01"
        ohos:align_left = " $ id:category01"
        ohos:padding = "10vp"
        ohos:text = "信用卡"
        ohos:element_top = " $ media:icon3"
        ohos:background_element = " # FFFFFF"
        ohos:text_size = "18vp"   />
    < Button
        ohos:id = " $ + id:btn02"
        ohos:width = "80vp"
        ohos:height = "match_content"
        ohos:right_of = " $ id:btn01"
        ohos:align_top = " $ id:btn01"
        ohos:padding = "10vp"
        ohos:text = "理财通"
        ohos:element_top = " $ media:icon4"
        ohos:background_element = " # FFFFFF"
        ohos:text_size = "18vp"   />

    < Text
        ohos:id = " $ + id:category02"
        ohos:height = "match_content"
        ohos:width = "match_parent"
        ohos:top_margin = "5vp"
        ohos:below = " $ id:btn01"
        ohos:align_left = " $ id:dirlayout1"
        ohos:background_element = " # FFFFFF"
        ohos:text_size = "18vp"
        ohos:text = "生活类"
        />
    < Button
```

```
            ohos:id = "$ + id:btn11"
            ohos:width = "80vp"
            ohos:height = "match_content"
            ohos:below = "$ id:category02"
            ohos:align_left = "$ id:category02"
            ohos:padding = "10vp"
            ohos:text = "水电费"
            ohos:element_top = "$ media:icon5"
            ohos:background_element = "#FFFFFF"
            ohos:text_size = "18vp"  />
    </DependentLayout>
```

这里，最外层是一个依赖布局，其内部的上方包含了一个方向布局，方向布局内又包含了收款和钱包功能。依赖布局的下方有多个文本和按钮，通过依赖的位置关系进行了布局。类似本例效果的界面在很多支付类应用中会出现，只不过会有一些差异，开发者可以根据实际需求，合理利用布局构建应用界面。

8min

5.3.3 StackLayout

StackLayout，即栈布局，栈布局直接在屏幕上开辟出一块空白的区域，位于栈布局中的组件以层叠的方式依次放置，栈布局中的元素类似一个栈结构，故称为栈布局。先放置的元素位于栈的下层，后放置的元素位于栈的上层，上一层的元素会遮挡下一层的元素视图，如图5-13所示。在栈布局中，所有的元素默认放置在栈布局的左上角。

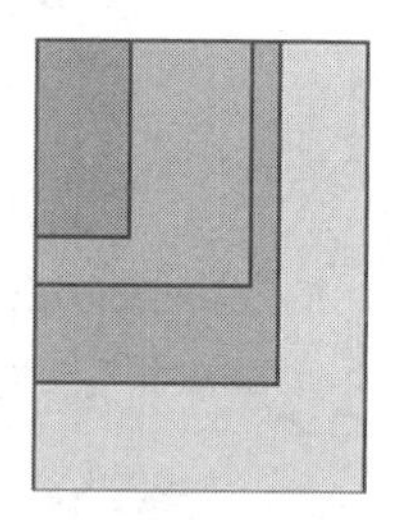

图5-13 栈布局

栈布局好像没有布局，因为放置在其中的组件只是一层层堆放而已，因此栈布局自身没有定义更多的属性，一般仅需要设置栈布局的宽度、高度和背景。

栈布局中的元素默认被放置到左上角，也可以通过设置组件的布局对齐方式(layout_alignment)属性控制组件在栈布局中放置的位置，该属性的取值及说明如表5-5所示。

表5-5 栈布局中组件对齐方式

组件布局方式取值	取值说明
ohos:layout_alignment="left"	左对齐，组件左侧和所在布局左侧对齐
ohos:layout_alignment="top"	顶部对齐，组件上侧和所在布局上侧对齐
ohos:layout_alignment="right"	右对齐，组件右侧和所在布局右侧对齐
ohos:layout_alignment="bottom"	底部对齐，组件底边和所在布局底边对齐
ohos:layout_alignment="horizontal_center"	水平居中对齐，组件在水平方向上位于所在布局中心
ohos:layout_alignment="vertical_center"	垂直居中对齐，组件在垂直方向上位于所在布局中心
ohos:layout_alignment="center"	居中对齐，组件在水平和垂直方向上都位于所在布局中心

布局对齐方式 layout_alignment 属性的值可以使用"|"进行组合，如下代码表示顶部对齐且右对齐，即组件的右上角和所在的布局的右上角对齐，组件会被放置到所在布局的右下角，代码如下：

```
ohos:layout_alignment = "right|buttom"
```

下面是一个栈布局的例子，运行效果如图 5-14 所示。在屏幕中有 3 个组件，分别是 Layer1、Layer2、Layer3，Layer1 被放置于最底层，Layer2 被放置于第 2 层，Layer3 被放置于 Layer2 之上，3 个组件以中心对齐的方式被放置于同一个栈布局中。

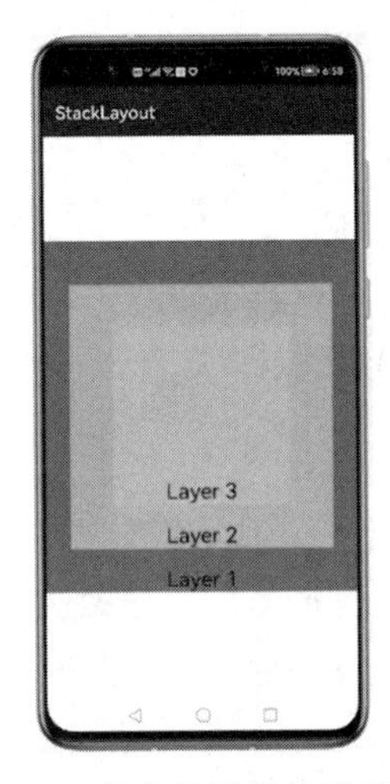

图 5-14　栈布局示例的运行效果

如图 5-14 所示，运行效果对应的布局代码如下：

```
//ch05\StackLayout1 项目中的 ability_main.xml
<?xml version = "1.0" encoding = "utf - 8"?>
< StackLayout
    xmlns:ohos = "http://schemas.huawei.com/res/ohos"
    ohos:id = "$ + id:stack_layout"
    ohos:height = "match_parent"
    ohos:width = "match_parent">
    < Text
        ohos:id = "$ + id:text_blue"
        ohos:text_alignment = "bottom|horizontal_center"
        ohos:text_size = "24fp"
        ohos:text = "Layer 1"
        ohos:height = "400vp"
        ohos:width = "400vp"
        ohos:layout_alignment = "center"
        ohos:background_element = "#3F56EA" />
```

```
    <Text
        ohos:id = "$ + id:text_light_purple"
        ohos:text_alignment = "bottom|horizontal_center"
        ohos:text_size = "24fp"
        ohos:text = "Layer 2"
        ohos:height = "300vp"
        ohos:width = "300vp"
        ohos:layout_alignment = "center"
        ohos:background_element = "#00AAEE" />
    <Text
        ohos:id = "$ + id:text_orange"
        ohos:text_alignment = "bottom|horizontal_center"
        ohos:text_size = "24fp"
        ohos:text = "Layer 3"
        ohos:height = "200vp"
        ohos:width = "200vp"
        ohos:layout_alignment = "center"
        ohos:background_element = "#00BFC9" />
</StackLayout>
```

栈布局中组件首次放置时有一定的层次，但是，栈布局中组件的显示层次是可以动态调整的，可以通过代码加以修改控制。栈布局提供了改变其子组件显示层次的方法，将栈布局中的一个 Text 组件移动到栈布局的最上层，代码如下：

```
//ch05\StackLayout1 项目中的 MainAbilitySlice.java
public void onStart(Intent intent) {
super.onStart(intent);
    super.setUIContent(ResourceTable.Layout_ability_main);
    ComponentContainer stackLayout = (ComponentContainer)
            findComponentById(ResourceTable.Id_stack_layout);
    Text textFirst = (Text)findComponentById(ResourceTable.Id_text_blue);
    //设置单击监听
    textFirst.setClickedListener(new Component.ClickedListener() {
        @Override
        public void onClick(Component component) {
            //将组件移动到最前面,即最上层
            stackLayout.moveChildToFront(component);
        }
    });
}
```

8min

5.3.4 PositionLayout

PositionLayout，即坐标布局，也可称为位置布局或绝对布局。位于坐标布局中的子组件通过指定准确的(x,y)坐标值确定在布局中显示的位置。坐标布局可以理解成一个坐标系,其左上角为(0,0),向右为x轴方向,向下为y轴方向,在坐标布局中,每个组件都可以设定一个坐标位置。

在坐标布局中,设置组件位置坐标的属性为 ohos:translation_x 和 ohos:translation_y,前者表示x坐标,后者表示y坐标。使用坐标布局进行界面布局的示例,代码如下:

```
//ch05\PositionLayout 项目中的 ability_main.xml
<?xml version = "1.0" encoding = "utf - 8"?>
< PositionLayout
    xmlns:ohos = "http://schemas.huawei.com/res/ohos"
    ohos:id = " $ + id:position"
    ohos:height = "match_parent"
    ohos:width = "300vp"
    ohos:background_element = " # 3387CEFA"
    >
    < Text
        ohos:id = " $ + id:position_text_1"
        ohos:height = "50vp"
        ohos:width = "200vp"
        ohos:background_element = " # 9987CEFA"
        ohos:translation_x = "100"
        ohos:translation_y = "20"
        ohos:text = "Title"
        ohos:text_alignment = "center"
        ohos:text_size = "20fp"/>
    < Text
        ohos:id = " $ + id:position_text_2"
        ohos:height = "200vp"
        ohos:width = "200vp"
        ohos:background_element = " # 9987CEFA"
        ohos:translation_x = "20"
        ohos:translation_y = "180"
        ohos:text = "Content2"
        ohos:text_alignment = "center"
        ohos:text_size = "20fp"/>
    < Text
        ohos:id = " $ + id:position_text_3"
        ohos:height = "200vp"
        ohos:width = "300vp"
        ohos:background_element = " # 9987CEFA"
        ohos:translation_x = "180"
        ohos:translation_y = "400"
        ohos:text = "Content3"
        ohos:text_alignment = "center"
        ohos:text_size = "20fp"/>
</PositionLayout >
```

以上代码的运行效果如图 5-15 所示。

组件坐标位置指的是组件左上角的位置。组件大小超出布局的部分将无法显示，如上例中 Content3 右侧超出了坐标布局的宽度，被自动裁剪了。当组件出现重叠时，处理方法和栈布局相同，即后放置的组件会被放置于先放置的组件的上方，如上例中 Content3 遮挡了 Content2 的一部分。

坐标布局中的组件位置也可以动态变化，组件提供了 3 个设置方法，帮助开发者在程序中控制组件在坐标布局的位置。setTranslation_x(float x)用于设置 x 坐标，setTranslation(float y)用于设置 y 坐标，setTranslation(float x, float y)可以同时设置 x 和 y 坐标。

坐标布局主要在同一个平面内通过坐标位置确定组件的位置关系，栈布局更适用于布置立体的层次关系。二者结合可以很好地解决应用中面与层之间的关系。下面以坦克大战游戏为例，综合应用一下栈布局和坐标布局。

在坦克大战游戏中有若干坦克、草地、奖品等，它们需要位于不同的层次，坦克位于底层，草地位于第 2 层，奖品位于最上层，因此可采用栈布局，这样不管何时出现坦克，坦克都能在草地下行驶，如图 5-16 所示。

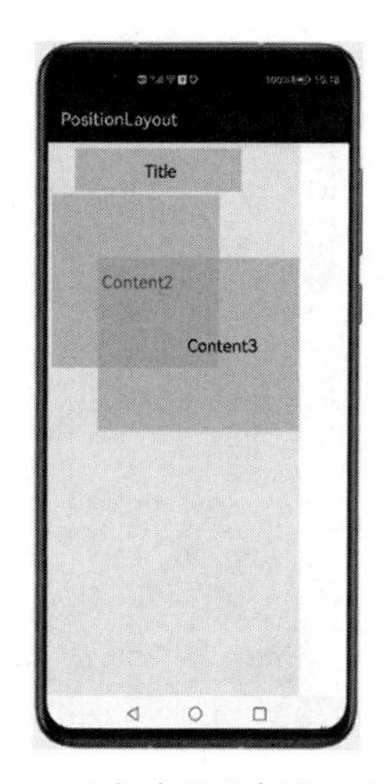

图 5-15 坐标布局示例的运行效果

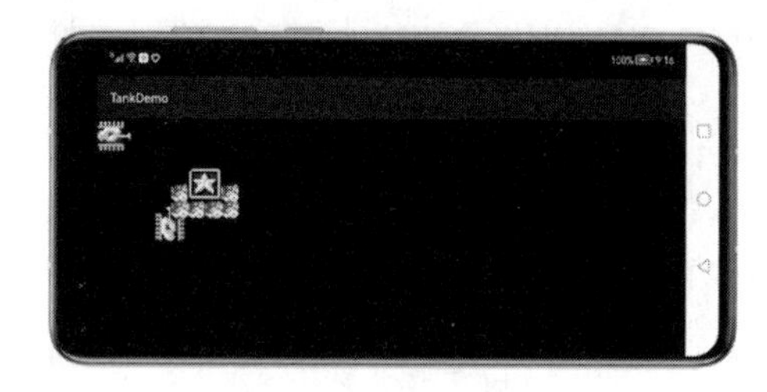

图 5-16 坦克游戏布局的应用示例

在同一层中，元素位置是可以变化的，如坦克是可以移动的，因此可以采用坐标布局，进而可以通过程序代码控制游戏，代码如下：

```
//ch05\TankDemo 项目中的 ability_main.xml
<?xml version = "1.0" encoding = "utf - 8"?>
< StackLayout
    xmlns:ohos = "http://schemas.huawei.com/res/ohos"
    ohos:height = "match_parent"
    ohos:width = "match_parent"
    ohos:background_element = "#000000"
```

```
>
    <PositionLayout
        ohos:id = "$ + id:tanks"
        ohos:height = "match_parent"
        ohos:width = "match_parent"
    >
        <Image
            ohos:id = "$ + id:tank1"
            ohos:height = "40vp"
            ohos:width = "40vp"
            ohos:image_src = "$ media:pic"
            ohos:clip_alignment = "top|center"
            />

        <Image
                ohos:id = "$ + id:tank2"
                ohos:height = "40vp"
                ohos:width = "40vp"
                ohos:image_src = "$ media:pic"
                ohos:clip_alignment = "left|top"
                ohos:translation_x = "200"
                ohos:translation_y = "300"
                />
    </PositionLayout>
    <PositionLayout
        ohos:id = "$ + id:grassland"
        ohos:height = "match_parent"
        ohos:width = "match_parent"
    >
        <Image
                ohos:id = "$ + id:grassland1"
                ohos:height = "40vp"
                ohos:width = "40vp"
                ohos:image_src = "$ media:pic"
                ohos:clip_alignment = "right|bottom"
                ohos:translation_x = "260"
                ohos:translation_y = "220"
                />
        <Image
                ohos:id = "$ + id:grassland2"
                ohos:height = "40vp"
                ohos:width = "40vp"
                ohos:image_src = "$ media:pic"
                ohos:clip_alignment = "right|bottom"
                ohos:translation_x = "380"
                ohos:translation_y = "220"
```

```
            />
    </PositionLayout>
    <PositionLayout
        ohos:id="$+id:reward"
        ohos:height="match_parent"
        ohos:width="match_parent"
        >
        <Image
                ohos:id="$+id:star"
                ohos:height="40vp"
                ohos:width="40vp"
                ohos:image_src="$media:pic"
                ohos:clip_alignment="right|top"
                ohos:translation_x="320"
                ohos:translation_y="160"
                />
    </PositionLayout>
</StackLayout>
```

在以上代码中，多次引用了图片资源 $media:pic，并进行了适当的裁剪。资源图片文件 pic.png 如图 5-17 所示，该图片是一个 120×80 像素的图片，每个基本元素是 40×40 像素，共 6 个基本元素，分别代表 4 个方向的坦克、五角星、草地，当按照适当的方式裁剪后刚好可以得到其中的一个基本元素。

5.3.5 TableLayout

TableLayout，即表格布局，表格布局使用表格的方式来组织其中的组件，一个表格可以分为若干行和若干列，表格布局中的组件依次被放置到各个单元格中。一个 3 行 2 列的表格布局示意图，如图 5-18 所示。

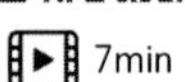
7min

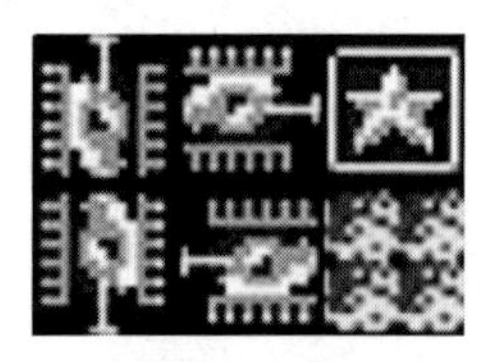
图 5-17 资源图片文件 pic.png

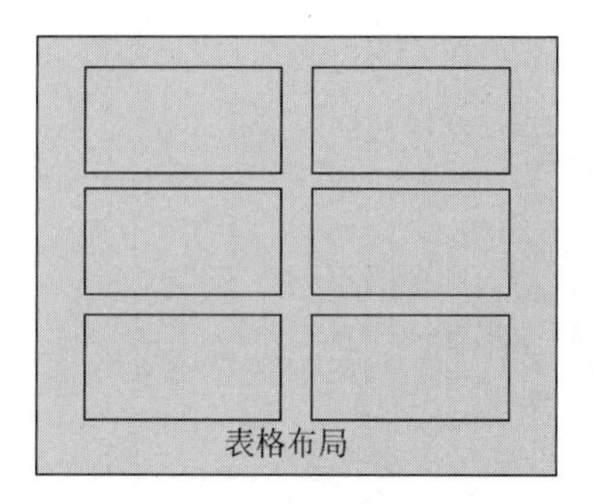

图 5-18 表格布局示意图

表格布局除了拥有布局统一具有的属性外，还有几个特有的属性，几个常用的属性及说明如表 5-6 所示。

表 5-6 表格布局的主要属性

属性名称	说明
ohos:row_count	值取整数，表示表格的行数
ohos:column_count	值取整数，表示表格的列数
ohos:orientation	表格中组件排列方向。当取值为 horizontal 时表示水平方向，即表格布局的组件按照行优先的方式依次放入表格布局中，水平方向是默认方向；当取值为 vertical 时表示垂直方向，即表格布局的组件按照列优先的方式依次放入表格布局中

表格布局为放置在其中的组件布置了一个隐形若干行和若干列的单元格，表格中的元素将依次被放置到各个单元格中。

对于一个 3 行 2 列的表格，如果按照行优先放置 4 个组件，则它们放置的顺序如图 5-19(a)所示；如果按照列优先放置 4 个组件，则放置的顺序如图 5-19(b)所示。

下面是一个使用表格布局显示图片的示例，效果如图 5-20 所示。界面中包含 6 张图片，采用 3 行 2 列的表格布局。

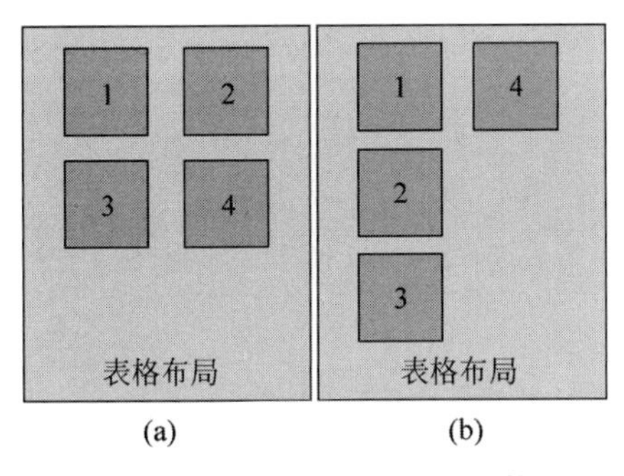

图 5-19 按照行或列排列组件

图 5-20 使用表格布局

对应的布局文件的代码如下：

```
//ch05\TableLayoutDemo 项目中的 ability_main.xml
<?xml version = "1.0" encoding = "utf - 8"?>
< TableLayout
    xmlns:ohos = "http://schemas.huawei.com/res/ohos"
    ohos:height = "match_parent"
    ohos:width = "match_parent"
    ohos:background_element = "#EEEEEE"
    ohos:layout_alignment = "horizontal_center"
    ohos:row_count = "3"
```

```
ohos:column_count = "2"
ohos:padding = "8vp">
<Image
    ohos:height = "100vp"
    ohos:width = "130vp"
    ohos:image_src = " $ media:pic1"
    ohos:background_element = " # 2200FF00"
    ohos:scale_mode = "inside"
    ohos:margin = "8vp"
    ohos:text = "1"
    ohos:text_alignment = "center"
    ohos:text_size = "20fp"/>

<Image
    ohos:height = "100vp"
    ohos:width = "130vp"
    ohos:image_src = " $ media:pic2"
    ohos:background_element = " # 2200FF00"
    ohos:scale_mode = "inside"
    ohos:margin = "8vp"
    ohos:text = "2"
    ohos:text_alignment = "center"
    ohos:text_size = "20fp"/>

<Image
    ohos:height = "130vp"
    ohos:width = "130vp"
    ohos:image_src = " $ media:pic3"
    ohos:background_element = " # 2200FF00"
    ohos:scale_mode = "inside"
    ohos:margin = "8vp"
    ohos:text = "2"
    ohos:text_alignment = "center"
    ohos:text_size = "20fp"/>

<Image
    ohos:height = "100vp"
    ohos:width = "130vp"
    ohos:image_src = " $ media:pic4"
    ohos:background_element = " # 2200FF00"
    ohos:scale_mode = "inside"
    ohos:margin = "8vp"
    ohos:text = "2"
    ohos:text_alignment = "center"
    ohos:text_size = "20fp"/>
```

```
    <Image
        ohos:height = "100vp"
        ohos:width = "130vp"
        ohos:image_src = "$media:pic5"
        ohos:background_element = "#2200FF00"
        ohos:scale_mode = "inside"
        ohos:margin = "8vp"
        ohos:text = "2"
        ohos:text_alignment = "center"
        ohos:text_size = "20fp"/>

    <Image
        ohos:height = "130vp"
        ohos:width = "130vp"
        ohos:image_src = "$media:pic6"
        ohos:background_element = "#2200FF00"
        ohos:scale_mode = "inside"
        ohos:margin = "8vp"
        ohos:text = "2"
        ohos:text_alignment = "center"
        ohos:text_size = "20fp"/>

</TableLayout>
```

表格布局的单元格是隐形的，需放置的组件依次被放置到表格的每个格中，当表格中的元素大小不一致时，每一行的高度会取该行最高的元素的高度，每一列的宽度会取该列最宽的元素的宽度。如上例中，尽管每一行的顶部是对齐的，但是由于图片组件的高度不同，出现了下边界不齐的情况，因此，开发者在使用表格布局时，可以将其中的组件设置为相同的高度和宽度，以便表格中的元素显示及排列得更加整齐。

5.4 自定义布局

6min

系统提供了一些常用的布局，多数情况下可以满足开发者的需要，但是，有时现有的布局不能很好地满足特殊需求，这时可以考虑自定义布局。

在 Java UI 框架中，布局其实就是一个具体的组件容器类，Java UI 中组件类的继承关系如图 5-21 所示，箭头指向的方向为父类，前面介绍的常见布局 DirectionalLayout、DependentLayout、StackLayout、PositionLayout、TableLayout 都继承自 ComponentContainer 类。

在整个组件体系中，Component 类是所有类的父类，由它派生出来很多组件容器和组件类。一般情况下，开发者只需选择合适的组件或组件容器便可满足开发应用的需求，但是，如果开发者需要，则完全可以通过继承组件体系中的类，进而扩展自定义布局或组件，以满足用户的特定需求。

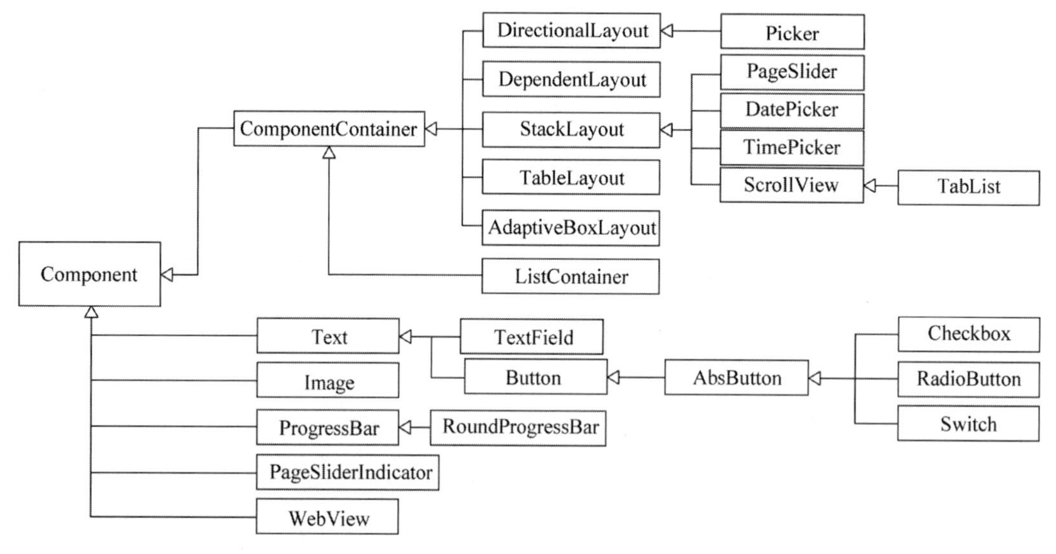

图 5-21 组件类继承关系图

自定义布局可以继承 ComponentContainer 类或其子类,自定义布局类一般需要重新定义布局里的监听,需要测量控制布局及其包含的组件的大小,还需要控制组件的排列方式和位置等。下面是自定义布局的基本步骤:

(1) 创建自定义布局的类,继承 ComponentContainer 类或其子类。

(2) 实现 ComponentContainer. EstimateSizeListener 接口,在 onEstimateSize()方法中进行测量计算。

(3) 测量计算布局中每个子组件的大小和位置数据,并保存。

(4) 实现 ComponentContainer. ArrangeListener 接口,并在 onArrange()方法中根据测量计算数据布置排列自定义布局中的子组件。

(5) 使用自定义布局创建布局对象,并在布局中添加若干子组件。

实际上,现有的常用布局也是通过继承 ComponentContainer 类实现的,它们只不过是事前定义好的自定义布局而已,开发者也可以学习其开源的源代码实现。总之,所有在已有布局中通过配置 XML 布局文件可以实现的,在自定义布局时都需要通过代码进行实现。

一般情况下,开发者不需要自定义布局或组件,可以通过现有的布局或组件嵌套、组合等多种方式完成复杂的界面设计效果。

小结

布局是组件容器,它可以更好地布置应用中的组件及组件容器,从而为应用创建丰富且灵活的符合用户需求的图形界面。Java UI 框架主要提供了两种创建布局的方式,一种是通过 XML 定义布局,另一种是通过系统提供的布局类创建布局。常用的布局包括方向布局、依赖布局、栈布局、表格布局、坐标布局等，每种常用布局都有自身的特点。常用布局都继承自 ComponentContainer 类，开发者也可通过继承该类或其子类自定义布局。Java UI 框架以 Component 类为根，建立了丰富的界面布局和组件体系。

习题

1. 判断题

(1) 布局一般继承自 Container 类。(　　)

(2) 组件容器 ComponentContainer 类继承自 Component 类，因此布局其实是一种特殊的组件。(　　)

(3) 创建和使用布局有两种基本方式，一种方式是通过 XML 布局文件加载布局，另一种方式是通过系统提供的布局类创建布局对象。(　　)

(4) setUIContent()方法的作用是把布局设置到界面中。(　　)

(5) 系统已经提供给了丰富的布局，可以通过组合、嵌套等方式实现所有的布局方式，因此开发者只能使用系统提供的布局，不可以自定义布局。(　　)

2. 选择题

(1) 下面不是鸿蒙应用开发常用的布局的是(　　)。

A. StackLayout　　B. TableLayout
C. PositionLayout　　D. GridLayout

(2) 关于布局说法不正确的是(　　)。

A. 布局也是组件　　B. 布局可以嵌套
C. 布局也有大小　　D. 布局属性一旦确定不能改变

(3) 关于 DirectionLayout 说法不正确的是(　　)。

A. 该布局中元素可以按水平方向线性排列
B. 该布局中元素可以按垂直方向线性排列
C. 该布局中元素默认为居中对齐
D. 该布局中可以嵌套 DirectionLayout

(4) 下面的属性设置，可以把当前组件放到其父容器且水平居中的是(　　)。

A. ohos:horizontal_center="true"　　B. ohos:align_parent_top="true"
C. ohos:align_parent="center"　　D. ohos:align_parent_in="center"

(5) 位置布局中组件通过指定(x,y)坐标设置位置，这里的坐标系的原点在(　　)。

A. 设备屏幕的左上角　　B. 组件所在位置布局的左上角
C. 屏幕的中心　　D. 组件所在位置布局的中心

3. 填空题

(1) DirectionalLayout 的排列方向属性 ohos:orientation 的值为________时，表示其中的组件按垂直方向排列。

(2) ________________称为依赖布局,在依赖布局里,每个组件可以指定相对于其他同级元素的位置,也可以指定相对于父组件的位置。

(3) ________________布局中放置的组件是一层层的。

(4) TableLayout,即表格布局,在表格布局中,属性 ohos:________________可以设置表格的列数。

(5) ________________布局是以组件坐标值确定在布局中位置的。

4. 上机题

(1) 仿照微信,实现其聊天界面的布局。

(2) 请实现一个九宫格界面布局,每个格中放置一张图片。

第 6 章 Page Ability

【学习目标】

■ 理解 HarmonyOS 中的 Ability 概念

■ 理解 Page 和 Slice 的关系及生命周期

■ 掌握 Slice 间的导航，包括同一 Page 内的 Slice 导航和不同 Page 间的 Slice 导航

■ 理解 Intent 的作用，掌握其用法

■ 掌握 HarmonyOS 应用跨设备迁移的开发方法

6.1 概述

8min

众所周知，在 Java 编程标准规范中，程序是以类为基本单元的，从一个静态类的静态 main()方法开始启动运行，而在 HarmonyOS 应用开发中，系统对此进行更高层次的抽象，HarmonyOS 提出了能力的概念，能力即 Ability，在一个 HarmonyOS 应用中，Ability 是应用的基本能力单元。

Ability 是应用所具备能力的抽象，也是应用程序的重要组成部分。一个应用可以具有多个能力包，每个能力包中可以包含多个能力，即包含多个 Ability，HarmonyOS 支持应用以 Ability 为单元进行部署。

对于应用开发者来讲，Ability 其实就是系统框架中事先定义好的一个类，开发者可以在系统提供的 Ability 类的基础上扩展，即通过继承 Ability 类实现新的能力类，以实现应用的特定功能需求。HarmonyOS 提供了管理 Ability 的底层框架，减轻了开发者的负担，开发者只需要在理解 Ability 的基础上专注于自身应用业务需求的实现。

在 HarmonyOS 中，Ability 可以分为特征能力(Feature Ability，FA)和元能力(Particle Ability，PA)两种类型，每种类型为开发者提供了不同的类模板，适用于不同的业务类型功能，如图 6-1 所示。

Page Ability 称为页面能力，或称为页面，简称 Page。Page 目前是 FA 支持的唯一模板，用于提供与用户交互的能力界面。一个 Page 实例一般包含一组相关的能力页片，即 Ability Slice，简称 Slice。

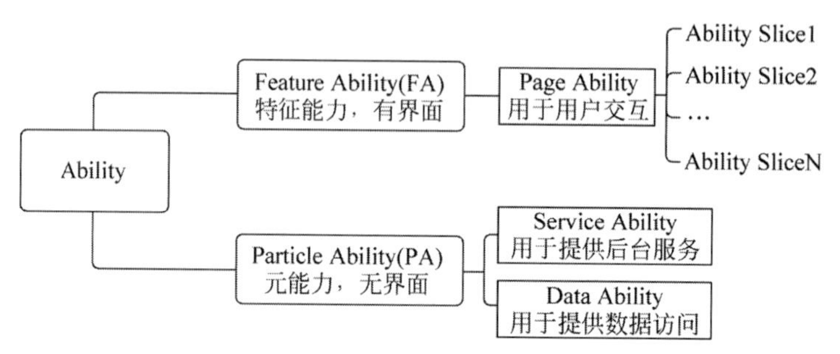

图 6-1 Ability 分类

PA 分为服务能力和数据能力，前者为 Service Ability，简称 Service，后者为 Data Ability，简称 Data。Service 用于提供后台运行任务的能力，Data 用于对外部提供统一的数据访问能力。

在应用的配置文件（config.json）中注册 Ability 时，可以通过配置 Ability 元素中的 type 属性来指定 Ability 模板的类型。

其中，type 的取值可以为 page、service 或 data，分别代表 Page 模板、Service 模板、Data 模板。下面是一个 Ability 配置为 Page 的示例，代码如下：

```
{
    …
    "module": {
        ...
        "abilities": [
            {
            …
                "type": "page",
                …
            }
        ]
    }
}
```

6.2 Page 和 Slice 的关系

7min

Page Ability，简称 Page，是 FA 唯一支持的模板，用于提供与用户交互的能力，简单地说，Page 的主要功能就是为应用构建用户界面。一个 Page 内可以包含一个或多个 AbilitySlice，AbilitySlice 简称 Slice，它是应用的单个页面切片及其控制逻辑的总和。

当一个 Page 由多个 Slice 共同构成时，这些 Slice 页片提供的业务能力一般应具有高度的相关性。例如，购物类应用中，商品信息功能可以通过一个 Page 实现，其中可以包括两个

Slice：一个 Slice 用于展示商品的基本信息，另一个 Slice 可以用于展示商品的详情信息。Page 和 Slice 的关系如图 6-2 所示，可以类比认为 Page 是一个画面贴板，Slice 是贴在画板上的贴画，一个 Page 页面维护一组相关度比较高的 Slice 页片。

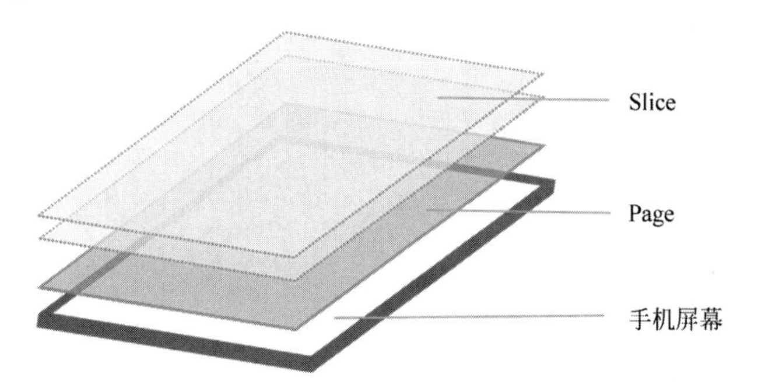

图 6-2 Page 和 AbilitySlice 的关系

Page 是一种 Ability，在 HarmonyOS 中代表一种能力，能力是 HarmonyOS 相对独立的调度单元，Slice 一般不能独立存在，需要依附于某个 Page。

和桌面软件应用场景相比，移动场景下应用的功能业务的交互切换更为频繁，应用的功能业务具有更高的内聚特性。功能业务关联度高且切换频度高的功能一般应位于同一个 Page 中，如浏览商品信息和查看商品详情信息等，功能业务关联度高但切换频度一般的功能一般可以放置到不同的 Page 中完成，如浏览商品和生成订单等，功能有关联，但是业务不一样的常分散在不同的应用中，如一些外卖应用提供了支付业务，常调用微信、支付宝等第三方应用实现。与此类似，HarmonyOS 支持一个 Page 中不同 Slice 之间的跳转，支持不同应用不同 Page 之间的跳转，同时可以指定跳转到目标 Page 中指定的 Slice 能力。

虽然一个 Page 可以包含多个 Slice，但是当 Page 展示在前台界面时，只会展示一个 Slice。Page 可以设置多个路由，指向不同的 Slice，如图 6-3 所示。

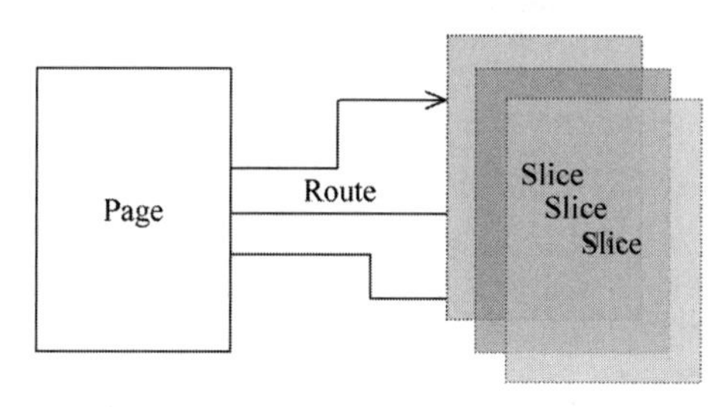

图 6-3 Page 和 Slice 间路由

在 Page 和 Slice 之间，存在一个主路由，也是 Page 显示时优先选择的默认路由，主路由指向的页片是 Page 启动后第 1 个显示的 Slice 页片。

除了主路由之外，Page 上可以添加多个动作路由，每个动作路由对应一个动作标识和一个 Slice 名称，动作路由会在 Page 启动时根据启动动作选择相应的 Slice 作为第 1 个显示的页片，启动动作会由 Intent 传递给被启动的 Page。

为 Page Ability 设置主路由可以通过调用 setMainRoute()方法实现，添加动作路由可以通过调用 addActionRoute()方法实现。下面是在 MainAbility 中设置路由的具体示例代码：

```
public class MainAbility extends Ability {
    @Override
    public void onStart(Intent intent) {
        super.onStart(intent);
        //设置主路由,即启动时首先转到的 Slice 页片
        super.setMainRoute(MainAbilitySlice.class.getName());
        //添加路由,为页面跳转做准备工作,在不同的动作下打开不同的页片
        //addActionRoute 第 1 个参数为动作标识,第 2 个参数为 Slice 名称
        addActionRoute("action.login", LoginSlice.class.getName());
        addActionRoute("action.pay", PaySlice.class.getName());
    }
}
```

Page Ability 的动作路由标识需要在配置文件 config.json 中对应的 actions 中进行配置,对于前面示例中添加的路由配置的代码如下:

```
{
    …
    "module": {
        …
        "abilities": [
            {
                …
                "actions": [
                    "action.system.home",
                    "action.login"
                    "action.pay",
                ]
                …
            }
        ]
    }
}
```

其中,action.system.home 对应的是主路由,action.pay 和 action.login 则分别对应的是两个动作路由。关于动作路由如何由 Intent 传递给启用的 Page,具体可详见后续章节中不同 Page 间的导航。

6.3 Page 和 Slice 的生命周期

10min

一个 HarmonyOS 应用内可以有若干个 Page,每个 Page 又可以包含若干个 Slice。当用户打开或退出应用或在应用内不同的 Page 之间进行切换时,Page 实例会在其生命周期的不同状态间转换。在应用运行期间,Page 和 Slice 都具有生命周期。

6.3.1 Page的生命周期

系统管理或用户操作等行为都有可能引起 Page 实例在其生命周期的不同状态之间进行转换。Ability 类提供的回调机制能够让 Page 及时感知外界变化，从而使 Page 应对变化。

Page 的生命周期是 Page 对象从创建到销毁的全过程，在整个生命周期内，Page 会在多种状态之间转换，经历多种状态转换回调方法，其生命周期流程如图 6-4 表示。

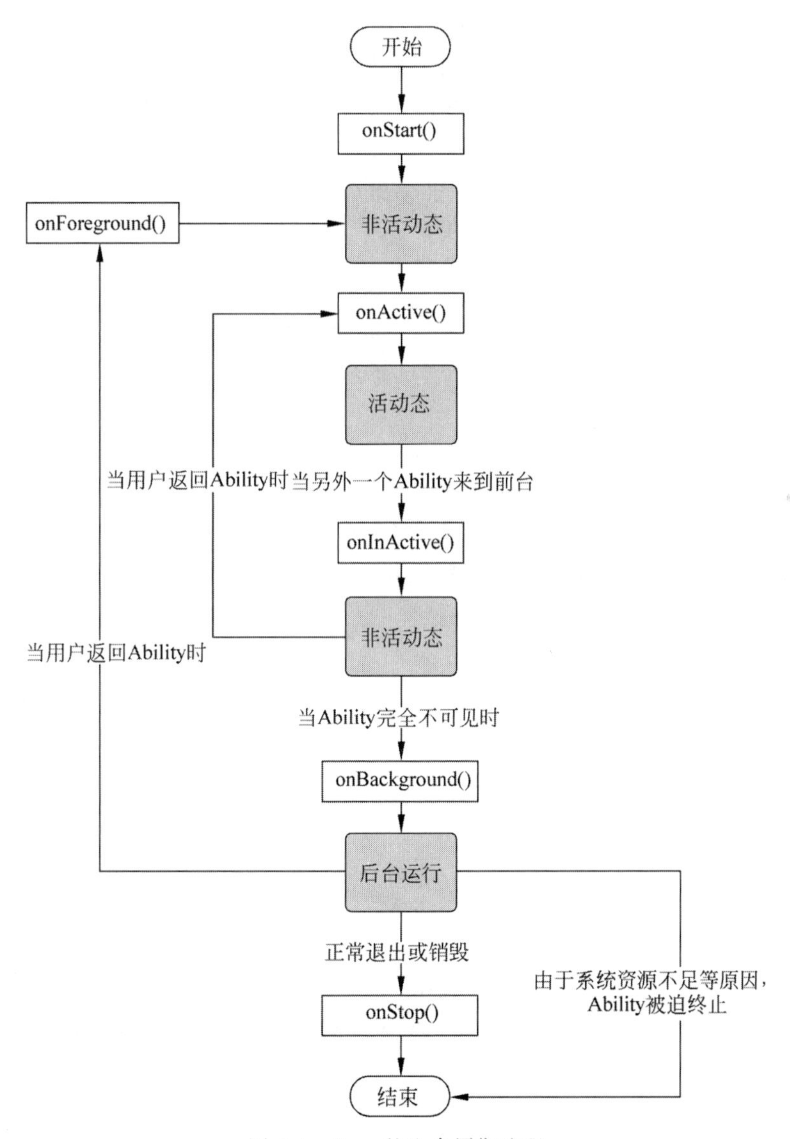

图 6-4　Page 的生命周期流程

1. onStart()方法

当一个Page首次被创建时，会触发该onStart()方法。该方法是Page对象的第1个调用的方法，在整个生命周期中该方法只会被调用一次。Page创建时一般需要做一些必要的初始化工作，如设置界面等，一个Page一般需要在此方法中配置默认展示的Slice。该方法调用之后Page即刻进入非活动(INACTIVE)状态。

2. onActive()方法

Page在非活动状态(INACTIVE)，如果要显示到前台，则onActive()方法就会被调用，随后Page进入活动(ACTIVE)状态。在活动状态下，用户可以和应用进行各种交互。在活动状态下，如果导致Page失去焦点等类似事件发生，则会触发Page转入非活动状态，系统将调用onInactive()方法。如用户单击返回键或导航到其他Page都会使当前Page转换为非活动状态。

在非活动状态下，Page可能重新回到活动状态。此时，系统将再次调用onActive()方法。

3. onInactive()方法

当Page失去焦点时，系统会调用Page的onInactive()方法。此后，Page进入非活动状态。onActive()和onInactive()是一对对称的方法，一般前者用于活动态资源的申请，后者用于释放在前者中申请的资源。

4. onBackground()方法

非活动态并非意味着Page完全不可见，当Page对用户完全不可见时，其方法onBackground()会被调用，此后Page进入后台运行(BACKGROUND)状态。后台运行状态是比非活动态更隐形的状态，其优先级更低。当系统资源不足时，后台运行状态下的Page会被系统优先考虑销毁。在onBackground()方法中，一般需要释放Page不可见时的无用资源。

5. onForeground()方法

当Page重新回到前台时，系统会调用onForeground()方法。onForeground()和onBackground()是一对对称的方法。后台运行的Page仍然驻留在内存中，当重新切换到该Page时，系统将调用onForeground()方法，使Page重新回到前台，经过短暂的非活动状态，紧接着调用onActive()进入活动状态。Page可以在非活动状态、活动状态、后台运行之间来回转换，完成各种应用交互。

6. onStop()方法

当Page正常退出或销毁时，系统会调用onStop()方法停止当前Page，之后Page实例将被释放，生命周期结束，因此，一般应在此方法中释放Page占有的各种系统资源。非正常地销毁Page，则不会调用该方法。

促使Page被销毁的原因一般有以下几个方面：

(1) 用户触发了Page的terminateAbility()方法而退出。

(2) 用户通过系统管理器关闭指定的Page。

(3) 配置变更导致系统暂时销毁并重新创建 Page。

(4) 系统由于资源管理问题,被迫销毁后台优先级较低的 Page。

6.3.2　Slice 的生命周期

Slice 作为 Page 的显示单元,其生命周期依附于其所属 Page 的生命周期。Slice 和 Page 具有相同的生命周期状态和生命周期方法,当 Page 生命周期发生变化时,其中的 Slice 也会同步发生相同的生命周期变化。Slice 实例创建和管理通常由应用自身负责,而非由系统负责,一般仅在特定情况下会由系统创建 Slice 实例,如通过导航启动某个 Slice 时。

另外,Slice 还具有独立于 Page 的生命周期变化,如在同一 Page 中的不同 Slice 之间切换时,Slice 的生命周期发生变化,而此时 Page 的生命周期状态却保持不变。

6.3.3　Page 与 Slice 生命周期示例

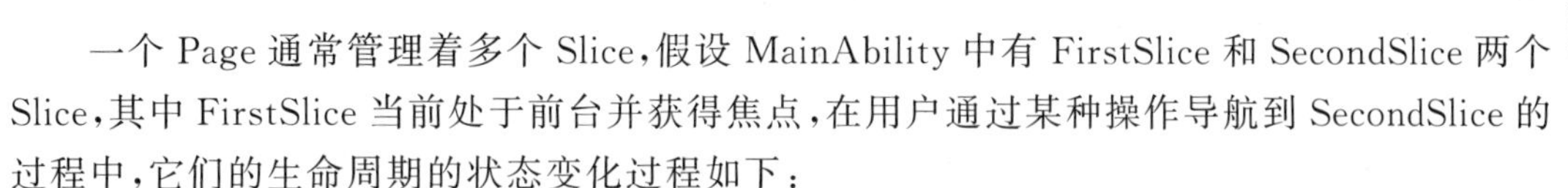

8min

一个 Page 通常管理着多个 Slice,假设 MainAbility 中有 FirstSlice 和 SecondSlice 两个 Slice,其中 FirstSlice 当前处于前台并获得焦点,在用户通过某种操作导航到 SecondSlice 的过程中,它们的生命周期的状态变化过程如下:

(1) FirstSlice 从 ACTIVE 状态变为 INACTIVE 状态。

(2) SecondSlice 则从 INITIAL 状态首先变为 INACTIVE 状态,然后变为 ACTIVE 状态(假设此前 SecondSlice 没有启动)。

(3) FirstSlice 从 INACTIVE 状态变为 BACKGROUND 状态。

对应两个 Slice 的生命周期方法调用的顺序为 FirstSlice.onInactive()→SecondSlice.onStart()→SecondSlice.onActive()→FirstSlice.onBackground()。

在整个过程中,MainAbility 始终处于 ACTIVE 状态。

当 Page 被系统销毁时,其中的所有已实例化的 Slice 都将被联动销毁,而不仅是销毁处于前台活动状态的 Slice。

下面给出一个具体的例子实现,如图 6-5 所示,该例子中有两个 Slice,启动第 1 个 Slice 后,通过单击界面中的“单击转到第 2 个 Slice”按钮跳转到第 2 个 Slice,在第 2 个 Slice 中,通过手机的返回键返回第 1 个界面,然后通过返回键退出该应用。通过这样的操作过程,测试一下生命周期函数的调用情况。

图 6-5　Slice 间跳转

首先实现 MainAbility 代码,重写它的生命周期方法,为了看到调用过程,这里在每种方法里通过 HiLog 输出提示信息,代码如下:

```java
//ch06\PageAbilityCicleLife 项目中的 MainAbility.java
public class MainAbility extends Ability {
    static final HiLogLabel lable = new HiLogLabel(
                HiLog.LOG_APP, 0x101,"myTag");

    @Override
    public void onStart(Intent intent) {                        //重写启动方法
        super.onStart(intent);
        super.setMainRoute(FirstSlice.class.getName()); //设置主路由
        HiLog.info( lable ,"MainAbility 中 onStart 被调用" );
    }
    @Override
    protected void onActive() {                                 //重写激活方法
        super.onActive();
        HiLog.info( lable ,"MainAbility 中 onActive 被调用" );
    }

    @Override
    protected void onInactive() {                               //重写非激活方法
        super.onInactive();
        HiLog.info( lable ,"MainAbility 中 onInactive 被调用" );
    }

    @Override
    protected void onBackground() {                             //重写后台运行方法
        super.onBackground();
        HiLog.info( lable ,"MainAbility 中 onBackground 被调用" );
    }

    @Override
    protected void onForeground(Intent intent) {                //重写前台运行方法
        super.onForeground(intent);
        HiLog.info( lable ,"MainAbility 中 onForeground 被调用" );
    }

    @Override
    protected void onStop() {                                   //重写停止方法
        super.onStop();
        HiLog.info( lable ,"MainAbility 中 onStop 被调用" );
    }
}
```

在 MainAbility 中，设置的主路由是 FirstSlice，因此 FirstSlice 是第 1 个启动的页片，FirstSlice 的代码如下：

```
//ch06\PageAbilityCicleLife项目中的FirstSlice.java
public class FirstSlice extends AbilitySlice {
    static final HiLogLabel firstLabel
        = new HiLogLabel(HiLog.LOG_APP, 0x102,"myTag");

    @Override
    public void onStart(Intent intent) {
        super.onStart(intent);
        super.setUIContent(
                ResourceTable.Layout_ability_main_firstslice);
        //输出提示信息
        HiLog.info(firstLabel," => FirstSlice 中 onStart 被调用" );

        Button button1 = (Button)
                        findComponentById( ResourceTable.Id_button1 );
        button1.setClickedListener(component -> {
            Intent intent1 = new Intent();
            present(new SecondSlice(),intent1); //导航到第 2 个 Slice
        });
    }

    @Override
    public void onActive() {
        super.onActive();
        //输出提示信息
        HiLog.info(firstLabel," => FirstSlice 中 onActive 被调用" );
    }

    @Override
    protected void onInactive() {
        super.onInactive();
        //输出提示信息
        HiLog.info(firstLabel," => FirstSlice 中 onInactive 被调用" );
    }

    @Override
    protected void onBackground() {
        super.onBackground();
        //输出提示信息
        HiLog.info(firstLabel," => FirstSlice 中 onBackground 被调用" );
    }

    @Override
    protected void onForeground(Intent intent) {
        super.onForeground(intent);
        //输出提示信息
```

```
        HiLog.info(firstLabel," => FirstSlice 中 onForeground 被调用" );
    }

    @Override
    protected void onStop() {
        super.onStop();
        //输出提示信息
        HiLog.info(firstLabel," => FirstSlice 中 onStop 被调用" );
    }
}
```

当项目启动后，会显示出第 1 个界面，如图 6-5(a)所示，此时生命周期方法调用的情况及输出的结果如图 6-6 所示，可以看出调用过程为 MainAbility 的 onStart()→FirstSlice 的 onStart()→MainAbility 的 onActive()→FirstSlice 的 onActive()，即先创建 Page，再创建其中的 Slice，然后依次激活 Page 和 Slice。

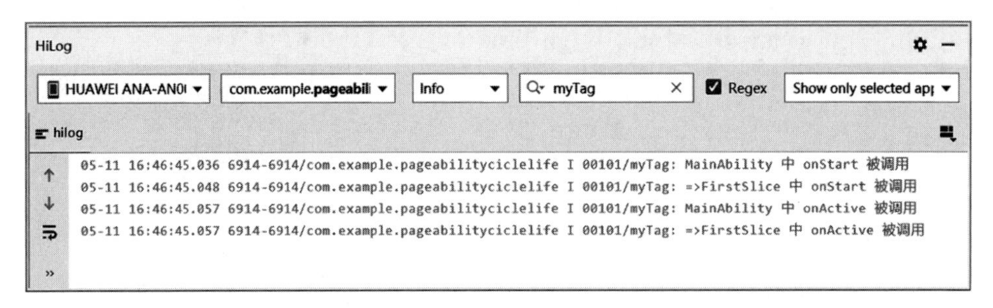

图 6-6　启动时生命周期函数的调用过程

单击界面中的“单击转到第 2 个 Slice”按钮时，此时生命周期输出的结果显示 SecondSlice 被激活，FirstSlice 被转入后台状态，如图 6-7 所示。

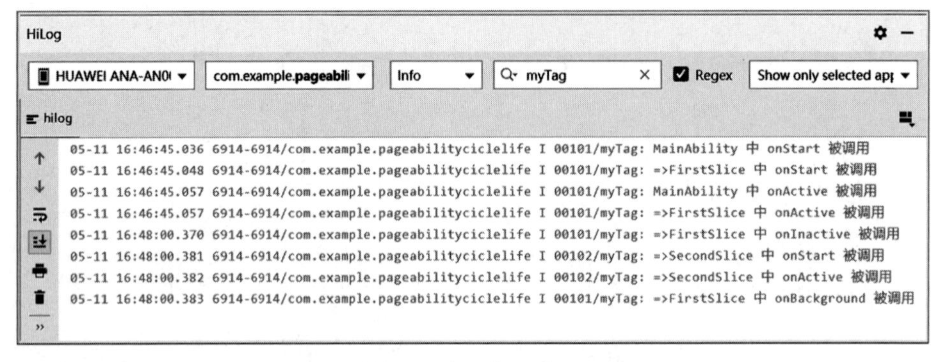

图 6-7　跳转时生命周期函数的调用过程

单击手机上的返回键，返回第 1 个界面，此时生命周期输出的结果显示 SecondSlice 被停止，FirstSlice 被重新激活，如图 6-8 所示。

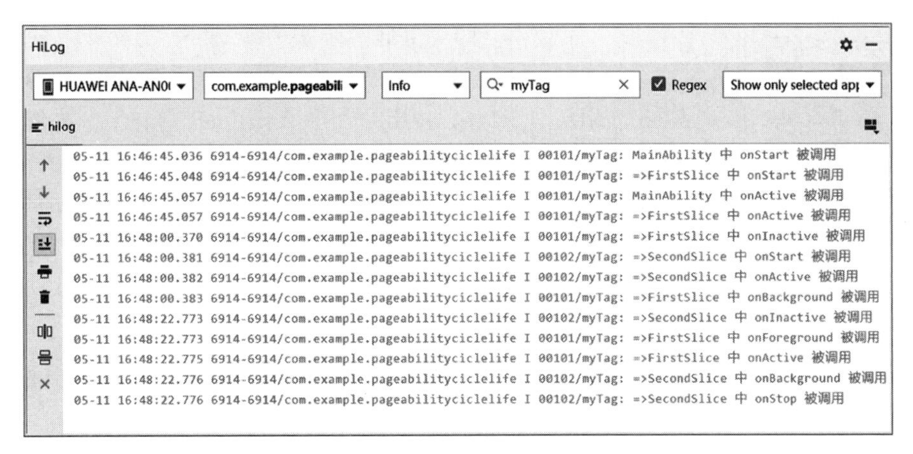

图 6-8 返回时生命周期函数的调用过程

再次单击手机上的返回键，退出应用，此时生命周期输出的结果如图 6-9 所示。此时 MainAbility 停止了，FirstSlice 也被停止了。

图 6-9 退出应用时生命周期函数的调用情况

6.4 Slice 间导航

6.4.1 同一 Page 内导航

为了更好地理解 Page 内多个 Slice 之间的导航问题，可以把 Page 理解成一个贴画板，在这个贴画板上可以贴多层贴画，每一层贴画对应一个 Slice。从正面看，用户只能看到位于 Page 最上层的 Slice，从剖面看，则可以看到 Page 中的各层 Slice。

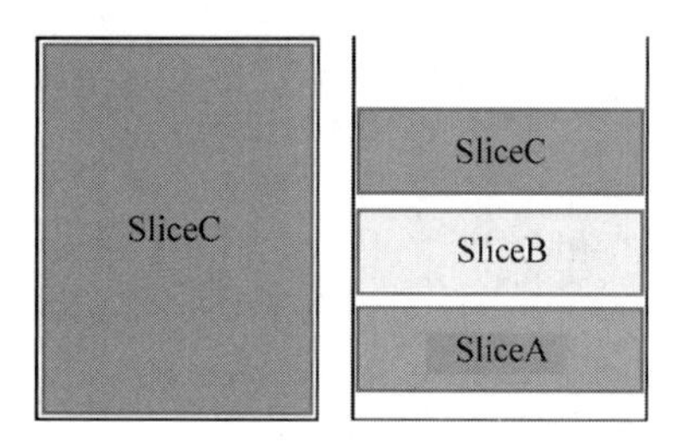

图 6-10 同一 Page 中的多个 Slice

Page 通过维护一个 Slice 栈对其中的 Slice 进行管理，如图 6-10 所示，在一个 Page 中包含 3 个 Slice，分别为 SliceA、SliceB、SliceC。左侧图显示的是位于栈顶的 SliceC 界面，右侧剖面图可以看到在栈中的所有 Slice。在同一 Page 内，不同的 Slice 之间可以进行导航切换。

当发起导航的 Slice 和导航目标的 Slice 处于同一个 Page 中时，可以使用 present()方法实现导航，该方法的功能就是在当前 Page 上显示目标 Slice。以下代码片段是通过单击按钮创建一个新 Slice 并显示的基本方法：

```
@Override
public void onStart(Intent intent) {
    super.onStart(intent);
    Button button = (Button)findComponentById(ResourceTable.Id_button);
    button.setClickedListener(component -> { //设置按钮单击监听
        Intent intent1 = new Intent(); //创建 Intent
        present(new TargetSlice(),intent1) ;//导航到新 Slice 上
    });
}
```

这里的 present()方法有两个参数，第 1 个参数是目标 Slice 对象，第 2 个参数是 Intent。上面代码当按钮单击时，创建了一个新的 TargetSlice 对象，当前 Page 会把这个新 Slice 执行进栈操作，新进栈的 TargetSlice 位于栈顶，显示在用户界面中。第 2 个参数 Intent 则可以为目标页片携带参数。

使用 present()方法在同一个 Page 上的不同 Slice 之间导航时有两种可能，一种是通过建立新的 Slice 对象加入栈中，第二种是导航到栈中已存在的 Slice 对象。

第一种情况，Slice 随着导航而建立新对象，然后进栈，通过返回可以退栈，相对来讲比较容易理解。

第二种情况，当导航到栈中已经存在的 Slice 时，此时位于目标 Slice 上方的 Slice 都会依次退栈，进而显示出目标 Slice 对象，因此一个 Slice 对象只能在栈中存在一次，但是，栈中可以有多个属于同一个 Slice 类的对象。

对于第一种情况，如图 6-11 所示，是一个 Page 的 Slice 管理栈，实线框矩形表示 Slice 对象。当导航到新的 Slice 时，新的 Slice 进栈，每次加载一个新的 Slice 对象，栈中可以加载同一个类的多个对象。当返回时，位于栈顶的 Slice 退栈，返回上一次加载的 Slice，始终是栈顶的 Slice 显示在用户的设备屏幕上。

对于第二种情况，如图 6-12 所示，实线框矩形表示 Slice 对象，虚线框矩形表示 Slice 引用。当由 firstSlice0 导航到 secondSlice0 时，管理栈会将 secondSlice0 以上的所有的 Slice 都出栈。

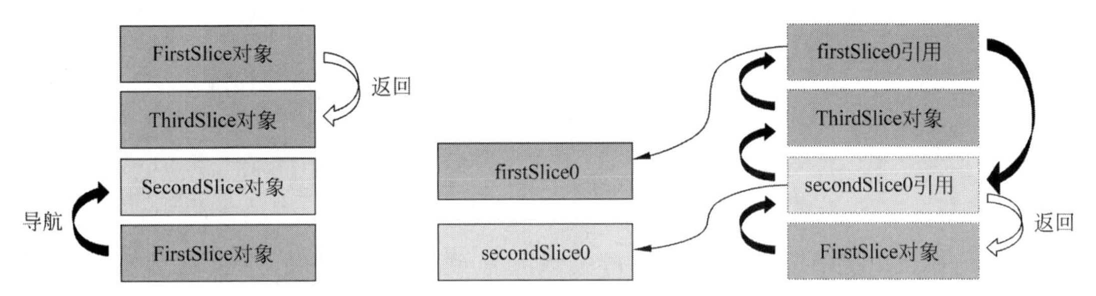

图 6-11 同一个 Page 内多个 Slice 对象　　图 6-12 同一 Page 内多个 Slice 对象和引用跳转过程

下面给出图 6-12 所示的实现，其中 MainAbility 的主要代码如下：

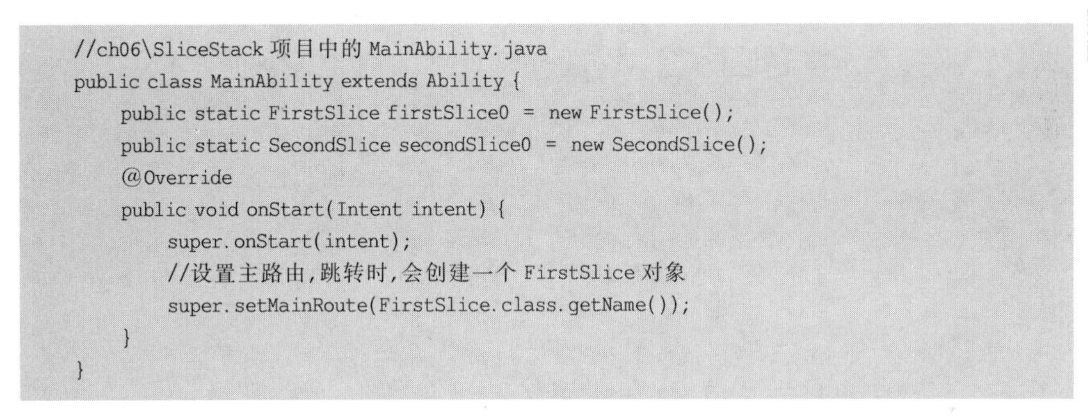

```
//ch06\SliceStack 项目中的 MainAbility.java
public class MainAbility extends Ability {
    public static FirstSlice firstSlice0 = new FirstSlice();
    public static SecondSlice secondSlice0 = new SecondSlice();
    @Override
    public void onStart(Intent intent) {
        super.onStart(intent);
        //设置主路由，跳转时，会创建一个 FirstSlice 对象
        super.setMainRoute(FirstSlice.class.getName());
    }
}
```

在 MainAbility 中，创建了两个静态的 Slice 对象，一个是 FirstSlice 类的 firstSlice0，另一个是 SecondSlice 类的 secondSlice0，由于它们都是静态的，所以在运行期间，应用中只存在一个 firstSlice0 和 secondSlice0 对象，但是它们可以被多次引用。

在 MainAbility 的 onStart()方法中，通过 setMainRoute()方法设置了主路由，当启动主路由对应的 Slice 时，系统会创建一个对应的 FirstSlice 的对象，并加入管理栈中，同时显示在用户界面中。

FirstSlice 是一个自定义的 Slice 类，其主要代码如下：

```
//ch06\SliceStack 项目中的 FirstSlice.java
public class FirstSlice extends AbilitySlice {
    @Override
    public void onStart(Intent intent) {
        super.onStart(intent);
        super.setUIContent(
                ResourceTable.Layout_ability_main_firstslice);
        Button button1 = (Button)findComponentById(
                ResourceTable.Id_button1);
        button1.setClickedListener(component -> {
            Intent intent1 = new Intent();
```

```
            //导航到 secondSlice0
            present( MainAbility.secondSlice0 ,intent1) ;
        });
    }
…
}
```

在 FirstSlice 类代码中，通过单击按钮导航到 secondSlice0，导航之后就会显示 SecondSlice 对应的界面。需要说明的是，这里并没有创建新的 SecondSlice 对象，而是使用了前面 MainAbility 中创建的 secondSlice0 对象的引用。

SecondSlice 也是一个自定义的 Slice 类，其主要代码如下：

```
//ch06\SliceStack 项目中的 SecondSlice.java
public class SecondSlice extends AbilitySlice {
    @Override
    public void onStart(Intent intent) {
        super.onStart(intent);
        super.setUIContent(
                ResourceTable.Layout_ability_main_secondslice);
        Button button2 = (Button)findComponentById(
                ResourceTable.Id_button2 );
        button2.setClickedListener(component -> {
            Intent intent2 = new Intent();
            //导航到 ThirdSlice
            present(new ThirdSlice(),intent2) ;
        });
    }
…
}
```

在 SecondSlice 中，通过单击按钮导航到 ThirdSlice，和前面不同的是这里通过 new 关键字创建了一个新的 ThirdSlice 对象，并作为 present()方法的参数。这里 ThirdSlice 也是一个自定义的 Slice 类，其主要代码如下：

```
//ch06\SliceStack 项目中的 ThirdSlice.java
public class ThirdSlice extends AbilitySlice {
    @Override
    public void onStart(Intent intent) {
        super.onStart(intent);
        super.setUIContent(
                ResourceTable.Layout_ability_main_thirdslice);
        Button button3 = (Button)findComponentById(
                ResourceTable.Id_button3 );
        button3.setClickedListener(component -> {
```

```
            Intent intent3 = new Intent();
            //导航到 firstSlice0
            present( MainAbility.firstSlice0,intent3 ) ;
        });
    }
    ...
}
```

在 ThirdSlice 中，通过单击按钮导航到 firstSlice0，这里的 firstSlice0 是在 MainAbility 定义过的对象引用，而且该对象已经在 Page 的管理栈中出现过，所以此处导航会引起位于 firstSlice0 上的 Slice 出栈，而使 firstSlice0 位于栈顶，运行效果如图 6-13 所示。

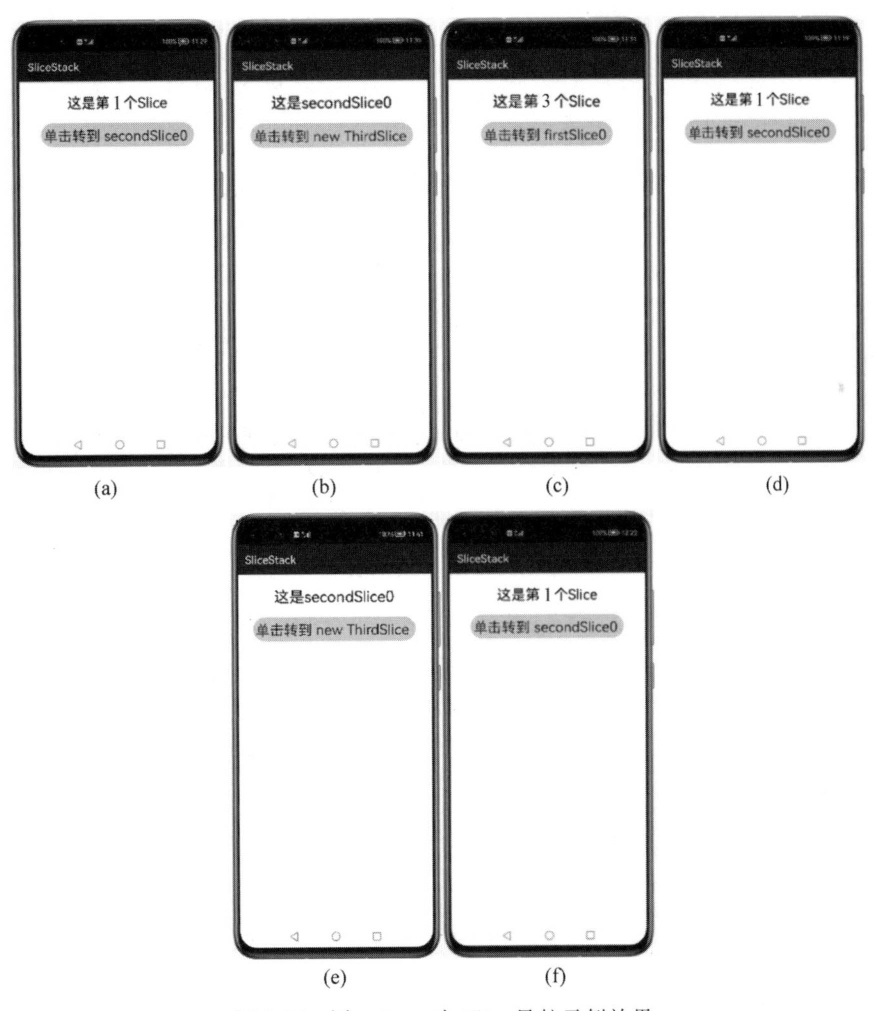

(a) (b) (c) (d)

(e) (f)

图 6-13 同一 Page 内 Slice 导航示例效果

如图 6-13，从 a 到 e 都是通过单击按钮导航的，即 a→b→c→d→e，从 e 到 f 是通过返回键导航的，再次单击返回键，则 Slice 栈被退空，该应用会退出。导航过程中的跳转过程如图 6-10 所示。

当从被导航目标 AbilitySlice 返回且希望能够获得返回数据时，应当使用 presentForResult()方法实现导航。返回的数据需要目标 AbilitySlice 在其生命周期内，通过 setResult()方法进行设置。

当从导航目标 AbilitySlice 返回时，系统将回调 onResult()方法来接收和处理返回结果，一般开发者需要重写该方法，以进行必要的数据接收处理。带返回结果的 Slice 间导航的基本过程如图 6-14 所示。

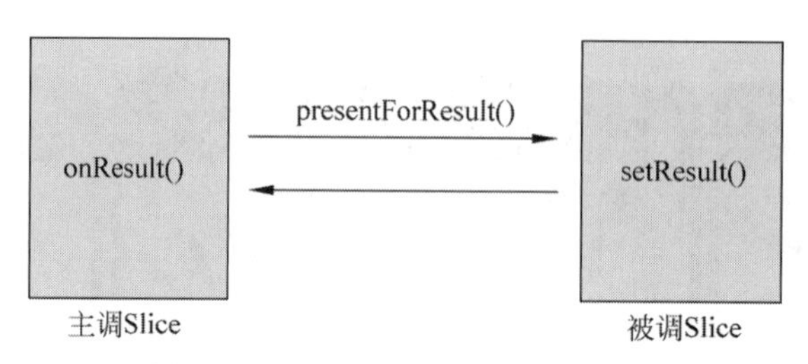

图 6-14 presentForResult 导航过程

主调 Slice 通过 presentForResult()方法导航到被调 Slice，在被调 Slice 结束前，通过 setResult()方法设置结果数据，被调 Slice 结束后主调 Slice 会回调 onResult()方法处理返回的结果数据。

presentForResult()方法有 3 个参数，分别是目标 Slice、Intent 和请求码，前两个和 present()方法的参数的含义相同，请求码是一个整数，是主调 Slice 区分被调 Slice 的标记。

setResult()方法只有一个参数，即 Intent，用户传递结果数据通过 Intent 对象返回主调 Slice。

onResult()方法有两个参数，一个参数是请求码，用于确定是哪一次请求的返回；另外一个参数是 Intent，由被调的 Slcie 返回，通常在被调的 Slice 中将一些返回内容设置到 Intent 对象中。

8min

下面通过一个示例说明带返回的 Slice 间的导航，如图 6-15 所示，本示例有两个 Slice，第 1 个 Slice 通过单击“单击转到第 2 个 Slice”按钮导航到第 2 个 Slice，在第 2 个 Slice 界面中输入返回的内容 ZUT 后，通过“单击结束本 Slice”按钮结束第 2 个 Slice，返回第 1 个 Slice，并带回输入的内容。

其中，第 1 个 Slice 对应的 FirstSlice 的主要代码如下：

```
//ch06\PresentForResultSlice 项目中的 FirstSlice.java
public class FirstSlice extends AbilitySlice {
    Text text_result;
```

```
    @Override
    public void onStart(Intent intent) {
        super.onStart(intent);
        super.setUIContent(
                ResourceTable.Layout_ability_main_firstslice);
        text_result = (Text)findComponentById
                (ResourceTable.Id_text_result);
        Button button1 = (Button)findComponentById
                ( ResourceTable.Id_button1 );
        button1.setClickedListener(component ->{
            Intent intent1 = new Intent();
            //导航到 SecondSlice,创建新的 SecondSlice 对象,请求码为 1
            presentForResult( new SecondSlice(), intent1 ,1); ;
        });
    }
    @Override
    protected void onResult(int requestCode, Intent resultIntent) {
        super.onResult(requestCode, resultIntent);
        if( requestCode == 1 ) { //请求码为 1
            String s = resultIntent.getStringParam("result" );
            text_result.setText(s);//设置显示返回数据
        }
    }
}
```

图 6-15 带返回数据的 Slice 间导航示例效果

FirstSlice 对应的布局文件 ability_main_firstslice.xml 的代码如下：

```
//ch06\PresentForResultSlice 项目中的 ability_main_firstslice.xml
<?xml version = "1.0" encoding = "utf - 8"?>
< DirectionalLayout
    xmlns:ohos = "http://schemas.huawei.com/res/ohos"
    ohos:height = "match_parent"
    ohos:width = "match_parent"
    ohos:orientation = "vertical">

    < Text
        ohos:id = " $ + id:text_helloworld"
        ohos:height = "match_content"
        ohos:width = "match_content"
        ohos:top_margin = "20vp"
        ohos:background_element = " $ graphic:background_ability_main"
        ohos:layout_alignment = "horizontal_center"
        ohos:text = "这是第 1 个 Slice"
        ohos:text_size = "28vp"
        />
    < Button
        ohos:id = " $ + id:button1"
        ohos:height = "match_content"
        ohos:width = "match_content"
        ohos:layout_alignment = "center"
        ohos:text_size = "28vp"
        ohos:padding = "5vp"
        ohos:top_margin = "20vp"
        ohos:text = "单击转到第 2 个 Slice"
        ohos:background_element = " $ graphic:bg_button"
    >
    </Button >
    < Text
        ohos:id = " $ + id:text_display"
        ohos:height = "match_content"
        ohos:width = "match_content"
        ohos:background_element = " $ graphic:background_ability_main"
        ohos:layout_alignment = "horizontal_center"
        ohos:text = "下面是返回的内容"
        ohos:top_margin = "20vp"
        ohos:text_size = "26vp"
        />
    < Text
        ohos:id = " $ + id:text_result"
        ohos:height = "match_content"
        ohos:width = "match_content"
        ohos:background_element = " $ graphic:background_ability_main"
        ohos:layout_alignment = "horizontal_center"
```

```
        ohos:text = " - "
        ohos:text_size = "26vp"
        />
</DirectionalLayout>
```

第 2 个 Slice 对应的 SecondSlice 的主要代码如下：

```
//ch06\PresentForResultSlice 项目中的 SecondSlice.java
public class SecondSlice extends AbilitySlice {
    TextField textField_value;
    @Override
    public void onStart(Intent intent) {
        super.onStart(intent);
        super.setUIContent(
                ResourceTable.Layout_ability_main_secondslice);
        textField_value = (TextField)findComponentById(
                            ResourceTable.Id_textfield_value);
        Button button2 =
                (Button)findComponentById( ResourceTable.Id_button2 );
        button2.setClickedListener(component -> {
            Intent intent2 = new Intent();
            String s = textField_value.getText().toString();
            intent2.setParam("result",s);
            setResult(intent2);//设置返回数据
            terminate();//终止本 Slice
        });
    }
}
```

SecondSlice 对应的布局文件 ability_main_secondslice.xml 的代码如下：

```
//ch06\PresentForResultSlice 项目中的 ability_main_secondslice.xml
<?xml version = "1.0" encoding = "utf - 8"?>
<DirectionalLayout
    xmlns:ohos = "http://schemas.huawei.com/res/ohos"
    ohos:height = "match_parent"
    ohos:width = "match_parent"
    ohos:orientation = "vertical">

    <Text
        ohos:id = "$ + id:text_helloworld"
        ohos:height = "match_content"
        ohos:width = "match_content"
        ohos:background_element = "$graphic:background_ability_main"
        ohos:layout_alignment = "horizontal_center"
```

```
            ohos:text = "这是第 2 个 Slice"
            ohos:top_margin = "20vp"
            ohos:text_size = "28vp"
            />
        < Text
            ohos:height = "match_content"
            ohos:width = "match_content"
            ohos:background_element = " $ graphic:background_ability_main"
            ohos:layout_alignment = "horizontal_center"
            ohos:text = "请输入返回的内容"
            ohos:top_margin = "20vp"
            ohos:text_size = "28vp"
            />
        < TextField
            ohos:id = " $  + id:textfield_value"
            ohos:height = "match_content"
            ohos:width = "150vp"
            ohos:background_element = " # FF00FF00"
            ohos:layout_alignment = "horizontal_center"
            ohos:text = "ZUT"
            ohos:text_alignment = "center"
            ohos:text_size = "28vp"
            />
        < Button
            ohos:id = " $  + id:button2"
            ohos:height = "match_content"
            ohos:width = "match_content"
            ohos:layout_alignment = "center"
            ohos:text_size = "28vp"
            ohos:padding = "5vp"
            ohos:top_margin = "20vp"
            ohos:text = "单击结束本 Slice"
            ohos:background_element = " $ graphic:bg_button"
        >
        </Button >
    </DirectionalLayout >
```

6.4.2 不同 Page 间导航

在一个 Page 内进行 Slice 导航是通过 present()方法或 presentForResult()方法进行的，它是一种较为轻量级的界面切换，不需要切换 Ability。如果在不同的 Page 间进行转换，则需要通过 Ability 提供的 startAbility()或 startAbilityForResult()方法进行。

一般情况下，一个 Page 内都会有一个或多个 Slice，因此 Page 之间的导航实际上就是不同 Page 的 Slice 之间的导航。实现不同 Page 间导航编程可以分成 4 个基本步骤。

(1) 为被导航到的 Page 注册 Action。

(2) 在被导航到的 Page 添加 Slice 路由，如果被导航的 Slice 是所在 Page 的主路由，则可以省略该步骤。

(3) 在主导航一侧创建 Intent，并设置对应的 Action。

(4) 主导航一侧通过 startAbility()或 startAbilityForResult()方法，启动被导航的 Page。

下面通过一个例子说明不同 Page 间的导航过程，本例子中有两个 Page Ability，一个是 MainAbility，另外一个是 PageOne。MainAbility 通过 setMainRoute 设置的主路由是 MainAbilitySlice，PageOne 通过 setMainRoute 设置的主路由是 PageOneSlice。在 MainAbilitySlice 中有一个按钮，通过单击按钮导航到 PageOneSlice。

第一步，为被导航的 PageOne 注册 Action，注册即是在 config.json 中配置 actions 的值。配置代码如下：

```
//ch06\PageToPage 项目中的 config.json
{
    "app": {
        …
    },
    "deviceConfig": {},
    "module": {
        …
        "abilities": [
            …
            {
                "skills": [
                    {
                        "actions": [
                            "com.example.pagetopage.PageOne"
                        ]
                    }
                ],
                "orientation": "unspecified",
                "name": "com.example.pagetopage.PageOne",
                "label": "PageOne",
                "type": "page",
                "launchType": "standard"
            }
        ]
    }
}
```

这里在 PageOne 对应的 Ability 配置里，配置了"actions"：["com.example.pagetopage.PageOne"]，其中 com.example.pagetopage.PageOne 只是一个字符串，理论上可以是任何字符

串，只是为了规范，一般以对应的包名作为配置项的值。

第二步，在被导航的 Page 中添加 Slice 路由，由于本例在 PageOne 中只有一个 Slice，添加路由的工作可以省略。实际上在 PageOne 中通过 setMainRoute()方法设置主路由的同时就添加了路由，如果被导航的 Slice 不是主路由，则可以通过 addActionRoute()方法添加动作路由。PageOne 的部分相关代码如下：

```
//ch06\PageToPage 项目中的 PageOne.java
public class PageOne extends Ability {
    @Override
    public void onStart(Intent intent) {
        super.onStart(intent);
        super.setMainRoute(PageOneSlice.class.getName());
    }
}
```

第三步，在主导航一侧创建 Intent，并设置对应的 Action。被 Intent 对象通过调用 setAction()方法设置 Action，设置 Action 的内容要和被导航的页面配置的 Action 一致，这样才能实现按照匹配进行导航。

第四步，主导航一侧通过 startAbility()或 startAbilityForResult()方法启动被导航的 Page。如果不需要返回数据，则可采用 startAbility()方法启动，否则通过后者启动被导航的 Page。启动时，需要传递的参数由第三步创建的 Intent 携带。MainAbilitySlice 的主要相关代码如下：

```
//ch06\PageToPage 项目中的 MainAbilitySlice.java
public class MainAbilitySlice extends AbilitySlice {
    @Override
    public void onStart(Intent intent) {
        super.onStart(intent);
        super.setUIContent(ResourceTable.Layout_ability_main);
        Button button1 = (Button)
                findComponentById( ResourceTable.Id_button1 );
        //设置按钮监听
        button1.setClickedListener(component -> {
            //创建 Intent
            Intent intent1 = new Intent();
            //设置动作 Action
            intent1.setAction("com.example.pagetopage.PageOne");
            startAbility( intent1 ); //启动
        });
    }
}
```

以上示例的运行效果如图 6-16 所示。

图 6-16　不同 Page 间导航示例效果

如果被导航的 Page 中有多个 Slice，则在主动导航一侧可以进行选择。此时，需要在被导航的 Page 里添加多个路由。下面在前面例子的基础上增加一个新的 PageTwo，其中包含两个 Slice，分别为 SliceA 和 SliceB，运行效果如图 6-17 所示。

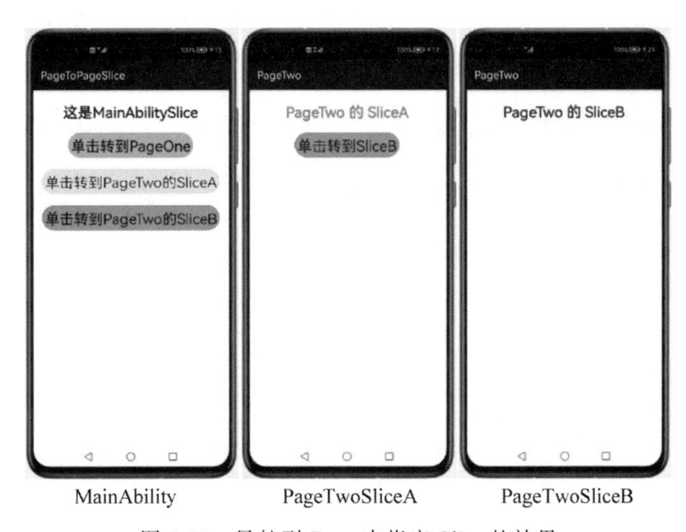

图 6-17　导航到 Page 中指定 Slice 的效果

在 MainAbility 的主界面中，有两个按钮分别为"单击转到 PageTwo 的 SliceA"和"单击转到 PageTwo 的 SliceB"，单击按钮后导航到相应的 SliceA 或 SliceB。实现以上功能仍然可以按照前面的 4 个步骤进行。

第一步，对 PageTwo 进行注册 Action，加入两个 Action 配置 PageTwoSliceA 和 PageTwoSliceB，主要相关配置的代码如下：

```
//ch06\PageToPageSlice 项目中的 config.json
…
    "abilities": [
        …
        {
            "skills": [
                {
                    "actions": [
                        "PageTwoSliceA",
                        "PageTwoSliceB"
                    ]
                }
            ],
            "orientation": "unspecified",
            "name": "com.example.pagetopageslice.PageTwo",
            "icon": "$media:icon",
            "description": "$string:abilitytwo_description",
            "label": "PageTwo",
            "type": "page",
            "launchType": "standard"
        }
    ]
…
```

第二步，在 PageTwo 中添加动作路由，核心代码如下：

```
//ch06\PageToPageSlice 项目中的 PageTwo.java
public class PageTwo extends Ability {
    @Override
    public void onStart(Intent intent) {
        super.onStart(intent);
        super.setMainRoute(PageTwoSliceA.class.getName());

        //添加两个路由,addActionRoute 的第 1 个参数和配置中对应
        addActionRoute("PageTwoSliceA", PageTwoSliceA.class.getName());
        addActionRoute("PageTwoSliceB", PageTwoSliceB.class.getName());
    }
}
```

这里，通过 addActionRoute()方法添加了两条路由，路由把配置文件 config.json 中的 actions 的配置值和 Slice 对应的类联系在了一起，以便实现通过 action 进行导航。

第三步，创建 Intent，并设置对应的 Action。通过调用 setAction()方法为 Intent 对象设置动作。

第四步，启动目标 Ability。针对本示例，第三步和第四步对应的核心代码如下：

```
//ch06\PageToPageSlice 项目中的 MainAbilitySlice.java
...
Button button2 = (Button)findComponentById( ResourceTable.Id_button2 );
button2.setClickedListener(component -> {
    Intent intent2 = new Intent();
    intent2.setAction("PageTwoSliceA");
    startAbility( intent2 );
});
Button button3 = (Button)findComponentById( ResourceTable.Id_button3 );
button3.setClickedListener(component -> {
    Intent intent3 = new Intent();
    intent3.setAction("PageTwoSliceB");
    startAbility( intent3 );
});
...
```

以上示例省略了布局代码，读者可以根据命名进行补全。另外这里采用的是 startAbility()方法导航到目标 Page，如果开发者希望获取目标 Page 的返回结果，则可以通过 startAbilityForResult()方法进行不同 Page 间的导航。采用 startAbilityForResult()方法需要在被调用的 Page 中使用 setResult()方法设置结果数据，在主调 Page 中回调 onAbilityResult()方法获得结果数据。读者可以类比 present()和 presentForResult()方法进行学习，关于使用 startAbilityForResult()方法在不同 Page 间导航，这里不再赘述。

6.5 Intent

6min

Intent 是对象之间传递信息的载体。前面无论是一个 Ability 启动另一个 Ability 的 startAbility()方法，还是一个 AbilitySlice 导航到另一个 AbilitySlice 使用的 present()方法，它们的参数里都有 Intent 的对象。Intent 的对象作为不同对象之间传递信息的载体，其本身也是一个对象，它内部可以装载一些数据，可以把一些数据从一个对象传递到另外一个对象。另外，Intent 也是一种信息交互机制，是系统为对象之间传递数据和消息的机制。下面以主调 Ability 导航到被调 Ability 为例说明 Intent 传递信息的基本原理，如图 6-18 所示。

当一个 Ability 启动另外一个 Ability 时，首先是主调 Ability 携带 Intent 到系统，Intent 对象的内部可以携带数据和操作信息，系统根据 Intent 对象携带的信息进行匹配，查询合适的目标被调 Ability，这一点要求被调的 Ability 事先注册到系统中，实际上每个 Ability 都需要注册配置，注册配置信息包括名称、动作等多个信息。系统匹配到合适的被调 Ability 后，启动被调的 Ability，同时将 Intent 传递到被调 Ability。Intent 在整个过程中负责数据信息的传递，可以把 Intent 类比成一个邮递包裹，在它里面可以装载若干信息，包裹在不同的对象之间通过系统进行传递。

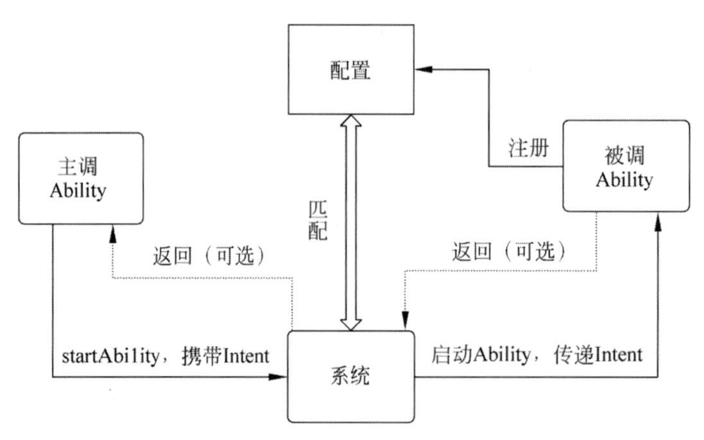

图 6-18 Intent 传递信息的基本原理

Intent 内部携带的信息可以是参数、动作和操作信息等。

参数信息可以通过 Intent 提供的一系列重载的 setParam()方法设置，参数信息采用键值对的形式，主要用于数据传递。

动作信息可以通过 Intent 提供的 setAction()方法进行设置，系统一般会根据 Intent 携带的动作信息匹配目标对象。例如在启动 Ability 时，Intent 中通过 setAction("com.example.pagetopage.PageOne")设置一个 action 字符串，系统会在配置文件中找到配置 actions 中有该字符串的目标 Ability，然后启动目标 Ability。

操作信息可以通过 Intent 提供的 setOperation()方法设置，该方法的参数是一个 Operation 类的对象，代码如下：

```
Intent intent = new Intent();
//通过 Intent 中的 OperationBuilder 类构造 operation 对象
//指定设备 ID(空串表示当前设备)、包名、Ability 名
//也可以用 withAction 设置 Action 信息，较新版本不鼓励用 setAction 设置动作
Operation operation = new Intent.OperationBuilder()
        .withDeviceId("")
        .withBundleName("cn.edu.zut")
        .withAbilityName("cn.edu.zut.MyAbility")
        .build();

//将 operation 设置到 intent 中
intent.setOperation(operation);

//启动目标 Ability
startAbility(intent);
```

以上代码构建了一个 operation 对象，然后通过 setOperation()方法为 intent 对象设置

操作信息，通过 startAbility()方法携带 intent 启动相应的 Ability。

Intent 的信息会传递给系统，系统根据其中的信息进行匹配，选择最合适的目标 Ability 启动。例如在上述代码中指定了 BundleName 与 AbilityName，系统会以 Ability 的名称 cn. edu. zut. MyAbility 精确找到目标 Ability 启动。实际上，如果为确切指定目标 Ability，系统则会根据 Operation 中的其他属性判断匹配最佳的目标 Ability 进行启动。

Operation 提供了一系列的 withXxx()方法，用于设置多种属性值，Operation 的主要属性及说明如表 6-1 所示。

表 6-1 Operation 的主要属性及说明

属　性	说　明
BundleName	表示包描述。如果在 Intent 中同时指定了 BundleName 和 AbilityName，则 Intent 可以直接匹配到指定的 Ability
AbilityName	表示待启动的 Ability 名称。如果在 Intent 中同时指定了 BundleName 和 AbilityName，则 Intent 可以直接匹配到指定的 Ability
DeviceId	表示运行指定 Ability 的设备 ID
Action	表示动作，既可使用系统预置 Action，又可自定义 Action。系统预置的如 IntentConstants. ACTION_HOME 表示返回桌面动作
Entity	表示类别，通常使用系统预置的 Entity，应用也可以自定义 Entity。例如 Intent. ENTITY_HOME 表示在桌面显示图标
Uri	表示 Uri 描述。如果在 Intent 中指定了 Uri，则 Intent 将匹配指定的 Uri 信息，包括 scheme、schemeSpecificPart、authority 和 path 信息
Flags	表示处理 Intent 的方式。例如 Intent. FLAG_ABILITY_CONTINUATION 标记在本地的一个 Ability 是否可以迁移到远端设备继续运行

在有些场景下，一个应用可使用其他应用提供的功能，但是又不限于具体的应用。例如打开一个网页链接，不局限于使用具体的哪个浏览器，一个设备上可能会安装多个浏览器软件。这时可以通过 Operation 的属性描述需要的能力，而不使用具体的 BundleName 和 AbilityName 指定目标 Ability，当设备上存在的多个应用均可以完成对应的功能时，系统会弹出候选列表，由用户选择由哪个应用处理请求。例如下面是打开一个链接的代码：

```
//ch06\PageToPageSlice 项目中的 MainAbilitySlice.java
Intent intentUri = new Intent();
Operation operation;
operation = new Intent.OperationBuilder()
        .withUri(Uri.parse(String.format("http://laz.ke.qq.com")))
        .build();
intentUri.setOperation(operation);
startAbility(intentUri);
```

当在应用中执行到以上代码时，系统会弹出现有的可用应用的选择列表，供用户选择，如图 6-19 所示，因为当前设备上这些应用都具备打开网址链接的能力。

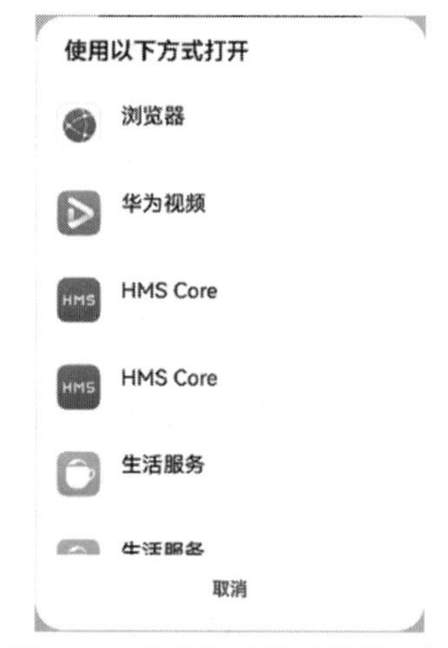

图 6-19　选择打开网址链接应用

9min

6.6　Page 的跨设备迁移

6.6.1　迁移过程及开发方法

跨设备迁移是 HarmonyOS 的一大优秀特性之一。跨设备迁移是指将 Ability 在同一用户的不同设备间迁移。跨设备迁移可以满足用户使用应用在多个设备上无缝连接，使用户的多个设备在逻辑上变成一个超级终端设备。

下面以一个 Page 从设备 A 迁移到设备 B 为例，说明 Ability 跨设备迁移，其基本步骤如下：

(1) 在设备 A 上的 Page 请求迁移。

(2) 系统处理迁移任务，并回调设备 A 上 Page 的保存数据方法，保存迁移必要的数据。

(3) 系统在设备 B 上启动被迁移的 Page，并回调其恢复数据的方法，恢复 Page 状态，完成迁移。

(4) 如果有必要，则请求方还可以请求回迁。

系统为 Ability 提供了若干接口和方法，供开发者进行跨设备的迁移和回迁。对于需要迁移的 Ability 需要实现 IAbilityContinuation 接口，并在其生命周期内，调用 continueAbility()或 continueAbilityReversibly()方法请求迁移。使用 continueAbilityReversibly()方法迁移的 Ability 还可以请求回迁。

迁移当前 Ability 的基本代码如下：

```
try {
    continueAbility(); //或 continueAbilityReversibly();
} catch (IllegalStateException e) {
    //异常处理
}
```

一个 Ability 从设备 A 迁移到设备 B 的过程可以用泳道流程图表示，如图 6-20 所示。

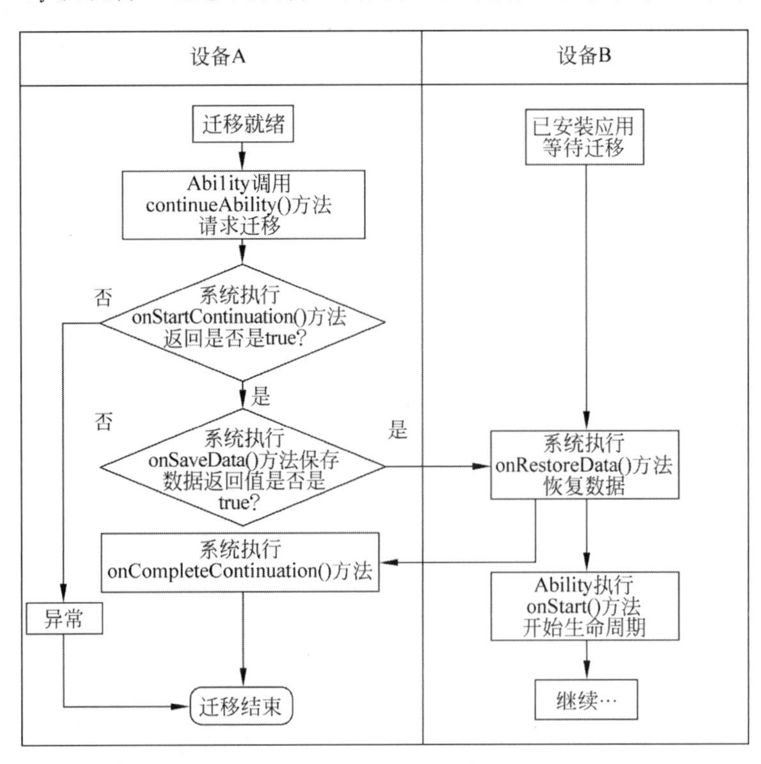

图 6-20 Ability 迁移泳道流程图

假设从设备 A 向设备 B 迁移的 Ability 是一个 Page，则迁移的具体过程说明如下：

(1) 设备 A 上的 Page 调用 continueAbility()或 continueAbilityReversibly()方法请求迁移。

(2) 系统回调设备 A 上 Page 及其 Slice 栈中所有 Slice 实例的 IAbilityContinuation. onStartContinuation()方法，以确认当前 Page 是否可以迁移。

(3) 如果可以迁移，则系统回调设备 A 上 Page 及其 Slice 栈中所有 Slice 实例的 IAbilityContinuation. onSaveData()方法，以保存迁移后恢复状态所必要的数据。

(4) 如果保存数据成功，则系统在设备 B 上启动被迁移的 Page，并恢复它的 Slice 栈，然后回调 IAbilityContinuation. onRestoreData()方法，传递此前保存的数据，此后设备 B 上被迁移的 Page 从调用 onStart()方法开始其生命周期。

(5) 系统回调设备 A 上 Page 及其 Slice 栈中所有 Slice 的 IAbilityContinuation. onCompleteContinuation()方法，通知数据是否恢复成功。

如果迁移时使用的是 continueAbilityReversibly()方法，则在请求迁移完成后，源侧设备 A 上的 Page 将被转入远程运行模式，在该模式下，Page 可以发起回迁，目标侧设备 B 上的被迁入的 Page 处于替换运行模式，在此模式下，Page 不能再进行主动迁移。在远程运行模式下，Page 发起回迁的基本代码如下：

```
try {
    reverseContinueAbility();//回迁
} catch (IllegalStateException e) {
    //异常处理
}
```

一个 Ability 以回迁模式从设备 A 迁移到设备 B 后，发起回迁的泳道流程描述如图 6-21 所示。

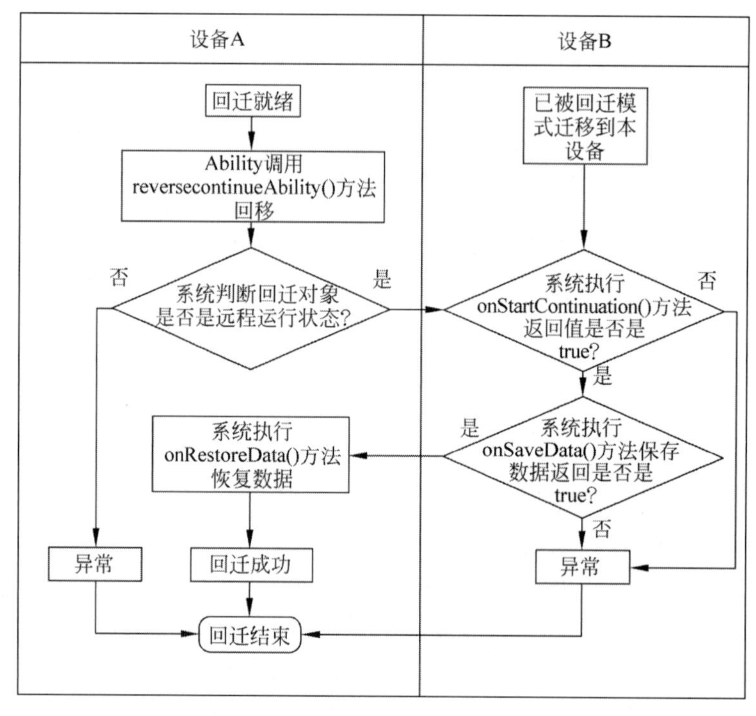

图 6-21 Ability 回迁泳道流程图

对于从设备 A 向设备 B 迁移的 Ability 是一个 Page 的情况，请求回迁的具体过程如下：

(1) 设备 A 上的 Page 调用 reverseContinueAbility()方法请求回迁。

(2) 系统回调设备 B 上 Page 及其 Slice 栈中所有 Slice 实例的 IAbilityContinuation.onStartContinuation()方法，以确认当前是否可以回迁。

(3) 如果可以迁移，则系统回调设备 B 上 Page 及其 Slice 栈中所有 Slice 实例的 IAbilityContinuation.onSaveData()方法，保存回迁后恢复状态所必要的数据。

(4) 保存数据成功后，系统在设备 A 上恢复 Page 及 Slice 栈，回调 IAbilityContinuation.onRestoreData()方法，传递此前保存的数据。

(5) 数据恢复成功，系统终止设备 B 上 Page 的生命周期。

在整个过程中，如果出现失败，则回迁过程会异常中止。另外，对于需要在不同设备上迁移的应用，需要申请分布式数据同步权限。

6.6.2 跨设备写日记示例

18min

本节以一个书写日记的应用为例，实现该应用跨设备迁移和回迁。首先看一下运行效果，如图 6-22 所示，该应用安装在两个设备上，在其中一个设备上填写部分日记内容，单击“回迁模式迁移”按钮，应用会迁移到另外一个设备上，如图 6-23 所示，在 P40：18889 设备上，显示原来在 P40：18888 设备上编辑的内容，并可以继续编辑日志内容。

图 6-22　跨设备迁移示例迁移前的运行效果

图 6-23　跨设备迁移示例迁移后的效果

在 P40:18889 设备上，继续编辑一部分内容后，可以在 P40:18888 设备上，单击“回迁”按钮，这样便可以重新把应用回迁回来，如图 6-24 所示。

当然，本例也可以通过单击“迁移到其他设备继续编辑”按钮进行迁移，该迁移使用的是非回迁模式，非回迁模式下应用不能回迁，但是目标设备上被迁移的应用可以继续主动迁移。下面实现一下该示例。

首先，建立一个项目，项目名称为 ContinueAbility，包名为 cn. edu. zut. continueability，项目结构如图 6-25 所示。

图 6-24　回迁后的效果

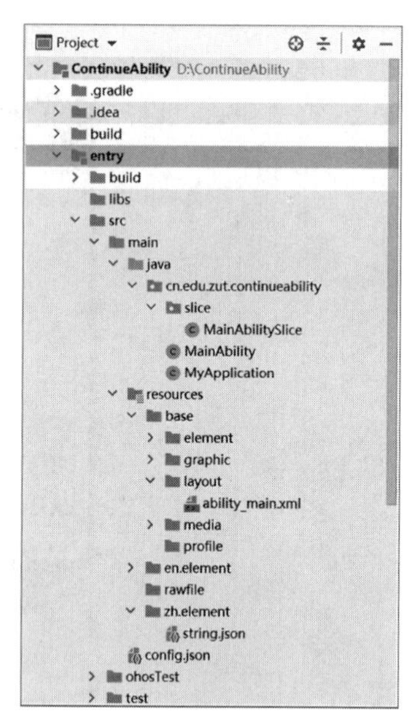

图 6-25　迁移示例的项目结构

本示例界面通过布局实现，主要是写日记界面，对应的主布局文件 abilitiy_main. xml 的代码如下：

```
//ch06\ContinueAbility 项目中的 abilitiy_main.xml
<?xml version = "1.0" encoding = "utf - 8"?>
< DirectionalLayout
    xmlns:ohos = "http://schemas.huawei.com/res/ohos"
    ohos:height = "match_parent"
    ohos:width = "match_parent"
    ohos:orientation = "vertical">
< Text
        ohos:height = "match_content"
        ohos:width = "match_parent"
        ohos:top_margin = "10vp"
        ohos:hint = "写日记"
        ohos:text_size = "26vp"
```

```
        ohos:text_alignment = "horizontal_center"
        />
    <TextField
        ohos:id = "$ + id:textfield"
        ohos:height = "360vp"
        ohos:width = "match_parent"
        ohos:hint = "请输入内容"
        ohos:top_margin = "10vp"
        ohos:left_margin = "20vp"
        ohos:right_margin = "20vp"
        ohos:padding = "5vp"
        ohos:background_element = "$ graphic:bg_textfield"
        ohos:text_size = "18vp"/>

    <Button
        ohos:id = "$ + id:continue_button1"
        ohos:height = "match_content"
        ohos:width = "match_parent"
        ohos:left_margin = "24vp"
        ohos:top_margin = "20vp"
        ohos:background_element = "$ graphic:bg_button"
        ohos:text = "迁移到其他设备继续编辑"
        ohos:padding = "10vp"
        ohos:right_margin = "24vp"
        ohos:text_size = "18fp"/>

    <Button
        ohos:id = "$ + id:continue_button2"
        ohos:height = "match_content"
        ohos:width = "match_parent"
        ohos:left_margin = "24vp"
        ohos:top_margin = "20vp"
        ohos:background_element = "$ graphic:bg_button"
        ohos:text = "回迁模式迁移"
        ohos:padding = "10vp"
        ohos:right_margin = "24vp"
        ohos:text_size = "18fp"/>

    <Button
        ohos:id = "$ + id:continue_back"
        ohos:height = "match_content"
        ohos:width = "match_parent"
        ohos:left_margin = "24vp"
        ohos:top_margin = "20vp"
        ohos:background_element = "$ graphic:bg_button"
```

```
        ohos:text = "回迁"
        ohos:padding = "10vp"
        ohos:right_margin = "24vp"
        ohos:text_size = "18fp"/>
</DirectionalLayout>
```

由于本示例应用需要迁移，因此需要迁移的 Ability 必须实现 IAbilityContinuation 接口，本例中的 Page 对应的类名称为 MainAbility，其实现的主要代码如下：

```
//ch06\ContinueAbility 项目中的 MainAbility.java
public class MainAbility extends Ability
        implements IAbilityContinuation {

    private final HiLogLabel LABEL = new HiLogLabel(3, 0xD000F00, "demo");
    @Override
    public void onStart(Intent intent) {
        super.onStart(intent);
        super.setMainRoute(MainAbilitySlice.class.getName());
        requestPermissions();  //请求权限
        HiLog.info(LABEL, "%{public}s", "onStart in MainAbility");
    }

    //请求权限
    private void requestPermissions() {
        if (verifySelfPermission(SystemPermission.DISTRIBUTED_DATASYNC)
                != IBundleManager.PERMISSION_GRANTED) {
            requestPermissionsFromUser(new String[] {
                    SystemPermission.DISTRIBUTED_DATASYNC }, 0);
        }
    }

    @Override
    public boolean onStartContinuation() {
        HiLog.info(LABEL, "%{public}s", "onStartContinuation in MainAbility");
        return true;
    }

    @Override
    public boolean onSaveData(IntentParams intentParams) {
        HiLog.info(LABEL, "%{public}s", "onSaveData in MainAbility");
        return true;
    }
```

```
    @Override
    public boolean onRestoreData(IntentParams intentParams) {
        HiLog.info(LABEL, "%{public}s", "onRestoreData in MainAbility");
        return true;
    }

    @Override
    public void onCompleteContinuation(int code) {
        HiLog.info(LABEL,"%{public}s","onCompleteContinuation in MainAbility");
        //terminateAbility();    //终止,如果该 Ability 迁移后不再使用,则可以终止
    }

    @Override
    public void onRequestPermissionsFromUserResult(
            int requestCode, String[] permissions, int[] grantResults) {
        if ( permissions == null
                || permissions.length == 0
                || grantResults == null
                || grantResults.length == 0) {
            return;
        }
        if (requestCode == 0) {
            if (grantResults[0] == IBundleManager.PERMISSION_DENIED) {
                terminateAbility();
            }
        }
    }
}
```

由于 MainAbility 在迁移时基本没有数据需要保存和恢复，因此这里实现 IAbilityContinuation 接口中的方法时比较简单，如在实现 onStartContinuation()方法中，只是返回了真。迁移过程中的接口方法调用都是由系统回调的，如果在回调过程中存在某种方法没有返回真，则系统会判断迁移异常，从而中止迁移或回迁过程。

在 MainAbility 中包含了 MainAbilitySlice，为了使其能迁移，MainAbilitySlice 也需要实现 IAbilityContinuation 接口，具体的代码如下：

```
//ch06\ContinueAbility 项目中的 MainAbilitySlice.java
public class MainAbilitySlice extends AbilitySlice
        implements IAbilityContinuation {

    private final HiLogLabel LABEL
            = new HiLogLabel(3, 0xD000F00, "demo");
```

```
private static final String key = "dataKey";
private String message; //内容数据

TextField textField;        //输入日记内容文本框
Button button1;             //迁移按钮
Button button2;             //回迁模式迁移按钮
Button button3;             //回迁按钮

@Override
public void onStart(Intent intent) {
    super.onStart(intent);
    super.setUIContent(ResourceTable.Layout_ability_main);
    initComponents();       //初始化组件
    HiLog.info(LABEL, "%{public}s", "onStart");
}

//初始化组件
private void initComponents() {
    button1 = (Button) findComponentById
                (ResourceTable.Id_continue_button1);
    button1.setClickedListener(this::continue1);

    button2 = (Button) findComponentById
                (ResourceTable.Id_continue_button2);
    button2.setClickedListener(this::continue2);

    button3 = (Button) findComponentById
                (ResourceTable.Id_continue_back);
    button3.setClickedListener(this::reverse);

    textField = (TextField) findComponentById
            (ResourceTable.Id_textfield);

    if ( message != null) {
        textField.setText(message);
    }
    HiLog.info(LABEL, "%{public}s", "initComponents");
}

//本地模式迁移
private void continue1(Component component) {
    try {
        logRunSate();       //输出运行状态
        continueAbility();//本地模式迁移
        //也可以指定设备 ID,continueAbility(deviceId);
```

```
    } catch (IllegalStateException illegalStateException) {
        HiLog.info(LABEL, "%{public}s", "迁移异常1");
    }
}

//回迁模式迁移
private void continue2(Component component) {
    try {
        logRunSate();                       //输出运行状态
        continueAbilityReversibly();        //回迁模式迁移
        //也可以指定设备ID,continueAbilityReversibly(deviceId);
    } catch (IllegalStateException illegalStateException) {
        HiLog.error(LABEL, "%{public}s", "迁移异常2");
    }
}

//回迁方法
private void reverse(Component component) {
    try {
        logRunSate();                       //输出运行状态
        reverseContinueAbility();           //回迁
        HiLog.info(LABEL, "%{public}s", "调用回迁");
    } catch (IllegalStateException illegalStateException) {
        HiLog.error(LABEL, "%{public}s", "回迁异常");
    }
}

@Override
public boolean onStartContinuation() {
    HiLog.info(LABEL, "%{public}s", "onStartContinuation");
    return true;
}

//保存数据
@Override
public boolean onSaveData(IntentParams params) {
    logRunSate();                           //输出运行状态
    params.setParam(key, textField.getText());
    HiLog.info(LABEL, "%{public}s", "onSaveData");
    return true;
}

//恢复数据
@Override
public boolean onRestoreData(IntentParams params) {
```

```
        logRunSate();                  //输出运行状态
        if (params.getParam(key) instanceof String) {
            message = (String) params.getParam(key);
        }
        HiLog.info(LABEL, "%{public}s", "onRestoreData");
        return true;
    }

    @Override
    public void onCompleteContinuation(int code) {
        HiLog.info(LABEL, "%{public}s", "onCompleteContinuation");
        terminate();//终止,如果该 Slice 迁移后不再使用,则可以终止
    }

    //输出运行状态,观察 Ability 运行模式
    private void logRunSate() {
        switch( getContinuationState() ) {
            case LOCAL_RUNNING:       //本地运行,continueAbility 迁移始终为本地运行
                HiLog.info(LABEL, "%{public}s", "Local 运行");
                break;
            case REMOTE_RUNNING:      //远端运行模式,当前已经通过回迁模式被迁移
                HiLog.info(LABEL, "%{public}s", "Remote 运行");
                break;
            case REPLICA_RUNNING:     //替换模式,当前是被迁移过来的
                                      //该状态下不能再主动迁移
                HiLog.info(LABEL, "%{public}s", "Replace 运行");
                break;
        }
    }
}
```

在 MainAbilitySlice 中需要保存和恢复书写的日记内容信息,因此这里实现 IAbilityContinuation 接口中的方法,并实现了数据保存和恢复。另外,代码中加入了多处 HiLog 提示信息,开发者可以通过查看 HiLog 输出,分析该应用迁移过程中的方法调用过程。

应用迁移需要跨设备数据同步权限,因此,具有迁移功能的应用需要在配置文件中配置相应的权限,在配置文件 config.json 中配置数据同步权限的代码如下:

```
//ch06\ContinueAbility 项目中的 config.json
{
    "app": {…},
    "deviceConfig": {…},
    "module": {
        …
```

```
        "abilities": [ … ],
        "reqPermissions": [
            {
                "name": "ohos.permission.DISTRIBUTED_DATASYNC"
            }
        ]
    }
}
```

在系统中，分布式数据同步权限(ohos.permission.DISTRIBUTED_DATASYNC)属于敏感权限，使用该权限需要设备用户确认，因此，需要在应用中请求该权限并等待用户确认，请求权限的代码在MainAbility中已经实现。应用在启动时会弹出系统权限授权界面并要求用户确认，如图6-26所示，用户需要确认始终允许才能使用迁移功能。

图6-26　用户确认应用的使用权限

在调试具有迁移功能的应用时需要两个设备，在开发环境DevEco Studio中提供了超级设备选项，选择Tools菜单下的Device Manager设备管理，选择Super device下的两个设备，可以同时启动两个模拟设备，如图6-27所示。

至此，具有迁移和回迁功能的写日记应用项目就完成了。运行效果如图6-22～图6-24等所示，输入日记内容，单击迁移到其他设备继续编辑即可实现应用在设备间迁移，单击回迁模式迁移，在迁移之后，还可以通过单击回迁按钮进行回迁。

HarmonyOS提供的Ability迁移能力，使应用可以跨设备无缝衔接，提高了用户使用分布式应用的流畅性体验。

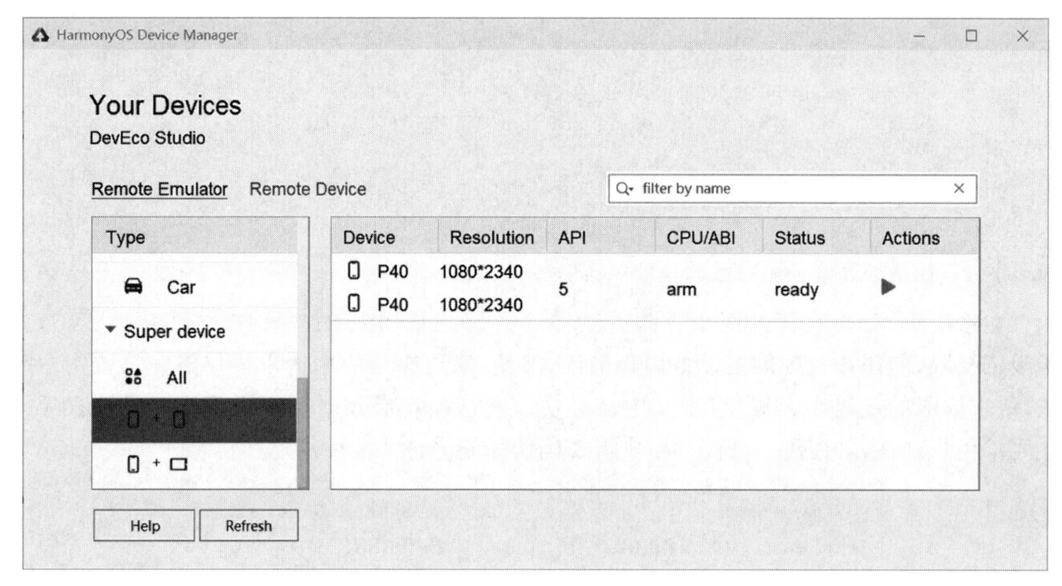

图 6-27 启动两个模拟器

小结

本章主要介绍了 Ability 的基本概念，在系统中 Ability 代表的是一种能力，是应用的组成部署单元。Page 是 Ability 的一种类型，主要应用于实现用户接口界面，一个 Page 可以包括多个 Slice，Page 和 Page、Slice 和 Slice 之间可以进行导航切换。Page 和 Slice 都有自己的生命周期，Slice 的生命周期依赖于所在的 Page。Intent 是对象之间交换数据的桥梁，它可以携带数据操作动作信息，为系统调度提供依据。跨设备迁移是 HarmonyOS 应用可以具备的显著特性之一，应用可以实现在不同设备间的平滑过渡，为用户提供更好的使用体验。

习题

1. 判断题

(1) 一个应用可以包含多个 Ability，HarmonyOS 支持应用以 Ability 为单位进行部署。(　　)

(2) Page 是 FA 唯一支持的模板，用于提供与用户交互的能力。(　　)

(3) 当一个 Page 由多个 AbilitySlice 构成时，这些 AbilitySlice 页面提供的业务能力应具有高度相关性。(　　)

(4) Page 进入前台时界面默认展示所有 AbilitySlice。(　　)

(5) 对于一个 Page 实例，onStart()回调方法在其生命周期过程中仅触发一次。(　　)

(6) AbilitySlice 和 Page 具有相同的生命周期状态和同名的回调，当 Page 生命周期发生变化时，它的 AbilitySlice 也会发生相同的生命周期变化。(　　)

(7) 在同一 Page 中的不同 AbilitySlice 之间导航切换时，Page 的生命周期状态也会改变。(　　)

(8) Intent 是对象之间传递信息的载体。Intent 内部携带的信息可以是参数和操作。(　　)

(9) 跨设备迁移是 HarmonyOS 的一大特点，可以实现不同设备间应用的平滑过渡，为用户提供更好的使用体验。(　　)

2. 填空题

(1) 在配置文件(config.json)中注册 Ability 时，可以通过配置 Ability 元素中的＿＿＿＿＿＿属性来指定 Ability 模板的类型。

(2) Ability 类模板有＿＿＿＿模板、＿＿＿＿模板、＿＿＿＿模板。

(3) 一个 Page 可以由一个或多个＿＿＿＿＿＿构成。

(4) Page 进入前台时默认展示的 AbilitySlice 是通过＿＿＿＿＿＿方法来指定的。

(5) Page 生命周期是 Page 对象从创建到销毁的过程，期间它会经历＿＿＿＿＿＿、＿＿＿＿＿＿、＿＿＿＿＿＿、＿＿＿＿＿＿、＿＿＿＿＿＿、＿＿＿＿＿＿6 种状态转换回调方法。

(6) 当系统首次创建 Page 实例时，会触发＿＿＿＿＿＿回调方法。

(7) 在不同的 Ability 之间可以通过＿＿＿＿＿进行信息传递。

3. 选择题

(1) 在配置文件(config.json)中配置 Ability 元素的 type 属性时，type 的取值不可以是(　　)。

A. page　　B. service　　C. data　　D. feature

(2) 如果需要更改 Page 进入时展示的 AbilitySlice，可以通过(　　)方法为此 AbilitySlice 配置一条路由规则。

A. setRoute()　　B. addActionRoute()

C. setAction()　　D. startAbility()

(3) 一个 Page 中可以有多个 AbilitySlice，在管理上它们的数据结构是(　　)。

A. 队列　　B. 树　　C. 栈　　D、链表

(4) 当发起导航的 AbilitySlice 和被导航到的目标 AbilitySlice 处于同一个 Page 时，可以通过(　　)方法实现导航。(多选)

A. setResult()　　B. present()

C. presentForResult()　　D. onResult()

(5) 不同的 Page 间进行导航，可以通过(　　)方法进行。(多选)

A. startAbility()　　B. addActionRoute()

C. startAbilityForResult()　　D. presentForResult()

(6) 下列哪个不是 Intent 提供的方法(　　)。

A. setParam()　　B. setAction()

C. setOperation()　　D. onAbilityResult()

4. 上机题

(1) 请模仿某个聊天软件,实现一个 Page,包含两个 Slice。一个 Slice 为登录界面,登录成功后,跳转到另外一个 Slice,这里设定另外一个 Slice 为好友列表界面。

(2) 请模仿某个聊天软件,实现两个 Page,一个 Page 中实现登录界面,登录成功后,跳转到另外一个 Page,这里设定另外一个 Page 中主路由为好友列表界面。

(3) 实现跨设备写日记应用。

第 7 章 Service Ability

【学习目标】

■ 理解 HarmonyOS 应用服务的概念,掌握服务的定义

■ 理解服务的生命周期

■ 理解以命令方式启动服务,理解以连接方式访问服务,掌握异步任务分发

■ 了解前台服务

7.1 服务概述

在 HarmonyOS 中,Ability 是应用所具备能力的抽象,Ability 可以分为 FA(Feature Ability)和 PA(Particle Ability)两种类型。PA 又包含 Service Ability 和 Data Ability 两种能力抽象。

Service Ability 在 HarmonyOS 应用中指的是服务能力,简称服务或 Service。服务为应用提供了后台运行能力,服务一般没有界面,不直接与用户交互。服务常用于长时间在 HarmonyOS 后台运行任务,如:执行音乐播放、文件下载等。

服务可由其他应用或 Ability 启动,即使用户切换到其他应用,服务仍可以在后台继续运行。简单地说,服务提供的是一种即使用户未与应用交互也可在后台运行的能力。

对于开发者而言,服务仍然是 Ability,其实就是系统事先实现的能力类,开发者要实现一个服务只要继承 Ability 能力类,并同时在配置文件(config. json)中将说明其类型的 type 属性值配置为 service,即可实现一个最简单的服务。在配置文件中配置一个服务的主要代码如下:

```
{
    …
    "module": {
        …
        "abilities": [
            …,
            {
```

```
                    ...
                    "type": "service"
                }
            ]
        }
    }
```

尽管服务一般是在后台运行的，但是服务默认还是在主线程里运行，因此，如果在服务里执行比较耗时的操作，开发者则需要进行必要的异步处理，如采用多线程处理等，以防止服务阻塞主线程而造成应用“卡死”现象。

在设计模式上，系统中的服务采用的是单例模式。换句话说，在一个设备上，同一个服务只会存在一个实例对象，在这个服务对象的生命周期内，所有使用该服务的其他应用或对象都在和同一个服务对象打交道。如果多个 Ability 共用一个服务实例，只有当所有与服务连接的 Ability 都中断连接后，服务才会退出。

单例模式(Singleton Pattern)是最简单的设计模式之一，单例模式的简单实现是由一个类负责创建自己的对象，同时确保只会创建一个该类的对象，不需要也不能实例化该类的更多对象，该类提供访问其唯一对象的方式。下面是一个简单的单例类代码：

```
//ch07\SingletonDemo 项目中的 Single.java
//单例模式的一种简单实现
public class Single {
    //私有构造函数，避免在类外创建对象
    private Single() {  }
    //创建一个该类的实例对象
    private static Single instance = null;
    //获取唯一可用的对象方法
    public static Single getInstance(String type) {
        if(instance == null && type.equals("service"))
            instance = new Single();
        return instance;//返回唯一的实例引用
}
    //其他方法，可以有很多
    public void otherMethod() {
        System.out.println("Do anything as you want…");
        ...
    }
}
```

通过上述方式定义的 Single 类，其构造方法为私有访问权限，这样在类外就不能再创建对象了。同时在 Single 类的内部可通过 new 创建了一个唯一的 Single 实例，并通过 getInstance()在类外获得该实例的引用。下面是使用 Single 类的唯一实例的基本方法：

```
//ch07\SingletonDemo 项目中的 Main.java
public class Main {
    public static void main(String[] args) {
        //可以获取唯一可用的对象方式
        Single object = Single.getInstance("service");
        //使用该对象及方法
        object.otherMethod();
    }
}
```

以上只是单例模式的一种简单实现，实际上，单例模式的实现还有其他方式，但是无论如何实现，在单例模式下，保障了单例类对象的唯一性。在 HarmonyOS 应用开发中，服务采用的是单例模式，即一个服务对象只会被创建一次，直到它被释放。

7.2 服务的定义

5min

在 HarmonyOS 应用开发中，定义服务其实就是定义 Ability 的子类，并实现服务规定的相关生命周期方法。服务也是一种 Ability，Ability 为服务提供了若干生命周期方法，开发者可以重写这些方法，以实现自定义的服务功能及和其他 Ability 交互时的处理代码。定义一个简单服务的基本代码如下：

```
public class MyService extends Ability {
    private static final HiLogLabel LABEL_LOG = new HiLogLabel(3, 0xD001100, "Demo");

    @Override
    public void onBackground() {
        super.onBackground();
        HiLog.info(LABEL_LOG,"ServiceAbility::onBackground");
    }

    @Override
    public void onStop() {
        super.onStop();
        HiLog.info(LABEL_LOG, "ServiceAbility::onStop");
    }

    @Override
    public void onCommand(Intent intent,boolean restart, int startId) {
```

```
        HiLog.info(LABEL_LOG,"ServiceAbility::onCommand");
    }

    @Override
    public IRemoteObject onConnect(Intent intent) {
        HiLog.info(LABEL_LOG,"ServiceAbility::onConnect");
        return null;
    }

    @Override
    public void onDisconnect(Intent intent) {
        HiLog.info(LABEL_LOG,"ServiceAbility::onDisconnect");
    }
}
```

以上是实现一个基本的最简服务的代码，这里定义了一个 MyService 类，该类继承了 Ability，并重写了服务的 5 个生命周期方法。

仅仅通过继承 Ability 类定义的服务类，系统还无法完全确认其为服务。需要在应用配置文件中进行注册及配置，系统才能把这个类当成服务进行管理，配置服务和配置 Page 方法一样，不同的是服务是将 Ability 对应的 type 值配置为 service，具体的代码如下：

```
{
    …
    "module": {
        …
        "abilities": [
            …,
            {
                "name": "cn.edu.zut.MyService",
                "icon": "$media:icon",
                "description": "$string:serviceability_description",
                "type": "service"
            }
        ]
    }
}
```

在应用中，服务作为一种单实例能力，一旦被创建，便开启了它的生命周期，在其生命周期内，服务会调用它的生命周期方法，并在不同的状态间转换，服务的生命周期方法及说明如表 7-1 所示。

表 7-1 服务的生命周期方法及说明

方法名称	说明
void onCommand(Intent intent, boolean restart, int startId)	该方法在 Service 创建完成之后调用,该方法在客户端每次以命令启动该 Service 时都会调用
IRemoteObject onConnect(Intent intent)	该方法在服务被连接时调用,当服务以连接的方式启动时,调用该方法,该方法返回 IRemoteObject 对象,连接方可以通过该对象和服务交互
void onDisconnect(Intent intent)	该方法在服务被断开连接时调用
void onStop()	该方法在 Service 被销毁时调用,在该方法中一般做一些释放资源、关闭创建的线程、关闭注册的侦听器等工作

7.3 服务的生命周期

6min

与 Page 类似,Service 也拥有生命周期。服务有两种启动方式,一是以命令方式启动服务,二是以连接方式启动访问服务。根据启动方式的不同,服务生命周期过程有两种不同的情况。

当以命令方式启动服务时,服务对象会在首次启动时创建,紧接着服务会执行 onCommand()方法,之后服务进入并保持活动态。处于活动态的服务,再次以命令方式启动时,即通过 startAbility()方法启动服务时,服务会直接执行 onCommand()方法。服务被停止时,服务会执行 onStop()方法,之后系统会将服务销毁。以命令方式启动的服务的生命周期过程如图 7-1 所示。

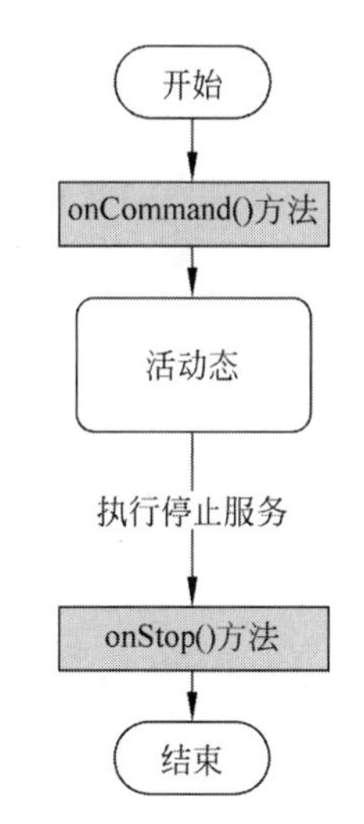

图 7-1 以命令方式启动的服务生命周期的过程

当以连接方式启动访问服务时,其他 Ability 通过 connectAbility()方法启动并创建服务,服务在首次被连接时创建,紧接着服务会执行 onConnect()方法,该方法会返回一个连接引用,供连接者访问服务,之后服务便进入活动态。处于活动态的服务,服务的连接者通过返回的连接引用访问服务。多个请求者可以连接并访问同一个服务,请求端可通过 disconnectAbility()方法断开服务连接,而且当所有连接全部断开后,系统才会销毁服务。当请求者断开服务连接时,服务会调用对应的 onDisconnect()方法。以连接方式启动的服务生命周期的过程如图 7-2 所示。

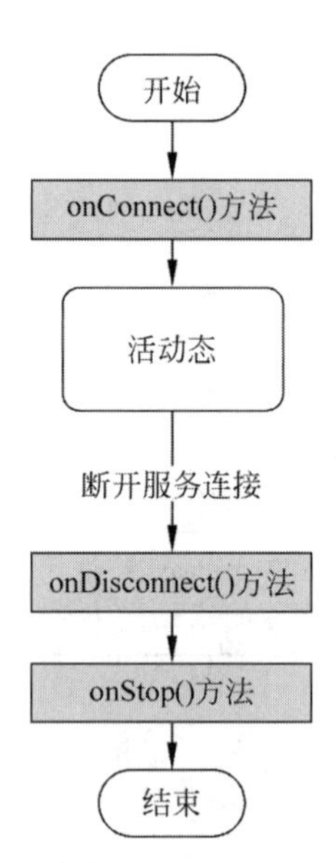

图 7-2　以连接方式启动访问的服务生命周期的过程

7.4　以命令方式访问服务

7.4.1　以命令方式启动/停止服务方法

13min

以命令方式启动服务是指通过 startAbility()方法启动服务。HarmonyOS 应用开发框架提供了统一的 startAbility()方法启动 Ability，服务也是 Ability，因此可以通过该方法启动服务。当通过调用 startAbility()方法启动服务时，一般需要传递一些参数，这些参数以 Intent 的方式传递给系统，并在启动服务时传递给被启动的服务。当服务第一次被启动时，系统会创建服务的实例。以命令方式启动服务需要构建 Intent，然后启动服务，基本的代码如下：

```
Intent intent = new Intent(); //创建 Intent
//构造 operation
Operation operation = new Intent.OperationBuilder()
        .withDeviceId("")
        .withBundleName("cn.edu.zut.soft")
        .withAbilityName("cn.edu.zut.soft.ServiceAbility")
        .build();
intent.setOperation(operation);//设置 intent
startAbility(intent); //启动服务
```

以上代码，首先创建了 Intent 对象，通过构造包含设备 ID（DeviceId）、包名（BundleName）与服务名（AbilityName）等信息在内的操作（Operation）对象来指定目标

Service 信息，进而通过 startAbility()方法启动服务。关于 Operation 对象的参数的具体含义及说明如下。

(1) DeviceId：表示设备 ID。如果是本地设备，则可以直接留空；如果是远程设备，则可以通过 ohos. distributedschedule. interwork. DeviceManager 提供的 getDeviceList 获取设备列表。通过指定远程设备 ID，可以启动其他设备上的服务。

(2) BundleName：表示包名称，即被启动的服务的包名。同一个包代表的应用在同一个设备上只有一个，实际上可通过包名使每个包具有全球唯一性。

(3) AbilityName：表示待启动的 Ability 名称，这里指的是服务的名称。通过设备 ID、包名和服务名，可以唯一确定一个指定设备上的具体服务。

通过 intent. setOperation(operation)把构造好的 operation 对象信息设置到 intent 中，进而可以通过 startAbility(intent)启动对应的服务，同时把 intent 中的数据传递给被创建的服务。

和启动本地服务不同的是，启动远程设备上的服务需要指定服务所在的设备 ID，启动远程设备上的服务的基本代码如下：

```
Intent intent = new Intent(); //创建 Intent
//构造 operation
Operation operation = new Intent.OperationBuilder()
        .withDeviceId("deviceId")
        .withBundleName("cn.edu.zut.soft")
        .withAbilityName("cn.edu.zut.soft.ServiceAbility")
        .withFlags(Intent.FLAG_ABILITYSLICE_MULTI_DEVICE)
        .build();
intent.setOperation(operation); //设置 intent
startAbility(intent); //启动服务
```

启动远程设备服务除了需要设置远程设备的 ID，系统还提供了一个设备管理类 DeviceManager，该类提供了静态方法 getDeviceList()，该方法用于返回当前账号的设备信息列表 List < DeviceInfo >，设备信息中包含设备的 ID 信息，因此，可以通过设备管理类最终获得设备的 ID 信息，进而在启动服务时可以选定具体设备上的指定服务。

另外，启动远程服务时还需要设置支持分布式调度系统多设备启动标识，即 FLAG_ABILITYSLICE_MULTI_DEVICE，该标识设置在 Operation 中，并最终以 Intent 的方式传递给系统。

当以命令方式启动服务时，如果被启动的服务尚未运行，则系统会首先创建一个该服务实例对象，如果该服务实例已经被创建，则系统不会再创建新的该服务实例对象。

当以命令方式启动服务后，系统会调用服务的 onCommand()方法运行服务代码，进而继续提供更多的服务功能。对于开发者一般需要重写该方法以实现服务的功能代码。

服务一旦创建就会在后台保持运行。有 3 种方式可以终止服务，一是系统由于资源不足等问题强行中止服务；二是服务本身通过 terminateAbility()方法主动停止服务；三是其他 Ability 调用 stopAbility()方法停止指定服务。stopAbility()方法提供了和 startAbility()方法相反的功能。由于服务是单例的，因此多次连续调用 startAbility()方法启动服务不会创建多个服务示例，stopAbility()方法停止服务也只需调用一次。

需要说明的是，一个运行中的服务被停止后，其生命周期就结束了，服务对象即被销毁，但是，在服务的一个实例结束后，其对应的服务类可以再次创建新的服务实例，开启新的服务生命周期，直到该新服务示例被销毁。

7.4.2 以命令方式使用服务示例

本节给出一个采用命令方式使用服务的示例，该服务接收一个整数，判断这个整数是不是素数，然后输出提示信息。

首先，在项目中创建一个服务类，创建服务可以通过 New→Ability→EmptyServiceAbility 创建一个空的服务，创建服务的操作如图 7-3 所示。

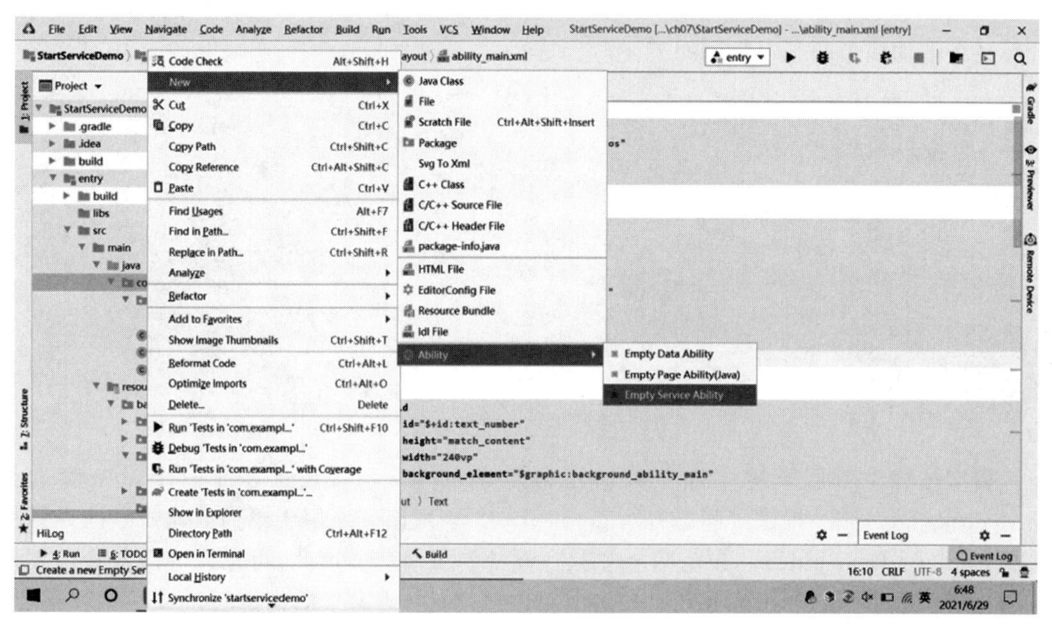

图 7-3 创建空服务

创建服务其实就是创建一个类，该类继承了 Ability 类，但是仅仅创建一个 Ability 类的子类还不能当成服务，创建服务还需要在配置文件 config.json 中配置能力类型。配置服务类型如图 7-4 所示，其中的 type 值为 service，表示对应的 Ability 是服务。通过向导创建的服务，开发环境会自动配置，不需要开发者自行配置 config.json 文件。

服务创建成功后，接下来是实现服务的功能，实现服务的功能就是实现其生命周期方法，这里主要是实现其 onCommand()方法，在该方法中实现判断素数的操作，代码如下：

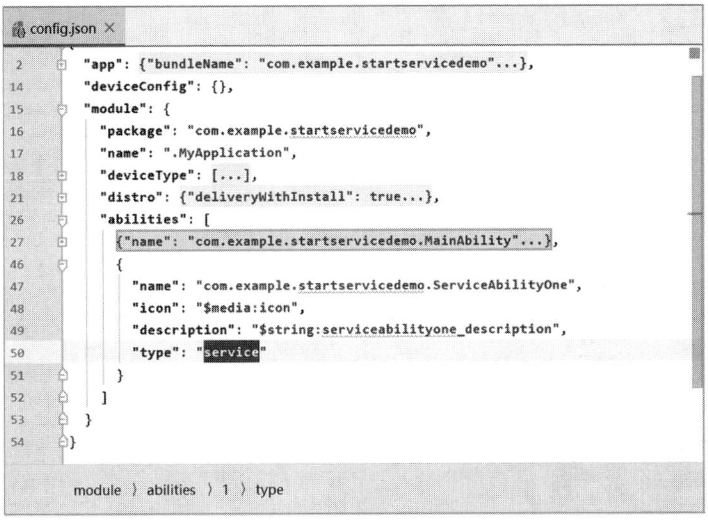

```
config.json
2	"app": {"bundleName": "com.example.startservicedemo"...},
14	"deviceConfig": {},
15	"module": {
16	  "package": "com.example.startservicedemo",
17	  "name": ".MyApplication",
18	  "deviceType": [...],
21	  "distro": {"deliveryWithInstall": true...},
26	  "abilities": [
27	    {"name": "com.example.startservicedemo.MainAbility"...},
46	    {
47	      "name": "com.example.startservicedemo.ServiceAbilityOne",
48	      "icon": "$media:icon",
49	      "description": "$string:serviceabilityone_description",
50	      "type": "service"
51	    }
52	  ]
53	}
54	}
module 〉 abilities 〉 1 〉 type
```

图 7-4　将 Ability 类型配置为服务

```
//ch07\StartServiceDemo 项目中的 ServiceAbilityOne.java
public class ServiceAbilityOne extends Ability {
    private static final HiLogLabel LABEL_LOG
                = new HiLogLabel(3, 0xD001100, "Demo");
    @Override
    public void onStart(Intent intent) {
        super.onStart(intent);
        HiLog.info(LABEL_LOG, "ServiceAbilityOne::onStart");
    }
    @Override
    public void onCommand(Intent intent, boolean restart, int startId) {
        HiLog.info(LABEL_LOG, "ServiceAbilityOne::onCommand");//提示信息
        int num = intent.getIntParam("num",0);//获得传递的数值
        ToastDialog toastDialog = new ToastDialog(this);
        if( isPrime(num) ) { //判断 num 是否是素数
            //弹出提示框
            toastDialog.setText( num + " 是一个素数" ).show();
        }
        else {
            //弹出提示框
            toastDialog.setText( num + " 不是一个素数" ).show();
        }
    }
    private boolean isPrime(int num) { //判断 num 是否是素数
        if( num <= 1 ) //小于或等于 1 的数值判为非素数
            return false;
        for( int i = 2;i < num;i++ )
        {
            //HiLog 输出判断过程
```

```
            HiLog.info(LABEL_LOG, "ServiceAbilityOne::isPrime %{public}d",i);
            if( num % i == 0 )
                return false;
        }
        return true;
    }
    @Override
    public void onBackground() {
        super.onBackground();
        HiLog.info(LABEL_LOG, "ServiceAbilityOne::onBackground");
    }
    @Override
    public void onStop() {
        super.onStop();
        HiLog.info(LABEL_LOG, "ServiceAbilityOne::onStop");
    }
    @Override
    public IRemoteObject onConnect(Intent intent) {
        return null;
    }
    @Override
    public void onDisconnect(Intent intent) {
    }
}
```

在 onCommand()方法中，通过 intent 获得传递来的数字，然后调用 isPrime()方法判断此数是不是素数，该方法内实现了判断素数的过程。

为了能够在界面中操作启动服务，这里实现一个界面，如图 7-5 所示，输入框用于输入数字，“启动服务”按钮用于启动服务。

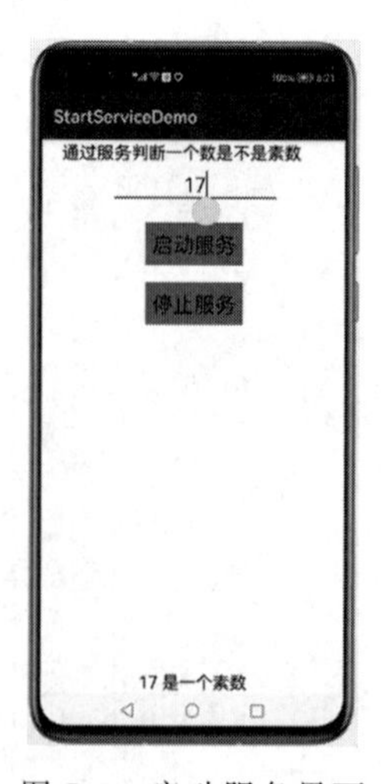

图 7-5　启动服务界面

关于界面的布局代码这里不再赘述，下面主要实现界面中启动服务按钮的单击监听，相关功能的代码如下：

```
//ch07\StartServiceDemo 项目中的 MainAbilitySlice.java
//初始化按钮和文本框组件
button1 = (Button) findComponentById(ResourceTable.Id_button1);
textField = (TextField) findComponentById(ResourceTable.Id_text_number);
//设置单击监听
button1.setClickedListener(new Component.ClickedListener() {
    @Override
    public void onClick(Component component) {
        Intent intent = new Intent();//创建 Intent
        Operation operation = new Intent.OperationBuilder()
            .withDeviceId("")
            .withBundleName("com.example.startservicedemo")
            .withAbilityName
                ("com.example.startservicedemo.ServiceAbilityOne")
            .build();
        intent.setOperation(operation);
        int num = Integer.parseInt( textField.getText().toString())
        intent.setParam("num",num); //设置参数
        startAbility(intent); //以命令方式启动服务
    }
});
```

这里通过 startAbility(intent)启动服务，调用前准备了操作参数 operation，其中包含了启动的包名、服务名等信息，这些信息及输入的数字都包含在 intent 中，从而在启动服务时能够传递给被启动的服务。

运行项目后，输入数字 17，单击“启动服务”按钮就会启动服务，启动服务后会在 HiLog 中输出提示信息，如图 7-6 所示，同时会在主界面提示“17 是一个素数”，如图 7-5 所示。

图 7-6 启动服务的输出的信息

当我们通过命令方式启动服务时，主程序的控制权会交给服务，待服务执行完onCommand()方法后，程序的控制权重新交给启动者。以命令方式启动的服务默认在主线程中执行，而主线程中不宜执行运行时间过长的服务代码。如对于以上示例，当输入一个比较大的素数1000000007后，单击“启动服务”按钮，由于此时判断此数是否为素数需要较长时间，此时界面会陷入“卡死”状态，并且界面中的控件不可操作，长时间“卡死”则会导致应用被迫退出。

7min

为了避免“卡死”现象，需要让运行时间过长的服务脱离界面主线程，即采用多线程实现服务中较为耗时的计算，修改以上示例代码，在onCommand()方法中使用新线程判断输入的数是否为素数，代码如下：

```
//ch07\StartServiceThreadDemo 项目中的 MainAbilitySlice.java
public void onCommand(Intent intent, boolean restart, int startId) {
    HiLog.info(LABEL_LOG, "ServiceAbilityOne::onCommand");
    int num = intent.getIntParam("num", 0);//获得传递的数值
    //ToastDialog toastDialog = new ToastDialog(this);
    Thread thread;
    thread = new Thread(new Runnable() {//创建子线程
        @Override
        public void run() {
            if (isPrime(num)) { //判断 num 是否是素数
                HiLog.info(LABEL_LOG, "%{public}d 是一个素数",num);
                //toastDialog.setText(num + " 是一个素数").show();
            } else {
                HiLog.info(LABEL_LOG, "%{public}d 不是一个素数",num);
                //toastDialog.setText(num + " 不是一个素数").show();
            }
        }
    });
    thread.start();
}
```

以上代码把服务中耗时的判断素数的代码放到了子线程中，这样服务每次被启动时都会调用onCommand()方法中的代码并启动一个新的子线程进行素数判断。通过把服务运行的耗时代码线程和主线程分离，可以避免界面卡死现象，如图7-7(a)所示，当输入一个比较大的素数1000000007时，启动服务后子线程需要一定的时间判断，期间仍然可以操作界面，如把光标移动到输入框中间等。如果不进行多线程处理，如图7-7(b)，当启动服务后，在素数被判断出来之前，界面对其他操作无法响应，如输入框中光标不能移动等。

以命令方式启动服务是单向的，可以认为启动者只是发出了一个启动服务的命令，让指定的服务启动，之后便由服务自身进行运行。以命令方式启动服务，启动者只是在启动那一刻和服务交互，如果要使启动者和被启动的服务之间建立密切联系，则可以选择以连接方式访问服务。

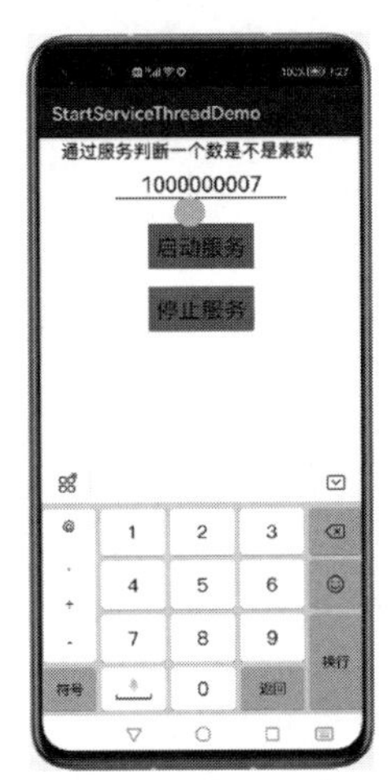

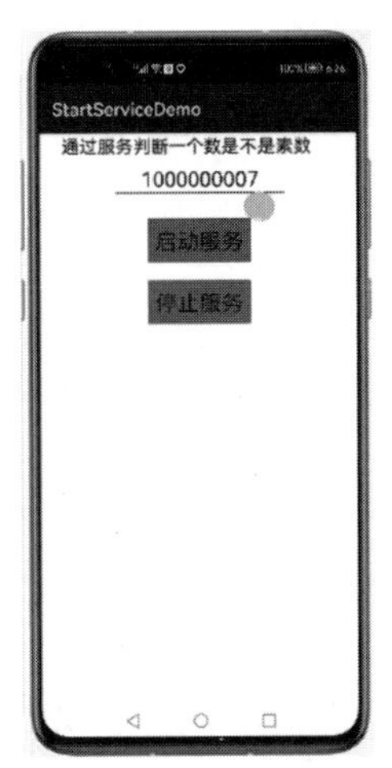

(a) 服务器端采用多线程　(b) 服务器端未采用多线程

图 7-7　服务器端采用的线程

7.5 以连接方式访问服务

7.5.1 以连接访问服务方法

如果启动者需要和服务进行密切关联和交互，则需要和服务建立连接。和服务建立连接可以采用连接方式访问服务，服务支持启动者通过 connectAbility()方法与其建立连接。

在使用 connectAbility()方法连接启动服务时，需要给目标服务（Service）传递 Intent 实例，还需要给服务传递 IAbilityConnection 实例。Intent 的作用是为了给服务传递操作和数据，IAbilityConnection 则为了连接服务后能够进行回调交互。

IAbilityConnection 是一个接口，它提供了两种方法供开发者实现，一个是 onAbilityConnectDone()方法，用来处理连接服务成功后的回调，另外一个是 onAbilityDisconnectDone()方法，用来处理断开连接服务后的回调。连接服务前需要先创建 Intent 和 IAbilityConnection 实例，然后可以通过连接方法进行服务连接，基本代码如下：

```
//创建 Intent 和 Operation 实例
Intent intent = new Intent();
Operation operation = new Intent.OperationBuilder()
        .withDeviceId("")
        .withBundleName("服务的包名")
        .withAbilityName("服务名")
        .build();
```

```
//创建连接回调实例
IAbilityConnection connection = new IAbilityConnection() {
    //连接到 Service 的回调
    @Override
    public void onAbilityConnectDone(ElementName elementName,
                            IRemoteObjectiRemoteObject, intresultCode) {
        //此处书写连接服务成功后处理代码
        //需要定义与 Service 侧相同的 IRemoteObject 实现类
        //获取服务器端传过来 IRemoteObject 对象,并从中解析出服务器端传过来的信息
}
    //断开与 Service 连接的回调
    @Override
    public void onAbilityDisconnectDone(ElementName elementName,int resultCode) {
        //此处书写断开服务连接的处理代码
    }
};
//连接 Service
connectAbility(intent, connection);
```

当以连接方式启动服务后，要求被连接的服务返回 IRemoteObject 对象，因此在被连接的服务一侧需要在 onConnect()方法中返回 IRemoteObject 对象。IRemoteObject 是一个接口，LocalRemoteObject 是由系统提供的 IRemoteObject 接口的一个实现类，通过继承 LocalRemoteObject 可以创建自己的远程对象实现类，服务一侧把自身的实例返回给调用侧的代码如下：

```
//创建自定义的 IRemoteObject 实现类
private class MyRemoteObject extends LocalRemoteObject
    MyRemoteObject(){
    }
}
//把 IRemoteObject 返回给客户端
@Override
public IRemoteObject onConnect(Intent intent) {
    return new MyRemoteObject();
}
```

以连接方式访问服务的基本过程是请求服务器端通过 connectAbility 连接服务，服务器端在 onConnect()方法中返回远程对象引用，请求端获得服务器端对象引用之后，请求端可以像使用本地对象一样使用服务器端的对象和功能，如图 7-8 所示。

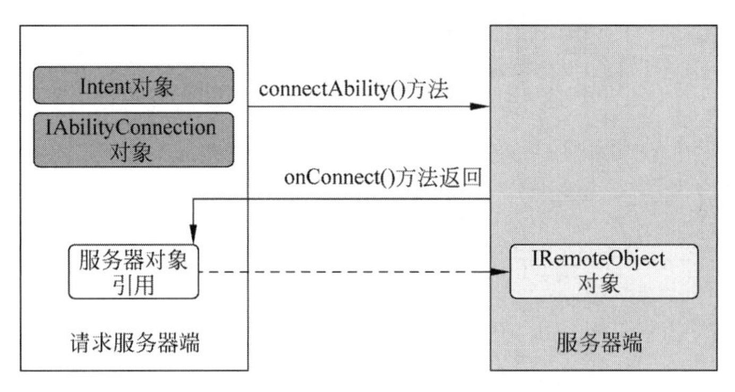

图 7-8 以连接方式访问服务示意图

7.5.2 以连接方式访问服务示例

下面仍然以判断素数为例，采用连接方式访问服务，运行的效果如图 7-9 所示。单击“连接服务”按钮和后台服务建立连接，单击“获得服务”按钮得到判断素数的结果信息，和前面示例不同的是，这次把结果信息显示在了前端界面中，以一个文本组件的形式显示在下方，初始信息是“结果信息”。单击“断开服务”按钮，实现和服务断开连接。

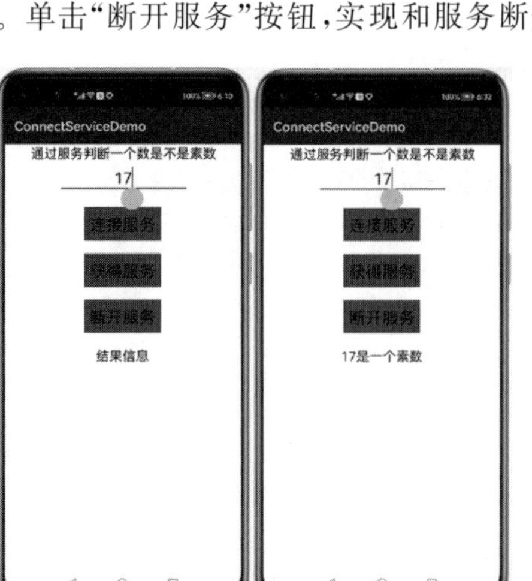

图 7-9 连接服务判断素数

在该示例的主界面布局中有一个输入框，用于输入需要判断的数字，3 个按钮分别为“连接服务”“获得服务”和“断开服务”，下方有一个文本组件，用于显示判断的“结果信息”，关于布局代码这里不再赘述，下面是主要功能的实现代码：

```
//ch07\ConnectServiceDemo 项目中的 MainAbilitySlice.java
    public class MainAbilitySlice extends AbilitySlice {
    //定义日志格式
```

```
private static final HiLogLabel label
     = new HiLogLabel(3, 0x00202, "MainAbilitySlice");
//创建连接回调实例
private IAbilityConnection connection = null;
private ServiceAbilityTwo.MyRemoteObject myRemoteObject = null;

private TextField textField;    //输入数字文本框
private Button button1;         //"连接服务"按钮
private Button button2;         //"获得服务"按钮
private Button button3;         //"断开服务"按钮
private Text textMsg;           //结果显示
//初始化组件
public void init() {
    textField = (TextField) findComponentById
                          (ResourceTable.Id_text_number);
    button1 = (Button)findComponentById(ResourceTable.Id_button1);
    button2 = (Button)findComponentById(ResourceTable.Id_button2);
    button3 = (Button)findComponentById(ResourceTable.Id_button3);
    textMsg = (Text)findComponentById(ResourceTable.Id_text_msg);

    //"连接服务"按钮单击监听
    button1.setClickedListener(new Component.ClickedListener(){
        @Override
        public void onClick(Component component) {
            HiLog.info(label, "button1 onClick");//提示
            Intent intent = new Intent();
            Operation operation = new Intent.OperationBuilder()
              .withDeviceId("")
              .withBundleName("com.example.connectservicedemo")
              .withAbilityName("com.example.connectservicedemo.ServiceAbilityTwo")
              .build();
            intent.setOperation(operation);
            if (connection == null) {
                HiLog.info(label, "创建连接对象");
                connection = new IAbilityConnection() {
                    //连接服务成功的回调
                    @Override
                    public void onAbilityConnectDone(
                            ElementName elementName
                            ,IRemoteObject iRemoteObject
                                , int i) {
                        myRemoteObject = (ServiceAbilityTwo
                                        .MyRemoteObject) iRemoteObject;
                        HiLog.info(label, "服务连接成功");
```

```
                    }

                    //断开服务连接后的回调
                    @Override
                    public void onAbilityDisconnectDone(
                            ElementName elementName, int i) {
                        HiLog.info(label, "服务断开成功");
                    }
                };
            }
            connectAbility(intent, connection); //连接服务
        }
    });

    //"获得服务"按钮单击监听
    button2.setClickedListener(new Component.ClickedListener() {
        @Override
        public void onClick(Component component) {
            if (myRemoteObject != null) {
                HiLog.info(label, "请求判断素数服务");
                int num = Integer.parseInt(textField.getText().trim());
                String s = myRemoteObject.getResult(num);
                textMsg.setText(s);
            } else {
                HiLog.info(label, "远程对象引用为空,服务未连接");
            }
        }
    });

    //"断开服务"按钮单击监听
    button3.setClickedListener(
            new Component.ClickedListener() {
        @Override
        public void onClick(Component component) {
        if (connection != null){
            disconnectAbility(connection);
            myRemoteObject = null;
            connection = null;
            HiLog.info(label, "已断开服务连接");
            }
        }
    });
}

@Override
```

```
    public void onStart(Intent intent) {
        super.onStart(intent);
        super.setUIContent(ResourceTable.Layout_ability_main);
        init();//初始化
        HiLog.info(label, "MainAbilitySlice onStart");
    }
}
```

以上代码请求的服务名为 com.example.connectservicedemo.ServiceAbilityTwo，因此需要创建一个 ServiceAbilityTwo 服务，服务的主要代码如下：

```
//ch07\ConnectServiceDemo 项目中的 ServiceAbilityTwo.java
public class ServiceAbilityTwo extends Ability {
    private static final HiLogLabel LABEL_LOG
            = new HiLogLabel(3, 0x00201, "ServiceAbilityTwo");
    public ServiceAbilityTwo() {
    }
    //把 IRemoteObject 返回给客户端
    @Override
    public IRemoteObject onConnect(Intent intent) {
        HiLog.info(LABEL_LOG, "ServiceAbilityTwo::onConnect");
        return new MyRemoteObject();
    }
    @Override
    public void onDisconnect(Intent intent) {
        HiLog.info(LABEL_LOG, "ServiceAbilityTwo::DisConnect");
    }

    //创建自定义的 IRemoteObject 实现类
    public class MyRemoteObject extends LocalRemoteObject {
        Hashtable result = new Hashtable();
        public String getResult(int number) {
            if (result.containsKey(number)) {
                HiLog.info(LABEL_LOG, "所判断数已经在 Hashtable 中,不重复计算");
                return (String) result.get(number);
            } else {
                HiLog.info(LABEL_LOG,"开始判断素数并将结果加入 Hashtable 中");
                result.put(number, isPrime(number));
                return (String) result.get(number);
            }
        }
        public String isPrime(int number) {
            String string = number + "是一个素数";
            if (number <= 0) {
```

```
                HiLog.info(LABEL_LOG, "负数均被认为是非素数");
                string = number + "负数均被判为非素数";
                ;
            } else {
                for (int i = 2; i < number; i++) {
                    HiLog.info(LABEL_LOG, "循环中:判断是否是素数,当前 i = " + i);
                    if (number % i == 0) {
                        string = number + "不是一个素数";
                        break;
                    }
                }
            }
            return string;
        }
    }
}
```

在该服务中定义了一个 MyRemoteObject 类，该类继承了 LocalRemoteObject 类，在其 onConnect()方法中，返回一个 MyRemoteObject 对象，这个对象会回传给调用服务者，从而使调用者和服务之间建立联系，进行通信。

MyRemoteObject 类中的 getResult()方法用于返回素数的判定结果，isPrime()方法用于判断计算。为了提高效率及减少重复计算，本例每次计算判断的结果会被保存到一个 Hashtable 中。getResult()方法在每次调用时首先判断要判定的数字信息是否已经保存在 Hashtable 中，如果存在，则不再重复计算，如果不存在，则调用 isPrime()方法进行计算。

以连接方式访问服务，默认情况下服务也在主线程中执行，因此运行时间较长时仍然存在"卡死"现象，避免这种现象可以用多线程，把本例中的 isPrime()方法放到子线程中。修改后 getResult()方法的代码如下：

```
//ch07\ConnectServiceDemo2 项目中的 ServiceAbilityTwo.java
Thread thread;
public String getResult(int number) {
    if (result.containsKey(number)) {
        HiLog.info(LABEL_LOG, "所判断数已经在 Hashtable 中,不重复计算");
        return (String) result.get(number); //返回保存的计算结果
    } else {
        HiLog.info(LABEL_LOG, "开始判断素数并将结果加入 Hashtable 中");
        thread = new Thread(new Runnable() { //创建子线程
            @Override
            public void run() {
                result.put(number, isPrime(number));
            }
```

```
            });
            thread.start(); //启动子线程
            return (String) "暂无判定结果稍后重试"; //请求立即返回
        }
    }
```

由于服务默认在主线程中运行，所以对于比较耗时的服务就需要把耗时代码放到独立的子线程中运行，以免用户长时间不能操作应用界面。前面的例子通过在服务中建立子线程实现了耗时代码和UI主线程的分离，从而避免了所谓的界面“卡死”现象。

7.6 任务分发

9min

7.6.1 任务分发器

在应用开发中，经常会遇到并发执行多个任务的情形，如一些应用的下载列表中可以同时下载多个内容，并在界面实时显示下载进度。应用中同时执行的多个任务一般为后台任务，在HarmonyOS应用中后台任务可以通过服务实现，对于多个并发的任务可以在服务中启用多个线程实现，但是往往比较麻烦。

为了更好地进行异步任务处理，开发框架提供了专门的异步任务分发机制，并提供了任务分发类，方便开发者实现多线程运行任务，从而更好地实现后台线程任务和UI线程的分离和通信。

TaskDispatcher是由应用开发框架提供的一个任务分发器的基本接口，同时，系统还提供了4个具体的任务分发器实现，4个具体任务分发器分别是全局分发器(GlobalTaskDispatcher)、并发任务分发器(ParallelTaskDispatcher)、串行任务分发器(SerialTaskDispatcher)和专有任务分发器(SpecTaskDispatcher)。任务分发器隐藏了任务所在线程的具体实现细节，可以把不同的任务分发到不同的线程中执行，实现多任务的分离，同时为多个任务的管理提供了接口方法。

(1) 全局任务分发器，即GlobalTaskDispatcher，每个应用只有一个全局任务分发器对象，该任务分发器适合执行多个独立任务的情景。在Ability中，可以通过getGlobalTaskDispatcher()方法获得全局任务分发器。

(2) 并发任务分发器，即ParallelTaskDispatcher，和全局任务分发器不同的是并发任务分发器在一个应用中不是唯一的，开发者可以根据需要创建多个并发任务分发器对象。在Ability中，可以通过createParallelTaskDispatcher()方法创建并发任务分发器对象。

(3) 串行任务分发器，即SerialTaskDispatcher，和并发任务分发器不同，串行任务分发器分发的任务是按照串行执行的，先分发的任务先执行，后分发的任务后执行。串行任务分发器适用于多个任务有前后顺序依赖的场景。在Ability中，可以通过createSerialTaskDispatcher()方法创建串行任务分发器对象。

(4) 专有任务分发器,即 SpecTaskDispatcher,专有任务分发器是由系统为指定的线程绑定的任务分发器。如系统为 UI 线程绑定了专用的 UITaskDispatcher,该任务分发器被绑定到应用过的主线程中,由该任务分发器分发的任务会在主线程中按照顺序执行。在 Ability 中,可以通过 getUITaskDispatcher()方法获得 UITaskDispatcher 实例,该分发器伴随着应用的退出而销毁,UITaskDispatcher 任务分发器常用来更新用户界面。

任务分发器接口 TaskDispatcher 提供了多个任务分发方法,以上 4 种任务分发器均实现了相应的任务分发方法,其中最常用的两个任务分发方法是同步派发(syncDispatch)和异步派发(asyncDispatch)。

通过同步派发方法派发任务后,被派发的任务会在新的线程中运行,但是当前线程会被阻塞,直到被派发的任务执行完成。该方式的优点是任务同步执行,执行顺序具有确定性,缺点是当前线程被阻塞,因此,不宜在主线程中采用同步派发方式派发执行时间较长的任务,主线程阻塞会造成界面响应迟钝,甚至导致应用被迫退出。下面以全局任务分发器为例,采用同步派发方法派发任务进一步说明,代码如下:

```
TaskDispatcher gTaskDis = getGlobalTaskDispatcher(TaskPriority.LOW );
gTaskDis.syncDispatch(new Runnable() { //同步派发子任务 1
    @Override
    public void run() {
        HiLog.info(LOG, "子任务 1");
    }
});
HiLog.info(LOG, "1 - 主任务"); //在当前线程中输出

gTaskDis.syncDispatch(new Runnable() { //同步派发子任务 2
    @Override
    public void run() {
        HiLog.info(LOG, "子任务 2");
    }
});
HiLog.info(LOG, "2 - 主任务"); //在当前线程中输出

/* 以上代码输出的日志结果是:
子任务 1
1 - 主任务
子任务 2
2 - 主任务
 */
```

以上代码首先获得了全局任务分发器 gTaskDis,然后调用 syncDispatch()方法派发了子任务 1,由于采用的是同步派发方式,所以在子任务 1 被执行完成之间,当前线程阻塞等待。同样子任务 2 也采用了同步派发方式,所以该段程序输出的日志信息的顺序是确定的。

和同步派发方式不同，异步派发方法派发任务后，当前线程不会被阻塞。该方式的优点是任务并发执行，可以提高执行效率和响应体验，缺点是任务的执行顺序具有随机性。下面以串行任务分发器为例，采用异步派发方法派发任务进一步说明，代码如下：

```
TaskDispatcher sTaskDis = createSerialTaskDispatcher("name",TaskPriority.LOW );
//异步派发子任务 1
sTaskDis.asyncDispatch(new Runnable() {
    @Override
    public void run() {
        HiLog.info(LOG, "子任务 1");
    }
});

HiLog.info(LOG, "1 - 主任务"); //在当前线程中输出

//异步派发子任务
sTaskDis.asyncDispatch(new Runnable() {2
    @Override
    public void run() {
        HiLog.info(LOG, "子任务 2");
    }
});

HiLog.info(LOG, "2 - 主任务"); //在当前线程中输出

/* 以上代码输出的日志结果不确定 */
```

以上代码首先创建了一个串行任务分发器 sTaskDis，然后调用 asyncDispatch()方法异步派发子任务 1，在异步方式下，当前线程不会阻塞，因此日志信息“子任务 1”和“1-主任务”输出的顺序是随机的。接着，串行任务分发器又分派了任务 2，同样道理，日志信息“子任务 2”和“2-主任务”输出的顺序也是随机的。由于本例中采用的是串行任务分发器，任务 1 优先于任务 2 分发，所以，日志信息“子任务 1”和“子任务 2”的顺序是确定的。

8min

7.6.2 异步任务示例

在应用中，下载列表是经常使用的一个功能，本节实现一个异步下载列表并实时更新界面的下载进度的示例，如图 7-10 所示。

该示例的主界面会显示列表信息，通过单击条目的“下载”按钮进行下载模拟，同时更新界面中的下载进度。在更新界面中进度显示值在 UI 线程中进行处理，下载过程在后台服务中进行，该示例需要多线程执行，因此可以采用异步任务分发的方式实现。本示例的项目结构如图 7-11 所示。

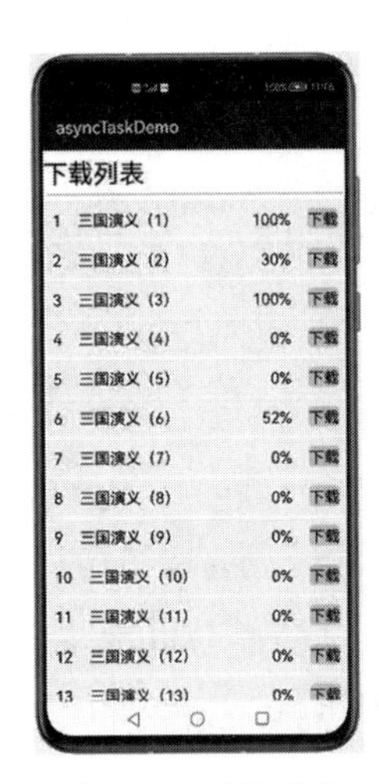

图 7-10　下载列表

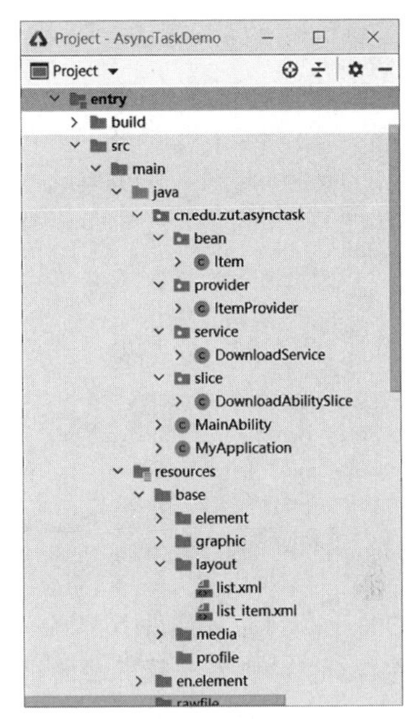

图 7-11　下载列表项目的结构

项目中，Item 为每个列表条目的实体类，ItemProvider 为列表条目的适配器类，DownloadService 为下载服务，下载服务在后台运行，同时和主界面通信更新进度，DownloandAbilitySlice 实现了下载列表主界面。list.xml 文件用于实现下载列表布局，list_item.xml 文件用于实现列表的每个条目布局。

下载列表界面布局文件 list.xml 中包含了一个 ListContainer 组件，用来显示下载任务列表，其 id 为 list，代码如下：

```
//ch07\AsyncTaskDemo 项目中的 list.xml
<?xml version = "1.0" encoding = "utf - 8"?>
< DirectionalLayout
    xmlns:ohos = "http://schemas.huawei.com/res/ohos"
    ohos:height = "match_parent"
    ohos:width = "match_parent"
    ohos:alignment = "center"
    ohos:orientation = "vertical">
    < Text
        ohos:id = "$ + id:listTitle"
        ohos:height = "match_content"
        ohos:width = "match_parent"
        ohos:layout_alignment = "left|top"
        ohos:text = "$ string:listTitle"
        ohos:top_margin = "5vp"
```

```
            ohos:text_size = "30vp"
            />
        < Text
            ohos:height = "2vp"
            ohos:width = "match_parent"
            ohos:background_element = " # cccccc"
            ohos:margin = "5vp"
            />
        < ListContainer
            ohos:id = " $ + id:list"
            ohos:height = "match_parent"
            ohos:width = "match_parent"
            ohos:weight = "1">
        </ListContainer >
    </DirectionalLayout >
```

列表的每个条目布局文件 list_item. xml 中包含了列表条目的序号(index)、列表条目显示的名称(name)、列表条目下载的进度(progress)和下载按钮(btn_down),该布局中还引用了其他部分资源,代码如下:

```
<?xml version = "1.0" encoding = "utf - 8"?>
< DirectionalLayout
    xmlns:ohos = "http://schemas.huawei.com/res/ohos"
    ohos:height = "match_content"
    ohos:width = "match_parent"
    ohos:background_element = " # 33C8C8FF"
    ohos:orientation = "horizontal"
    ohos:margin = "1vp"
    >
    < Text
            ohos:id = " $ + id:index"
            ohos:width = "match_content"
            ohos:height = "match_content"
            ohos:text_size = "18fp"
            ohos:text = "1"
            ohos:layout_alignment = "vertical_center"
            ohos:margin = "10vp"
        />

    < Text
            ohos:id = " $ + id:name"
            ohos:width = "match_content"
            ohos:height = "match_content"
            ohos:text_size = "18fp"
            ohos:layout_alignment = "vertical_center"
```

```
            ohos:text = "三国演义(1)"
            ohos:weight = "1"
            ohos:margin = "10vp"/>
    < Text
            ohos:id = "$ + id:progress"
            ohos:width = "match_content"
            ohos:height = "match_content"
            ohos:text_size = "18fp"
            ohos:text = "0 % "
            ohos:layout_alignment = "vertical_center"
            ohos:margin = "10vp"/>

    < Button
            ohos:id = "$ + id:btn_down"
            ohos:text = "下载"
            ohos:width = "match_content"
            ohos:height = "match_content"
            ohos:layout_alignment = "vertical_center|right"
            ohos:background_element = "$ graphic:bg_common"
            ohos:text_size = "18fp"
            ohos:margin = "10vp"/>
</DirectionalLayout >
```

下载列表主界面由 DownloandAbilitySlice 实现，其主要实现包括组件初始化、数据初始化、列表适配器的初始化和设置等，代码如下：

```
//ch07\AsyncTaskDemo 项目中的 DownloandAbilitySlice.java
//下载列表界面
public class DownloadAbilitySlice extends AbilitySlice {
    ListContainer listContainer;                    //列表
    public static ItemProvider itemProvider;        //列表适配器
    public static ArrayList < Item > listData;      //列表数据

    @Override
    public void onStart(Intent intent) {
        super.onStart(intent);
        super.setUIContent(ResourceTable.Layout_list);
        //初始化列表和组件
        listContainer = (ListContainer) findComponentById(ResourceTable.Id_list);
        //初始化列表数据
        initListData();
        //初始化列表适配器
        initProvider();
    }
```

```
    //初始化适配器
    private void initProvider() {
        //创建适配器
        itemProvider = new ItemProvider(this, listData, getAbility() );
        //设置列表适配器
        listContainer.setItemProvider(itemProvider);
    }

    //初始化列表数据信息
    private void initListData() {
        //创建数组列表
        listData = new ArrayList<>();
        //这里建立了20条下载信息,在实际应用中一般从网络获得
        for(int i=1;i<=20;i++) {
            listData.add(new Item(i,"三国演义(" + i + ")", 0));
        }
    }
}
```

下载列表适配器由 ItemProvider 实现，该适配器继承了 BaseItemProvider，并重写了其中的必要方法，构建了列表条目组件，同时为每个条目中的下载按钮设置了启动下载服务的单击监听，代码如下：

```
//ch07\AsyncTaskDemo 项目中的 ItemProvider.java
public class ItemProvider extends BaseItemProvider {
    //条目列表数据
    private List<Item> listData;
    //上下文
    private Context context;
    //对应的 Ability
    private Ability ability;

    public ItemProvider(Context context, List<Item> listData
                            , Ability ability) {
        this.context = context;
        this.listData = listData;
        this.ability = ability;
    }

    @Override
    public int getCount() {//获得条目数
        return listData.size();
    }
```

```
    @Override
    public Object getItem(int position) {          //获得给定的条目对象
        return listData.get(position);
    }

    @Override
    public long getItemId(int position) {          //获得给定的条目 Id
        return position;
    }

    @Override
    public Component getComponent(int position,   //获得条目组件
                                  Component component,
                                  ComponentContainer componentContainer) {
        Component container = getItemComponent(position); //构建条目组件
        return container;
    }

// 构建条目组件
    private Component getItemComponent( int position) {
        //获得条目数据
        Item item = listData.get(position);
        //获得条目的 item 组件
        Component itemComponent = LayoutScatter.getInstance(context)
                                        .parse(ResourceTable.Layout_list_item,
null, false);
        //获得 item 内部组件
        Text index = (Text) itemComponent.findComponentById
                                  (ResourceTable.Id_index);
        Text name = (Text) itemComponent.findComponentById
                                  (ResourceTable.Id_name);
        Text progress = (Text)itemComponent.findComponentById
                                  (ResourceTable.Id_progress);

        //设置 item 内部各个组件显示初始数据
        index.setText( "" + item.getIndex() );
        name.setText( item.getName() );
        progress.setText( item.getProgress() + " % " );

        //下载按钮
        Button btnDown = (Button)itemComponent.findComponentById
                                  (ResourceTable.Id_btn_down);

        //设置下载按钮的监听
        btnDown.setClickedListener(component -> download( position ) );
```

```
        //返回组件
        return itemComponent;
    }

    //启动下载服务
    private void download( int position) {
        Intent intent = new Intent(); //创建 Intent
        Operation operation = new Intent.OperationBuilder()
                .withDeviceId("")
                .withBundleName("cn.edu.zut.asynctask")
                .withAbilityName("cn.edu.zut.asynctask.service.DownLoadService")
                .build();
        intent.setOperation(operation); //设置操作
        intent.setParam("position", position); //设置参数
        ability.startAbility(intent);//以命令方式启动服务
    }
}
```

在本示例的下载列表界面中，单击下载按钮会以命令方式启动下载服务，下载服务由DownloadService实现，下载服务重写了onCommand()方法，代码如下：

```
//ch07\AsyncTaskDemo项目中的DownloadService.java
public class DownloadService extends Ability {
    @Override
    public void onCommand(Intent intent, boolean restart, int startId) {
        HiLog.info(LABEL_LOG, "DownLoadService::onCommand");
        //获得传递的列表中的位置数值
        int position = intent.getIntParam("position", 0);
        //创建异步任务分发器
        TaskDispatcher dispatcher = getGlobalTaskDispatcher( TaskPriority.DEFAULT );
        //启动异步任务，使其和UI线程脱离
        dispatcher.asyncDispatch( new Runnable() { //异步分发
            @Override
            public void run() {
                //i表示进度，从0开始
                int i = 0;
                //获得对应的条目
                Item item = DownloadAbilitySlice.listData.get(position);
                do {
                    try {
                        //模拟下载数据过程，在实际下载中一般采用读取网络数据流的方式
                        Thread.sleep(500);
```

```
                            //进度增加
                            i = i+1;
                            //设置进度
                            item.setProgress(i);
                        } catch (InterruptedException e) {
                            e.printStackTrace();
                        }
                        //获得 UI 专用任务分发器,异步派发任务
                        getUITaskDispatcher().asyncDispatch(new Runnable() {
                            //在 UI 线程中通知更新进度
                            @Override
                            public void run() {
                                //通知更新
    DownloadAbilitySlice.itemProvider.notifyDataChanged();
                            }
                        });
                    } while (i < 100);//i 到 100 表示下载结束
                }
            });
        }
    }
```

下载服务中通过全局分发器(GlobalTaskDispatcher),采用异步分发方式(asyncDispatch)分发下载任务,使下载任务在一个新的线程中运行,避免主线程被阻塞。在下载过程中,由于需要不断地更新界面中的进度显示,这里通过 getUITaskDispatcher()方法获得 UI 专用的任务分发器,把更新界面的操作分发到 UI 线程中执行,从而实现后台下载和前台进度显示的异步通信。

任务分发屏蔽了多线程处理的很多细节,可以提高多任务情况下的应用开发效率。另外,除了同步分发和异步分发外,TaskDispatcher 还提供了异步延迟分发任务(delayDispatch)、异步任务组分发任务(asyncGroupDispatch)、同步设置屏障任务(syncDispatchBarrier)、异步设置屏障任务(asyncDispatchBarrier)等接口功能。在对多线程有一定理解的基础上很容易理解任务分发的各种接口,开发者可以根据具体的应用需求选择合适的接口功能。

7.7 前台服务

4min

一般情况下,服务都是在后台运行的,这也是服务的特点所在。后台服务的优先级相对来讲比较低,当资源不足时,系统有可能回收正在运行的后台服务。

后台运行的服务在界面上是不可见的,用户很难感知到服务是否在运行,在有的场景下,用户希望服务能够一直保持运行,并且能在前台看到与服务相关的信息,此时就可以使

用前台服务了。前台服务实际上不是在前台运行服务，而是在前台感知到服务的运行信息，前台服务会在系统状态栏中显示正在运行的服务信息。

3min

前台服务可以是通过绑定通知实现，创建前台服务可以在创建服务时调用keepBackgroundRunning()方法将服务与通知绑定，被绑定的通知会显示在系统的通知栏中。使用前台服务，可以重写服务的onStart()方法，代码如下：

```
//ch07\ConnectServiceDemoWithNotification 项目中的 ServiceAbilityTwo.java
public void onStart(Intent intent) {
    super.onStart(intent);

    //创建通知,其中 1001 为 notificationId
    NotificationRequest request = new NotificationRequest(1001);
    NotificationRequest.NotificationNormalContent content = new
            NotificationRequest.NotificationNormalContent();
            content.setTitle("通知").setText("来自素数计算服务");
            NotificationRequest.NotificationContent notificationContent
                = newNotificationRequest.NotificationContent(content);
    request.setContent(notificationContent);

    //绑定通知,1001 为创建通知时传入的 notificationId
    keepBackgroundRunning(1001, request);
}
```

这里用到了NotificationRequest类，该类的完整名字是ohos.event.notification.NotificationRequest，实际上前台服务是在服务创建时把需要显示的信息以通知的方式显示在系统的状态栏中，并保持了通知的运行。在服务运行期间，任何时候都可以重新构建通知内容，发布更新通知，代码如下：

```
//ch07\ConnectServiceDemoWithNotification 项目中的 ServiceAbilityTwo.java
NotificationRequest.NotificationNormalContent content = new
        NotificationRequest.NotificationNormalContent();
content.setTitle("通知").setText("来自素数计算服务,当前判断的数字是" + number);
NotificationRequest.NotificationContent notificationContent
        = new NotificationRequest.NotificationContent(content);
request.setContent(notificationContent);
try
    NotificationHelper.publishNotification(request); //发布通知
} catch (RemoteException e) {
    e.printStackTrace();
}
```

前台服务要求在config.json配置文件进行后台模式配置，假设前台服务名为ServiceAbilityTwo，对其进行前台服务的相关代码如下：

```
...
    {
        "name": ".ServiceAbilityTwo",
        "type": "service",
        "visible": true,
        "backgroundModes": ["dataTransfer", "location"]
    }
...
```

前台服务还需要进行权限声明，在配置文件中为前台服务声明权限的基本代码如下：

```
"reqPermissions": [
    {
        "name": "ohos.permission.KEEP_BACKGROUND_RUNNING"
    }
]
```

当前台服务终止时，需要取消前台服务的运行状态，重写服务的 onStop()方法，并在其中调用 cancelBackgroundRunning()方法，这样在服务生命周期结束时，会自动取消服务的运行状态。

前台服务启动后会显示在系统的通知栏中，通知的内容完全取决于创建前台服务时设置的通知内容。在服务运行过程中，应用可以根据通知 ID 更新通知内容，反馈服务的运行相关信息，使用户可以实时感知到服务的运行状态。打开系统通知栏显示的通知信息和非前台服务的通知信息是类似的，不同的是前台服务发出的通知和服务进行了绑定，显示的内容和服务具有相关性，通知显示效果如图 7-12 所示。

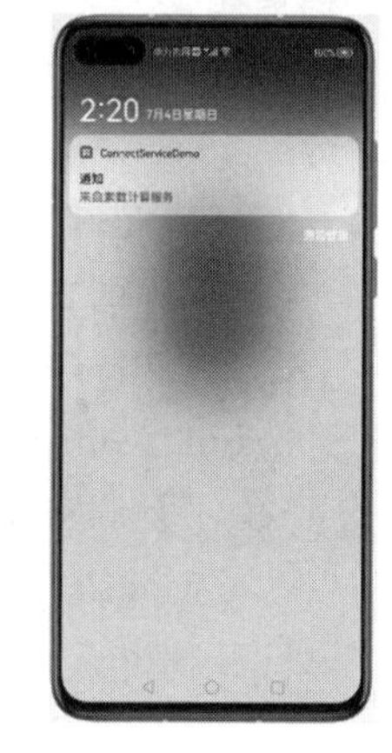

图 7-12　前台服务通知显示

小结

本章主要介绍了 Service Ability，即服务，HarmonyOS 中服务是用于后台运行的一种能力，通过继承 Ability 并配置能力类型，开发者可以创建自己的服务。服务有两种使用方式，一种是命令方式，另一种是连接方式，命令方式一般是单向的使用服务，连接方式则是通过服务返回远程对象引用使请求端可以和服务进行更多的交互。两种方式的服务生命周期有一定的差别。不管哪种方式服务默认都是在 UI 线程中运行的，因此对耗时的服务需要进行多线程处理，以防止 UI 界面卡死或应用被强制退出。HarmonyOS 应用开发框架提供了任务分发接口，并实现了常用的 4 种任务分发器，同步和异步分发是最常用的任务分发方法，任务分发屏蔽了多线程处理的很多细节，可以提高多任务情况下的应用开发效率，本章通过下载列表示例详细实现了异步任务分发。另外，服务还可以和通知配合使用，以便实现前台服务。

习题

1. 判断题

(1) PA 包含 Service Ability 和 Data Ability 两种能力抽象，其中 Service Ability 也称为 Service 或服务。(　　)

(2) 在一个设备上，相同的服务只会存在一个实例。(　　)

(3) 服务一般在后台运行，并且运行在自己独有的线程中，而非主线程中。(　　)

(4) 服务也是 Ability，只是 type 属性值为 service。(　　)

(5) 前台服务其实就是保持服务的前台运行，前台服务会始终保持正在运行的图标在系统状态栏显示。(　　)

2. 选择题

(1) 启动服务的方法是(　　)。

A. startAbility()　　B. startService()
C. startActivity()　　D. call()

(2) 连接服务的方法是(　　)。

A. bindService()　　B. connectAbility()
C. bindAbility()　　D. connectService()

(3) 下面不是服务生命周期方法的是(　　)。

A. onConnect()　　B. onDisconnect()
C. onStop()　　D. onDestroy()

(4) IAbilityConnection 是一个接口，它提供了两种方法供开发者实现，一个是 onAbilityConnectDone()，另一个是(　　)，用来处理断开连接服务后的回调。

A. onAbilityDisconnected()　　B. onAbilityDisconnectDone()
C. onAbilityFinished()　　D. onAbilityDone()

(5) HarmonyOS 应用开发框架提供的专门异步任务类为(　　)，可以帮助开发者更加快捷地实现服务运行和 UI 线程的分离。

A. AsyncTask 类　　B. AsyncThread 类
C. TaskDispatcher 类　　D. Handle 类

3. 填空题

(1) 定义服务时，应该继承的基类是＿＿＿＿＿＿＿＿。

(2) 在创建 Service 的时候调用，一般在完成 Service 的初始化工作的方法是＿＿＿＿＿＿＿＿。

(3) onConnect()方法在其他 Ability 和被连接的 Service 连接时调用，该方法会返回＿

______________对象。

(4) 如果被启动的服务需要与启动者进行交互,则应该和服务建立连接。服务支持其他 Ability 通过________________方法与其进行连接。

(5) 前台服务可以通过通知绑定实现,如果开发者希望创建前台服务,则可以在创建服务时调用________________________将服务与通知绑定。

4. 上机题

(1) 参考本书中的例子,实现判断素数服务的跨设备连接。

(2) 参考本书中的例子,实现异步任务下载列表。

第 8 章 Data Ability

【学习目标】

- 理解 Data Ability 的概念及作用
- 掌握创建和实现 Data 的方法，包括文件 Data 和数据库 Data
- 掌握 Data 访问的开发方法
- 掌握通过数据库 Data 实现数据的本地访问和远程访问

8min

8.1 Data Ability 概述

Data Ability 简称 Data，它是 HarmonyOS 提供的数据抽象能力，也是一种 Ability。使用 Data 模板的 Ability 有助于应用管理其自身和其他应用存储数据的访问，并为其他应用提供数据共享。

HarmonyOS 应用中的 Data 可以理解成对数据存储的抽象，通过 Data 对内可以屏蔽数据的存储方式和细节，对外可以提供统一的 URI 访问接口，实现数据共享。Data 既可用于同一设备同一应用中数据的访问，也可用于不同应用的数据共享，还支持跨设备应用的数据远程访问。对于使用者来讲，不必关心 Data 背后数据的实际存放形式是磁盘文件还是数据库，这两种形式都可以通过统一的访问接口访问数据。对于 Data 本身来讲，其统一了后端数据的对外接口，屏蔽了数据的存储细节，使数据更加安全。Data Ability 和使用者及数据的实际存储关系如图 8-1 所示。

Data Ability 是通过统一资源标识(Uniform Resource Identifier，URI)对使用者提供访问数据服务的，HarmonyOS 应用中 Data 提供的 URI 采用的是通用标准，其格式如下：

```
scheme://[deviceid]/[path][?query][#fragment]
```

(1) scheme：表示协议名称。HarmonyOS 规定其 Data Ability 所使用的协议名称为 dataability，因此这里 scheme 就是 dataability，是 HarmonyOS 专门为 Data 访问而规定的协议名称。

(2) deviceid：表示设备 ID。该设备 ID 为被访问的 Data 所在的设备 ID，Data Ability

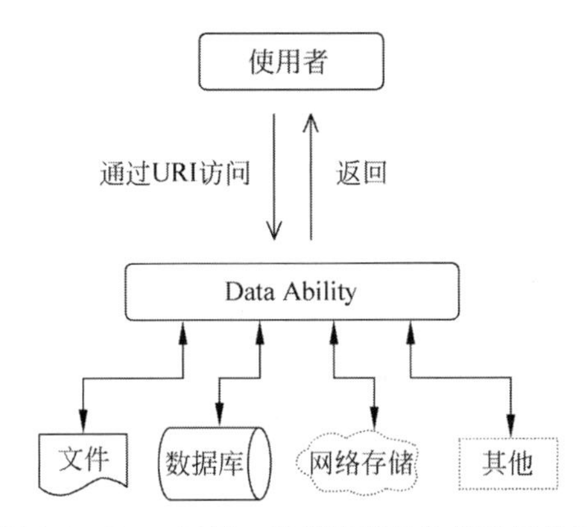

图 8-1 Data Ability 和使用者及数据存储关系

允许访问者跨设备访问。当访问的是本地 Data 时，访问者通过 URI 连接 Data 时可以省略设备 ID。当访问者访问的是其他设备上的 Data 时，目标设备的 ID 不能省略。

(3) path：表示资源的路径信息。一般用来代表特定资源的位置信息，路径用于区分不同的资源位置。在开发中，通常采用包名作为根路径。

(4) query：表示查询参数。其前方有"?"，用于设置查询条件。一般 Data 会根据查询参数对后台数据进行查询，以满足访问者的查询需求。

(5) fragment：表示子资源标记。其前方有"#"，用于表示访问的子资源。当访问的 Data 子资源较多时，可以通过子资源标记进行区分。

下面是使用者访问某一指定设备 ID 上的 Data 的 URI 例子：

```
dataability://device_id/cn.edu.zut.soft.data/contact?user#15989896666
```

其中，device_id 为 Data 所在的设备的 ID，每个设备有一个唯一的设备 ID，在开发过程中可以通过系统提供的接口获得设备所有的设备 ID。如果使用者访问本地设备上 Data，则 URI 的一般形式如下：

```
dataability:///cn.edu.zut.soft.data/contact?user#15989896666
```

需要说明的是，这里省略了设备 ID，但是设备 ID 后侧的反斜杠不能省略。

除了为外界访问提供统一的 URI 接口外，Data 作为一种 Ability，HarmonyOS 应用开发框架提供了对数据操作的若干接口方法签名，包括数据的增、删、改、查及文件打开等操作，这些接口的实现则由开发者根据应用的实际需求进行具体的实现。

8.2 Data 的创建与实现

对于 HarmonyOS 应用开发者而言，定义 Data 的主要任务就是定义自己的数据能力类。Data 是一种 Ability，因此开发者可以通过创建 Ability 的子类来定义自己的 Data

Ability，定义 Data 的目的是，是为了给使用者提供数据访问接口，进而提供数据访问和操作。

在开发中，定义和使用 Data 的一般步骤如下：

(1) 通过继承 Ability 类定义 Data 类。

(2) 实现自定义的 Data 类，重写 Ability 为 Data 提供的方法，对内实现数据操作，对外提供访问接口。

(3) 在项目的 config.json 文件中，将 Ability 的类型配置为 data。

(4) 为自定义的 Data 配置全局唯一的 URI，该 URI 是 Data 对内提供的访问路径。

(5) 为自定义的 Data 配置权限，以便授权访问所定义的 Data。

(6) 使用者通过 Data 配置的 URI 访问该 Data。

为了更好地把 Data 和数据存储对应起来，HarmonyOS 应用开发框架针对文件和结构化数据提供了不同的 API。开发者可以根据实际的数据存储类型选择并实现不同的 Data 接口，对于文件数据存储的访问，如文本、图片、音乐文件等，建议在定义时实现文件接口，对于结构化数据，如数据库表等，建议在定义时实现 Ability 为结构化数据提供的 Data 接口。

需要说明的是，Data 是对其后端数据存储的抽象，使用者在使用 Data 时并不清楚其后端的数据存储方式。实际上，基于数据安全的考虑，使用者也没有必要甚至不应该知道 Data 后端的数据存储方式，所以 Data 后端对数据存储和访问完全取决于其自身，Data 后端的数据存储不限于文件和结构化数据，甚至 Data 的数据可以来源于其他应用所提供的服务或网络。开发者可以根据实际需要，选择数据存储方式和来源。

一般情况下，Data 是对本地数据的封装，通过实现 Data 为外界提供数据内容服务，并且主要提供的是文件和数据库内容服务，因此，Data 主要分为文件存储 Data 和数据库存储 Data。

8.2.1 自定义 Data 类

定义 Data 首先需要创建自己的 Data 类，所创建的 Data 类需要继承 Ability 类。开发者可以采用 extends 关键字继承 Ability 并直接定义自己的 Data 类，也可以使用 DevEco Studio 向导创建。下面假设需要自定义 Data 的名称为 FileDataAbility，采用 DevEco 集成开发环境定义该 Data。

在 DevEco Studio 的 Project 窗口中，在当前工程的主目录(entry→src→main→java→com.xxx.yyy)上右击，选择 New→Ability→Empty Data Ability，在弹出的对话框中输入自定义的数据类名称 FileDataAbility 和包名，然后单击 Finish 按钮，即可创建一个空的自定义 Data Ability，如图 8-2 和图 8-3 所示。

通过集成开发环境向导创建的 Data 类会自动生成一些默认方法的实现，通过向导生成的 FileDataAbility 类的初始代码如下：

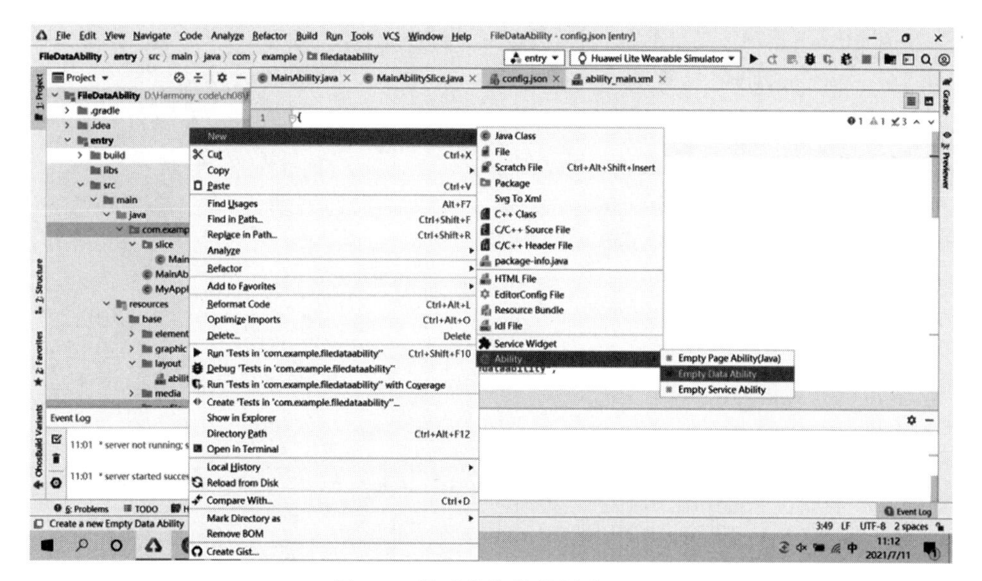

图 8-2　通过快捷菜单创建 Data

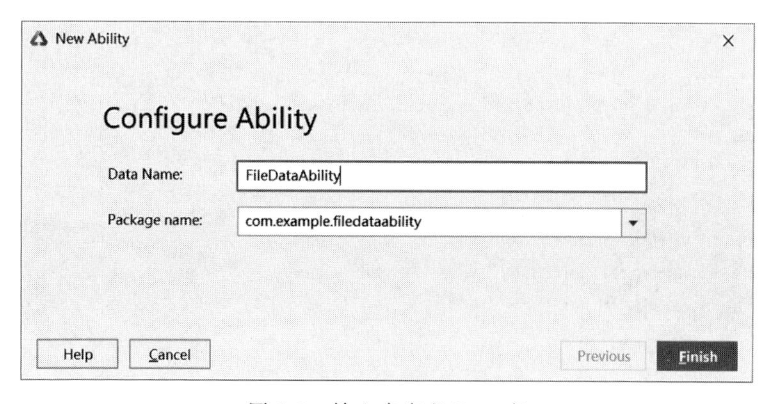

图 8-3　输入自定义 Data 名

```
public class FileDataAbility extends Ability {
    private static final HiLogLabel LABEL_LOG
                        = new HiLogLabel(3, 0xD001100, "Demo");

    @Override
    public void onStart(Intent intent) {
        super.onStart(intent);
        HiLog.info(LABEL_LOG, "FileDataAbility onStart");
    }

    @Override
    public ResultSet query(Uri uri, String[] columns
```

```
                                            , DataAbilityPredicates predicates) {
        return null;
    }

    @Override
    public int insert(Uri uri, ValuesBucket value) {
        HiLog.info(LABEL_LOG, "FileDataAbility insert");
        return 999;
    }

    @Override
    public int delete(Uri uri, DataAbilityPredicates predicates) {
        return 0;
    }

    @Override
    public int update(Uri uri, ValuesBucket value, DataAbilityPredicates predicates) {
        return 0;
    }

    @Override
    public FileDescriptor openFile(Uri uri, String mode) {
        return null;
    }

    @Override
    public String[] getFileTypes(Uri uri, String mimeTypeFilter) {
        return new String[0];
    }

    @Override
    public PacMap call(String method, String arg, PacMap extras) {
        return null;
    }

    @Override
    public String getType(Uri uri) {
        return null;
    }
}
```

通过向导创建的 Data 类只提供了一个最简单的空实现，开发者也可以不通过向导自定义 Data 类，但是需要继承 Ablility 类，以此实现相应的方法并在配置文件中进行配置。通过向导创建的 Data 除了实现了一些基本方法外，还会在配置文件中生成默认的 Data 配置和权限。无论如何，通过继承 Ability 定义 Data 类只是创建 Data 的第一步工作，如果要使 Data 真正能够使用，则还需要开发者实现具体的功能。

8.2.2 实现和注册文件 Data

5min

1. 实现文件 Data 类

文件 Data 主要适用于后台采用文件为存储的情况。作为文件存储的 Data，需要重写 Data 中的 openFile()方法，为使用者提供打开文件操作，该方法的签名如下：

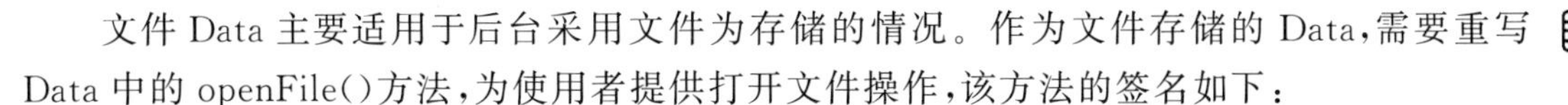

```
FileDescriptor openFile(Uri uri, String mode)
```

该方法的第 1 个参数为 Uri，该 Uri 是为使用者传入 Data 的请求 Uri，Data 可以根据 Uri 中的信息进行区别处理，如可以通过 Uri 中的查询信息判断文件是否存在等。

该方法的第 2 个参数是一个 String 类型的数据，一般用于携带模式信息，表示对文件的操作选项，通常字母 r 表示只读，字母 w 表示可写，字母组合 rw 表示可以读也可以写文件。

该方法会返回一个文件描述符(FileDescriptor)，使使用者通过文件描述符像访问本地文件一样访问 Data 提供的文件数据服务。在实现 Data 中，一般通过 MessageParcel 类使用其 dupFileDescriptor()方法复制待操作文件流的文件描述符，并将其返回 Data 使用者，供使用者访问。下面是一种重写并实现 openFile()方法的示例代码：

```
@Override
public FileDescriptor openFile(Uri uri, String mode) {
    //获得查询条件
    String query =  uri.getDecodedQuery();
    //如果不是 file,则判为不正确,对外隐藏实际的文件名 myfile.txt
    if( !query.equals("file") )
    {
        HiLog.info(LOG, "%{public}s", "query: " + query);
        return null;
    }
    //创建 file 对象
    File file = new File(getFilesDir(), "myfile.txt" );
    //提示信息
    HiLog.info(LOG, "文件目录:%{public}s", getFilesDir());
    HiLog.info(LOG, "uri 查询:%{public}s", query);
    //声明文件描述符
    FileDescriptor fd = null;
    //写模式情况
    if ("w".equals(mode) || "rw".equals(mode)) {
        //将文件属性设置为可写
        boolean result = file.setWritable(true);
        HiLog.info(LOG, "%{public}s", "设置为可写:" + result);
```

```
            //创建文件输出流
            try (FileOutputStream fos = new FileOutputStream(file)) {
                //得到文件描述符
                fd = fos.getFD();
                //返回复制的文件描述符
                return MessageParcel.dupFileDescriptor(fd);
            } catch (IOException e) {
                e.printStackTrace();
            }
        }else{  //读模式情况
            //将文件属性设置为只读
            boolean result = file.setReadOnly();
            //提示信息
            HiLog.info(LOG, "%{public}s", "设置为只读:" + result);
            //创建文件输入流
            try (FileInputStream fis = new FileInputStream(file)) {
                //得到文件描述符
                fd = fis.getFD();
                //返回复制的文件描述符
                return MessageParcel.dupFileDescriptor(fd);
            } catch (IOException e) {
                e.printStackTrace();
            }
        }
        return fd;
    }
```

以上 openFile()方法的实现首先判断传入的 Uri 的合法性，通过合法性检验可以增强数据访问的安全性，对外隐藏数据存储的实际细节。openFile()方法的实现通过判断传入的不同模式参数，以不同的方式设置文件的读写方式，创建对应的输入或输出流，进而获得对应的文件描述符 fd，通过 MessageParcel. dupFileDescriptor(fd)复制文件描述符，最终返回 Data 访问方。

2. 注册文件 Data

Data 作为一种 Ability，需要在配置文件中进行必要的配置。通过向导创建的 Data 会在 config. json 文件中自动加入注册信息，如前面创建的 FileDataAbility 所生成的注册信息如下：

```
    …
    {
        "name": "com.example.filedataability.FileDataAbility",
        "icon": "$media:icon",
        "description": "$string:filedataability_description",
        "type": "data",
```

```
        "uri": "dataability://com.example.filedataability.FileDataAbility",
        "permissions": [
            "com.example.filedataability.FileDataAbility.PROVIDER"
        ]
    }
    …
```

这里，name 表示的是所创建的 Data 名称，它是带有包名的类全名。type 表示的是 Ability 的类型，其值固定为 data，说明是一个 Data Ability。uri 是该 Data 对外提供的 Uri 访问地址，该 Uri 的 scheme 部分是固定的，其他部分默认采用带包名的类全名，当然开发者可以重新命名该 Uri，Uri 是 Data 暴露给使用者的连接地址，是对外提供数据服务的接口。permissions 是权限声明，当 Data 声明了权限时，使用者需要声明相应的请求权限以访问 Data。

8.2.3 实现和注册数据库 Data

9min

和文件 Data 不同，数据库 Data 是专门为将后台数据存储为关系型数据而设计的。数据库 Data 封装了与关系型数据操作相关的增、删、改、查接口，对外提供统一的数据访问，对内实现关系型数据库的存储访问操作。

1. 实现数据库初始化

实现数据库 Data 也需要继承 Ability 类，Ability 为数据库 Data 提供了 onStart()方法，该方法会在创建 Data 实例时调用，一般需要在该方法中创建数据库及表，进而获得连接对象，以便后续对数据库进行操作。

下面是一个 PersonDataAbility 的 Data 实例，对 Data 后端数据库的初始化的实现代码如下：

```
public class PersonDataAbility extends Ability {
    //定义 Log 标签
    private static final HiLogLabel LABEL_LOG = new HiLogLabel(0, 0xD000F00, "Demo");
    //关系型数据库存储对象的引用
    private RdbStore rdbStore;
    //存储配置对象的引用
    private StoreConfig config;
    //数据库操作帮助类的引用(句柄)
    DatabaseHelper dbHelper;
    @Override
    public void onStart(Intent intent) {
        super.onStart(intent);
        HiLog.info(LABEL_LOG, "PersonDataAbility onStart");
        //初始化数据库
        initDB();
    }
```

```
    //初始化数据库
    private void initDB() {
        //提示
        HiLog.info(LABEL_LOG, "%{public}s", "初始化数据库");
        //创建数据库操作辅助对象
        dbHelper = new DatabaseHelper(this);
        //创建配置对象,Const.DB_NAME 为数据库名常量
        config = StoreConfig
            .newDefaultConfig( Const.DB_NAME );
        //创建关系型数据库存储对象,回调 rdbOpenCallback
        rdbStore = dbHelper.getRdbStore(config, 1,
            rdbOpenCallback, null);
    }
    private RdbOpenCallback rdbOpenCallback
            = new RdbOpenCallback() {
        @Override
        public void onCreate(RdbStore store) {
            //提示
            HiLog.info(LABEL_LOG, "%{public}s"
                , "创建数据库");
            //创建表,在表不存在时创建
            store.executeSql("create table if not exists "
                    + Const.DB_TAB_NAME + " ("
                    + Const.DB_COLUMN_ID
                    + " integer primary key autoincrement, "
                    + Const.DB_COLUMN_NAME + " text not null,"
                    + Const.DB_COLUMN_SEX + " text,"
                    + Const.DB_COLUMN_AGE + " integer)");
            //提示
            HiLog.info(LABEL_LOG, "%{public}s", "创建表完成");
        }
        @Override
        public void onUpgrade(RdbStore store,
                int oldVersion, int newVersion) {
            //空实现,该方法在版本变化时调用,一般用于应用升级
            HiLog.info(LABEL_LOG, "%{public}s", "更新数据库");
        }
    };
        /还可实现其他方法
}
```

以上代码实现了 onStart()方法，并在其中调用了 initDB()方法进行数据库的初始化，通过 DatabaseHelper 类创建了数据库辅助类对象 dbHelper，通过 StoreConfig 类创建了数据库配置对象 config，然后通过数据辅助类的 getRdbStore()方法得到关系型数据库存储对

象 rdbStore。在 getRdbStore( )方法中通过参数 rdbOpenCallback 回调创建 RdbOpenCallback 对象,在该类的 onCreate()方法中创建了数据表,完成了数据库的初始化。

实现数据库 Data,还应该实现 Ability 专门为关系型数据库 Data 提供的若干方法,这里主要介绍 5 个常用的针对数据库的增、删、改、查操作。这些方法的签名及说明如表 8-1 所示。

表 8-1 数据库 Data 的常用方法签名及说明

方法签名	说明
ResultSet query (Uri uri,String[ ] columns, DataAbilityPredicates predicates)	查询,根据 Uri、列信息、查询条件信息等进行数据库查询,实现了对底层 SQL 的 select 语句的封装,该方法会返回结果集
int insert (Uri uri,ValuesBucket value)	插入,根据 Uri、值信息等进行数据库的插入操作,实现了对底层 SQL 的 insert 语句的封装,该方法会返回插入的记录条数
int batchInsert (Uri uri, ValuesBucket[ ] values)	批量插入,和 insert 类似,不同的是该方法多用于批量插入多条数据
int delete (Uri uri, DataAbilityPredicates predicates)	删除,根据 Uri、条件信息等删除数据库表中的一条或多条数据,该方法实现了对底层 SQL 的 delete 语句的封装,该方法会返回影响的记录条数
int update (Uri uri, ValuesBucket value, DataAbilityPredicates predicates)	更新,根据 Uri、条件信息等更新数据库表中的一条或多条数据,该方法实现了对底层 SQL 的 update 语句的封装,该方法会返回影响的记录条数数据库

2. 实现查询方法

数据库 Data 中的 query()方法包含 3 个参数,分别是查询的目标 Uri 路径、查询的表列数组和查询条件,查询条件由类 DataAbilityPredicates 构建。这些参数都可以由使用者传递给被访问的数据库 Data。查询方法根据这些参数实现具体的数据库表查询操作。下面是一个针对人员(person)表的查询方法的实现,代码如下:

```
@Override
public ResultSet query(Uri uri, String[] columns, DataAbilityPredicates predicates) {
    //查询的表名一般由 Uri 路径传入,要求 Uri 路径中最后一个是表名
    String tableName = uri.getLastPath();
    HiLog.info(LABEL_LOG, "path: %{public}s", tableName);
    //判断表名是否是 person
    if ( "person".equals(tableName) ) {
        //根据参数创建查询条件
        RdbPredicates rdbPredicates = DataAbilityUtils
            .createRdbPredicates(predicates, tableName);
        //调用关系型数据存储查询,返回结果集
```

```
            ResultSet resultSet = rdbStore.query(rdbPredicates, columns);
            return resultSet; //返回结果集
        }
        //这里可以继续实现其他表的查询
        return null; //在前面没有执行返回的情况下,返回空
    }
```

3. 实现插入方法

数据库Data中的insert()方法接收两个参数,分别是插入的目标Uri路径和插入的数据。其中,插入的数据由ValuesBucket封装,服务器端可以从该参数中解析出对应的属性,然后插入数据库中。此方法会返回一个int类型的值,用于标识执行结果。实现向人员(person)表中插入记录的代码如下:

```
@Override
public int insert(Uri uri, ValuesBucket value) {
    HiLog.info(LABEL_LOG, "插入记录");
    //查询的表名从Uri路径传入
    String tableName = uri.getLastPath();
    HiLog.info(LABEL_LOG, "path: %{public}s", tableName);
    int index = 0;
    if ("person".equals(tableName)) {
        ValuesBucket values = new ValuesBucket();
        //表的列名定义在Const类中
        values.putString(Const.DB_COLUMN_NAME,
            value.getString(Const.DB_COLUMN_NAME));
        values.putString(Const.DB_COLUMN_SEX,
            value.getString(Const.DB_COLUMN_SEX));
        values.putInteger(Const.DB_COLUMN_AGE,
            value.getInteger(Const.DB_COLUMN_AGE));
        //插入数据库,如果成功,则返回行ID,如果失败,则返回-1
        index = (int) rdbStore.insert(tableName, values);
        DataAbilityHelper.creator(this).notifyChange(uri);
    }
    return index;
}
```

4. 实现删除方法

数据库Data中的delete()方法用来执行删除操作,删除方法包含两个参数,一个是Uri,另一个是删除条件。删除条件由类DataAbilityPredicates构建,Data在接收到参数之后,通过Uri进行数据库表定位,根据条件删除数据对应的数据。最终数据库中的数据删除需要调用关系型数据存储对象的删除方法进行删除,根据传入的参数删除数据的实现代码如下:

```
@Override
public int delete(Uri uri, DataAbilityPredicates predicates) {
    //从 uri 中获得应被删除的表名
    String tableName = uri.getLastPath();
    //根据参数,构建删除条件
    RdbPredicates rdbPredicates = DataAbilityUtils
            .createRdbPredicates(predicates, tableName);
    //删除记录,返回删除记录数
    int delRows = rdbStore.delete(rdbPredicates);
    //创建通知,提示删除
    DataAbilityHelper.creator(this, uri).notifyChange(uri);
    return delRows;
}
```

5. 实现更新方法

数据库 Data 中的 update()方法用来执行数据更新操作,该方法包含 3 个参数,其中,Uri 参数的含义和其他方法中此参数的含义相同,ValuesBucket 参数用来传入要更新的数据,DataAbilityPredicates 参数为更新条件。最终数据库中的数据更新是调用关系型数据存储对象的更新方法完成的,根据传入的参数更新数据的实现代码如下:

```
@Override
public int update(Uri uri, ValuesBucket value,
DataAbilityPredicates predicates) {
    //从 uri 中获得应被删除的表名
    String tableName = uri.getLastPath();
    //根据参数,构建删除条件
    RdbPredicates rdbPredicates = DataAbilityUtils
            .createRdbPredicates(predicates, tableName);
    //更新数据,返回更新的行数
    int updateRows = rdbStore.update(value, rdbPredicates);
    DataAbilityHelper.creator(this, uri).notifyChange(uri);
    return updateRows;
}
```

以上实现了数据库 Data 中常用的增、删、改、查方法,实际上数据库 Data 可以完成对数据库的其他操作,如批量处理等。开发者可以根据需要实现对应的方法,也可以自定义新的方法,以满足需求。

在实现数据库 Data 的过程中,涉及几个相关的常用类,下面分别简单介绍一下。

(1) DatabaseHelper:数据库操作帮助类,此类是进行操作数据库的前提,通过创建该类对象为数据操作做准备。

(2) RdbStore:关系型数据库存储类,该类封装了对底层物理数据库操作的增、删、改、查等操作。

(3) RdbPredicates：关系型数据库操作条件类，其实现了对数据库操作条件的封装，相当于 SQL 操作数据库时的 where 子句功能。系统还为该类提供了一个更高层抽象的父类 AbsRdbPredicates 类。

(4) ResultSet：结果集类，一般用于查询数据库数据时返回的结果，和一般的数据库操作结果集类似。

(5) Uri：统一资源定位类，Uri 是使用者和 Data 之间的桥梁，具体的 Uri 值一般由使用者传递给所访问的 Data，然后由 Data 进行解析，以便根据 Uri 的不同而进行不同的处理，该类提供了一些方法，可以很容易地解析出 Uri 的各部分内容，如路径、查询等。

(6) ValuesBucket：值包类，该类内部是以键值对的形式存储一个列表，通过该类对象使用者可以为 Data 传递数据，传递的数据一般为数据库表中的字段名和值的对应关系。假设某个数据库表中包含 name、sex 和 age 字段，在使用值包(ValuesBucket)对象时，可以把对应的字段值以键值对的形式放入其中，代码如下：

```
ValuesBucket value = new ValuesBucket();
value.putString("name", "张三");
value.putString("sex", "男");
value.putInteger("age",18);
```

(7) DataAbilityPredicates：Data 操作条件类，用于承载操作条件，对应数据库 SQL 操作的 where 子句功能。该类提供了一些常用的谓词条件操作方法，假设查询某个表中年龄(age)为 18～35，性别(sex)为男的所有记录，同时按照姓名(name)降序排列的所有记录，则设置操作条件的代码如下：

```
DataAbilityPredicates predicates = new DataAbilityPredicates();
predicates.between("age",18,35);
predicates.equalTo("sex","男");
predicates.orderByDesc("name");
```

6. 注册数据库 Data

注册数据库 Data 和注册文件 Data 相同，通过向导创建的数据库 Data 在注册时其配置信息会自动生成。开发者可以根据需要对配置项进行修改和配置。下面是在 config.json 文件中配置一个 PersonDataAbility 的基本代码：

```
"abilities": [
    …,
    {
        "type": "data",
        "name": "com.example.myapplication.db.PersonDataAbility",
        "icon": "$media:icon",
```

```
        "description": "$string:persondataability_description",
        "uri": "dataability://cn.edu.zut.soft.data",
        "permissions": [
            "com.example.myapplication.db.DataAbility.PROVIDER"
        ]
    }
]
```

(1) type：表示 Ability 的类型，其值为 data，表示一个 Data Ability。

(2) name：表示 Data 的名称，该名称为所定义的数据库 Data 的类名称，包含包名。

(3) icon：表示图标，可以根据需要改变，一般为所引用的图片资源。

(4) description：表示描述信息，内容为所定义的 Data 描述信息，其值理论上可以是任何字符串，一般为所使用的字符串资源。

(5) uri：表示所定义 Data 对外提供的 Uri 访问地址，使用者通过该 uri 连接该 Data，其值要求全局唯一。其中，前面的 dataability://是固定的，即协议。后面一般采用所定义的 Data 的完整包名，但是也可以根据需要自定义，只要能够唯一标识所定义的 Data 即可。

(6) permissions：标识权限要求，其值是一个数组，即可配置多个权限。该 Data 的访问者需要申请对应的权限才能访问。如果未配置权限，则默认所有的访问者都可以访问该 Data。对于定义和注册成功的 Data，访问者可以通过其提供的 Uri 和接口访问该 Data。

8.3 访问 Data

7min

Data 作为数据内容的提供者，被创建后只能等待使用者主动访问。为了更好地访问并使用 Data，HarmonyOS 应用框架提供了 DataAbilityHelper 类，方便使用者访问当前应用或其他应用提供的共享 Data 数据。作为客户端，DataAbilityHelper 类提供了若干方法，可以与被访问的 Data 进行交互，被访问的 Data 接收到请求后，执行相应的处理并返回结果。客户端接收到结果后，根据需要进行相应的处理。

使用者访问 Data Ability 的基本步骤如下：

(1) 声明使用被访问 Data 的权限。

(2) 创建 DataAbilityHelper 对象。

(3) 调用 DataAbilityHelper 对象的方法访问 Data，与被访问 Data 交互。

(4) 处理被访问的 Data 所返回的结果数据。

8.3.1 声明请求 Data 权限

如果被访问的 Data 声明了访问权限，则访问者需要配置相应的权限才能访问。在同一个应用中访问的情况下，访问本应用内的 Data 一般不需要配置请求权限。被访问的 Data 可能不在当前应用中，如在本地的其他应用中，或在远程其他设备上，此时请求者需要配置所访问的 Data 对应的请求权限才能进行访问，请求权限(reqPermissions)要求和被访问的 Data 设置的权限一致。下面是在使用者一端应用配置文件中配置声明请求 Data 访问权限的示例代码：

```
"module": {
    …
    "reqPermissions": [
        {
            "name": "com.example.myapplication.db.DataAbility.PROVIDER"
        },
        {
            "name": "com.example.filedataability.FileDataAbility.PROVIDER"
        }
    ]
    …
}
```

8.3.2 创建 DataAbilityHelper 对象

数据能力帮助类 DataAbilityHelper 提供了静态 creator()方法。该方法专门用于创建 DataAbilityHelper 实例，该方法有多个重载，最常用的是通过传入一个 Context 上下文对象来创建 DataAbilityHelper 实例对象。创建 DataAbilityHelper 对象的一般代码如下：

```
DataAbilityHelper dataHelper = DataAbilityHelper.creator(this);
```

8.3.3 访问 Data 数据

1. 访问文件 Data

数据能力帮助类 DataAbilityHelper 为开发者提供了 openFile()方法来操作文件 Data。此方法需要传入两个参数，第 1 个参数用来确定目标 Data 的 Uri，第 2 个参数用来指定打开被访问 Data 的模式。DataAbilityHelper 提供的 openFile()方法和文件 Data 实现中的 openFile()方法是对应的，其参数会传递给被访问文件 Data 的 openFile()方法，由文件 Data 实现对文件的实际操作。

DataAbilityHelper 提供的 openFile()方法会返回一个目标文件的文件描述符(FileDescriptor)，该文件描述符是通过被访问的文件 Data 的 openFile()方法返回的文件描述符，这样访问者通过该文件描述符和被访问的文件 Data 进行交互。文件描述符可以进一步被访问者转换并封装成文件流，使访问端像使用本地文件流一样使用文件 Data 提供的数据服务。下面是访问文件 Data 并转换成文件输入流的示例代码：

```
//创建 Data 能力帮助类对象
DataAbilityHelper dataHelper = DataAbilityHelper.creator(this);
```

```
//获得文件描述符
FileDescriptor fd = dataHelper .openFile(uri, "r");
//获得文件描述符
FileInputStream fis = new FileInputStream(fd);
//后续可以使用文件输入流,读取文件 Data
```

2. 访问数据库 Data

针对数据库 Data，DataAbilityHelper 类提供了增、删、改、查等一系列的访问数据库 Data 的方法，这些方法和数据库 Data 实现中的增、删、改、查是对应的，访问者只需提供相应的参数并调用，系统匹配到对应的数据库 Data 相应的操作方法上实现对数据库的操作。DataAbilityHelper 类提供的主要方法名称及说明如表 8-2 所示。

表 8-2 DataAbilityHelper 中的主要方法及说明

方法名称	说明
ResultSet query (Uri uri, String[] columns, DataAbilityPredicates predicates)	查询数据库 Data，参数和数据库 Data 的查询方法及含义相同
int insert (Uri uri, ValuesBucket value)	向数据库 Data 中插入数据，参数和数据库 Data 的查询方法及含义相同
int delete (Uri uri, DataAbilityPredicates predicates)	删除一条或多条数据，参数和数据库 Data 的删除方法及含义相同
int update (Uri uri, ValuesBucket value, DataAbilityPredicates predicates)	更新数据库，参数和数据库 Data 的更新方法及含义相同

对于查询操作而言，需要为被访问的数据库 Data 提供参数，其中参数 uri 为目标 Data 的 Uri 地址；参数 columns 为查询表的字段信息，是一个字符串数组，可以包含多个字段名；参数 predicates 为查询条件，可以通过其方法加入多个条件。查询操作会返回结果集，一般客户端需要对结果集进行处理。如查询 id 为 1～100 的数据，并进行处理的基本代码如下：

```
//创建 Data 能力帮助对象
DataAbilityHelper dataHelper = DataAbilityHelper.creator(this);

//设置查询条件
DataAbilityPredicates predicates = new DataAbilityPredicates();
predicates.between("id", 1, 100);

//进行查询
ResultSet resultSet = dataHelper .query(uri, columns, predicates);

//结果集游标指向第一行
resultSet.goToFirstRow();
//遍历结果集数据的基本代码
```

```
do {
    //在此处理 ResultSet 中的记录
} while(resultSet.goToNextRow());
```

对于插入方法，insert()方法包含两个参数，参数 uri 为目标 Data 的 Uri 地址，参数 value 为 ValuesBucket 类型的键值对数据。向指定 uri 数据库 Data 中插入 name 为张三，age 值为 18 的记录数据，对应的基本代码如下：

```
//创建 Data 能力帮助对象
DataAbilityHelper dataHelper = DataAbilityHelper.creator(this);

//准备插入的数据
ValuesBucket valuesBucket = new ValuesBucket();
valuesBucket.putString("name", "张三");
valuesBucket.putInteger("age", 18);

//执行插入操作
dataHelper .insert(uri, valuesBucket);
```

DataAbilityHelper 类提供的操作方法和数据库 Data 实现的操作方法的名称和含义基本是一一对应的。不同的是作为 Data 的访问者，使用的数据操作方法数据操作方法是由 DataAbilityHelper 类提供的，作为 Data 的实现者，使用的数据操作方法是由 Ability 类提供的。关于 DataAbilityHelper 类提供的其他访问数据库 Data 的方法，开发者可以类比学习，这里不再赘述。

8.4 数据库 Data 示例

14min

8.4.1 本地数据库 Data

本节给出的案例是利用本地数据库 Data 实现的人员信息添加和查询的示例。该示例在运行界面中可以输入人员的基本信息，包括姓名、性别、年龄，单击“记录添加到本地”按钮，输入的人员信息将通过本地数据库 Data 添加到数据库表中，可以添加多条记录。通过单击“列出本地存储人员信息”按钮，可以把所有人员的信息从本地数据库 Data 中读取出来，并显示在界面下方，运行效果如图 8-4 所示。

为了实现以上功能，创建一个项目，名称为 DBDataAbility，包名为 com. example. myapplication，该项目文件的结构如图 8-5 所示。其中，Const 类中定义了一些常量供项目代码使用；PersonDataAbility 类为数据库 Data 类，实现了数据库的操作，同时向界面提供 Data 服务；MainAbilitySlice 为主界面类，主要实现了界面效果和单击按钮响应操作。

首先，实现该应用的界面布局，该应用只有一个主界面，对应的布局文件 ability_main. xml 代码如下：

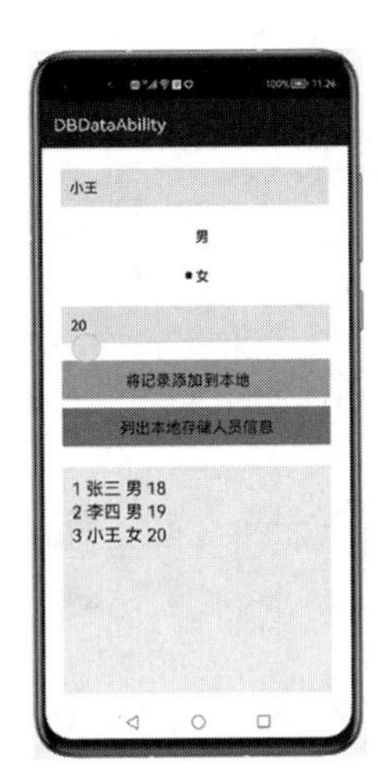

图 8-4 本地数据库 Data 示例运行效果

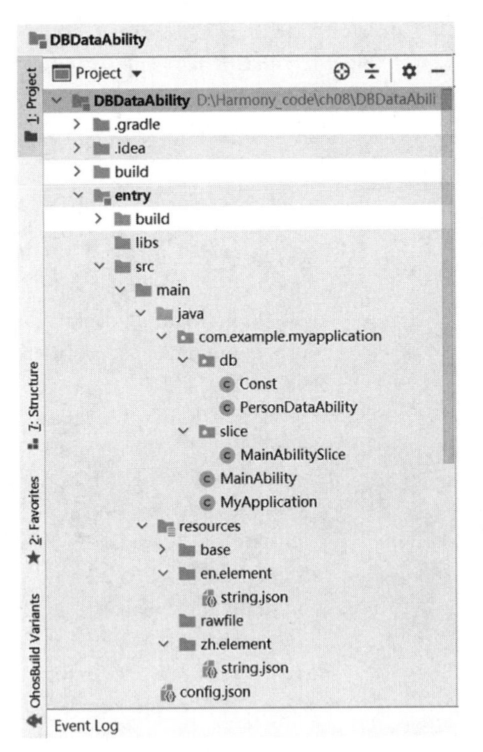

图 8-5 项目文件结构

```
//ch08\DBDataAbility 项目中 ability_main.xml
<?xml version = "1.0" encoding = "UTF - 8"?>
<DirectionalLayout
    xmlns:ohos = "http://schemas.huawei.com/res/ohos"
    ohos:height = "match_parent"
    ohos:width = "match_parent"
    ohos:orientation = "vertical">
    <TextField
        ohos:id = "$ + id:name"
        ohos:height = "match_content"
        ohos:width = "match_parent"
        ohos:background_element = "#FFD6E6F8"
        ohos:left_margin = "24vp"
        ohos:multiple_lines = "true"
        ohos:padding = "10vp"
        ohos:right_margin = "24vp"
        ohos:scrollable = "true"
        ohos:text_alignment = "top"
        ohos:hint = "请输入姓名"
        ohos:text = "张三"
```

```
        ohos:text_size = "16vp"
        ohos:top_margin = "24vp" />
    < RadioContainer
            ohos:width = "match_parent"
            ohos:height = "match_content"
    >
    < RadioButton
            ohos:id = " $ + id:male"
            ohos:text_size = "16vp"
            ohos:top_margin = "24vp"
            ohos:layout_alignment = "center"
            ohos:text = "男"
            ohos:height = "match_content"
            ohos:width = "match_content" />
    < RadioButton
            ohos:id = " $ + id:female"
            ohos:text_size = "16vp"
            ohos:top_margin = "24vp"
            ohos:layout_alignment = "center"
            ohos:text = "女"
            ohos:height = "match_content"
            ohos:width = "match_content" />
    </RadioContainer >
    < TextField
        ohos:id = " $ + id:age"
        ohos:height = "match_content"
        ohos:width = "match_parent"
        ohos:background_element = " # FFD6E6F8"
        ohos:left_margin = "24vp"
        ohos:multiple_lines = "true"
        ohos:padding = "10vp"
        ohos:right_margin = "24vp"
        ohos:scrollable = "true"
        ohos:text_alignment = "top"
        ohos:text_input_type = "pattern_number"
        ohos:hint = "请输入年龄"
        ohos:text = "18"
        ohos:text_size = "16vp"
        ohos:top_margin = "24vp" />

    < Button
        ohos:id = " $ + id:write_button"
        ohos:height = "match_content"
        ohos:width = "match_parent"
        ohos:background_element = " # FF8800"
        ohos:left_margin = "24vp"
```

```
        ohos:padding = "10vp"
        ohos:right_margin = "24vp"
        ohos:text = "将记录添加到本地"
        ohos:text_size = "18fp"
        ohos:top_margin = "20vp"/>

    <Button
        ohos:id = "$ + id:read_button"
        ohos:height = "match_content"
        ohos:width = "match_parent"
        ohos:background_element = "#0088FF"
        ohos:left_margin = "24vp"
        ohos:padding = "10vp"
        ohos:right_margin = "24vp"
        ohos:text = "列出本地存储人员信息"
        ohos:text_size = "18fp"
        ohos:top_margin = "10vp"/>

    <Text
        ohos:id = "$ + id:text"
        ohos:height = "260vp"
        ohos:width = "match_parent"
        ohos:background_element = "#56D0D0D0"
        ohos:left_margin = "24vp"
        ohos:multiple_lines = "true"
        ohos:padding = "10vp"
        ohos:right_margin = "24vp"
        ohos:scrollable = "true"
        ohos:text_alignment = "top"
        ohos:text_size = "20vp"
        ohos:top_margin = "24vp" />
</DirectionalLayout>
```

为了在应用代码中统一常量名称，本示例定义了一个专门的常量 Const 类，在该类中定义了包括数据库名、字段名等多个常量，其具体的 Java 代码如下：

```
//ch08\DBDataAbility 项目中的 Const.java
public class Const {
    //URI 协议部分
    public static final String SCHEME = "dataability://";
    //URI 授权部分
    public static final String AUTH
            = "/com.example.myapplication.db";
    //数据库名
    public static final String DB_NAME = "my.db";
```

```
    //表名
    public static final String DB_TAB_NAME = "person";
    //列名姓名 name
    public static final String DB_COLUMN_NAME = "name";
    //列名性别 sex
    public static final String DB_COLUMN_SEX = "sex";
    //列名年龄 age
    public static final String DB_COLUMN_AGE = "age";
    //列名 ID id
    public static final String DB_COLUMN_ID = "id";
    //路径
    public static final String DATA_PATH = "/person";
}
```

PersonDataAbility类为本示例的数据库Data,该类继承了Ability,实现了数据库的初始化,并重写了其中的增、删、改、查方法,实现了后台数据库的读写,主要代码如下:

```
//ch08\DBDataAbility项目中的PersonDataAbility.java
public class PersonDataAbility extends Ability {
    //定义Log标签
    private static final HiLogLabel LABEL_LOG = new HiLogLabel(0, 0xD000F00, "Demo");
    //关系型数据库存储对象引用
    private RdbStore rdbStore;
    //存储配置对象引用
    private StoreConfig config;
    //数据库操作帮助类引用(句柄)
    DatabaseHelper dbHelper;

    @Override
    public void onStart(Intent intent) {
        super.onStart(intent);
        HiLog.info(LABEL_LOG, "PersonDataAbility onStart");
        //初始化数据库
        initDB();
    }
    //初始化数据库
    private void initDB() {
        //提示
        HiLog.info(LABEL_LOG, "%{public}s", "准备初始化数据库");
        //创建数据操作帮助对象
        dbHelper = new DatabaseHelper(this);
        //创建配置对象,Const.DB_NAME为数据库名常量
        config = StoreConfig.newDefaultConfig( Const.DB_NAME );
```

```
        //创建数据库操作帮助类对象,回调 rdbOpenCallback
        rdbStore = dbHelper.getRdbStore(config, 1, rdbOpenCallback, null);
    }
    private RdbOpenCallback rdbOpenCallback = new RdbOpenCallback() {
        @Override
        public void onCreate(RdbStore store) {
            //提示
            HiLog.info(LABEL_LOG, "%{public}s", "创建数据库");
            //创建表,在表不存在时创建
            store.executeSql("create table if not exists "
                    + Const.DB_TAB_NAME + " ("
                    + Const.DB_COLUMN_ID + " integer primary key autoincrement, "
                    + Const.DB_COLUMN_NAME + " text not null,"
                    + Const.DB_COLUMN_SEX + " text,"
                    + Const.DB_COLUMN_AGE + " integer)");
            //提示
            HiLog.info(LABEL_LOG, "%{public}s", "创建了数据库表");
        }
        @Override
        public void onUpgrade( RdbStore store, int oldVersion
                                        ,int newVersion){
            //空实现,只是提示,该方法在版本变化时调用,一般用于应用升级
            HiLog.info(LABEL_LOG, "%{public}s", "更新数据库");
        }
    };

    @Override
    public ResultSet query(Uri uri, String[] columns
                                    , DataAbilityPredicates predicates) {
        //查询的表名从 uri 路径传入
        String tableName = uri.getLastPath();
        HiLog.info(LABEL_LOG, "path:%{public}s", tableName);
        //判断表名是否是 person
        if ( "person".equals(tableName) ) {
            //根据参数创建查询条件
            RdbPredicates rdbPredicates = DataAbilityUtils
                        .createRdbPredicates(predicates, tableName);
            //查询表,返回结果集
            ResultSet resultSet = rdbStore.query(rdbPredicates, columns);
            return resultSet;
        }
        //返回空,可能还有其他查询
        return null;
    }
```

```
@Override
public int insert(Uri uri, ValuesBucket value) {
    HiLog.info(LABEL_LOG, "插入记录");
    //查询的表名从 uri 路径传入
    String tableName = uri.getLastPath();
    HiLog.info(LABEL_LOG, "path: %{public}s", tableName);
    int index = 0;
    if ("person".equals(tableName)) {
        ValuesBucket values = new ValuesBucket();
        //表的列名定义在 Const 类中
        values.putString(Const.DB_COLUMN_NAME,
                    value.getString(Const.DB_COLUMN_NAME));
        values.putString(Const.DB_COLUMN_SEX,
                    value.getString(Const.DB_COLUMN_SEX));
        values.putInteger(Const.DB_COLUMN_AGE,
                    value.getInteger(Const.DB_COLUMN_AGE));
        //插入数据库,如果成功,则返回行 ID,如果失败,则返回 -1
        index = (int) rdbStore.insert(tableName, values);
        DataAbilityHelper.creator(this).notifyChange(uri);
    }
    return index;
}

@Override
public int delete(Uri uri, DataAbilityPredicates predicates) {
    //从 uri 中获得应被删除的表名
    String tableName = uri.getLastPath();
    //根据参数构建删除条件
    RdbPredicates rdbPredicates = DataAbilityUtils
                .createRdbPredicates(predicates, tableName);
    //删除记录
    int delRows = rdbStore.delete(rdbPredicates);
    //创建通知,提示删除
    DataAbilityHelper.creator(this, uri).notifyChange(uri);
    return delRows;
}

@Override
public int update(Uri uri, ValuesBucket value
                , DataAbilityPredicates predicates) {
    //从 uri 中获得应被删除的表名
    String tableName = uri.getLastPath();
    //根据参数构建删除条件
    RdbPredicates rdbPredicates = DataAbilityUtils
                .createRdbPredicates(predicates, tableName);
```

```
        //更新数据
        int updateRows = rdbStore.update(value, rdbPredicates);
        DataAbilityHelper.creator(this, uri).notifyChange(uri);
        return updateRows;
    }

    @Override
    public String[] getFileTypes(Uri uri, String mimeTypeFilter) {
        return new String[0];
    }

    @Override
    public PacMap call(String method, String arg, PacMap extras) {
        return null;
    }

    @Override
    public String getType(Uri uri) {
        return null;
    }
}
```

作为本示例的主界面，MainAbilitySlice类实现了界面组件的初始化，如界面中按钮的单击事件监听，连接访问本地数据库Data，显示从数据库Data返回的结果数据等功能，其实现的主要代码如下：

```
//ch08\DBDataAbility 项目中的 MainAbilitySlice.java
public class MainAbilitySlice extends AbilitySlice {
    private static final HiLogLabel LABEL_LOG = new HiLogLabel(0, 0x001, "Demo");
    private TextField tf_name;                //姓名
    private RadioButton rb_male;              //性别男
    private RadioButton rb_female;            //性别女
    private TextField tf_age;                 //年龄
    private Text t_show;                      //显示查询结果
    private DataAbilityHelper dataHelper;     //Data 帮助类对象

    @Override
    public void onStart(Intent intent) {
        super.onStart(intent);
        super.setUIContent(ResourceTable.Layout_ability_main);

        //请求用户授权分布式数据访问权限,远程访问 Data 时需要该权限
```

```
        requestPermissionsFromUser(
                new String[]{
"ohos.permission.DISTRIBUTED_DATASYNC"
        }, 0);
        init();
    }

    //初始化
    public void init() {
        //初始化组件
        Component writeButton = findComponentById(ResourceTable.Id_write_button);
        Component readButton = findComponentById(ResourceTable.Id_read_button);
        tf_name = (TextField) findComponentById(ResourceTable.Id_name);
        rb_male = (RadioButton) findComponentById(ResourceTable.Id_male);
        rb_male.setChecked(true);
        rb_female = (RadioButton) findComponentById(ResourceTable.Id_female);
        tf_age = (TextField) findComponentById(ResourceTable.Id_age);
        t_show = (Text) findComponentById(ResourceTable.Id_text);

        //"将记录添加到本地"按钮的单击监听
        writeButton.setClickedListener(this::addToDBData);
        //"列出本地存储人员信息"按钮的单击监听
        readButton.setClickedListener(this::listPersons);

        //创建 DataAbilityHelper 对象
        dataHelper = DataAbilityHelper.creator(this);
    }

    /将数据/添加到本地 Data
    private void addToDBData(Component component) {
        //获得界面输入的数据
        String name = tf_name.getText();
        String sex = "男";
        if( rb_female.isChecked() ) {
            sex = "女";
        }
        int age = Integer.parseInt( tf_age.getText() );

        //把数据封装到 value 中
        ValuesBucket value = new ValuesBucket();
        value.putString(Const.DB_COLUMN_NAME, name);
        value.putString(Const.DB_COLUMN_SEX, sex);
```

```
        value.putInteger(Const.DB_COLUMN_AGE, age);

        //准备访问的本地 Data 的 uri
        Uri uri = Uri.parse(Const.SCHEME + Const.AUTH + Const.DATA_PATH);
        try {
            //提示信息
            HiLog.info(LABEL_LOG, "%{public}s", uri.toString() );
            HiLog.info(LABEL_LOG, "%{public}s", value.toString());
            //访问本地 Data,插入数据
            dataHelper.insert( uri , value );
        } catch ( Exception e ) {
            //提示信息
            HiLog.error(LABEL_LOG, "%{public}s", "向 Data 添加记录异常");
            e.printStackTrace();
        }
    }

    //查询本地 Data
    private void listPersons(Component component) {
        //采用异步任务
        getGlobalTaskDispatcher(TaskPriority.DEFAULT).asyncDispatch( new Runnable() {
            @Override
            public void run() {
                //查询的列名
                String[] columns = new String[]{
                                        Const.DB_COLUMN_NAME,
                                        Const.DB_COLUMN_SEX,
                                        Const.DB_COLUMN_AGE,
                                        Const.DB_COLUMN_ID};
                //查询条件
                DataAbilityPredicates predicates = new DataAbilityPredicates();
                //可以进一步设置查询条件
                //predicates.equalTo("sex","男");
                //predicates.between("age",18,35);
                //predicates.orderByDesc("name");

                try {
                    //查询 Data
                    Uri uri = Uri.parse(Const.SCHEME + Const.AUTH
                                        + Const.DATA_PATH);
                    //提示信息
                    HiLog.info(LABEL_LOG, "%{public}s", uri.toString());
                    //查询,得到结果集
```

```
                    ResultSet resultSet = dataHelper.query(
                            uri
                            , columns
                            , predicates);
                    //设置结果到界面
                    setToText(resultSet);
                } catch (DataAbilityRemoteException | IllegalStateException exception) {
                    HiLog.error(LABEL_LOG, "%{public}s", "查询 Data 异常");
                }
            }
        });
    }

    //显示到界面
    private void setToText(ResultSet resultSet) {
        if (!resultSet.goToFirstRow()) {
            HiLog.info(LABEL_LOG, "%{public}s", "数据无记录");
            return;
        }
        StringBuilder showStr = new StringBuilder();
        int userIndex = resultSet.getColumnIndexForName(Const.DB_COLUMN_ID);
        int nameIndex = resultSet.getColumnIndexForName(Const.DB_COLUMN_NAME);
        int sexIndex = resultSet.getColumnIndexForName(Const.DB_COLUMN_SEX);
        int ageIndex = resultSet.getColumnIndexForName(Const.DB_COLUMN_AGE);

        //将记录转为字符串
        do {
            String name = resultSet.getString(nameIndex);
            String sex = resultSet.getString(sexIndex);
            int age = resultSet.getInt(ageIndex);
            int id = resultSet.getInt(userIndex);
            showStr.append(id + "" + name + "" + sex + "" + age + System.lineSeparator());
        } while ( resultSet.goToNextRow() );
        HiLog.info(LABEL_LOG, "showStr : " + showStr.toString());

        //在 UI 线程中运行
        getUITaskDispatcher().asyncDispatch(new Runnable() {
            @Override
            public void run() {
                t_show.setText("");
                //显示到界面中
```

```
                t_show.setText(showStr.toString());
            }
        });
    }

    @Override
    public void onActive() {
        super.onActive();
    }

    @Override
    public void onForeground(Intent intent) {
        super.onForeground(intent);
    }
}
```

至此，本示例主要功能已经实现，关于 Data 还需要在项目的配置文件中进行相应的配置。如果该 Data 仅仅用于本地访问，一般采用向导生成的配置，无须修改。如果该 Data 需要支持远程访问，则需要在配置文件中加入多设备协同权限(ohos.permission.DISTRIBUTED_DATASYNC)。本示例配置文件 config.json 的代码如下：

```
//ch08\DBDataAbility 项目中的 config.json
{
    "app": {
        "bundleName": "com.example.myapplication",
        "vendor": "example",
        "version": {
            "code": 1000000,
            "name": "1.0.0"
        },
        "apiVersion": {
            "compatible": 5,
            "target": 5
        }
    },
    "deviceConfig": {},
    "module": {
        "package": "com.example.myapplication",
        "name": ".MyApplication",
        "mainAbility": "com.example.myapplication.MainAbility",
        "deviceType": [
            "phone"
```

```
        ],
        "distro": {
            "deliveryWithInstall": true,
            "moduleName": "entry",
            "moduleType": "entry",
            "installationFree": true
        },
        "abilities": [
            {
                "skills": [
                    {
                        "entities": [
                            "entity.system.home"
                        ],
                        "actions": [
                            "action.system.home"
                        ]
                    }
                ],
                "orientation": "unspecified",
                "visible": true,
                "name": "com.example.myapplication.MainAbility",
                "icon": "$media:icon",
                "description": "$string:mainability_description",
                "label": "$string:entry_MainAbility",
                "type": "page",
                "launchType": "standard"
            },
            {
                "name": "com.example.myapplication.db.PersonDataAbility",
                "icon": "$media:icon",
                "description": "$string:dataability_description",
                "type": "data",
                "visible": true,
                "uri": "dataability://com.example.myapplication.db"
            }
        ],
        "defPermissions": [
            {
        "name":"com.example.myapplication.DataAbilityShellProvider.PROVIDER"
            }
        ],
        "reqPermissions": [
            {
                "name": "ohos.permission.DISTRIBUTED_DATASYNC"
            }
        ]
    }
}
```

8.4.2　访问远程 Data

应用既可以访问本地 Data，也可以访问远程数据库 Data。访问本地 Data 不需要设备 ID，一般也不需要特殊的权限。和访问本地 Data 不同的是，在访问远程数据库 Data 时，除了要指定目标 Data 所在的设备 ID 外，一般还需要进行一些权限处理。本节实现通过远程访问 8.4.1 节 DBDataAbility 应用中实现的 PersonDataAbility。

首先，建立一个 VisitRemoteDBData 项目，包名为 cn.edu.zut.soft，该项目的文件结构如图 8-6 所示，运行界面效果如图 8-7 所示。

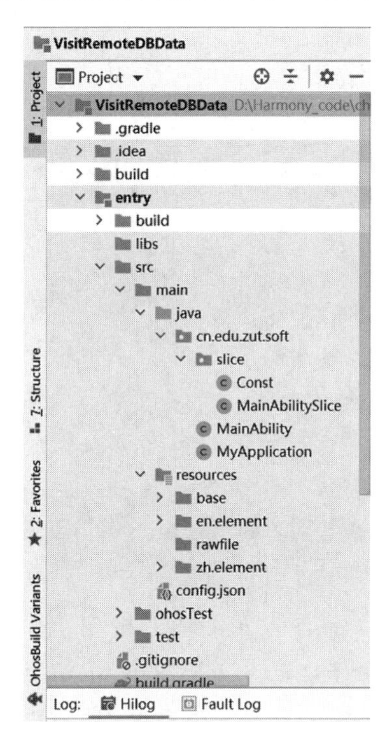

图 8-6　VisitRemoteDBData 的项目结构

图 8-7　VisitRemoteDBData 的主界面

在项目中创建需要用的常量 Const 类，该类和 DBDataAbility 项目中的 Const 类相同，这里不再重复介绍。VisitRemoteDBData 主界面的布局文件 ability_main.xml 的代码如下：

```
//ch08\VisitRemoteDBData 项目中的 ability_main.xml
<?xml version = "1.0" encoding = "utf - 8"?>
<DirectionalLayout
    xmlns:ohos = "http://schemas.huawei.com/res/ohos"
    ohos:height = "match_parent"
    ohos:width = "match_parent"
    ohos:orientation = "vertical">
```

```
    < Button
        ohos:id = " $ + id:read_button"
        ohos:height = "match_content"
        ohos:width = "match_parent"
        ohos:background_element = "#0088FF"
        ohos:left_margin = "24vp"
        ohos:padding = "10vp"
        ohos:right_margin = "24vp"
        ohos:text = "列出远端设备存储的所有人员信息"
        ohos:text_size = "18fp"
        ohos:top_margin = "10vp"/>

    < Text
        ohos:id = " $ + id:text"
        ohos:height = "260vp"
        ohos:width = "match_parent"
        ohos:background_element = "#56D0D0D0"
        ohos:left_margin = "24vp"
        ohos:multiple_lines = "true"
        ohos:padding = "10vp"
        ohos:right_margin = "24vp"
        ohos:scrollable = "true"
        ohos:text_alignment = "top"
        ohos:text_size = "20vp"
        ohos:top_margin = "24vp" />
</DirectionalLayout >
```

在主界面中，单击“列出远端设备存储的所有人员信息”按钮会访问远程的PersonDataAbility，并在下方显示出查询的数据结果。主界面功能由MainAbilitySlice类实现，对应的MainAbilitySlice.java文件的代码如下：

```
//ch08/VisitRemoteDBData 项目中的 MainAbilitySlice.java
public class MainAbilitySlice extends AbilitySlice {
    private static final HiLogLabel LABEL_LOG = new HiLogLabel(0, 0x001, "Demo");
    private TextField tf_name;
    private RadioButton rb_male;
    private RadioButton rb_female;
    private TextField tf_age;
    private Text t_show;
    private DataAbilityHelper dataHelper;

    @Override
    public void onStart(Intent intent) {
```

```
        super.onStart(intent);
        super.setUIContent(ResourceTable.Layout_ability_main);
        init();
        //请求用户多设备协同授权
        requestPermissionsFromUser(new String[]{
                                      "ohos.permission.DISTRIBUTED_DATASYNC"},
                                  0);
    }

    //初始化
    public void init() {
        //初始化组件
        Component readButton = findComponentById
                (ResourceTable.Id_read_button);
        t_show = (Text) findComponentById
                (ResourceTable.Id_text);

        //设置监听
        readButton.setClickedListener(this::listPersons);

        //初始化 DataAbilityHelper
        dataHelper = DataAbilityHelper.creator(this);
    }

    private void listPersons(Component component) {
        //这里获得的是其他设备的信息
        List<DeviceInfo> deviceInfoList = DeviceManager
                .getDeviceList(DeviceInfo.FLAG_GET_ALL_DEVICE);
        String deviceId = "";
        //列出所有设备的 Id
        for (int i = 0; i < deviceInfoList.size(); i++) {
            deviceId = deviceInfoList.get(i).getDeviceId();
            HiLog.info(LABEL_LOG, "设备 ID: %{public}s"
                    , "i=" + i + "" + deviceId);
        }
        //因为调试时只有两台设备,所以 deviceId 为另外一个设备的 Id
        //如果有三台或三台以上设备,则需要选择指定的设备 Id
        String finalDeviceId = deviceId;
        //异步任务
        getGlobalTaskDispatcher(TaskPriority.DEFAULT)
                .asyncDispatch(new Runnable() {
            @Override
            public void run() {
                //查询的列名
                String[] columns = new String[]{
                        Const.DB_COLUMN_NAME,
```

```
                    Const.DB_COLUMN_SEX,
                    Const.DB_COLUMN_AGE,
                    Const.DB_COLUMN_ID};
            //查询条件
            DataAbilityPredicates predicates = new DataAbilityPredicates();
            try {
                //查询远端 Data
                Uri uri = Uri.parse(Const.URI_SCHEME
                        + finalDeviceId
                        + Const.URI_AUTH
                        + Const.DATA_PATH);
                HiLog.info(LABEL_LOG, "%{public}s"
                        , uri.toString());
                ResultSet resultSet = dataHelper.query(uri
                        , columns
                        , predicates);
                //将结果设置到界面
                setToText(resultSet);
            } catch (Exception e) {
                HiLog.info(LABEL_LOG, "%{public}s", "查询 Data 异常");
                e.printStackTrace();
            }
        }
    });
}

private void setToText(ResultSet resultSet) {
    if (!resultSet.goToFirstRow()) {
        HiLog.info(LABEL_LOG, "%{public}s", "数据无记录");
        return;
    }
    StringBuilder showStr = new StringBuilder();
    int userIndex = resultSet.getColumnIndexForName
            (Const.DB_COLUMN_ID);
    int nameIndex = resultSet.getColumnIndexForName
            (Const.DB_COLUMN_NAME);
    int sexIndex = resultSet.getColumnIndexForName
            (Const.DB_COLUMN_SEX);
    int ageIndex = resultSet.getColumnIndexForName
            (Const.DB_COLUMN_AGE);

    //将记录转为字符串
    do {
```

```
                String name = resultSet.getString(nameIndex);
                String sex = resultSet.getString(sexIndex);
                int age = resultSet.getInt(ageIndex);
                int id = resultSet.getInt(userIndex);
                showStr.append(id + "" + name + ""
                        + sex + "" + age
                        + System.lineSeparator());
            } while (resultSet.goToNextRow());
            HiLog.info(LABEL_LOG, "showStr : "
                    + showStr.toString());

            //在UI线程中运行
            getUITaskDispatcher().asyncDispatch(new Runnable() {
                @Override
                public void run() {
                    t_show.setText("");
                    //显示到界面中
                    t_show.setText(showStr.toString());
                }
            });
        }

        @Override
        public void onActive() {
            super.onActive();
        }

        @Override
        public void onForeground(Intent intent) {
            super.onForeground(intent);
        }
    }
```

访问远程Data，需要在项目的配置文件中配置相应的权限，包括配置获得设备信息的权限(ohos.permission.GET_DISTRIBUTED_DEVICE_INFO)和多设备协同权限(ohos.permission.DISTRIBUTED_DATASYNC)，其中，多设备系统权限是需要用户显示授权的权限。本示例配置文件config.json的代码如下：

```
//ch08/VisitRemoteDBData项目中的config.json
{
    "app": {
        "bundleName": "cn.edu.zut.soft",
        "vendor": "edu",
        "version": {
            "code": 1000000,
```

```
            "name": "1.0.0"
          },
        "apiVersion": {
            "compatible": 5,
            "target": 5
        }
    },
    "deviceConfig": {},
    "module": {
        "package": "cn.edu.zut.soft",
        "name": ".MyApplication",
        "mainAbility": "cn.edu.zut.soft.MainAbility",
        "deviceType": [
            "phone"
        ],
        "distro": {
            "deliveryWithInstall": true,
            "moduleName": "entry",
            "moduleType": "entry",
            "installationFree": false
        },
        "abilities": [
            {
                "skills": [
                    {
                        "entities": [
                            "entity.system.home"
                        ],
                        "actions": [
                            "action.system.home"
                        ]
                    }
                ],
                "orientation": "unspecified",
                "name": "cn.edu.zut.soft.MainAbility",
                "icon": "$media:icon",
                "description": "$string:mainability_description",
                "label": "$string:entry_MainAbility",
                "type": "page",
                "launchType": "standard"
            }
        ],
```

```
            "reqPermissions": [
                {
                    "name": "ohos.permission.GET_DISTRIBUTED_DEVICE_INFO"
                },
                {
                    "name": "ohos.permission.DISTRIBUTED_DATASYNC"
                }
            ]
        }
    }
```

在代码实现完成后，调试跨设备访问 Data 需要在两个不同的设备上分别运行两个应用，采用多设备调试时应在 DevEco Studio 中选择 Tools 菜单下的设备管理（Device Manager），然后选择 Super device 下的两个设备调试，启动模拟器，如图 8-8 所示。

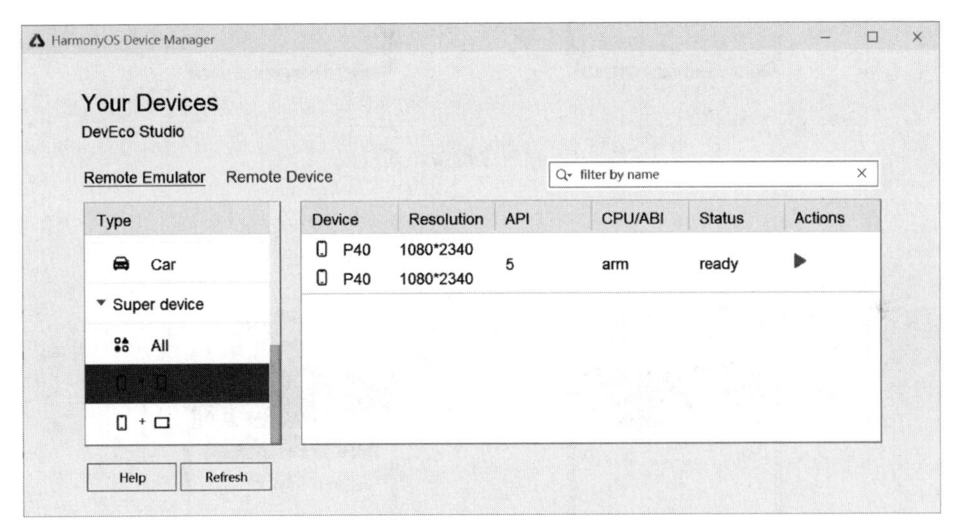

图 8-8 启动两个设备

启动设备后，分别在两个设备上运行两个应用，这里在 P40：18888 上运行了 DBDataAbility 项目，在 P40：18889 上运行了 VisitRemoteDBData 项目。启动后，会弹出是否允许使用多设备协同授权对话框，这里由于要进行跨设备数据访问，因此需要单击“始终允许”按钮进行用户授权，如图 8-9 所示。

接下来通过两台设备进行测试，在设备 P40：18888 上，进行数据的增加和查询，这实际上是对本地数据库 Data 的访问。在 P40：18889 上访问远端设备的 Data，即可获得运行在 P40：18888 设备上的 PersonDataAbility 提供的共享数据服务，如图 8-10 所示。

以上示例主要展示了从远程 Data 读取数据服务，实际上还可以对远程 Data 进行写入数据操作。在 HarmonyOS 应用中，Data 作为数据内容服务提供者为访问者提供了统一的接入方式，架起了数据的提供者和使用者之间的桥梁，方便了数据的统一访问，也增强了数据安全。

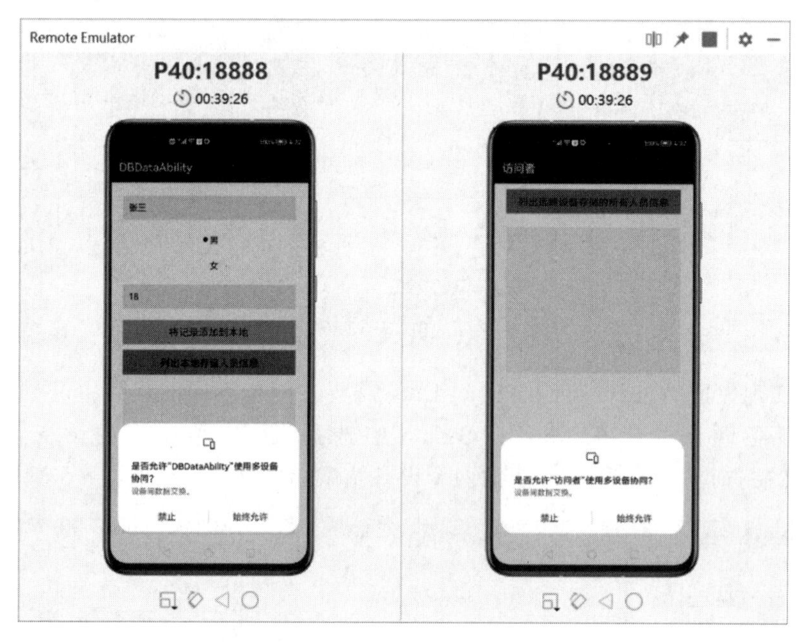

图 8-9　授权多设备协同权限

图 8-10　跨设备访问 Data 的效果

小结

本章主要介绍了 Data Ability，即 Data，它是 HarmonyOS 提供的数据能力抽象，通过 URI 对外提供统一的数据访问接口，同时可以隐藏数据的存储细节。HarmonyOS 应用框架提供的 Data 分为两种，一种是文件 Data，另一种是数据库 Data。前者主要是对文件存储操作的抽象，通过返回文件描述符供访问者使用，后者主要是对数据库操作的封装，提供了针对数据库操作的增、删、改、查接口，开发者可以通过实现这些接口方法实现对数据库的操作。Data 支持跨设备访问，跨设备访问时需要指定被访问的设备 ID，同时需要申请相应的权限，开发者可以通过多设备调试环境进行跨设备 Data 访问调试，跨设备 Data 支持多设备数据协同。

习题

1. 判断题

(1) Data Ability 是 HarmonyOS 提供的数据抽象能力，它是一种 Ability，简称 Data。(　　)

(2) HarmonyOS 中的 Data 可以理解成对数据存储的抽象，通过 Data 对内可以屏蔽数据的存储方式和细节，对外可以提供统一的 URI 访问接口，实现数据共享。(　　)

(3) Data 提供的 URI 的 scheme 部分必须是 data。(　　)

(4) Data 也是 Ability，其注册的 type 属性值为 data。(　　)

(5) 访问其他设备上的 Data 时，必须声明权限。(　　)

2. 选择题

(1) 创建和使用 Data 的一般步骤包括(　　)。(多选)

A. 定义自己的 Data 类，继承 Ability 类

B. 实现自定义的 Data 类，对内实现数据访问，对外提供功能 API

C. 在 config.json 文件中，将 Ability 的类型配置为 Data，以及配置权限等

D. 使用者通过 URI 访问自定义 Data

(2) 访问远端 Data 需要在配置文件中定义请求权限，定义为"reqPermissions"：[{"name"："(　　)"}]。

A. ohos.permission.DATA_ACCESS

B. ohos.permission.DISTRIBUTED_DATASYNC

C. ohos.permission.DISTRIBUTED_ACCESS

D. ohos.permission.DATA_DATASYNC

(3) 数据库 Data 常用的方法有(　　)。(多选)

A. query()　　B. insert()　　C. update()　　D. delete()

(4) 在使用数据库 Data 时，关于 ValuesBucket 类说法正确的是(　　)。

A. 该类对象中一般放置键值对　　B. 该类中一般放置 Intent 对象

C. 该类中一般放置 Operation 对象　　D. 该类可以获得文件描述符

(5) 下面是访问本地 Data 的 URI，格式正确的是(　　)。

A. dataability://127.0.0.1/db?person#10

B. dataability:///127.0.0.1/db?person#10

C. dataability://cn.edu.zut.soft/db?person#10

D. dataability:///cn.edu.zut.soft/db?person#10

3. 填空题

(1) 定义 Data 时，应该继承的基类是________________。

(2) 对于文件 Data，其 openFile()方法返回的是一个________________。

(3) 在数据库 Data 中，query()方法接收 3 个参数，分别是查询的目标 Uri 路径，查询的列名，以及查询条件，查询条件由类________________构建。

(4) 访问数据库 Data 时，需要创建 DataAbilityHelper 的实例，该类提供的静态________________方法，可以帮助创建 DataAbilityHelper 实例。

(5) 访问远端 Data 时需要设备 ID，________________类的 getDeviceList()方法可以获得设备的列表信息。

4. 上机题

(1) 编程实现一个文件 Data，使通过此文件 Data，其他设备上的应用可以读取本设备上的图片文件。

(2) 实现一个通讯录的数据库 Data，使远端应用可以读写通讯录信息。

第9章 数据存储

【学习目标】

■ 了解 HarmonyOS 数据存储的方式

■ 理解轻量数据存储方式，掌握轻量数据存储开发方法

■ 理解关系型数据存储方式，掌握关系型数据的存储开发方法

■ 会用对象关系映射方式进行数据存储和访问

■ 理解分布式数据服务，掌握分布式数据存储开发方法

9.1 数据存储概述

数据存储是应用进行数据持久化的主要方式。在 HarmonyOS 应用中，数据存储方式支持本地数据存储和分布式存储。本地存储是把应用所需数据存储在本地，即应用所需要的数据存储在应用本身所在的设备上。分布式存储是把应用需要的数据分布在多个设备上，应用可以在多个设备之间进行数据的访问、共享和同步等。本地数据存储又分为轻量级数据存储、文件存储、关系型数据库存储、对象关系映射存储。针对分布式存储 HarmonyOS 提供了分布式数据服务和分布式文件服务。

本地数据存储为应用提供了单设备上数据存储和访问能力。作为操作系统，HarmonyOS 支持文件存储，并在此基础上提供了基于文件的轻量级数据存储接口，方便开发者对少量数据以键值对方式进行存储。HarmonyOS 底层采用 SQLite 数据库管理系统作为持久化存储引擎，为应用提供关系型数据存储，关系型数据存储适合大量的结构化数据。在关系型数据的基础上 HarmonyOS 还提供了对象关系映射数据存储方式，使开发者在操作数据时更加符合面向对象的编程特点。

分布式数据存储是 HarmonyOS 的特色之一。分布式数据服务为应用程序提供了不同设备间数据库数据分布存储能力。HarmonyOS 应用可以通过调用分布式数据存储接口，将数据保存到分布式数据库中，分布式数据服务为分布式应用提供了多机一致的数据同步服务，分布式数据服务数据存储是基于键值对形式的。对于文件存储，系统提供了分布式文件服务，支持在文件级实现数据的分布式存储和同步。

9.2 轻量级数据存储

9.2.1 轻量级数据存储介绍

轻量级数据存储适合于少量的数据存储，适用场景如保存登录账号密码、配置信息等。一般不适合存储大量数据和频繁改变数据的场景。具有访问速度快，存取效率高的特点。

轻量级数据存储数据最终存储在操作系统的文件中，系统提供对底层文件读写的封装，并把底层文件映射成 Preferences 实例对象。在此基础上，HarmonyOS 应用开发 API 提供了轻量级数据存储的操作接口，从而实现轻量级数据存储操作。

轻量级数据库存储的访问机制如图 9-1 所示，每个底层文件对应一个 Preferences 实例，应用在获取指定文件对应的 Preferences 实例后，可以借助 Preferences 提供的接口方法，进行读写数据，Preferences 和底层文件交互，如通过 flush 或 flushSync 可以将数据进行持久化处理，即将数据写到本地设备存储器的文件中。

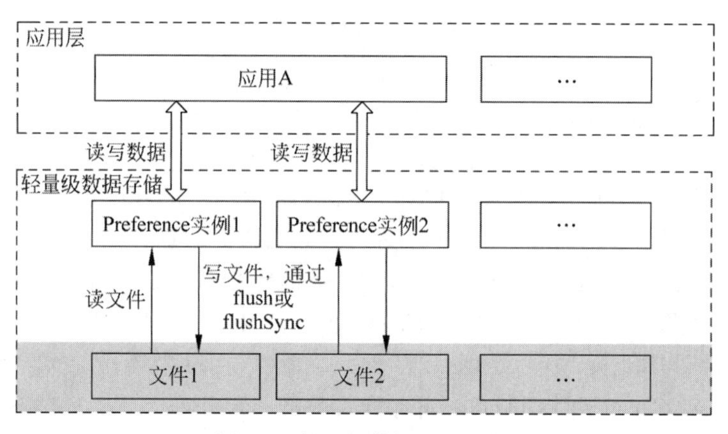

图 9-1 轻量级数据访问机制

在轻量级数据访问机制中，每个文件只有一个 Preferences 实例与之对应，系统通过静态容器将该实例加载到内存后，应用可以对该实例进行读写操作，实现数据存取，直到应用主动从内存中移除该实例或者删除存储文件。

轻量级数据存储采用键值对(Key-Value)结构进行数据存取操作，同一个键在存储文件中只会对应一个值。对于存取的键值对，系统要求 Key 为字符串(String)类型，并且长度为不超过 80 个字符的非空字符串。Value 可以为整型、字符串型、布尔型、浮点型、长整型、字符串型 Set 集合，当值为字符串(String)类型或字符串型 Set 集合时，其值长度不能超过 8192 个字符。轻量级数据存储在进行数据操作时是基于键进行的，因此一般不适合大批量数据存取，一般建议数据量不要超过万条级别，否则会产生较大的内存开销和性能下降。

9.2.2 轻量级数据存储接口

在应用开发中，和轻量级数据存储相关的类主要是 DatabaseHelper 和 Preferences 类，通过数据操作的辅助类 DatabaseHelper 可以获取 Preferences 实例，进而通过该实例对数据进行各种操作，DatabaseHelper 类为轻量级数据存储提供的主要接口方法如表 9-1 所示。

表 9-1 DatabaseHelper 轻量级数据操作相关的主要方法及说明

方法签名	说明
DatabaseHelper(Context context)	构造方法，当数据库创建成功后，数据库文件将存储在由上下文指定的目录里
Preferences getPreferences(String name)	根据文件名获取文件对应的 Preferences 实例，同一文件只有一个 Preferences 实例，该实例用于数据操作，参数 name 为文件名
void removePreferencesFromCache (String name)	根据文件删除对应的 Preferences 单实例，该方法不会删除实例对应的文件
boolean deletePreferences(String name)	根据文件删除对应的 Preferences 单实例，该方法会同时删除实例对应的文件
boolean movePreferences(Context sourceContext, String sourceName, String targetName)	移动数据存储文件的位置，将数据文件从源上下文(sourceContext)中移动到当前上下文中，由源文件名(sourceName)命名成新的文件名(targetName)

通过 DatabaseHelper 获得 Preferences 实例后，对轻量级数据存储的操作就转换成了对 Preferences 实例的操作，Preferences 类提供的主要操作方法如表 9-2 所示。

表 9-2 Preferences 主要接口方法及说明

方法签名	说明
Preferences putInt(String key, int value)	向 Preferences 实例中添加值为 int 类型的键值对数据
Preferences putString(String key, String value)	向 Preferences 实例中添加值为 String 类型的键值对数据
Preferences putBoolean (Stringkey, boolean value)	向 Preferences 实例中添加值为 boolean 类型的键值对数据
Preferences putLong(Stringkey, long value)	向 Preferences 实例中添加值为 long 类型的键值对数据
Preferences putFloat(Stringkey, float value)	向 Preferences 实例中添加值为 float 类型的键值对数据
Preferences putStringSet (Stringkey, Set<String> value)	向 Preferences 实例中添加值为 Set<String>类型的键值对数据
int getInt(String key, int defValue)	获取键 key 对应的 int 类型的值，若不存在，则取 defValue 为默认值
String getString(Stringkey, String defValue)	获取键 key 对应的 int 类型的值，若不存在，则取 defValue 为默认值

续表

方法签名	说明
boolean getBoolean(Stringkey, boolean defValue)	获取键key对应的boolean类型的值，若不存在，则取defValue为默认值
long getLong(Stringkey,long defValue)	获取键key对应的long类型的值，若不存在，则取defValue为默认值
float getFloat(String key,float defValue)	获取键key对应的float类型的值，若不存在，则取defValue为默认值
Set < String > getStringSet(Stringkey, Set < String > defValue)	获取键key对应的Set < String >类型的数据集合，若不存在，则取defValue为默认值
boolean hasKey(String key)	判断Preferences实例中是否存在键为key的键值对数据
Preferences delete(Stringkey)	删除Preferences实例中键为key的键值对数据
Preferences clear()	清除Preferences实例中所有的键值对数据
void flush()	将Preferences实例中的键值对数据异步写入存储文件中
boolean flushSync()	将Preferences实例中的键值对数据同步写入存储文件中

另外，为了实时观察数据变化，轻量级数据存储还提供了用于应用响应数据变化的回调接口方法，开发者可以为Perferences实例注册PreferencesObserver观察者，并通过重写onChange()方法来定义观察者的行为，以便在数据发生变化时进行及时回调处理。

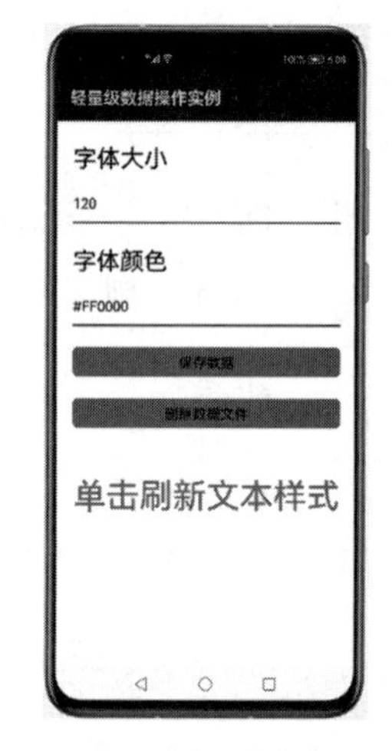

图9-2 轻量偏好数据存储示例运行效果

9.2.3 存储配置信息示例

6min

本节通过一个示例来说明轻量级数据存储的使用，该示例可以让用户输入配置项字体大小、字体颜色，通过单击按钮可以保存填写的配置数据、读取保存的配置数据、删除保存的数据文件，同时根据配置数据实现刷新展示文本内容字体的样式，运行的效果如图9-2所示。

首先，创建项目PreferencesDemo，编辑主布局文件ability_main.xml，使界面效果如图9-2所示，布局文件的代码如下：

```
//ch09\PreferencesDemo项目中的ability_main.xml
<?xml version = "1.0" encoding = "utf - 8"?>
< DirectionalLayout
    xmlns:ohos = "http://schemas.huawei.com/res/ohos"
    ohos:height = "match_parent"
    ohos:width = "match_parent"
```

```
    ohos:orientation = "vertical">

    <Text
        ohos:height = "35vp"
        ohos:width = "match_parent"
        ohos:layout_alignment = "left"
        ohos:text = "字体大小"
        ohos:text_size = "85"
        ohos:right_margin = "20vp"
        ohos:left_margin = "20vp"
        ohos:text_color = "#000000"
        ohos:top_margin = "25vp"
        />

    <TextField
        ohos:id = "$ + id:tf_size"
        ohos:height = "35vp"
        ohos:width = "match_parent"
        ohos:layout_alignment = "left"
        ohos:text = "120"
        ohos:text_size = "50"
        ohos:right_margin = "20vp"
        ohos:left_margin = "20vp"
        ohos:text_color = "#000000"
        ohos:top_margin = "25vp"
        ohos:basement = "#000099"
        />

    <Text
        ohos:height = "35vp"
        ohos:width = "match_parent"
        ohos:layout_alignment = "left"
        ohos:text = "字体颜色"
        ohos:text_size = "85"
        ohos:right_margin = "20vp"
        ohos:left_margin = "20vp"
        ohos:text_color = "#000000"
        ohos:top_margin = "25vp"
        />

    <TextField
        ohos:id = "$ + id:tf_color"
        ohos:height = "35vp"
        ohos:width = "match_parent"
        ohos:layout_alignment = "left"
        ohos:text = "#FF0000"
```

```
            ohos:text_size = "50"
            ohos:right_margin = "20vp"
            ohos:left_margin = "20vp"
            ohos:text_color = "#000000"
            ohos:top_margin = "25vp"
            ohos:basement = "#000099"
            />

        <Button
            ohos:id = "$ + id:btn_write"
            ohos:width = "match_parent"
            ohos:height = "35vp"
            ohos:text = "保存数据"
            ohos:background_element = "$ graphic:button_element"
            ohos:text_size = "50"
            ohos:top_margin = "25vp"
            ohos:right_margin = "20vp"
            ohos:left_margin = "20vp"
            />

        <Button
            ohos:id = "$ + id:btn_del"
            ohos:width = "match_parent"
            ohos:height = "35vp"
            ohos:text = "删除数据文件"
            ohos:background_element = "$ graphic:button_element"
            ohos:text_size = "50"
            ohos:top_margin = "25vp"
            ohos:right_margin = "20vp"
            ohos:left_margin = "20vp"
            />
        <Text
            ohos:id = "$ + id:text"
            ohos:height = "match_content"
            ohos:width = "match_content"
            ohos:text = "单击刷新文本样式"
            ohos:layout_alignment = "horizontal_center"
            ohos:text_size = "100"
            ohos:text_color = "#000000"
            ohos:top_margin = "50vp"
            />
</DirectionalLayout>
```

在主布局文件中引用了 button_element，因此需要在"resources/base/graphic/"目录下增加 button_element.XML 文件，该文件的代码如下：

```
//ch09\PreferencesDemo 项目中的 button_element.xml
<?xml version = "1.0" encoding = "utf - 8"?>
< shape
    xmlns:ohos = "http://schemas.huawei.com/res/ohos"
    ohos:shape = "rectangle">
    < corners
        ohos:radius = "6vp"/>
    < solid
        ohos:color = "#6666FF"/>
</shape >
```

主界面功能代码由 MainAblitySlice 实现，包括数据存储初始化、组件初始化、监听器设置、读写轻量数据等，具体的代码如下：

```
//ch09\PreferencesDemo 项目中的 MainAbilitySlice.java
public class MainAbilitySlice extends AbilitySlice {
    private Context context;                        //上下文
    private Button btnWrite;                        //写按钮
    private Button btnDelete;                       //删除文件按钮
    private TextField tFSize;                       //大小输入框
    private TextField tFColor;                      //颜色输入框
    private String fileName;                        //保存的文件名
    private Preferences preferences;                //Preferences 实例引用
    private DatabaseHelper databaseHelper;  //DatabaseHelper 对象引用

    //下方显示的文本
    private Text text;                              //显示样式文本
    private int tsize;                              //文本大小值
    private String tcolor;                          //文本颜色值

    @Override
    public void onStart(Intent intent) {
        super.onStart(intent);
        super.setUIContent(ResourceTable.Layout_ability_main);
        inits();                                    //初始化
    }

    //初始化
    private void inits() {
        //初始化组件
        btnWrite = (Button) findComponentById(ResourceTable.Id_btn_write);
        btnDelete = (Button) findComponentById(ResourceTable.Id_btn_del);
        tFSize = (TextField) findComponentById(ResourceTable.Id_tf_size);
        tFColor = (TextField)findComponentById(ResourceTable.Id_tf_color);
        text  =  (Text)findComponentById(ResourceTable.Id_text);
```

```
        //设置组件监听
        setListeners();
        //获得上下文
        context = getContext();
        //创建数据库帮助对象
        databaseHelper = new DatabaseHelper(context);
        //初始化文件名
        fileName = "perdb";
        //获得 Preferences 实例
        preferences = databaseHelper.getPreferences(fileName);
        //读取轻量存储数据
        readPreferences();
    }

    //读取轻量存储数据
    private void readPreferences() {
        //获得数据,无法获取时设置默认值
        tsize = preferences.getInt("size", 120);
        tcolor = preferences.getString("color","#FF0000");
        //设置界面显示配置
        tFSize.setText(tsize);
        tFColor.setText(tcolor);
        //弹出提示
        String s = String.format(Locale.ENGLISH,"大小: %d,颜色: %s",
                tsize,tcolor);
        new ToastDialog(context).setText(s).show();
        //刷新文本显示样式
        refreshTextStyle();
    }

    //刷新显示文本样式
    private void refreshTextStyle() {
        //设置文本大小
        text.setTextSize(tsize);
        //设置文本颜色
        Color.getIntColor(tcolor);
        Color color = new Color(Color.getIntColor(tcolor));
        text.setTextColor( color );
    }

    //设置组件监听
    private void setListeners() {
        //保存数据
        btnWrite.setClickedListener(new Component.ClickedListener() {
            @Override
            public void onClick(Component component) {
```

```
                try {
                    //获取界面输入数据
                    tsize = Integer.parseInt(tFSize.getText());
                    tcolor = tFColor.getText();
                    //将配置加入 preferences 中
                    preferences.putInt("size",tsize);
                    preferences.putString("color",tcolor);
                    preferences.flushSync();//写入文件
                    new ToastDialog(context).setText("写入成功!").show();
                } catch ( Exception e) {
                    e.printStackTrace();
                    new ToastDialog(context)
                            .setText("输入数据错误!").show();
                }
            }
        });

        //删除数据文件
        btnDelete.setClickedListener(new Component.ClickedListener() {
            @Override
            public void onClick(Component component) {
                //删除文件,并提示结果
                if (databaseHelper.deletePreferences(fileName)) {
                    new ToastDialog(context).setText("删除成功!").show();
                } else {
                    new ToastDialog(context).setText("删除失败!").show();
                }
            }
        });

        //设置显示文本,单击刷新
        text.setClickedListener(new Component.ClickedListener() {
            @Override
            public void onClick(Component component) {
                refreshTextStyle();
            }
        });
    }
}
```

9.3　关系型数据存储

9.3.1　关系型数据存储介绍

10min

关系型数据库(Relational Database,RDB)是基于关系模型组织管理数据的数据库。关系型数据库中一般包含若干个二维的数据表,每个表以行和列的形式存储数据。关系型数据存储的底层使用 SQLite 作为持久化存储引擎，支持 SQLite 的所有数据库特性，包括事务、索引、视图、触发器、外键、参数化查询和预编译 SQL 语句等。关系型数据存储框架实现了对底层 SQLite 数据进一步的封装，对上层提供了通用、完善且高效的操作接口，包括一系列的增、删、改、查等。在关系型数据存储框架机制中，应用只需和关系型数据存储框架层打交道，框架层通过 JNI 层最终访问底层 SQLite 数据库管理系统实现数据的存储访问。HarmonyOS 关系型数据库的存储分层机制如图 9-3 所示。

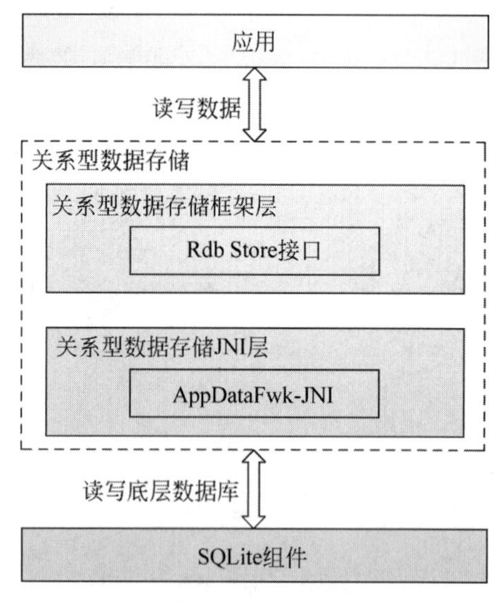

图 9-3 关系型数据存储分层机制

9.3.2 关系型数据存储接口

HarmonyOS 关系型数据存储框架提供了一系列可以操作关系型数据库的应用程序接口。其中，针对关系型数据库的创建、删除主要涉及 3 个类，分别是数据库帮助类(DatabaseHelper)、存储配置构建类(StoreConfig.Builder)和关系型数据库打开回调类(RdbOpenCallback)。

DatabaseHelper 类是数据库操作帮助类，该类主要用于数据库的创建、打开、删除等，其提供的主要方法和说明如表 9-3 所示。

表 9-3 DatabaseHelper 类中与关系型数据库操作相关的主要接口及说明

方法签名	说明
DatabaseHelper(Context context) public RdbStore getRdbStore(StoreConfig config,int version,RdbOpenCallback openCallback,ResultSetHook resultSetHook)	构造方法，当数据库创建成功后，数据库文件将存储在由上下文指定的目录里，可根据配置创建或打开数据库，返回 RdbStore 对象，用于和数据库交互
public boolean deleteRdbStore(String name)	删除指定的数据库

StoreConfig.Builder 类是存储配置构建类，该类是一个内部类，其主要功能是构建数据库配置参数数据，配置数据包括数据库名、存储模式、日志模式、同步模式、是否为只读、数据库加密等。

RdbOpenCallback 类是关系型数据库打开回调类，主要为数据库创建、升级、版本降级等提供回调接口，其主要接口方法如表 9-4 所示。

在关系型数据库存储框架中，关于表内容数据的增、删、改、查操作主要由关系型数据存储类(RdbStore)提供，另外为了更好地操作数据，系统还提供了结果集类(ResultSet)、值包类(ValuesBucket)和操作条件类(AbsRdbPredicates、RdbPredicates 和 RawRdbPredicates)等。

表 9-4 RdbOpenCallback 类的主要操作接口及说明

方法签名	说明
public abstract void onCreate(RdbStore store)	该方法是抽象方法,需要开发者实现,在数据库创建时被回调,开发者可以在该方法中初始化表结构,也可以将一些初始化数据添加到数据库中
public abstract void onUpgrade(RdbStore store,int currentVersion,int targetVersion)	该方法是抽象方法,需要开发者实现,在数据库升级时被回调,数据库升级即版本号增加
public void onDowngrade(RdbStore store,int currentVersion,int targetVersion)	该方法在数据库降级时被回调

RdbStore 类提供了数据库操作的增、删、改、查接口,具体操作接口如表 9-5 所示。

表 9-5 RdbStore 类的主要方法及说明

方法签名	说明
long insert(String table, ValuesBucket initialValues)	向数据库插入数据。参数 table 代表待插入数据的表名;initialValues 为插入的数据,以 ValuesBucket 存储,数据以字段和值的形式放入 initialValues
int delete(AbsRdbPredicates predicates)	删除数据。predicates 为条件,AbsRdbPredicates 有两个实现类 RdbPredicates 和 RawRdbPredicates,RdbPredicates 支持调用 equalTo 等接口,设置删除条件,RawRdbPredicates 支持设置表名、where 条件等删除条件
int update(ValuesBucket values, AbsRdbPredicates predicates)	更新数据库表中的数据。values 以 ValuesBucket 存储要更新的数据;predicates 与 delete 接口中参数的含义相同,这里是更新条件
ResultSet query(AbsRdbPredicates predicates,String[] columns)	查询数据,返回结果集。predicates 与 delete 接口中参数的含义相同,这里是查询条件;columns 为查询返回的列的名称数组
ResultSet querySql(String sql, String[] sqlArgs)	执行原生 SQL 语句查询,返回结果集。sql 为 SQL 语句,可以包含占位符;sqlArgs 为 SQL 语句中占位符参数的值,若无占位符,则该参数可为 null

9.3.3 人员信息管理示例

7min

通过前面介绍的接口,可以实现对关系型数据库及其数据的各种操作,下面采用关系型数据库操作,实现人员信息管理示例,该示例的运行效果如图 9-4 所示。

通过输入编号、姓名、性别、年龄信息,单击“添加”按钮可以把数据添加到数据库中,单击“查询全部数据”按钮可以把数据库中的数据查询出来并显示到下方的文本区内,如图 9-4(a)所示。根据输入的编号,单击“删除”按钮删除数据库中对应编号的记录,如图 9-4(b)所示,删除了编号为 1002 的人员信息。通过输入编号等信息,单击“修改”按钮可以修改数据库表中对应的编号人员的其他字段值信息,如图 9-4(c)所示。该示例通过对关系型数据库中数据的增、删、改、查基本操作实现了人员信息的管理。下面给出该示例的实现过程。

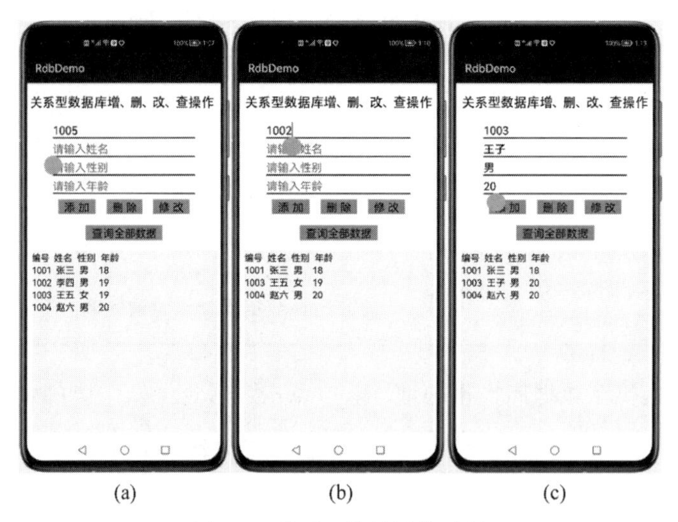

(a) (b) (c)

图 9-4 关系型数据操作示例

首先,创建项目 RdbDemo,根据显示效果编写主布局文件 ability_main.xml,代码如下:

```
//ch09\RdbDemo 项目中的 ability_main.xml
<?xml version = "1.0" encoding = "utf - 8"?>
< DirectionalLayout
    xmlns:ohos = "http://schemas.huawei.com/res/ohos"
    ohos:height = "match_parent"
    ohos:width = "match_parent"
    ohos:orientation = "vertical"
    >
    < Text
        ohos:height = "match_content"
        ohos:width = "match_content"
        ohos:layout_alignment = "horizontal_center"
        ohos:text = "关系型数据库增、删、改、查操作"
        ohos:text_size = "80"
        ohos:margin = "15vp"
        />
    < TextField
        ohos:id = "$ + id:tf_id"
        ohos:height = "match_content"
        ohos:width = "match_parent"
        ohos:layout_alignment = "horizontal_center"
        ohos:hint = "请输入编号"
        ohos:text = "1001"
        ohos:basement = "#000099"
        ohos:text_size = "60"
```

```
        ohos:top_margin = "5vp"
        ohos:left_margin = "50vp"
        ohos:right_margin = "50vp"
        />
    <TextField
        ohos:id = "$ + id:tf_name"
        ohos:height = "match_content"
        ohos:width = "match_parent"
        ohos:basement = "#000099"
        ohos:layout_alignment = "horizontal_center"
        ohos:hint = "请输入姓名"
        ohos:text = "张三"
        ohos:text_size = "60"
        ohos:top_margin = "5vp"
        ohos:left_margin = "50vp"
        ohos:right_margin = "50vp"
        />
    <TextField
        ohos:id = "$ + id:tf_sex"
        ohos:height = "match_content"
        ohos:width = "match_parent"
        ohos:basement = "#000099"
        ohos:layout_alignment = "horizontal_center"
        ohos:hint = "请输入性别"
        ohos:text = "男"
        ohos:text_size = "60"
        ohos:top_margin = "5vp"
        ohos:left_margin = "50vp"
        ohos:right_margin = "50vp"
        />
    <TextField
        ohos:id = "$ + id:tf_age"
        ohos:height = "match_content"
        ohos:width = "match_parent"
        ohos:basement = "#000099"
        ohos:layout_alignment = "horizontal_center"
        ohos:hint = "请输入年龄"
        ohos:text = "18"
        ohos:text_size = "60"
        ohos:top_margin = "5vp"
        ohos:left_margin = "50vp"
        ohos:right_margin = "50vp"
        />
    <DirectionalLayout
        ohos:height = "match_content"
        ohos:width = "match_parent"
```

```
        ohos:orientation = "horizontal"
        ohos:alignment = "horizontal_center"
    >
    <Button
        ohos:id = "$ + id:btn_add"
        ohos:height = "match_content"
        ohos:width = "match_content"
        ohos:clickable = "true"
        ohos:text = "   添 加   "
        ohos:text_size = "60"
        ohos:background_element = "#580000FF"
        ohos:margin = "10vp"
        />
    <Button
        ohos:id = "$ + id:btn_delete"
        ohos:height = "match_content"
        ohos:width = "match_content"
        ohos:clickable = "true"
        ohos:text = "   删 除   "
        ohos:text_size = "60"
        ohos:background_element = "#580000FF"
        ohos:margin = "10vp"
        />
    <Button
        ohos:id = "$ + id:btn_update"
        ohos:height = "match_content"
        ohos:width = "match_content"
        ohos:clickable = "true"
        ohos:text = "   修 改   "
        ohos:text_size = "60"
        ohos:background_element = "#580000FF"
        ohos:margin = "10vp"
        />
    </DirectionalLayout>
    <Button
        ohos:id = "$ + id:btn_query"
        ohos:height = "match_content"
        ohos:width = "match_content"
        ohos:clickable = "true"
        ohos:text = "   查询全部数据   "
        ohos:text_size = "60"
        ohos:layout_alignment = "horizontal_center"
        ohos:background_element = "#580000FF"
        ohos:margin = "10vp"
        />
    <Text
```

```
        ohos:id = "$ + id:t_show"
        ohos:height = "match_parent"
        ohos:width = "match_parent"
        ohos:text = ""
        ohos:multiple_lines = "true"
        ohos:text_size = "50"
        ohos:layout_alignment = "horizontal_center"
        ohos:text_alignment = "start"
        ohos:background_element = "#22C9C9C9"
        ohos:margin = "10vp"
        />
</DirectionalLayout>
```

本例中关于数据操作的代码由 MainAbilitySlice 类实现，本例中 MainAbilitySlice.java 的主要实现代码如下：

```
//ch09\RdbDemo 项目中的 MainAbilitySlice.java
public class MainAbilitySlice extends AbilitySlice {
    //准备常量
    private static final String DB_NAME = "my.db";
    private static final int DB_VERSION = 1;
    private static final String TABLE_NAME = "person";
    private static final String COLUMN_ID = "id";
    private static final String COLUMN_NAME = "name";
    private static final String COLUMN_SEX = "sex";
    private static final String COLUMN_AGE = "age";

    //数据库操作相关引用
    private DatabaseHelper dbHelper;
    private StoreConfig config;
    private RdbStore rdbStore;
    private RdbOpenCallback rdbOpenCallback;

    //界面组件
    TextField tf_id;
    TextField tf_name;
    TextField tf_sex;
    TextField tf_age;
    Button btn_add;
    Button btn_delete;
    Button btn_update;
    Button btn_query;
    Text t_show;

    @Override
```

```
    public void onStart(Intent intent) {
        super.onStart(intent);
        super.setUIContent(ResourceTable.Layout_ability_main);
        //初始化数据库
        initDB();
        //初始化组件
        initCompoment();
    }

    //初始化数据库
    private void initDB() {
        config = StoreConfig.newDefaultConfig(DB_NAME);
        dbHelper = new DatabaseHelper(this);
        //回调初始化
        rdbOpenCallback = new RdbOpenCallback() {
            @Override
            public void onCreate(RdbStore store) {
                //创建表
                store.executeSql("create table if not exists "
                        + TABLE_NAME + " ("
                        + COLUMN_ID + " integer primary key, "
                        + COLUMN_NAME + " text not null, "
                        + COLUMN_SEX + " , "
                        + COLUMN_AGE + " integer)");
            }

            @Override
            public void onUpgrade(RdbStore store, int oldVersion, int newVersion) {
            }
        };
        //创建数据库
        rdbStore = dbHelper.getRdbStore(config, DB_VERSION, rdbOpenCallback, null);
    }

    //初始化组件
    private void initCompoment() {
        //编号
        tf_id = (TextField) findComponentById(ResourceTable.Id_tf_id);
        //姓名
        tf_name = (TextField) findComponentById(ResourceTable.Id_tf_name);
        //性别
        tf_sex = (TextField) findComponentById(ResourceTable.Id_tf_sex);
        //年龄
        tf_age = (TextField) findComponentById(ResourceTable.Id_tf_age);
```

```
        //"添加"按钮
        btn_add = (Button) findComponentById
                        (ResourceTable.Id_btn_add);
        //"删除"按钮
        btn_delete = (Button) findComponentById
                        (ResourceTable.Id_btn_delete);
        //"修改"按钮
        btn_update = (Button) findComponentById
                        (ResourceTable.Id_btn_update);
        //"查询全部数据"按钮
        btn_query = (Button) findComponentById
                        (ResourceTable.Id_btn_query);

        //显示文本
        t_show = (Text) findComponentById(ResourceTable.Id_t_show);

        //设置按钮监听
        setListener();
    }

    //设置按钮监听
    private void setListener() {
        //添加按钮监听
        btn_add.setClickedListener(new Component.ClickedListener() {
            @Override
            public void onClick(Component component) {
                int id = Integer.parseInt(tf_id.getText());
                String name = tf_name.getText();
                String sex = tf_sex.getText();
                int age = Integer.parseInt(tf_age.getText());
                ToastDialog d = new ToastDialog(getContext());

                //根据输入的数据,加入数据表中
                if (id > 0 && name.length() > 0) {
                    //准备添加数据
                    ValuesBucket valuesBucket = new ValuesBucket();
                    valuesBucket.putInteger(COLUMN_ID, id);
                    valuesBucket.putString(COLUMN_NAME, name);
                    valuesBucket.putString(COLUMN_SEX, sex);
                    valuesBucket.putInteger(COLUMN_AGE, age);

                    //调用接口添加数据,返回 -1 表示失败
                    long rowid = rdbStore.insert(TABLE_NAME, valuesBucket);
                    if( rowid == -1 )
                        d.setText("添加数据记录失败");
```

```
                else
                    d.setText("添加数据记录成功");
            } else {
                d.setText("编号必须为非负整数且姓名不能为空");
            }
            //显示提示
            d.show();
        }
    });

    //删除按钮监听
    btn_delete.setClickedListener(new Component.ClickedListener() {
        @Override
        public void onClick(Component component) {
            int id = Integer.parseInt(tf_id.getText());
            ToastDialog d = new ToastDialog(getContext());

            //根据输入的编号,删除对应编号的记录
            if (id > 0) {
                //设置删除条件
                RdbPredicates predicates = new
                                    RdbPredicates(TABLE_NAME);
                predicates.equalTo(COLUMN_ID, id);

                //调用接口删除记录,返回影响的记录数
                int rows = rdbStore.delete(predicates);
                d.setText("删除 " + rows + " 行记录");
            } else {
                d.setText("请输入编号");
            }
            //提示信息
            d.show();
        }
    });

    //修改按钮监听
    btn_update.setClickedListener(new Component.ClickedListener() {

        @Override
        public void onClick(Component component) {
            int id = Integer.parseInt(tf_id.getText());
            String name = tf_name.getText();
            String sex = tf_sex.getText();
            int age = Integer.parseInt(tf_age.getText());
            ToastDialog d = new ToastDialog(getContext());

            //修改对应编号的记录数据信息
```

```
            if (id > 0) {
                //设置修改的数据
                ValuesBucket valuesBucket = new ValuesBucket();
                valuesBucket.putString(COLUMN_NAME, name);
                valuesBucket.putString(COLUMN_SEX, sex);
                valuesBucket.putInteger(COLUMN_AGE, age);

                //设置删除条件和数据的编号相等
                RdbPredicates predicates = new
                                    RdbPredicates(TABLE_NAME);
                predicates.equalTo(COLUMN_ID, id);

                //调用接口进行数据修改,返回修改的记录数
                int rows = rdbStore.update(valuesBucket, predicates);
                if(rows > 0)
                    d.setText("修改了编号为 " + id + " 的记录");
                else
                    d.setText("没有修改任何记录");
            } else {
                d.setText("请输入编号");
            }
            //提示显示
            d.show();
        }
});

//查询全部按钮监听
btn_query.setClickedListener(new Component.ClickedListener() {
    @Override
    public void onClick(Component component) {
        //查询条件
        RdbPredicates predicates = new RdbPredicates(TABLE_NAME);
        String[] columns = new String[]
                        {COLUMN_ID, COLUMN_NAME,
                         COLUMN_SEX, COLUMN_AGE};

        //调用 query 接口进行查询,返回结果集
        ResultSet resultSet = rdbStore.query(
                        predicates, columns);
        if (resultSet.getRowCount() > 0) {
            resultSet.goToFirstRow();
            StringBuilder show = new StringBuilder();
            show.append("编号  姓名  性别  年龄"
                        + System.lineSeparator());
            //遍历结果集
            do {
```

```
                    int id = resultSet.getInt(resultSet
                            .getColumnIndexForName(COLUMN_ID));
                    String name = resultSet.getString(resultSet
                            .getColumnIndexForName(COLUMN_NAME));
                    String sex = resultSet.getString(resultSet
                            .getColumnIndexForName(COLUMN_SEX));
                    int age = resultSet.getInt(resultSet
                            .getColumnIndexForName(COLUMN_AGE));

//添加到显示文本中
                    show.append(id + "" + name + ""
                            + sex + "" + age);
                    show.append(System.lineSeparator());
                } while (resultSet.goToNextRow());

                //显示到 Text 中
                t_show.setText(show.toString());
            } else {
                t_show.setText("没有数据记录!");
            }
        }
    });
  }
}
```

人员信息管理示例实现了对关系型数据库的基本操作，为了更直接地说明数据库的访问操作方法，该示例直接在界面类中实现了对数据库的各种操作。在很多情况下，应用会将对数据库的直接操作封装到 Data Ability 中，这样可以增强数据访问的安全性和可控性，同时还可以兼顾本地和跨设备访问数据，读者可以结合 Data Ability 相关内容实现对底层数据的封装，完善人员信息管理示例。

9min

9.4 对象关系映射存储

9.4.1 对象关系映射存储介绍

HarmonyOS 框架中提供的对象关系映射(Object Relational Mapping，ORM)存储是在关系型数据存储的基础上进行了面向对象的进一步封装，增加了对象关系模型层，其底层仍然基于 SQLite 数据库管理系统。

对象关系映射存储提供了一系列的面向对象接口，通过将实例对象映射到关系上，实现使用操作实例对象的语法，使应用仅仅通过操作对象，最终就可以操作底层关系型数据库。对象关系映射存储操作的机制如图 9-5 所示。

面向对象编程把一切都视作对象，以对象作为一个基本单位，对象关系映射存储就是希

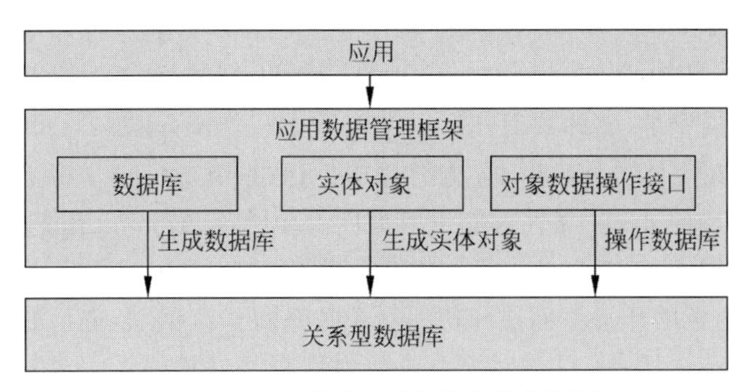

图 9-5 对象关系映射数据库操作机制

望开发者使用数据和使用对象一样，以对象作为基本单元进行数据存储和访问。

对象关系映射数据存储是建立在关系型数据管理系统 SQLite 基础之上的，对象的属性和数据库表中的字段是一般对应的，因此对象的属性数据类型约束和 SQLite 是一致的，开发者在建立对象属性的类型时也应和 SQLite 支持的类型一致，不支持自定义类型。

9.4.2 对象关系映射方法及接口

对象关系映射存储支持数据库和表的创建，包括对象数据的增、删、改、查，以及对象数据变化回调、数据库升降级和备份等功能。

创建对象关系映射数据库，需要定义一个表示数据库对象的类，通过继承系统提供的对象关系映射数据库类(OrmDatabase)，可以实现自己的对象数据库类，一个对象数据库类的实例对应一个数据库。定义一个对象数据库类 MyOrmDB 的基本代码如下：

```
@Database(entities = {User.class,Task.class}, version = 1)
public abstract class MyOrmDB extends OrmDatabase {
}
```

在对象数据库类前面，通过@Database 注解类内的实体(entities)属性指定哪些数据模型类属于这个数据库，一般一个实体对应一张表，一个对象关系映射数据库主要包含实体和版本。如上代码表示数据库中有两张表，对应两个实体类，分别是 User 和 Task 类，数据库的版本是 1。

数据库中表和 OrmObject 对象是对应的，通过继承 OrmObject 类可以创建对象关系映射实体类，通过@Entity 注解表示实体类和数据表之间的映射关系，示例代码如下：

```
@Entity(tableName = "user",ignoredColumns = "lastLoginTime")
public class User extends OrmObject {
    @Column(name = "username")
    private String name;
    //省略
}
```

以上代码表示将实体类 User 映射到表 user，即 User 类的对象和 user 表对应，属性和表中字段对应，但是忽略 lastLoginTime 字段。除了表名（tableName）和忽略字段（ignoredColumns）设置外，实体映射还可以设置主键（primaryKeys）、外键（foreignKeys）和索引（indices）等。在实体类的内部，实体类的属性通过@Column 注释设置和字段的对应，如上代码表示实体类的 name 属性对应于数据库表中的 username 字段。

类似关系型数据库，针对对象关系映射数据存储，HarmonyOS 应用开发框架也提供了一系列的类和接口，帮助开发者创建和使用对象关系映射数据库，进行数据存储访问。

在 DatabaseHelper 类中，针对对象关系映射数据存储提供了一些接口方法，主要方法如表 9-6 所示。

表 9-6 DatabaseHelper 对象关系存储相关的主要方法

方法签名	说明
DatabaseHelper(Context context)	构造方法
public OrmContext getOrmContext(String alias)	打开数据库，alias 为依据的数据库别名
public < T extends OrmDatabase > OrmContext getOrmContext (OrmConfig ormConfig, Class < T > ormDatabase, OrmMigration… migrations)	打开数据库，ormConfig 为数据库配置，ormDatabase 为数据库对应类，migrations 为数据库升级类
public < T extends OrmDatabase > OrmContext getOrmContext(String alias, String name, Class < T > ormDatabase, OrmMigration… migrations)	打开数据库，alias 表示数据库别名，name 表示数据库名称，ormDatabase 为数据库对应类，migrations 为数据库升级类

被打开的对象关系映射数据库会返回一个 OrmContext 对象，OrmContext 类提供了基于面向对象的对数据库进行增、删、改、查等操作的方法，主要操作方法如表 9-7 所示。

表 9-7 OrmContext 中的主要操作方法

方法签名	说明
boolean insert(T object)	向数据库中添加一个 T 类型的 object 对象，要求 T 继承自 OrmObjuct 类
boolean update(T object)	更新数据库中的一个对象信息，要求 T 继承自 OrmObjuct 类
List < T > query(OrmPredicates predicates)	查询库符合 predicates 设置的操作条件的所有对象，返回对象列表，要求 T 继承自 OrmObjuct 类
boolean delete(T object)	删除数据库中的一个对象信息，要求 T 继承自 OrmObjuct 类
OrmPredicates where(Class < T > clz)	获得 T 类对应的条件对象，通过返回的 OrmPredicates 对象可以设置操作条件
boolean backup(String destPath)	将数据库备份到目标路径
boolean restore(String srcPath)	从指定路径恢复备份的数据库

另外，OrmContext 类还提供了关于数据变化的方法，可以实时监视数据变化，同时还

为事务机制提供了接口方法，可以保证数据操作的原子性和一致性等。系统还提供了对象关系映射数据库的升级、版本查看、版本切换等功能，感兴趣的读者可以查阅相关资料。

9.4.3 存储人员对象信息示例

本节采用对象关系映射的方式实现人员信息存储示例，通过该示例进步说明对象关系映射数据存储访问的方法和应用开发过程，该示例的运行效果如图 9-6 所示。

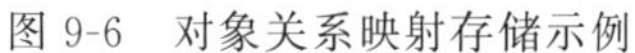
(a) (b)

图 9-6 对象关系映射存储示例

该示例中，通过单击“添加 5 个 Person 对象”按钮可以向数据库中添加 5 个人员信息，单击“查询全部人员信息”按钮可以在下方显示所有人员的信息，单击“所有人员年龄加 1”按钮可以批量将数据库中所有人员的年龄加 1。下面按步骤实现该示例。

第一步，定义对象数据库类。

本例中对象数据库类命名为 MyOrmDB，该类继承了 OrmDatabase 类，并通过@Database 说明其映射到数据库，数据库中包含实体 Person，版本为 1。之所以@Database 能够起作用是由于导入了相关的工具包(ohos.data.orm.annotation.Database)，此工具包负责映射工作。尽管 MyOrmDb 类是一个抽象类，底层框架会进一步实现该类并完成映射。MyOrmDB 类的主要代码如下：

```
//ch09\ORMDemo 项目中的 MyOrmDB.java
import cn.edu.zut.ormdemo.entity.Person;
import ohos.data.orm.OrmDatabase;
import ohos.data.orm.annotation.Database;

@Database(entities = {Person.class}, version = 1)
public abstract class MyOrmDB extends OrmDatabase {
}
```

第二步，实现对象映射实体类。

本例中，对象数据库中包含 Person 实体，因此需要实现该实体类，代码如下：

```
//ch09\ORMDemo 项目中的 Person.java
package cn.edu.zut.ormdemo.entity;
import ohos.data.orm.OrmObject;
import ohos.data.orm.annotation.Column;
import ohos.data.orm.annotation.Entity;
import ohos.data.orm.annotation.PrimaryKey;
import java.util.Date;
```

```
@Entity(tableName = "person", ignoredColumns = "lastLoginDate")
public class Person extends OrmObject {
    //说明:这里 id 为了自增的主键,只有数据类型为包装类型时,自增主键才有效
    @PrimaryKey(autoGenerate = true)
    private Integer id;//id 不能被定义为 int 类型

    @Column(name = "name")
    private String name;//将姓名属性映射到表 name 列

    @Column(name = "sex")
    private String sex;//将性别属性映射到表 sex 列

    @Column(name = "age")
    private int age;//将年龄属性映射到表 age 列

    private Date lastLoginDate;

    //构造方法
    public Person(String name, String sex, int age){
        this.name = name;
        this.sex = sex;
        this.age = age;
    }

    public Person() {   } //构造方法

    //get 系列方法
    public Integer getId() { return id; }
    public String getName() { return name; }
    public String getSex() { return sex; }
    public int getAge() { return age; }
    public Date getLastLoginDate() { return lastLoginDate; }

    //set 系列方法
    public void setId(Integer id) { this.id = id; }
    public void setName(String name) { this.name = name; }
    public void setSex(String sex) { this.sex = sex; }
    public void setAge(int age) { this.age = age; }
}
```

说明：

(1) Person 类继承了 OrmObject 类，说明 Person 是一个对象关系映射类。

(2) 注释@Entity(tableName = "person", ignoredColumns = "lastLoginDate")说明该类是一个实体，映射的表名是 person，忽略列为 lastLoginDate，该类对象会被映射到关系

型数据库表 person。

(3) 注释@PrimaryKey(autoGenerate = true)表示该 id 属性对应的表中 id 字段为主键,并且为自动增长的。

(4) 注释@Column(name = "age")在类的属性 age 上方,说明属性 age 映射到表的列名为 age,其他几个属性也相应地映射到对应的字段。

(5) 导入的 ohos. data. orm. OrmObject、ohos. data. orm. annotation. Column、ohos. data. orm. annotation. Entity、ohos. data. orm. annotation. PrimaryKey 包是对象关系映射需要的工具包。

第三步,配置启用@注释和编译依赖工具包。

在项目中,默认@注释可能没有被激活,因此一般需要在使用的对象关系映射的模块所对应的 build. gradle 中配置,在配置文件中的 ohos 节点中进行如下配置:

```
apply plugin: 'com.huawei.ohos.decctest'
ohos {
    compileSdkVersion 5
    defaultConfig {
        compatibleSdkVersion 5
    }
    buildTypes {
        release {
            proguardOpt {
                proguardEnabled false
                rulesFiles 'proguard - rules.pro'
            }
        }
    }
    compileOptions {
        annotationEnabled true
    }
}
```

这里,annotationEnabled true 表示启用注释功能,对象关系映射工具依据@注释进行解析映射,因此必须开启@注释功能。开发框架提供的对象关系映射工具主要在 orm_annotations_java. jar、orm_annotations_processor_java. jar、javapoet_java. jar 共 3 个 jar 包中,这 3 个包在 SDK 的安装目录下,默认在 Sdk/java/x. x. x. xx/build-tools/lib/目录中,一般情况下开发环境会自动把这些 jar 包包含到编译路径中,不需要手工配置,但是如果需要配置依赖,则可以在模块的 build. gradle 文件的 dependencies 节点中加入这些包的依赖配置。

第四步,实现本例界面布局。

本例布局效果图 9-6 所示,对应的布局文件 ability_main. xml 的代码如下:

```
//ch09\ORMDemo 项目中的 ability_main.xml
<?xml version = "1.0" encoding = "utf - 8"?>
<DirectionalLayout
    xmlns:ohos = "http://schemas.huawei.com/res/ohos"
    ohos:height = "match_parent"
    ohos:width = "match_parent"
    ohos:orientation = "vertical"
    >
    <Text
        ohos:height = "match_content"
        ohos:width = "match_content"
        ohos:background_element = "$graphic:background_ability_main"
        ohos:layout_alignment = "horizontal_center"
        ohos:text = "对象关系数据库示例"
        ohos:text_size = "80"
        ohos:margin = "15vp"
        />
    <Button
            ohos:id = "$+id:btn_add"
            ohos:height = "36vp"
            ohos:width = "260vp"
            ohos:clickable = "true"
            ohos:text = "添加 5 个 Person 对象"
            ohos:text_size = "60"
            ohos:layout_alignment = "horizontal_center"
            ohos:background_element = "#580000FF"
            ohos:margin = "10vp"
            />
    <Button
            ohos:id = "$+id:btn_update"
            ohos:height = "36vp"
            ohos:width = "260vp"
            ohos:clickable = "true"
            ohos:text = "所有人员年龄加 1"
            ohos:text_size = "60"
            ohos:layout_alignment = "horizontal_center"
            ohos:background_element = "#580000FF"
            ohos:margin = "10vp"
            />
    <Button
        ohos:id = "$+id:btn_query"
        ohos:height = "36vp"
        ohos:width = "260vp"
        ohos:clickable = "true"
        ohos:text = "查询全部人员信息"
        ohos:text_size = "60"
```

```
        ohos:layout_alignment = "horizontal_center"
        ohos:background_element = "#580000FF"
        ohos:margin = "10vp"
        />
    <Text
        ohos:id = "$ + id:t_show"
        ohos:height = "match_parent"
        ohos:width = "300vp"
        ohos:text = ""
        ohos:multiple_lines = "true"
        ohos:text_size = "50"
        ohos:layout_alignment = "horizontal_center"
        ohos:text_alignment = "start"
        ohos:background_element = "#22C9C9C9"
        ohos:margin = "10vp"
        />
</DirectionalLayout>
```

第五步，使用对象关系映射相关接口存取数据。

进行对象关系映射存储数据主要需要两个实例，一个是 DatabaseHelper 实例，另外一个是 OrmContext 实例，获得两个实例的代码如下：

```
//创建 DatabaseHelper 实例
DatabaseHelper dbHelper = new DatabaseHelper(this);
…
//构造 OrmContext 实例
OrmContext ormContext = dbHelper.getOrmContext("MyOrmDB", "MyOrmDB.db",
                                    MyOrmDB.class);
```

其中，getOrmContext()方法包含 3 个参数，第 1 个参数为数据库别名，第 2 个参数为数据库名称，第 3 个参数为数据库对应的类，这里是前面创建好的 MyOrmDB 类，该方法可创建数据库及其中的表，同时返回 OrmContext 实例，通过该实例进一步可以访问数据库。OrmContext 实例在使用完成后，需要进行关闭操作，代码如下：

```
ormContext.close();
```

获得 OrmContext 对象后，便可通过对象关系映射上下文对象(ormContext)进行数据访问，本例中的“添加 5 个 Person 对象”按钮对应的单击监听实现的代码如下：

```
//ch09\ORMDemo 项目中 MainAbilitySlice.java 中的相关代码
btn_add.setClickedListener(new Component.ClickedListener() {
    @Override
```

```
        public void onClick(Component component) {
            //构造5个Person对象
            Person p1 = new Person("张三","男",18);
            Person p2 = new Person("李四","男",19);
            Person p3 = new Person("王五","女",20);
            Person p4 = new Person("艾国","男",49);
            Person p5 = new Person("任民","男",30);
            //插入数据库
            ormContext.insert(p1);
            ormContext.insert(p2);
            ormContext.insert(p3);
            ormContext.insert(p4);
            ormContext.insert(p5);
            //清空缓存,确保数据保存到数据库
            ormContext.flush();
            //显示提示
            ToastDialog d = new ToastDialog(getContext());
            d.setText("添加数据记录成功");
            d.show();
        }
    });
```

本例中的"查询全部人员信息"按钮对应的单击监听的实现代码如下：

```
//ch09\ORMDemo项目中MainAbilitySlice.java中的相关代码
//查询全部按钮监听
btn_query.setClickedListener(new Component.ClickedListener() {
    @Override
    public void onClick(Component component) {
        //查询条件,可以根据需要设置
        OrmPredicates predicates = ormContext.where(Person.class);
        List<Person> persons = ormContext.query(predicates);
        if ( persons.size() == 0) {
            t_show.setText("没有数据记录!");
            return;
        }

        //构建显示信息
        StringBuilder show = new StringBuilder();
        show.append("编号    姓名    性别    年龄" + System.lineSeparator());

        //遍历所有查询的数据
        for (Person person : persons) {
            int id = person.getId().intValue();;
            String name = person.getName();
            String sex = person.getSex();;
```

```
                int age = person.getAge();
                show.append("" + id   + ""
                                    + name + ""
                                    + sex + ""
                                    + age);
                show.append(System.lineSeparator());
            }
            //显示到 Text 中
            t_show.setText(show.toString());
        }
    });
```

本例中的“所有人员年龄加1”按钮对应的单击监听的实现代码如下：

```
//ch09\ORMDemo 项目中的 MainAbilitySlice.java 中的相关代码
//修改数据按钮监听
btn_update.setClickedListener(new Component.ClickedListener() {
    @Override
    public void onClick(Component component) {
        //设置条件
        OrmPredicates predicates = ormContext.where(Person.class);
        predicates.isNotNull("age");   //age 不为空
        //查询所有符合条件的数据
        List<Person> persons = ormContext.query(predicates);
        if ( persons.size() == 0) {
            new ToastDialog(getContext()).setText("无数据可以更新").show();
            return;
        }
        int age;
        //遍历查询到的所有人员数据
        for(int i = 0; i < persons.size(); i++)
        {
            Person p;
            p = persons.get(i);
            age = p.getAge();
            age++;//age 加 1
            p.setAge(age);//设置新的 age 值
            ormContext.update(p);//更新对象
        }

        //清空缓存,确保数据保存到数据库
        ormContext.flush();

        //提示显示
        ToastDialog d = new ToastDialog(getContext());
        d.setText("修改数据成功");
```

```
            d.show();
        }
    });
```

以上步骤实现了本节开头提到的通过对象关系映射的方式存储人员信息的示例。由于对象关系映射上下文类 OrmContext 提供的是面向对象的访问接口，因此，开发者可以按照处理对象的方法处理数据，底层框架会自动帮助应用进行数据映射和存取，进而使应用能够更加方便地进行数据存储和访问。

9.5 分布式数据服务

20min

9.5.1 分布式数据服务介绍

HarmonyOS 分布式数据服务(Distributed Data Service，DDS)为应用程序提供了不同设备间数据分布存储能力。应用可以通过调用分布式数据存储接口，将数据保存到分布式数据库中，分布数据服务底层可实现数据的分布存储和同步，上层可实现对分布式应用的统一支持。在分布式数据存储中，可信认证的设备间支持数据的相互同步，为用户在多种终端上提供一致的数据访问体验。不同的账号和应用之间可以实现数据隔离，保障数据的安全。

1. KV 数据模型

HarmonyOS 分布式存储数据是基于 KV(Key Value)数据模型的，即键值对数据模型。存储数据的基本格式是键值对，尽管不如关系型数据处理大量数据的能力，但是拥有更好的读写性能。分布式数据服务对外提供了丰富的基于 KV 数据模型的访问接口。

2. 分布式数据存储的特点

HarmonyOS 分布式数据存储提供了数据同步能力。系统底层通信组件具有设备发现、认证等能力，分布式数据服务可以在设备间建立数据传输通道，进行数据同步。同时，系统支持手动和自动两种同步方式。手动同步由应用调用接口触发，自动同步由分布式数据库自动触发。

HarmonyOS 分布式数据存储提供了分布式数据库事务能力。系统事务的核心概念和本地数据库事务的核心概念是一致的，即保证数据操作的完整性，一个事务中的操作要么全部执行成功，要么都不执行。在分布式场景下，分布式数据存储可以保障多个设备上执行的事务的原子性。

HarmonyOS 分布式数据存储还提供了数据冲突解决能力、分布式数据库备份和恢复能力。

3. 分布式数据存储体系

HarmonyOS 分布式数据存储体系主要包含 5 个部分：服务接口、服务组件、存储组件、同步组件和通信适配层。

(1) 服务接口：为应用开发提供的访问接口，基于 KV 数据模型，提供了一系列数据存储接口,如创建库、读写数据、订阅等。

(2) 服务组件:服务组件负责服务内元数据的存储、权限管理、加密管理、备份和恢复管理及多用户管理等,同时负责对底层分布式数据库的存储组件、同步组件和通信适配层进行初始化等。

(3) 存储组件:主要用于数据存储,负责数据访问、事务、加密、数据合并和解决冲突等。

(4) 同步组件:主要用于保障分布设备间的分布式数据的一致性,它是存储组件与通信适配层的桥梁。

(5) 通信适配层:主要用于适配底层通信,调用底层通信接口完成通信。通信适配层负责维护设备连接、设备上下线信息等,上层可调用通信适配层的接口完成数据跨设备通信。

对于两个设备的情况下,分布式数据存储及交互的体系结构如图 9-7 所示。

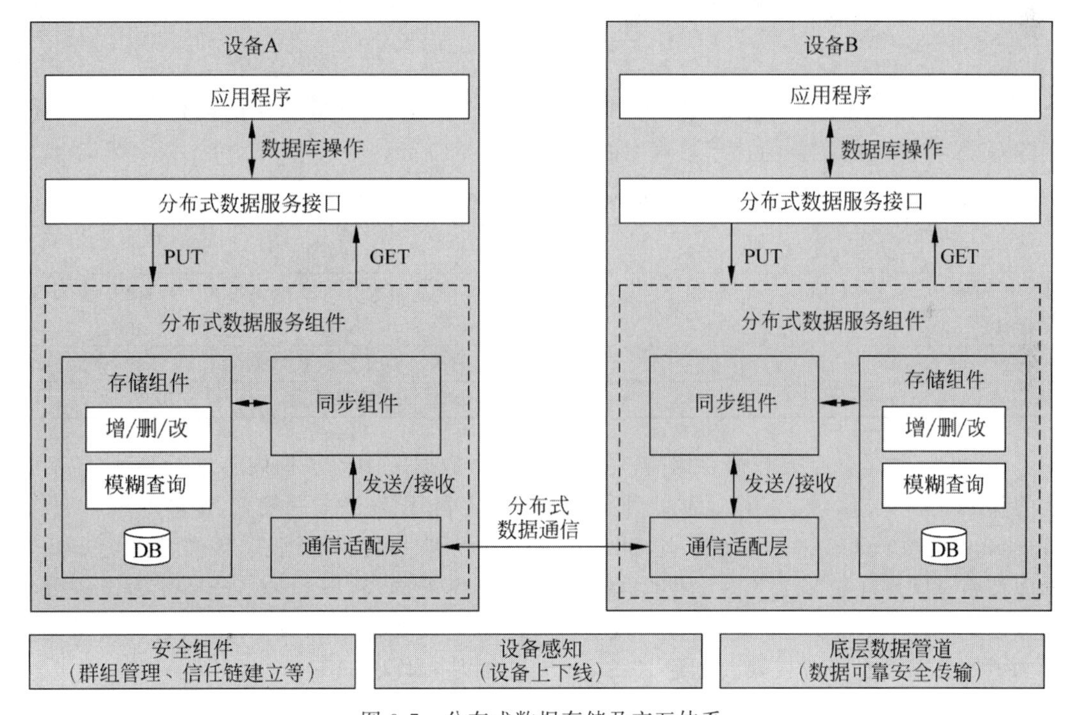

图 9-7 分布式数据存储及交互体系

在 HarmonyOS 中,分布式数据库底层把数据分布存放在多个设备上,实现数据在不同设备间的共享和同步,系统对上层提供了透明的分布式数据存储接口,使开发者可以通过这些接口方便地进行数据管理。例如当设备 A 上的某个应用在分布式数据库中进行增、删、改数据后,设备 B 上该应用可以非常方便地获得数据变化,分布式数据库管理为跨设备应用提供了统一的数据存储和管理能力。

9.5.2 分布式数据服务接口

HarmonyOS提供的分布式数据库存储是基于KV模型的。在KV模型的基础上，系统对应用开发提供了多个相关类接口，包括KvManager类、KvStore类、KvStoreObserver类及相关的辅助类。

KvManager是分布式数据库管理类，进行分布式数据存储首先需要创建KvManager类的对象，创建该类对象需要KvManagerConfig和KvManagerFactory类辅助，下面是创建一个KvManager对象的一般代码：

```
Context context;
KvManagerConfig config;
KvManager kvManager;
…
context = getApplicationContext();
config = new KvManagerConfig(context);
kvManager = KvManagerFactory.getInstance().createKvManager(config);
```

KvManager的主要功能是对分布式数据库进行管理，包括数据库的创建、打开、关闭、删除等，该类提供的主要的管理数据库的接口如表9-8所示。

表9-8 KvManager类主要方法及说明

方法签名	说明
KvStore getKvStore(Options options, String storeId)	根据options配置创建或打开标识符为storeId的分布式数据库，返回KvStore对象
void closeKvStore(KvStore kvStore)	关闭已打开的kvStore分布式数据库
void deleteKvStore(String storeId)	根据标识符删除分布式数据库

KvStore类是分布式数据存储类，主要功能是对数据库中的数据内容进行管理，包括数据的添加、删除、修改、查询、订阅、同步等。在实际开发中，一般使用它的两个子类SingleKvStore或DeviceKvStore类，SingleKvStore为单一版本数据库，该类型的分布式数据库按照时间顺序更新版本，单版本数据库不支持事务同步。DeviceKvStore为设备分布式数据库，对于该类型的数据库，应用仅仅可修改本地设备创建的数据，对从远程设备同步到本地的数据没有修改权限。创建KvStore对象的基本代码如下：

```
//定义单版本分布式数据库引用
SingleKvStore kvStore;
//如果使用设备分布式数据库，则定义引用如下
//DeviceKvStore kvStore;

Options options = new Options();          //创建配置选项
options.setCreateIfMissing(true)          //如果没有，则创建库
       .setEncrypt(false);                //不加密
//将分布式数据库设置为非自动同步
```

```
options.setAutoSync(false);
//将分布式数据库设置为自动同步,默认为自动同步
//options.setAutoSync(true);

//创建单版本分布式数据库,设置如下
options.setKvStoreType(KvStoreType.SINGLE_VERSION);

//如果创建设备分布式数据库,则设置如下
//options.options.setKvStoreType(KvStoreType.DEVICE_COLLABORATION);

//获得 KvStore 对象
kvStore = kvManager.getKvStore(options, "kvstore_id");
```

获得了 KvStore 对象后,便可以通过其提供的操作接口方法进行与数据相关的多种操作,其提供的主要数据操作接口方法如表 9-9 所示。

表 9-9　KvStore 常用的操作接口方法及说明

接口方法	说明
putString(String key,String value)	向分布式数据库中插入或修改 key 对应的 String 类型的 value 值
putBoolean(String key,boolean value)	向分布式数据库中插入或修改 key 对应的 boolean 类型的 value 值
KvStore 提供了一系列 putXxx()方法,可以向数据库插入或修改值为任意基本类型的键值对数据	
int getInt(String key)	根据 key 从数据库中获得值类型为 int 的数据值
String getString(String key)	根据 key 从数据库中获得值类型为 String 的数据值
KvStore 提供了一系列 getXxx(String key)方法,可以从数据库中获得 key 对应的值为任意基本类型的数据值	
String getStoreId()	获取分布式数据库实例的标识 ID
void delete(String key)	删除数据库中以 key 为键的键值对
void deleteBatch(List < String > keys)	批量删除数据库中键包含在列表 keys 中的所有键值对
void subscribe(SubscribeType subscribeType, KvStoreObserver observer)	订阅数据库中数据的变化,当数据变化时,由观察者 observer 进行处理
void unSubscribe(KvStoreObserver observer)	取消订阅
void sync(List < String > deviceIdList,SyncMode mode)	触发数据库同步,将数据同步到在设备 ID 列表 deviceIdList 中的所有设备上

这里仅仅列出了 KvStore 部分常用的方法接口,这些方法的参数中涉及了一些其他辅助类,如 KvStoreObserver、SubscribeType、SyncMode 类。KvStoreObserver 为 KvStore 观察者类,用于监听数据变化,在 KvStore 进行订阅数据变化时需要一个观察者对象,一旦数

据出现变化，观察者便会回调其 onChange()方法进行处理，开发者可以根据需要重写 onChange()方法。SubscribeType 为订阅类型，是一个枚举类型，枚举值可以为本地(SubscribeType. SUBSCRIBE_TYPE_LOCAL)、远程(SubscribeType. SUBSCRIBE_TYPE_REMOTE)、全部(SubscribeType. SUBSCRIBE_TYPE_ALL)，本地表示只订阅观察当前设备上分布式数据的变化，远程表示订阅观察其他远端设备上分布式数据的变化，全部表示订阅观察分布式数据在所有设备上的变化。SyncMode 为同步模式，是一个枚举类型，枚举值可以为单拉模式(SyncMode. PULL_ONLY)、单推模式(SyncMode. PUSH_ONLY)、推拉模式(SyncMode. PUSH_PULL)。单拉模式下数据同步仅仅是从远程设备上拉到本地，单推模式下数据同步是把本地数据推送到远端设备，推拉模式是双向数据同步模式，数据可以推送到远端设备，也可以从远端设备拉拽到本地。

18min

9.5.3 分布式通讯录示例

本节以分布式数据存储为基础，实现一个分布式通讯录示例。该示例可以在任一设备上管理联系人信息，并能在多个设备之间进行数据同步。下面从运行效果、项目结构和主要文件、代码实现等方面进行阐述。

1. 示例运行效果

分布式通讯录应用是一个分布式应用，可以运行在多个终端设备上，运行效果如图 9-8、图 9-9、图 9-10 所示。该示例的主界面是一个通讯录列表，每个联系包括姓名、单位和手机号等信息，每个列表条目可以进行删除操作，在主界面下方单击“添加”按钮会弹出一个添加联系人对话框，如图 9-8 所示。输入联系人基本信息后，单击“保存”按钮可以把数据

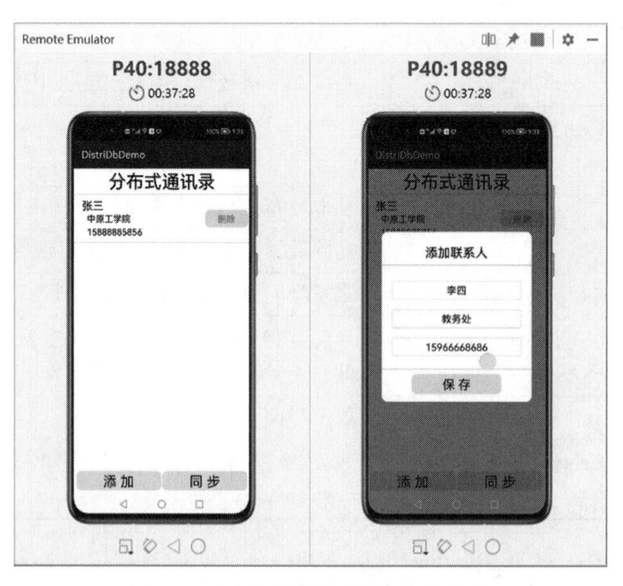

图 9-8 主界面及添加联系人的效果

保存在分布式数据库中，同时显示在主界面列表中，如图 9-9 所示。在主界面中单击“同步”按钮可以是实现设备间的联系人信息同步，如图 9-10 所示。同步采用了推拉模式，即在任一设备上均可以进行数据同步。

图 9-9　添加联系人后同步前的效果

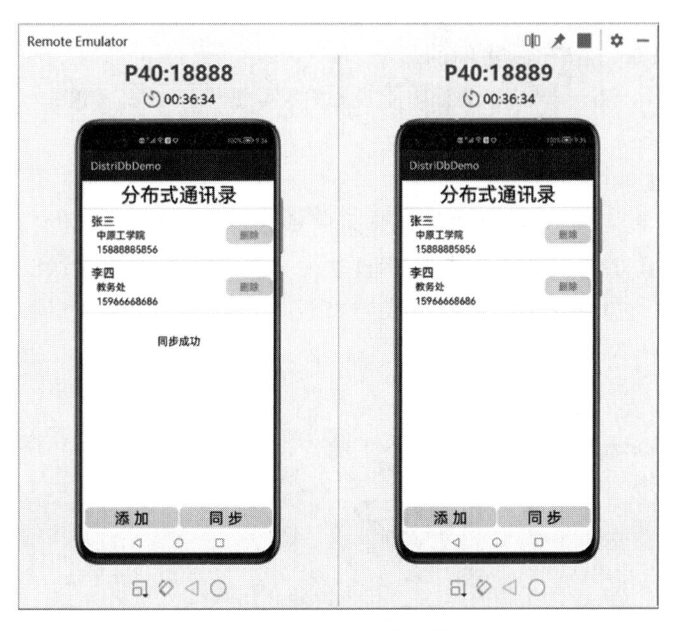

图 9-10　同步联系人后效果

2. 项目结构和主要文件

分布式通讯录示例项目的结构如图 9-11 所示，主要包括 3 个布局文件、3 个主要类文件。

3 个布局文件分别是 ability_main. xml、add_dialog. xml 和 list_item. xml。

(1) ability_main. xml：应用主界面布局，主要包括列表、添加和同步按钮。

(2) add_dialog. xml：添加联系人界面布局，主要包括输入姓名、部门、电话输入框、保存按钮。

(3) list_item. xml：列表条目布局，即主界面列表中每个联系人条目，主要包括姓名、部门、电话、删除按钮。

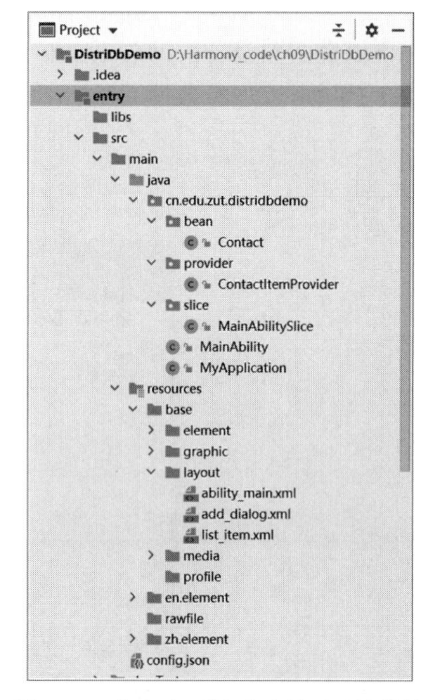

图 9-11 分布式通讯录示例项目的结构

3 个主要类分别是 Contact 类、ContactItemProvider 类和 MainAbilitySlice 类。

(1) Contact 类：联系人实体类，包含联系人的姓名、部门、电话属性，包含所有属性的 get、set 方法。同时，为了实现键值对存储，该类还实现了把联系人信息转换成 JSON 串的方法，以及通过 JSON 串构建联系人对象的构造方法等。

(2) ContactItemProvider 类：联系人列表适配器类，该类的主要功能是实现联系人列表数据和界面 ListContainer 列表间的适配。

(3) MainAbilitySlice 类：主界面功能类，该类实现了分布式通讯录示例的主要功能，包括初始化、添加联系人、同步等。

3. 布局代码实现

首先实现主界面布局，主界面布局整体采用垂直方向布局，最上方显示分布式通讯录，主体部分为列表，下方包含添加和同步按钮，这两个按钮包含在了一个水平方向布局中。主界面布局文件 ability_main. xml 的具体代码如下：

```
//ch09\DistriDbDemo 项目中的 ability_main.xml
<?xml version = "1.0" encoding = "utf - 8"?>
< DirectionalLayout xmlns:ohos = "http://schemas.huawei.com/res/ohos"
                    ohos:width = "match_parent"
                    ohos:orientation = "vertical"
                    ohos:height = "match_parent">

    < Text
        ohos:height = "match_content"
        ohos:width = "match_parent"
```

```
        ohos:text = "分布式通讯录"
        ohos:text_alignment = "center"
        ohos:text_size = "36vp"/>
    <Text
        ohos:width = "match_parent"
        ohos:height = "1vp"
        ohos:margin = "2vp"
        ohos:background_element = "#220000ff"/>

    <ListContainer
        ohos:id = "$+id:list_container"
        ohos:width = "match_parent"
        ohos:weight = "1"
        ohos:height = "0vp"/>

    <DirectionalLayout
        ohos:width = "match_parent"
        ohos:padding = "5vp"
        ohos:height = "50vp"
        ohos:orientation = "horizontal"
        >
    <Button
            ohos:id = "$+id:bnt_add"
            ohos:height = "match_parent"
            ohos:width = "match_parent"
            ohos:margin = "1vp"
            ohos:weight = "1"
            ohos:text_size = "28vp"
            ohos:text = "添 加"
            ohos:background_element = "$graphic:bg_button"
            />

    <Button
            ohos:id = "$+id:btn_sync"
            ohos:height = "match_parent"
            ohos:width = "match_parent"
            ohos:margin = "1vp"
            ohos:weight = "1"
            ohos:text = "同 步"
            ohos:text_size = "28vp"
            ohos:background_element = "$graphic:bg_button"
            />
    </DirectionalLayout>
</DirectionalLayout>
```

在主界面布局的列表中，每个条目会显示一个联系人的信息，其又是一个布局，对应的布局文件 list_item. xml 的代码如下：

```
//ch09\DistriDbDemo 项目中的 list_item.xml
<?xml version="1.0" encoding="utf-8"?>
<DirectionalLayout
    xmlns:ohos="http://schemas.huawei.com/res/ohos"
    ohos:height="match_content"
    ohos:width="match_parent"
    ohos:orientation="vertical"
    >
    <DirectionalLayout
        ohos:width="match_parent"
        ohos:height="match_content"
        ohos:orientation="horizontal"
        ohos:padding="5vp"
        >
        <DirectionalLayout
            ohos:width="match_parent"
            ohos:orientation="vertical"
            ohos:padding="2vp"
            ohos:height="match_content"
            ohos:weight="3">
        <Text
                ohos:id="$+id:name"
                ohos:width="match_content"
                ohos:weight="1"
                ohos:height="0"
                ohos:text_size="22fp"
                ohos:left_margin="10vp"/>
        <Text
                ohos:id="$+id:department"
                ohos:width="match_content"
                ohos:weight="1"
                ohos:height="0"
                ohos:left_margin="20vp"
                ohos:text_size="18fp"
                />
        <Text
                ohos:id="$+id:telephone"
                ohos:width="match_content"
                ohos:weight="1"
                ohos:height="0"
                ohos:left_margin="20vp"
                ohos:text_size="18fp"/>
        </DirectionalLayout>
```

```
            <Button
            ohos:id = "$ + id:btn_delete"
            ohos:weight = "1"
            ohos:text = "删除"
            ohos:width = "match_content"
            ohos:height = "match_content"
            ohos:layout_alignment = "center"
            ohos:text_color = "#AAFF0000"
            ohos:background_element = "$graphic:bg_button"
            ohos:text_size = "18fp"
            ohos:padding = "5vp"/>
        </DirectionalLayout>
        <Text
            ohos:width = "match_parent"
            ohos:height = "1vp"
            ohos:text_size = "18fp"
            ohos:margin = "1vp"
            ohos:background_element = "#220000ff"/>
    </DirectionalLayout>
```

在主界面中，单击"添加"按钮会弹出添加联系人对话框，该对话框对应的布局文件为add_dialog.xml，其布局代码如下：

```
//ch09\DistriDbDemo 项目中的 add_dialog.xml
<?xml version = "1.0" encoding = "utf-8"?>
<DirectionalLayout xmlns:ohos = "http://schemas.huawei.com/res/ohos"
    ohos:width = "300vp"
    ohos:alignment = "center"
    ohos:orientation = "vertical"
    ohos:height = "match_parent">
    <Text
        ohos:id = "$ + id:title"
        ohos:width = "match_content"
        ohos:height = "match_content"
        ohos:top_margin = "8vp"
        ohos:text = "添加联系人"
        ohos:text_size = "25vp"
        ohos:text_color = "#000000"/>
    <Text
        ohos:width = "match_parent"
        ohos:height = "2vp"
        ohos:top_margin = "8vp"
        ohos:bottom_margin = "16vp"
        ohos:background_element = "#220000ff"/>
    <DirectionalLayout
```

```
        ohos:width = "match_parent"
        ohos:height = "match_content"
        ohos:orientation = "vertical"
        ohos:top_padding = "3vp"
        ohos:alignment = "center"
    >
        < TextField
            ohos:id = " $ + id:name"
            ohos:width = "260vp"
            ohos:height = "36vp"
            ohos:margin = "10vp"
            ohos:padding = "2vp"
            ohos:text_alignment = "center"
            ohos:text_size = "20vp"
            ohos:hint = "请输入姓名"
            ohos:background_element = " $ graphic:bg_textfield"
            ohos:text_color = " # 000000"/>
        < TextField
            ohos:id = " $ + id:department"
            ohos:width = "260vp"
            ohos:height = "36vp"
            ohos:margin = "10vp"
            ohos:padding = "2vp"
            ohos:text_alignment = "center"
            ohos:text_size = "20vp"
            ohos:hint = "请输入部门"
            ohos:background_element = " $ graphic:bg_textfield"
            ohos:text_color = " # 000000"/>
        < TextField
            ohos:id = " $ + id:telephone"
            ohos:width = "260vp"
            ohos:height = "36vp"
            ohos:margin = "10vp"
            ohos:padding = "2vp"
            ohos:text_alignment = "center"
            ohos:text_size = "20vp"
            ohos:hint = "请输入电话"
            ohos:background_element = " $ graphic:bg_textfield"
            ohos:text_color = " # 000000"/>
    </DirectionalLayout >
    < Text
        ohos:width = "match_parent"
        ohos:height = "2vp"
        ohos:top_margin = "16vp"
        ohos:bottom_margin = "8vp"
        ohos:background_element = " # 220000ff"/>
```

```
    <Button
        ohos:id="$+id:btn_save"
        ohos:width="match_parent"
        ohos:height="match_content"
        ohos:left_margin="60vp"
        ohos:right_margin="60vp"
        ohos:padding="3vp"
        ohos:text="保 存"
        ohos:text_size="25vp"
        ohos:text_color="#000000"
        ohos:background_element="$graphic:bg_button"
        />
</DirectionalLayout>
```

4. 主要类的代码实现

联系人实体是由Contact类实现的，联系人的基本信息包括姓名、部门、电话，Contact类实现这些属性对应的get和set方法，同时实现了构造方法。由于分布式存储是基于KV模型的，因此联系人信息需要最终表示为键值对的形式，Contact类通过toJSONString()方法实现了将联系人信息转换成JSON字符串的功能，进而可以把一个联系人信息作为一个值存储到分布式数据库中。联系人类对应的Contact.java文件的主要代码如下：

```
//ch09\DistriDbDemo 项目中的 Contact.java
//联系人实体类
public class Contact {
    private String name;            //联系人姓名
    private String department;      //部门
    private String telephone;       //电话
    //构造方法
    public Contact(String name, String department, String telephone) {
        this.name = name;
        this.department = department;
        this.telephone = telephone;
    }

    //根据 key 和 value 构造联系人
    //联系人数据存储以 telephone 作为 key,以 JOSN 作为 value
    public Contact(String key, String value) {
        JSONObject jsonObject = new JSONObject( value );
        this.telephone = key;
        name = jsonObject.getString("name");
        department = jsonObject.getString("department");
    }

    //转换成 JSON 对象字符串,便于 Key-Value 存储
```

```
    public String toJSONString()
    {
        String s;
        s = "{ \"name\":\"" + name + "\",";
        s = s + "\"telephone\":\"" + telephone + "\",";
        s = s + "\"department\":\"" + department + "\"}";
        return s;
    }
    //get 和 set 系列方法
    public String getName() {   return name;   }
    public void setName(String name) {   this.name = name;   }
    public String getDepartment() {   return department;   }
    public void setDepartment(String department) {
        this.department = department;
    }
    public String getTelephone() {   return telephone;   }
    public void setTelephone(String telephone) {
        this.telephone = telephone;
    }
}
```

联系人以列表的形式显示在主界面中，列表中的数据也是动态变化的，列表适配器类为联系人列表提供了数据支持和动态适配。由于每个联系条目可以进行删除操作，所以在适配器类的构造方法的参数中包含了 KvStore 参数，当单击“删除”按钮时，调用了 deleteContact()方法，进而调用了 deleteFromDbByKey()方法，从而通过 kvStore.delete()方法删除了数据库中对应的联系人信息。联系人列表适配器类对应的 ContactItemProvider.java 文件的主要代码如下：

```
//ch09\DistriDbDemo 项目中的 ContactItemProvider.java
public class ContactItemProvider extends BaseItemProvider {
    private static final int DIALOG_WIDTH = 900;
    private static final int DIALOG_HEIGHT = 600;
    private static final int DIALOG_CORNER_RADIUS = 30;

    //联系人列表数据
    private List<Contact> contactList;

    private Context context;
    private KvStore kvStore;

    public ContactItemProvider(Context context
            , List<Contact> list,KvStore kvStore) {
        this.contactList = list;
        this.context = context;
```

```
        this.kvStore = kvStore;
    }

    @Override
    public int getCount() {
        return contactList.size();
    }

    @Override
    public Object getItem(int position) {
        return contactList.get(position);
    }

    @Override
    public long getItemId(int position) {
        return position;
    }

    @Override
    public Component getComponent(int position
            , Component component
            , ComponentContainer componentContainer) {
        Component container = getComponent(position);
        return container;
    }

    private Component getComponent(int position) {
        Contact contact = contactList.get(position);
        //获得条目 item 组件
        Component item = LayoutScatter.getInstance(context)
                .parse(ResourceTable.Layout_list_item, null, false);

        //获得 item 内部组件
        Text t_name = (Text) item.findComponentById
                (ResourceTable.Id_name);
        Text t_dept = (Text)item.findComponentById
                (ResourceTable.Id_department);
        Text t_tel = (Text) item.findComponentById
                (ResourceTable.Id_telephone);
        Component btn_del = item.findComponentById
                (ResourceTable.Id_btn_delete);

        //设置 item 内部各个组件显示的数据
        t_name.setText(contact.getName());
        t_dept.setText(contact.getDepartment());
        t_tel.setText(contact.getTelephone());
```

```
            //设置编辑按钮的监听
            btn_del.setClickedListener(component -> deleteContact(position) );

            return item;
        }

        //删除联系人
        private void deleteContact( int position ) {
            //电话号码是数据存储的 key
            String key = contactList.get(position).getTelephone();
            //删除数据库中对应的 key
            deleteFromDbByKey(key);

            //在内存列表中删除
            contactList.remove(position);
            //数据同时变化,更新列表
            notifyDataChanged();
        }

        //删除数据库中的联系人信息
        private void deleteFromDbByKey(String key) {
                if (key.isEmpty()) {
                    return;
                }
                //从分布式数据库中删除
                kvStore.delete(key);
        }
    }
```

主界面的 Slice 由 MainAbilitySlice 类实现，该类实现了界面组件的初始化及监听，该类还进行了分布式库的初始化、数据的添加和同步操作。同时，在该类中还通过定义订阅者监视数据库的变化，使数据的变化能够及时显示到界面列表中。主界面功能类对应的 MainAbilitySlice.java 文件的主要代码如下：

```
//ch09\DistriDbDemo 项目中的 MainAbilitySlice.java
public class MainAbilitySlice extends AbilitySlice {

    private ListContainer listContainer;
    private ContactItemProvider contactItemProvider;
    private ArrayList<Contact> contactList;

    private static final int DIALOG_WIDTH = 900;
    private static final int DIALOG_HEIGHT = 1000;
```

```
private static final int DIALOG_CORNER_RADIUS = 30;
private CommonDialog addContactDialog;

private Button btnAdd;
private Button btnSync;

//HiLog 提示
private static final HiLogLabel LABEL_LOG
        = new HiLogLabel(3, 0x00109, "MainAbilitySlice");
private static final String LOG_FORMAT = "%{public}s: %{public}s";
private static final String TAG = "MainAbilitySlice";

private static final int SHOW_TIME = 10000;
private static final String STORE_ID = "mydb_id";
private KvManager kvManager;
private SingleKvStore singleKvStore;
KvStoreObserver kvStoreObserverClient;

@Override
public void onStart(Intent intent) {
    super.onStart(intent);
    super.setUIContent(ResourceTable.Layout_ability_main);

    //初始化分布式数据库管理
    initDbManager();
    //初始化组件
    initComponents();
    //查询数据
    queryAllContactFromDb();
}
private void initComponents() {
    //初始化列表
    initList();

    //添加按钮
    btnAdd = (Button) findComponentById(ResourceTable.Id_bnt_add);
    btnAdd.setClickedListener( component -> addContact() );

    //同步按钮
    btnSync = (Button) findComponentById(ResourceTable.Id_btn_sync);
    btnSync.setClickedListener( component -> distriDbSync() );
}

//初始化列表
private void initList() {
    listContainer = (ListContainer) findComponentById
```

```
                (ResourceTable.Id_list_container);
        contactList = new ArrayList<>();

        //设置列表条目适配器
        contactItemProvider = new ContactItemProvider
                (this, contactList,singleKvStore);
        listContainer.setItemProvider(contactItemProvider);
        listContainer.setReboundEffect(true);   //设置回弹效果
    }

    //初始化分布式数据库管理
    private void initDbManager() {
        try {
            KvManagerConfig config = new KvManagerConfig(this);
            kvManager = KvManagerFactory.getInstance()
         .createKvManager(config);

            Options options = new Options();
            options.setCreateIfMissing(true) //如果没有,则创建
                    .setEncrypt(false)  //不加密
                    .setKvStoreType(KvStoreType.SINGLE_VERSION);

            //将分布式数据库设置为非自动同步
            options.setAutoSync(false);

            //将分布式数据库设置为自动同步,默认自动同步
            //options.setAutoSync(true);

            //获得 KvStore
            singleKvStore = kvManager.getKvStore(options, STORE_ID);
        }
        catch (KvStoreException exception) {
            HiLog.info(LABEL_LOG, LOG_FORMAT,TAG, "KvStore异常");
        }

        //创建订阅者
        kvStoreObserverClient = new KvStoreObserverClient();

        //设置订阅
        singleKvStore.subscribe(SubscribeType.SUBSCRIBE_TYPE_REMOTE,
                                kvStoreObserverClient);

    }

    //定义订阅者,监视数据库变化
    private class KvStoreObserverClient implements KvStoreObserver {
```

```
        @Override
        public void onChange(ChangeNotification notification) {
            getUITaskDispatcher().asyncDispatch(new Runnable() {
                @Override
                public void run() {
                    //读取数据库中全部联系人数据
                    queryAllContactFromDb();
                    showToast("观察到数据变化,已更新成功");
                }
            });
        }
    }

    //读取数据库中全部联系人数据
    private void queryAllContactFromDb() {
        //读取数据库
        List<Entry> entryList = singleKvStore.getEntries("");

        //清空列表
        contactList.clear();

        try {
            //把读取的数据加入列表
            for (Entry entry : entryList) {
                contactList.add( new Contact( entry.getKey(),
                                     entry.getValue().getString() ));
            }
        } catch (KvStoreException exception) {
            HiLog.info(LABEL_LOG, LOG_FORMAT,TAG,"KvStore 异常");
        }

        //通知适配器,以便更新界面列表数据
        contactItemProvider.notifyDataChanged();
    }

    //显示提示信息
    private void showToast(String msg) {
        new ToastDialog(this)
                .setAlignment(LayoutAlignment.CENTER)
                .setText(msg)
                .setDuration(SHOW_TIME)
                .show();
    }

    //分布式数据多设备同步
    private void distriDbSync() {
```

```
        //获得在线设备列表,获得设备 id 列表
        List<DeviceInfo> deviceInfoList = kvManager
                .getConnectedDevicesInfo(DeviceFilterStrategy.NO_FILTER);
        List<String> deviceIdList = new ArrayList<>();
        for (DeviceInfo deviceInfo : deviceInfoList) {
            deviceIdList.add(deviceInfo.getId());
        }
        HiLog.info(LABEL_LOG, LOG_FORMAT,TAG,
                "在线设备数 = " + deviceIdList.size());
        if ( deviceIdList.size() == 0 ) {
            showToast("只有一个设备");
            return;
        }

        //注册回调
        singleKvStore.registerSyncCallback(new SyncCallback() {
            //同步完成后回调
            @Override
            public void syncCompleted(Map<String, Integer> map) {
                getUITaskDispatcher().asyncDispatch(new Runnable() {
                    @Override
                    public void run() {
                        showToast("同步成功");
                        //读取数据库中全部联系人数据
                        queryAllContactFromDb();
                    }
                });
                singleKvStore.unRegisterSyncCallback();
            }
        });

        //调用接口同步数据,以推拉方式实现,成功后会回调
        singleKvStore.sync(deviceIdList, SyncMode.PUSH_PULL);
    }

    //添加联系人
    private void addContact() {
        Component container = LayoutScatter.getInstance(this)
                .parse(ResourceTable.Layout_add_dialog, null, false);

        TextField tf_name = (TextField) container
                .findComponentById(ResourceTable.Id_name);
        TextField tf_dept = (TextField) container
                .findComponentById(ResourceTable.Id_department);
        TextField tf_tel = (TextField) container
                .findComponentById(ResourceTable.Id_telephone);
```

```
        Button btnSave = (Button) container
                .findComponentById(ResourceTable.Id_btn_save);

        //设置保持按钮监听
        btnSave.setClickedListener(component ->
                save( tf_name.getText(),tf_dept.getText(),
                        tf_tel.getText()));

        //显示添加联系人界面
        addContactDialog = new CommonDialog(this);
        addContactDialog.setSize(DIALOG_WIDTH, DIALOG_HEIGHT);
        addContactDialog.setCornerRadius(DIALOG_CORNER_RADIUS);
        addContactDialog.setContentCustomComponent(container);
        addContactDialog.show();
    }

    //保持
    private void save(String name, String dept, String tel) {
        Contact contact = new Contact(name,dept,tel);

        //添加到列表数据
        contactList.add(contact);
        contactItemProvider.notifyDataChanged();

        //写入数据库
        writeToDB(contact);

        //销毁添加界面
        addContactDialog.destroy();
    }

    //写入数据库
    private void writeToDB(Contact contact) {
        //以 telephone 为 key
        String key = contact.getTelephone();
        //以联系人 JSON 串为 value
        String value = contact.toJSONString();

        if (key == null || key.isEmpty()
            || value == null || value.isEmpty()) {
            return;
        }

        //存入分布式数据库
        singleKvStore.putString(key, value);
        HiLog.info(LABEL_LOG, LOG_FORMAT,TAG,"写入库 key=" + key + " value=" + value);
```

```
    }

    @Override
    protected void onStop() {
        super.onStop();
        kvManager.closeKvStore(singleKvStore);
        kvManager.deleteKvStore(STORE_ID);
    }
}
```

另外，作为一个分布式应用，分布式数据存储需要数据同步权限（ohos.permission.DISTRIBUTED_DATASYNC），需要在项目的配置文件中加入相应的配置。

小结

本章介绍了 HarmonyOS 应用开发中数据存储的相关基础和开发方法，主要包括本地数据存储和分布式数据库数据存储 API 和应用开发方法。本地数据存储包括轻量偏好数据存储、关系型数据库和对象映射关系型数据库存储，本地数据存储的数据在单个设备上。分布式数据库的最大特点是数据存储在多个设备上，需要解决数据同步冲突等问题，HarmonyOS 提供的分布式数据库是基于 KV 模型的，数据以键值对的形式存取。HarmonyOS 数据存储为应用开发提供了丰富的 API，本章通过多个示例展示了数据存储 API 的使用方法。数据存储在一般的应用中是不可或缺的，是开发移动应用系统的必备开发知识和技术。

习题

1. 判断题

(1) HarmonyOS 应用数据存储只能存储 Key-Value 键值对。(   )

(2) 轻量偏好数据存储的基本形式是键值对。(   )

(3) HarmonyOS 关系型数据库底层采用的是 SQLite 数据库管理系统。(   )

(4) 在关系数据库 API 中，RdbStore 类的主要功能是提供数据库中表记录的增、删、改、查接口。(   )

(5) HarmonyOS 中对象关系映射数据库是把对象映射到底层的 SQLite 数据库。(   )

(6) HarmonyOS 应用必须通过主动调用同步接口才能实现分布式数据库多设备间数据的同步。(   )

2. 选择题

(1) 下列不是 Preferences 类提供的接口 API 的是(　　)。

A. int getInt(String key, int defValue)

B. Preferences putString(String key, String value)

C. boolean flushSync()

D. Preferences getPreferences(String name)

(2) 下列不是 RdbStore 类提供的接口 API 的是(　　)。

A. select(String table, AbsRdbPredicates predicates)

B. insert(String table, ValuesBucket initialValues)

C. update(ValuesBucket values, AbsRdbPredicates predicates)

D. delete(AbsRdbPredicates predicates)

(3) 下列不是 OrmContext 类提供的接口 API 的是(　　)。

A. <T extends OrmObject> boolean insert(T object)

B. int update(ValuesBucket values, AbsRdbPredicates predicates)

C. boolean backup(String destPath)

D. boolean restore(String srcPath)

(4) 关于 KvManager 类的方法,说法错误的是(　　)。

A. getKvStore()方法的主要功能是创建或打开数据库

B. openKvStore()方法用于打开数据库

C. closeKvStore()方法用于关闭分布式数据库

D. deleteKvStore()方法用于删除分布式数据库

(5) 下列不是 KvStore 类提供的接口 API 的是(　　)。

A. putInt(String key,int value)　　　B. getStoreId()

C. commit()　　　D. delete(String key)

E. sync(List<String> deviceIdList, SyncMode mode)

F. subscribe(SubscribeType type, KvStoreObserver observer)

3. 填空题

(1) 在 HarmonyOS 应用数据库存储 API 中,提供的数据库辅助类的类名为________________,其提供了数据库的创建和打开等功能。

(2) 轻量偏好数据存储底层是文件,一个 Preferences 实例对应________个文件。

(3) 通过结合________________、________________和________________三元组,分布式数据服务对属于不同应用的数据进行隔离,保证不同应用之间的数据不能通过分布式数据服务互相访问。

(4) 对象关系映射数据库支持数据库操作,如果创建数据库,开发者则需要定义一个表示数据库的类,需要继承________类,通过@Database 注解类内的实体(entities)属性指定哪些数据模型类属于这个数据库。

(5) 在 HarmonyOS 分布式数据服务中,通过________类可以为 KvStore 定义监视数据变化对象,开发者可以通过继承该类,重写其 onChange()方法,监视分布式数据变化。

4. 上机题

(1) 创建一个包含用户登录功能的应用,通过轻量级数据存储实现记住账号和密码的功能。

(2) 参考人员信息管理示例,采用关系型数据库存储实现一个仿手机通讯录应用。

(3) 上机实践分布式通讯录示例,并实现数据的自动同步,并在真实设备环境下测试运行。

第10章 多媒体技术

【学习目标】

■ 了解 HarmonyOS 多媒体开发框架

■ 掌握图像处理的基本方法和接口，会进行图像编辑相关开发

■ 掌握声频开发基础，会在应用中播放声频文件、提示音等

■ 掌握视频开发基础，会在应用中播放视频

10.1 概述

12min

多媒体(Multimedia)是多种媒体的综合，一般包括文本、图形、图像、声音、动画、视频等多种媒体形式。多媒体为信息表示提供了更加丰富友好的用户体验，在应用开发过程中有广泛的应用。HarmonyOS 技术架构的基础软件服务子系统集中提供了对多媒体应用开发的支持，为开发者提供了丰富的处理多媒体的能力，如图 10-1 所示。

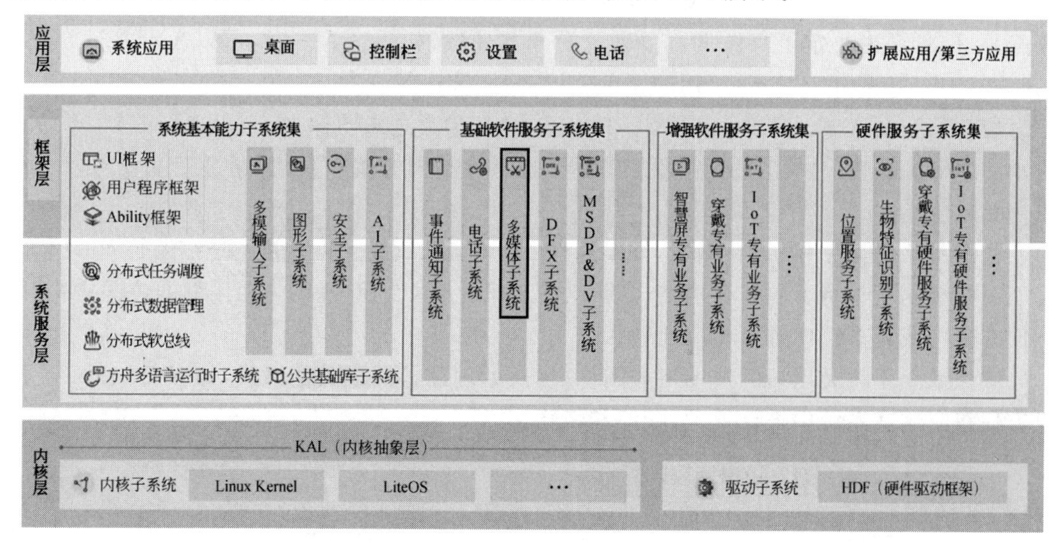

图 10-1 HarmonyOS 技术架构

多媒体技术一般是指利用计算机对文本、图形、图像、声音、动画、视频等多种信息进行综合处理、建立逻辑关系和人机交互作用的技术。多媒体技术的含义比较广泛，但是在一般的应用开发中，多媒体技术主要指的是对图像、声音、视频等进行的处理技术。本章主要以HarmonyOS框架层提供的多媒体处理能力为基础，阐述在应用开发中如何使用和处理图像、声音和图像等。

10.2 图像处理

在应用开发中，对图形图像的操作是非常常见的，如查看照片、编辑图片等。HarmonyOS图像模块支持与图像相关应用的开发，常用的功能如图像解码、图像编码、图像编辑、位图操作等。

10.2.1 图像处理基础

图像一般指的是位图(Bitmap)，位图图像是由许多点组成，每个点称为一个像素(Pixel)，许多不同颜色的点(像素)组合在一起后便形成了一张图像。

(1) 像素：位图中最小的图像单元，一张图像由许多像数组成，这些像素形成了一个点矩阵。如经常说的某张图片是800×600像素，表示横向有800像素、纵向有600像素。

(2) dpi：像素密度或密度，dpi(dots per inch)是指一英寸含有多少像素。密度越大单位范围内像素越多，图像越细腻。

(3) 分辨率：横纵两个方向的像素的数量，相同范围内，分辨率越高单位范围内显示的像素越多，图像越清晰。

(4) 色彩深度：表示在位图中储存1像素的颜色所用的二进制位数，称为位/像素(bpp)。色彩深度决定了每像素可以表示的颜色种数，如深度为8时，可以表示0～255，共256种颜色。色彩深度越高，可用的颜色就越多，图像也越真彩。

最常见的颜色模型是RGB模型。RGB图像又称为真彩图像，它利用R、G、B 3个分量表示一像素的颜色，R、G、B分别代表红、绿、蓝3种不同的基本颜色，通过三基色可以合成出任意颜色。

位图图像一般占用的空间较大，开发过程中经常需要对位图图像进行压缩编码和解码等。

图像解码就是将不同的存档格式图片(如JPEG、PNG等)解码为无压缩的位图格式，以方便在应用或者系统中进行相应处理。

图像编码是将无压缩的位图格式图像，经过处理后编码成其他格式，如JPEG、PNG等，以方便在应用或系统中进行处理、存储和传输。

10.2.2 应用处理图像接口

为了处理图像，HarmonyOS应用开发框架中提供了一些常用的应用程序接口，这些接口主要涉及的类包括Image类、ImageSource类、PixelMap类等。

1. Image 类

在应用中显示图片一般使用 Image 组件，Image 类是 Image 组件的实现，因此它包含了 Image 组件的所有属性，这些属性可以在 XML 布局文件中进行设置，也可通过 Image 对象进行设置。Image 组件包含了继承自 Component 组件的属性，其自身拥有的 XML 属性如表 10-1 所示。

表 10-1　Image 组件的主要属性说明

属性名称	说　明	值	值说明
image_src	图像源	Element 类型	可直接配置色值，也可引用 color 资源或引用 media/graphic 下的图片资源
clip_alignment	图像裁剪对齐方式	left	表示按左对齐裁剪
		right	表示按右对齐裁剪
		top	表示按顶部对齐裁剪
		bottom	表示按底部对齐裁剪
		center	表示按居中对齐裁剪
scale_mode	图像缩放方式	zoom_center	表示原图按照比例缩放到与 Image 最窄边一致，并居中显示
		zoom_start	表示原图按照比例缩放到与 Image 最窄边一致，并靠起始端显示
		zoom_end	表示原图按照比例缩放到与 Image 最窄边一致，并靠结束端显示
		stretch	表示将原图缩放到与 Image 大小一致
		center	表示不缩放，按 Image 大小显示原图的中间部分
		inside	表示将原图按比例缩放到与 Image 相同或更小的尺寸，并居中显示
		clip_center	表示将原图按比例缩放到与 Image 相同或更大的尺寸，并居中显示

Image 组件中 image_src 属性可用于设置其显示的图像源，图片源一般为一张图片资源文件。如果应用只是静态地显示图片，Image 组件的属性一般可以满足需求，如果需要在应用运行期间进行处理，则需要用到 Image 类提供的接口方法，Image 类提供的主要方法如表 10-2 所示。

表 10-2　Image 类的主要方法说明

方法名称	说　明
PixelMap getPixelMap()	获取 Image 组件中的图片位图，返回位图对象
void setPixelMap(PixelMap pixelMap)	将位图设置到 Image 组件中
voidsetPixelMap(int resId)	将资源设置到 Image 组件中
float getCornerRadius()	获取 Image 组件的角半径

续表

方法名称	说明
Image 提供了一系列的 get 和 set 方法，可以对属性进行读取和设置操作	
void setCornerRadius(float radius)	设置角半径，需要对图片进行圆角处理时使用
Image. ScaleMode getScaleMode()	获取图像缩放模式，ScaleMode 是 Image 类中定义的枚举类型，列举了所有的缩放方式

Image 对象可以通过界面布局中的组件获得，假如已经有个 Image 组件的 id 为 image，获得 Image 对象的代码如下：

```
Image image;
image = (Image)findComponentById(ResourceTable.Id_image);
```

Image 对象也可以在创建后再通过方法进行属性设置，假如已经有个媒体图片资源 harmonyos. png，创建并设置 Image 对象显示该图片的代码如下：

```
Image image = new Image();
image.setPixelMap(ResourceTable.Media_harmonyos)
```

2. ImageSource 类

ImageSource 是图像数据源类，通常用于解码操作，即把所支持格式的图片解码成统一的 PixelMap 图像，便于后续图像显示或处理，如旋转、缩放、裁剪等，当前支持格式包括 JPEG、PNG、GIF、HEIF、BMP 等。ImageSource 类的主要方法及说明如表 10-3 所示。

表 10-3 ImageSource 类的主要方法说明

方法名称	说明
static ImageSource create(String pathName, SourceOptions opts)	按照指定格式(opts)信息，从指定图像文件(pathName)创建图像数据源
static ImageSource create(InputStream is, SourceOptions opts)	按照指定格式(opts)信息，从指定输入流(is)创建图像数据源
static ImageSource create(File file, SourceOptions opts)	按照指定格式(opts)信息，从文件对象(file)创建图像数据源
static ImageSource create(FileDescriptor fd, SourceOptions opts)	按照指定格式(opts)信息，从文件描述符(fd)创建图像数据源
PixelMap createPixelmap(DecodingOptions opts)	从图像数据源解码，并创建 PixelMap 图像对象
SourceInfo getSourceInfo()	获取图像源信息
ImageInfo getImageInfo()	获取图像信息
void release()	释放对象关联的本地资源
boolean isReleased()	判断是否释放对象关联的本地资源，是表示返回真，否则返回假

在采用 ImageSource 类提供的一系列静态 create(...)方法创建数据源对象时，需要 ImageSource. SourceOptions 类的支持。

SourceOptions 类定义在 ImageSource 类内，用于说明数据源的格式信息，格式信息会传递给解码器，帮助解码器判断图像格式提高解码效率。实际上解码器解密图像时会自动检测图像格式，因此在使用 ImageSource 的 create(...)方法时，SourceOptions 参数可以设置为 null。

创建数据源对象后，可以进一步解码成位图对象。createPixelmap()方法可以根据数据源解码配置创建 PixelMap 图像对象，该方法需要解码配置参数(ImageSource. DecodingOptions)，解码内容包括像素格式、颜色模型、剪裁、缩放、旋转等。设置解码参数，在解码获取 PixelMap 图像对象的过程中同时处理图像。createPixelmap()方法也可以使用空(null)参数，此时对图像源不进行处理。将 SD 上的图片文件 Harmonyos. png 解码成位图对象的基本代码如下：

```
//图像源格式
ImageSource.SourceOptions srcOpts = new ImageSource.SourceOptions();
srcOpts.formatHint = "image/png";
//图像路径
String pathName = "/sdcard/Harmonyos.png";
//根据路径和配置,创建图像源
ImageSource imageSource = ImageSource.create(pathName, srcOpts);

//设置图片解码参数
ImageSource.DecodingOptions decOpts = new ImageSource.DecodingOptions();
//将颜色模型设置为 RGB 模型
decodingOptions.desiredPixelFormat = PixelFormat.ARGB_8888;
decodingOptions.editable = true;

//解码为位图
PixelMap pixelMap = imageSource.createPixelmap(decOpts);
```

3. PixelMap 类

PixelMap 即位图类，位图其实就是一个 $m \times n$ 的矩形点阵，每个点都有颜色值，颜色值对应一个整数，每个点都有一个坐标，坐标以图像的左上角为(0,0)。PixelMap 类提供了位图创建、编辑等接口方法，常用的方法及说明如表 10-4 所示。

表 10-4 PixelMap 的主要方法说明

方法名称	说明
static PixelMap create(InitializationOptions opts)	根据图像等初始化选项，创建 PixelMap 对象
static PixelMap create(int [ ] colors, InitializationOptions opts)	根据图像等初始化选项，以像素颜色数组为数据源创建 PixelMap 对象

续表

方法名称	说明
PixelMap 提供了多个 create()重载方法，用于创建位图对象	
ImageInfo getImageInfo()	获取图像的基本信息
boolean isEditable()	判断位图是否可编辑
int getBaseDensity()	获取位图的基础像素密度值
void setBaseDensity(int baseDensity)	设置位图的基础像素密度值
int readPixel(Positionpos)	读取具体位置的颜色值，pos 包含了坐标位置
PixelMap 提供了多个 readPixel()重载方法，用于读取颜色值	
void writePixel(Positionpos, int color)	向具体位置写入颜色值，pos 包含了坐标位置，color 为颜色值，颜色值对应 ARGB_8888 格式，如十六进制 0xFFFF0000 表示红色
PixelMap 提供了多个 writePixel()重载方法，用于向位图中写入颜色值，包括向指定区域写入颜色值	
void release()	释放对象关联的本地资源

一旦创建了像素图片对象，就可以在像素级别对图片进行读写处理，下面是读写位图像素的示例代码：

```
//假设 pixelMap 对应已经建立
//读取指定位置(1,1)处的像素颜色值
int color = pixelMap.readPixel(new Position(1, 1));

//在指定位置(100,200)处写入像素红色颜色值
pixelMap.writePixel(new Position(100, 200), 0xFFFF0000);

//在指定区域写入像素颜色值,写入的颜色值在给定整型数组 pixelArray 中
Rect region = new Rect(0, 0, 100, 200);//矩形区域
pixelMap.writePixels(pixelArray, 0, 200, region);
```

4. ImagePacker 类

ImagePacker 类主要用于图像编码，即将 PixelMap 图像编码成存档格式图片文件或数组数据，如 JPEG 格式。编码后图像可以用于后续的其他处理，如保存、传输等。ImagePacker 类提供的主要方法及说明如表 10-5 所示。

表 10-5 ImagePacker 的主要方法说明

方法名称	说明
static ImagePackercreate()	创建图像打包类，为编码做准备
boolean initializePacking(Byte[] data, PackingOptions opts)	初始化打包编码任务，将字节数组(data)设置为编码后的输出目的地，同时可以设置配置参数(opts)。该方法执行成功后返回真，否则返回假

续表

方法名称	说明
boolean initializePacking(OutputStream outputStream, PackingOptions opts)	初始化打包编码任务，将输出流(outputStream)设置为编码后的输出目的地，同时可以设置配置参数(opts)。该方法执行成功后返回真，否则返回假
boolean addImage(PixelMap pixelmap)	将位图图像对象(pixelmap)添加到图像打包器中，后续将该位图图像编码成目标图片格式。该方法执行成功后返回真，否则返回假
boolean addImage(ImageSource source)	将图像的源对象(source)添加到图像打包器中，后续将该位图图像编码成目标图片格式。该方法执行成功后返回真，否则返回假
long finalizePacking()	完成图像打包编码任务，将结果输出到初始化配置的编码目的地，该方法返回编码的字节数，返回-1表示编码失败
void release()	释放关联的本地资源

编码过程首先需要创建 ImagePacker 对象，然后进行初始化，传入待编码的图像后即可进行编码，下面是基本的编码过程的示例代码：

```
//创建图像打包对象
ImagePacker imagePacker = ImagePacker.create();
//传入本地图片路径,图片格式需要与 packingOptions.format 相对应
FileOutputStream fOStream = null;
try {
    fOStream = new FileOutputStream("/sdcard/filename.jpeg");
} catch (FilenNotFoundException e) {
    e.printStackTrace();
}
//创建并设置编码参数
PackingOptions pOpts = new PackingOptions();
pOpts.format = "image/jpeg";
//初始化打包编码任务
boolean result = imagePacker.initializePacking(fOStream, pOpts);
//将位图图像对象 pixelMap 添加到图像打包编码器中,要求该对象已存在
result = imagePacker.addImage(pixelMap);
//编码
long size = imagePacker.finalizePacking();
//释放资源
imagePacker.release();
```

另外，在图像处理过程中，还涉及一些其他的类和接口，如画布类(Canvas)、画笔类(Paint)等。多数类、接口的含义和一般的图像处理 API 类似，读者可以举一反三，类比学习。

10.2.3 编辑图片示例

16min

在很多移动应用中，经常会遇到对图片进行显示编辑的功能，如旋转、裁剪、镜像、涂鸦、保存等。下面以一张图片操作示例说明图像编码解码的开发方法。

1. 示例运行效果

本示例的运行效果如图 10-2 所示。其中，示例界面上方是图片及编辑区，原始的图片效果如图 10-2(a)所示，图 10-2(b)为单击"右旋 90 度"按钮的效果，图 10-2(c)为单击"1∶1 裁剪"按钮的效果，图 10-2(d)为单击"左右镜像"按钮的效果，图 10-2(e)为单击画水平线按钮的效果，在图片中间画了一条红色水平线，图 10-2(f)为单击"涂鸦"按钮后，在图片中进行涂鸦的效果，图 10-2(g)为单击"保存"按钮后，系统弹出的授权，单击"始终允许"按钮后，图片会保存到系统的相册中，相册中保存的图片如图 10-2(h)所示。

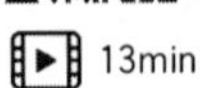

图 10-2 图片操作运行效果

2. 项目文件及结构

本示例项目文件及结构如图 10-3 所示。其中，MainAbilitySlice 是主页界面功能类，DrawImage 是画图类，该类继承了 Image 类，在主界面中显示的图片组件对象由该类定义。ability_main.xml 是主布局文件，test.png 是准备的原始图片资源。

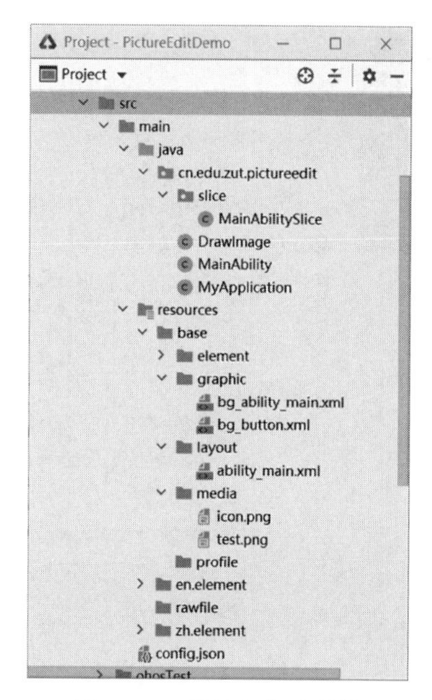

图 10-3 项目文件及结构

3. 主界面布局实现

该应用的主界面布局整体使用的是方向布局，在垂直方向布局中嵌套了两个水平方向布局，两个水平方向布局中分别放置了若干个按钮。需要说明的是，该布局中并未加入显示的图片组件，由于图片组件 DrawImage 不是系统自带的组件，所以这里的图片组件是通过代码在初始化时加入的。主布局文件 ability_main.xml 的代码如下：

```
//ch10\PictureEidt 项目中的 ability_main.xml
<?xml version="1.0" encoding="utf-8"?>
<DirectionalLayout
    xmlns:ohos="http://schemas.huawei.com/res/ohos"
    ohos:id="$+id:directionallayout"
    ohos:height="match_parent"
    ohos:width="match_parent"
    ohos:orientation="vertical">
    <DirectionalLayout
        ohos:height="match_content"
        ohos:width="match_content"
        ohos:layout_alignment="horizontal_center"
        ohos:orientation="horizontal"
        ohos:top_margin="20vp"
        >
        <Button
            ohos:id="$+id:whirl_button"
            ohos:height="match_content"
            ohos:width="match_content"
            ohos:background_element="$graphic:bg_button"
            ohos:padding="5vp"
            ohos:margin="5vp"
            ohos:text="右旋 90 度"
            ohos:text_size="20vp">
        </Button>
        <Button
```

```
                ohos:id = "$ + id:crop_button"
                ohos:height = "match_content"
                ohos:width = "match_content"
                ohos:background_element = "$graphic:bg_button"
                ohos:padding = "5vp"
                ohos:margin = "5vp"
                ohos:text = "1:1 剪裁"
                ohos:text_size = "20vp">
            </Button>
            <Button
                ohos:id = "$ + id:mirror_button"
                ohos:height = "match_content"
                ohos:width = "match_content"
                ohos:background_element = "$graphic:bg_button"
                ohos:padding = "5vp"
                ohos:margin = "5vp"
                ohos:text = "左右镜像"
                ohos:text_size = "20vp"/>
        </DirectionalLayout>
        <DirectionalLayout
            ohos:height = "match_content"
            ohos:width = "match_content"
            ohos:layout_alignment = "horizontal_center"
            ohos:orientation = "horizontal"
            ohos:top_margin = "10vp"
            >
            <Button
                ohos:id = "$ + id:line_button"
                ohos:height = "match_content"
                ohos:width = "match_content"
                ohos:background_element = "$graphic:bg_button"
                ohos:padding = "5vp"
                ohos:margin = "5vp"
                ohos:text = "画水平线"
                ohos:text_size = "20vp">
            </Button>
            <Button
                ohos:id = "$ + id:paint_button"
                ohos:height = "match_content"
                ohos:width = "match_content"
                ohos:background_element = "$graphic:bg_button"
                ohos:padding = "5vp"
                ohos:margin = "5vp"
                ohos:text = "涂鸦"
                ohos:text_size = "20vp">
            </Button>
```

```
        <Button
            ohos:id="$+id:reload_button"
            ohos:height="match_content"
            ohos:width="match_content"
            ohos:background_element="$graphic:bg_button"
            ohos:padding="5vp"
            ohos:margin="5vp"
            ohos:text="原图"
            ohos:text_size="20vp">
        </Button>
        <Button
            ohos:id="$+id:save_button"
            ohos:height="match_content"
            ohos:width="match_content"
            ohos:background_element="$graphic:bg_button"
            ohos:padding="5vp"
            ohos:margin="5vp"
            ohos:text="保存到相册"
            ohos:text_size="20vp">
        </Button>
    </DirectionalLayout>
</DirectionalLayout>
```

4. 主要代码实现

该示例主要由4个类组成，MyApplication和MainAbility类为向导生成的类，MainAbilitySlice类继承自AbilitySlice类，是主界面类，DrawImage类继承自Image类，主要实现图片显示和涂鸦。MainAbilitySlice类实现图片操作的主要功能，在该类中定义一些属性及注释说明的代码如下：

```
//ch10\PictureEidt项目中的MainAbilitySlice.java(部分)
//日志标签,用于项目调试时的输出
private static final HiLogLabel LOG = new HiLogLabel(3,
                                         0xD001100, "MainAbilitySlice");

Button btnWhirl;                          //旋转按钮
Button btnCrop;                           //剪裁按钮
Button btnPaint;                          //涂鸦按钮
Button btnMirror;                         //镜像按钮
Button btnReload;                         //恢复原图按钮
Button btnSave;                           //保存图片按钮

DirectionalLayout directionalLayout;    //主界面外层线性布局
DrawImage drawImage;                      //图片显示组件
```

```
ImageSource imageSource;                        //图片源
PixelMap pixelMap;                              //位图对象

private int whirlCount = 0;                     //旋转次数,每次 90°,默认旋转
private boolean isCorp = false;                 //1:1 剪裁,默认不裁剪
private boolean isPainting = false;             //涂鸦,默认不可涂鸦
private boolean isMirror = false;               //镜像,默认无镜像
private int mapHeight = 0;                      //图片的高度
private int mapWidth = 0;                       //图片的宽度
```

在 MainAbilitySlice 类中,可在 onStart()方法中调用 initView()和 initDrawImage()方法进行组件和图片的初始化,代码如下:

```
//ch10\PictureEidt 项目中的 MainAbilitySlice.java(部分)
@Override
public void onStart(Intent intent) {
    super.onStart(intent);
    super.setUIContent(ResourceTable.Layout_ability_main);
    initView();//初始化界面中的组件
    initDrawImage(ResourceTable.Media_test);//初始化显示的图片
}
```

在 initView()方法中,完成了界面组件的初始化,创建 rawImage 对象并加入主界面布局中,创建单击监听器并对按钮设置监听器。initView()方法的代码如下:

```
//ch10\PictureEidt 项目中的 MainAbilitySlice.java(部分)
//初始化界面中的组件
private void initView() {
    //获得界面主布局
    directionalLayout = (DirectionalLayout) findComponentById
            (ResourceTable.Id_directionallayout);
    //创建图片组件,设置属性
    drawImage = new DrawImage(this);                  //创建图片组件
    //设置宽度
    drawImage.setWidth(DirectionalLayout.LayoutConfig.MATCH_PARENT);
    drawImage.setMarginTop(10);                       //设置上边界
    drawImage.setMarginLeft(10);                      //设置左边界
    drawImage.setMarginRight(10);                     //设置右边界

    directionalLayout.addComponent(drawImage,0);  //在最上面加入图片组件
    setUIContent(directionalLayout);                  //更新 UI

    //创建按钮单击监听器对象
    ButtonClickListener listener = new ButtonClickListener();
```

```
    //初始化旋转按钮
    btnWhirl = (Button) findComponentById
                    (ResourceTable.Id_whirl_button);
    btnWhirl.setClickedListener(listener);    //设置监听
    //初始化裁剪按钮
    btnCrop = (Button) findComponentById(ResourceTable.Id_crop_button);
    btnCrop.setClickedListener(listener);    //设置监听

    //设置镜像按钮
    btnMirror = (Button) findComponentById
                    (ResourceTable.Id_mirror_button);
    btnMirror.setClickedListener(listener);    //设置监听

    //初始化画线按钮
    btnPaint = (Button) findComponentById
                    (ResourceTable.Id_line_button);
    btnPaint.setClickedListener(listener);    //设置监听

    //初始化涂鸦按钮
    btnPaint = (Button) findComponentById
                    (ResourceTable.Id_paint_button);
    btnPaint.setClickedListener(listener);    //设置监听

    //初始化恢复原图按钮
    btnReload = (Button) findComponentById
                    (ResourceTable.Id_reload_button);
    btnReload.setClickedListener(listener);    //设置监听

    //初始化保存到相册按钮
    btnSave = (Button) findComponentById(ResourceTable.Id_save_button);
    btnSave.setClickedListener(listener);    //设置监听
}
```

在 initDrawImage(int resourceId)方法中，完成了显示位图图片的初始化，根据资源图片 ID 首先创建输入流，然后创建 ImageSource 对象，并在此基础上进行解码并创建 PixelMap 位图对象，最后通过 drawImage.setPixelMap(pixelMap)设置到显示的组件上。initDrawImage()方法的代码如下：

```
//ch10\PictureEidt 项目中的 MainAbilitySlice.java 中的 initDrawImage()方法
//初始化显示位图图片
private void initDrawImage(int resourceId)
{
    //定义输入流对象
```

```
        InputStream inputStream = null;
        try {
            //根据参数 resourceId 获取该资源,并得到该资源的输入流对象
            inputStream = getContext().getResourceManager()
                                        .getResource(resourceId);
        } catch (Exception e) {
            e.printStackTrace();
        }

        //根据输入流对象,创建图像源对象
        imageSource = ImageSource.create(inputStream, null);

        //创建图片解码参数
        ImageSource.DecodingOptions opts = new ImageSource.DecodingOptions();
        //将颜色模型设置为 RGB 模型
        opts.desiredPixelFormat = PixelFormat.ARGB_8888;
        opts.editable = true;                                 //设置为可编辑
        pixelMap = imageSource.createPixelmap(opts);          //创建位图
        mapWidth = imageSource.getImageInfo().size.width;     //记录宽度
        mapHeight = imageSource.getImageInfo().size.height;   //记录高度

        drawImage.setPixelMap(pixelMap);                      //设置显示位图
    }
```

图片旋转和裁剪是通过图片源解码实现的,首先创建 ImageSource.DecodingOptions 对象 deOpts,然后通过其 rotateDegrees 属性设置旋转度数,通过 desiredRegion 属性设置解码区域,最后由 imageSource.createPixelmap(deOpts)重新创建位图对象。getRenderPixelMap()方法的代码如下:

```
//ch10\PictureEidt 项目中 MainAbilitySlice.java 中的 getRenderPixelMap()方法
//渲染位图,旋转和裁剪
private PixelMap getRenderPixelMap() {
    //创建图片解码配置
    ImageSource.DecodingOptions deOpts
                        = new ImageSource.DecodingOptions();
    deOpts.editable = true;//设置为可编辑
    //将颜色模型设置为 RGB 模型
    deOpts.desiredPixelFormat = PixelFormat.ARGB_8888;

    //旋转度数,90°的倍数
    deOpts.rotateDegrees = 90 * whirlCount;

    //1:1 裁剪渲染
    if( isCorp ) //当 1:1 裁剪时
```

```
    {
        int size, minX = 0, minY = 0;
        //取宽和高较小的值
        if (mapWidth > mapHeight) {
            size = mapHeight;
            minX = (mapWidth - mapHeight) / 2;
        } else {
            size = mapWidth;
            minY = (mapHeight - mapWidth) / 2;
        }
        //创建 1:1 裁剪后的区域
        deOpts.desiredRegion = new Rect(minX,minY,size,size);
    }

    pixelMap.release();//释放资源
    return imageSource.createPixelmap(deOpts);//重新创建位图
}
```

左右镜像功能是将位图中的像素颜色按照镜像位置进行交换。镜像时，首先获得位图的高度和宽度，然后进行像素遍历，通过位图提供的 readPixel()和 writePixel()方法读写像素的颜色值。镜像功能对应的 mirrorImage()方法的代码如下：

```
//ch10\PictureEidtDemo 项目中 MainAbilitySlice.java 中的 mirrorImage()方法
//位图左右镜像
private PixelMap mirrorImage(PixelMap pixelMap) {
    if (!isMirror) {//非镜像,重新初始图片
        initDrawImage(ResourceTable.Media_test);
        return this.pixelMap;                        //返回未镜像位图
    } else {
        //x 横坐标,y 纵坐标
        int x = 0, y = 0;
        int color1, color2;                          //颜色值
        int w = pixelMap.getImageInfo().size.width;  //宽度
        int h = pixelMap.getImageInfo().size.height; //高度
        //y 代表横坐标,代表位图中的行
        for (y = 0; y < h; y++) {
            //x 代表横坐标,代表位图中的列
            for (x = 0; x <= w / 2; x++) {
                //pos1 和 pos2 为左右镜像位置
                Position pos1 = new Position(x, y);
                Position pos2 = new Position(w - x - 1, y);
                if (pixelMap.isEditable()) {          //可编辑
                    //交换镜像位置的颜色值
                    color1 = pixelMap.readPixel(pos1); //读颜色
                    color2 = pixelMap.readPixel(pos2);
```

```
                    pixelMap.writePixel(pos1, color2);    //写颜色
                    pixelMap.writePixel(pos2, color1);
                } else {
                    HiLog.info(LOG, "不可写");
                }
            }
        }
        return pixelMap;     //返回镜像后的位图
    }
}
```

画水平线功能是在位图中间写入像素颜色。画线时，首先需要获得位图的高度和宽度，然后在水平方向进行像素颜色写入，高度位置选择的是图片高度的 1/2 位置处，为了使线条有一定宽度，写入过程中同时写了 4 像素。画水平线功能对应的 drawLine()方法的代码如下：

```
//ch10\PictureEidtDemo 项目中 MainAbilitySlice.java 中的 drawLine()方法
//在位图上画水平线
private void drawLine(PixelMap pixelMap) {
    int w,h,color;
    w = pixelMap.getImageInfo().size.width;      //位图宽度
    h = pixelMap.getImageInfo().size.height;     //位图高度
    color = 0xFFFF0000;                          //线颜色,红色
    for (int x = 20; x < w - 20; x++) {//左右留出 20 像素
        //4 像素宽
        pixelMap.writePixel(new Position(x, h/2), color);
        pixelMap.writePixel(new Position(x, h/2 + 1), color);
        pixelMap.writePixel(new Position(x, h/2 + 2), color);
        pixelMap.writePixel(new Position(x, h/2 + 3), color);
    }
}
```

涂鸦功能由 DrawImage 类实现，该类继承了 Image 类，因此它具有 Image 组件的全部功能，可以用于显示图片。该类实现了 omponent.TouchEventListener 接口，并实现了其 onTouchEvent()方法，用于监听触摸事件。在 onTouchEvent()方法中，涂鸦功能是在触摸移动的路径中最近的两点之间进行位图的涂色。DrawImage 类的实现代码如下：

```
//ch10\PictureEidtDemo 项目中的 DrawImage.java
public class DrawImage extends Image
implements Component.TouchEventListener {

    boolean isPainting;                    //是否可涂鸦
    public PixelMap pixelMap;              //位图
```

```
int h, w;                              //高度,宽度
int lineWidth;                         //线宽
Path mPath;                            //路径
int arrcolor[];                        //颜色 10 * 10
private static final HiLogLabel LABEL_LOG = new HiLogLabel(3,
        0xD001101, "DrawImage");

//构造方法
public DrawImage(Context context) {
    super(context);
    init();
}

//初始化
public void init() {
    isPainting = false;                //默认不可涂鸦
    mPath = new Path();                //路径
    lineWidth = 10;                    //线宽为 10 像素
    //初始化颜色数组,10 * 10 都是蓝色
    arrcolor = new int[100];           //颜色 10 * 10
    for (int i = 0; i < 100; i++)
        arrcolor[i] = 0xff0000ff; //蓝色
    //设置触摸监听
    setTouchEventListener(this::onTouchEvent);
}

//设置是否可涂鸦
public void setPainting(boolean isPainting) {
    this.isPainting = isPainting;
}

@Override
public boolean onTouchEvent(Component component
                            ,TouchEvent touchEvent) {

    if (!isPainting) {//不可涂鸦,直接返回
        return false;
    }
    switch (touchEvent.getAction()) {
        case TouchEvent.PRIMARY_POINT_DOWN: {//触摸按下
            MmiPoint point = touchEvent.getPointerPosition
                                                 (touchEvent.getIndex());
            int x = (int) point.getX();
            int y = (int) point.getY();
            w = pixelMap.getImageInfo().size.width;
            h = pixelMap.getImageInfo().size.height;
```

```
            //要求在位图内
            if (0 <= x && x < w - lineWidth
                && 0 <= y && y < h - lineWidth) {
                mPath.moveTo(x, y);                 //路径加长
            }
            return true;
        }
        case TouchEvent.PRIMARY_POINT_UP:           //触摸抬起
            break;
        case TouchEvent.POINT_MOVE:                 //触摸移动
            MmiPoint point = touchEvent.getPointerPosition
                                        (touchEvent.getIndex());
            Point fromPoint = new Point();          //路径上的一个点
            mPath.getLastPoint(fromPoint);          //获得路径上的一个点
            Point toPoint = new Point((int) point.getX(),
                                    (int) point.getY());
            mPath.lineTo(toPoint);                  //延长路径

            int x0 = fromPoint.getPointXToInt();    //路径上一个点的 x 坐标
            int y0 = fromPoint.getPointYToInt();    //路径上一个点的 y 坐标
            int x1 = toPoint.getPointXToInt();      //路径当前点的 x 坐标
            int y1 = toPoint.getPointYToInt();      //路径当前点的 y 坐标

            //要求点在位图内
            if (0 <= x1 && x1 < w - lineWidth
                && 0 <= y1 && y1 < h - lineWidth) {
                if (pixelMap != null) {
                    int x = x0;
                    int y = y0;
                    //在点(x0,y0)和点(x1,y1)之间涂鸦
                    if (x0 < x1) {//向右画时
                        //遍历两点间的 x 坐标,步长为 3
                        for (x = x0; x <= x1; x += 3)
                        {
                            //构建涂鸦矩形区域
                            Rect rect = new Rect(x, y, lineWidth, lineWidth);
                            //写入像素数组颜色值
                            pixelMap.writePixels(arrcolor, 0, lineWidth, rect);
                            //计算 y 坐标
                            y = (int) (y0 + (x - x0) * (y1 - y0) * 1.0 / (x1 - x0));
                        }
                    }
                    if (x0 > x1)//向左画时
                    {
                        for (x = x0; x >= x1; x -= 3) {
```

```
                        Rect rect = new Rect(x, y, lineWidth, lineWidth);
                        pixelMap.writePixels(arrcolor, 0, lineWidth, rect);
                        y = (int) (y0 + (x - x0) * (y1 - y0) * 1.0 / (x1 - x0));
                    }
                }
                if (x0 == x1)                           //竖向画时
                {
                    for (y = y0; y < y1; y += 3)   //向下画时
                    {
                        Rect rect = new Rect(x, y, lineWidth, lineWidth);
                        pixelMap.writePixels(arrcolor, 0, 10, rect);
                    }
                    for (y = y0; y > y1; y -= 3)   //向上画时
                    {
                        Rect rect = new Rect(x, y, lineWidth, lineWidth);
                        pixelMap.writePixels(arrcolor, 0, lineWidth, rect);
                    }
                }
            } else {
                HiLog.info(LABEL_LOG, "pixelMap is null");
            }
        }
        this.setPixelMap(pixelMap);                    //更新显示
        break;
    }
    return true;
  }
}
```

将图片保存到相册实现将当前位图保存到系统的相册中。系统相册是以 Data 文件的方式对外提供文件读写接口的，访问系统相册还需要申请读写权限。通过打包编码位图，访问相册 Data 把图片保存到系统的相册中，该功能由 MainAbilitySclie 的 saveImage()方法实现。

```
//ch10\PictureEidtDemo 项目中 MainAbilitySlice.java 中的 saveImage()方法
//将位图保存到相册中
private void saveImage(String fileName, PixelMap pixelMap) {
    String[] permissions = {"ohos.permission.READ_USER_STORAGE",
                            "ohos.permission.WRITE_USER_STORAGE"};
    requestPermissionsFromUser(permissions, 0);
    try {
        ValuesBucket valuesBucket = new ValuesBucket();
        valuesBucket.putString(AVStorage.Images.Media.DISPLAY_NAME,
                        fileName);
        valuesBucket.putString("relative_path", "DCIM/");
        valuesBucket.putString(AVStorage.Images.Media.MIME_TYPE,"image/JPEG");
```

```
        //应用独占
        valuesBucket.putInteger("is_pending", 1);
        DataAbilityHelper helper = DataAbilityHelper
                                .creator(getContext());
        int id = helper.insert
                (AVStorage.Images.Media.EXTERNAL_DATA_ABILITY_URI, valuesBucket);
        Uri uri = Uri.appendEncodedPathToUri
                (AVStorage.Images.Media.EXTERNAL_DATA_ABILITY_URI,
                String.valueOf(id));

        //打开文件 Data,这里需要写权限"w"
        FileDescriptor fd = helper.openFile(uri, "w");
        //创建文件输出流
        OutputStream outputStream = new FileOutputStream(fd);

        //创建图像打包编码对象
        ImagePacker imagePacker = ImagePacker.create();
        //创建并设置打包编码参数
        ImagePacker.PackingOptions packingOptions
                    = new ImagePacker.PackingOptions();
        packingOptions.format = "image/jpeg";          //图片格式
        packingOptions.quality = 90;                   //图片质量

        boolean result;
        //初始化图像编码
        result = imagePacker.initializePacking(outputStream,packingOptions);
        if (result) {
            result = imagePacker.addImage(pixelMap);  //添加图像
            if (result) {
                imagePacker.finalizePacking();         //编码
            }
        }
        outputStream.flush();                          //清空
        outputStream.close();                          //关闭输出流
        valuesBucket.clear();                          //清除

        //解除独占
        valuesBucket.putInteger("is_pending", 0);
        helper.update(uri, valuesBucket, null);        //更新
    } catch (Exception e) {
        HiLog.info(LOG, "文件保存异常");
        e.printStackTrace();
    }
}
```

另外，将图片保存到相册的请求权限，需要在配置文件 config.json 中进行相应的权限配置。

本示例中按钮单击监听器统一由 ButtonClickListener 类实现，该类被定义为 MainAbilitySlice 的内部类，实现了单击监听接口，重写了 onClick()方法，通过不同的组件 ID 转入不同的图片处理功能，该类的实现代码如下：

```
//ch10\PictureEidtDemo 项目中 MainAbilitySlice.java 中的 ButtonClickListener 内部类
private class ButtonClickListener
implements Component.ClickedListener {
    @Override
    public void onClick(Component component) {
        //通过区别不同的传入按钮的对象,执行不同的操作
        int btnId = component.getId();
        switch (btnId) {
            //旋转图片入口
            case ResourceTable.Id_whirl_button:
                whirlCount++;                               //单击一次加 1,多旋转 90°
                isCorp = false;                             //不裁剪
                isPainting = false;                         //不涂鸦
                drawImage.setPainting(false);               //不涂鸦
                isMirror = false;                           //不镜像
                pixelMap = getRenderPixelMap();             //渲染
                //设置 image 组件的位图对象
                drawImage.setPixelMap(pixelMap);
                break;
            //剪裁图片入口
            case ResourceTable.Id_crop_button:
                whirlCount = 0;
                isCorp = !isCorp;                           //剪裁和不裁剪交替
                isPainting = false;
                drawImage.setPainting(false);
                isMirror = false;
                pixelMap = getRenderPixelMap();             //渲染
                drawImage.setPixelMap(pixelMap);            //更新显示
                break;
            //镜像图片入口
            case ResourceTable.Id_mirror_button:
                whirlCount = 0;
                isCorp = false;
                isPainting = false;
                drawImage.setPainting(false);
                isMirror = !isMirror;                       //镜像和不镜像交替
                pixelMap = mirrorImage(pixelMap);           //进行操作
                drawImage.setPixelMap(pixelMap);            //更新显示
                break;
```

```
            //画水平线入口
            case ResourceTable.Id_line_button:
                whirlCount = 0;
                isCorp = false;
                isPainting = false;
                drawImage.setPainting(false);
                isMirror = false;
                initDrawImage(ResourceTable.Media_test);      //初始化原图
                drawLine(pixelMap);                           //画水平线
                drawImage.setPixelMap(pixelMap);              //更新显示
                break;
            //涂鸦图片入口
            case ResourceTable.Id_paint_button:
                whirlCount = 0;
                isCorp = false;
                isPainting = !isPainting;                     //可涂鸦和不可涂鸦交替
                isMirror = false;
                if (isPainting)                               //可以涂鸦
                {
                    btnPaint.setTextColor(Color.BLUE);        //按钮字为蓝色
                    initDrawImage(ResourceTable.Media_test); //初始化原图
                    drawImage.setPainting(true);              //设置可涂鸦
                    drawImage.pixelMap = pixelMap;            //将位图传递给 drawImage
                } else {
                    btnPaint.setTextColor(Color.BLACK);       //按钮字为黑色
                    drawImage.setPainting(false);             //设置不可涂鸦
                }
                break;
            //重新加载图片入口
            case ResourceTable.Id_reload_button:
                whirlCount = 0;
                isCorp = false;
                isPainting = false;
                drawImage.setPainting(false);
                isMirror = false;
                initDrawImage(ResourceTable.Media_test);
                break;

            //保存到 SD 卡
            case ResourceTable.Id_save_button:
                saveImage("test.jpeg", pixelMap);
                break;
        }
    }
}
```

10.3 声频播放

播放声频是应用中经常用的功能,如播放音乐、铃声、提示音等。HarmonyOS 声频模块支持声频业务的开发,提供了声频播放的相关功能,主要包括声频播放、声频采集、音量管理和短音播放等。

10.3.1 声频开发基础

在声频开发中常用的几个基本概念如下。

(1) 采样:采样是指将连续时域上的模拟信号按照一定的时间间隔采样,获取离散时域上离散信号的过程。

(2) 采样率:采样率为每秒从连续信号中提取并组成离散信号的采样次数,单位用赫兹(Hz)表示。通常人耳能听到频率范围大约在 20Hz~20kHz 的声音。常用的声频采样频率有 16kHz、44.1kHz、48kHz、96kHz、192kHz 等。

(3) 采样位数:也称采样精度或位深,即用多少位二进制数表示声音信号强度,采样位数越高,对声音的记录就越精细。现在一般采用 16 位采样位数。

(4) 比特率:在数字多媒体领域,比特率是每秒播放连续的声频或视频的比特的数量,是音视频文件的一个属性。

(5) 声道:声道是指声音在录制或播放时在不同空间位置采集或回放的相互独立的声频信号,所以声道数也就是声音录制时的音源数量或回放时相应的扬声器数量。

(6) 声频帧:声频数据是流式的,本身没有明确的一帧的概念,在实际应用中,为了声频算法处理/传输的方便,一般约定俗成取 2.5~60ms 为单位的数据量为一帧声频。

(7) PCM:Pulse Code Modulation,脉冲编码调制,是一种将模拟信号数字化的方法,是将时间连续、取值连续的模拟信号转换成时间离散、抽样值离散的数字信号的过程。

(8) 短音:使用源于应用程序包内的资源或者文件系统里的文件为样本,将其解码成一个 16 位单声道或者立体声的 PCM 流并加载到内存中,这使应用程序可以直接用压缩数据流,与此同时摆脱 CPU 加载数据的压力和播放时重解压的延迟。

(9) 系统音:系统预置的短音,例如按键音、删除音等。

(10) 声频文件:声频信息以一定编码格式保存的文件,常见的声频编码格式有 MP3、AAC、WAVE 等,声频格式一般和其保存的文件格式对应,如 MP3 格式声频,通常保存成 mp3 文件,ACC 格式声频通常保存成 acc、mp4 或 m4a 文件,WAVE 格式声频通常保存成 wav 文件。

10.3.2 应用播放声频接口

在 HarmonyOS 应用开发中,播放声频接口主要涉及 AudioRenderer、Player、SoundPlayer 3 个类。AudioRenderer 一般用于播放 PCM 声频流,SoundPlayer 用于播放短

声频，Player 主要用于播放 mp3、m4a 等格式的声频或视频。

1. SoundPlayer 类

SoundPlayer 类多用于播放较短的声频，如播放资源文件、系统音等。针对播放声频资源，SoundPlayer 类提供的主要方法接口及说明如表 10-6 所示。

表 10-6 SoundPlayer 播放与声频资源相关的主要方法及说明

方法名称	说明
SoundPlayer(int taskType)	构造方法，参数 taskType 的取值范围由枚举类 AudioManager. AudioStreamType 定义，该构造方法仅用于播放声频资源
SoundPlayer(String packageName)	构造方法，参数为应用包名，该构造方法仅用于播放系统音
int createSound(Context context, int resourceId)	根据应用程序上下文和声频资源 ID 加载声频数据生成短音，返回声频 ID
boolean setOnCreateCompleteListener(SoundPlayer. OnCreateCompleteListener listener)	设置声音创建完成的回调监听器，需要重写监听器的 onCreateComplete()接口方法进行处理，一般在其中实现声频播放
int play(int soundID)	根据声频 ID 播放短音，返回任务 ID
boolean setLoop(int taskID, int loopNum)	设置短音播放任务的循环次数，taskID 为任务 ID，由 play()方法返回
boolean setVolume(int taskID, AudioVolumes audioVolumes)	设置短音播放任务的播放音量，taskID 为任务 ID，由 play()方法返回
boolean pause(int taskID)	根据播放任务 ID，暂停对应的短音播放，taskID 为任务 ID，由 play()方法返回
boolean pauseAll()	暂停所有正在播放的任务
boolean resumeAll()	恢复所有已暂停的播放任务
boolean stop(int taskID)	根据任务 ID，停止短音播放任务
deleteSound(int soundID)	根据声频 ID，删除短音，同时释放短音所占资源
playSound(SoundType type)	播放系统音，SoundType 是 SoundPlayer 的内部类，其中定义了系统音的类型
playSound(SoundType type, float volume)	按照指定音量，播放系统音

当使用 SoundPlayer 播放资源声频时，首先需要准备声频文件，一般放到项目资源下的 media 目录中，播放资源声频的一般代码如下：

```
//创建 SoundPlayer 对象
SoundPlayer sPlayer = new SoundPlayer(AudioManager
                                .AudioVolumeType.STREAM_MUSIC.getValue());
//根据声频资源 ID 加载短音，要求 alert 资源声频文件在 media 目录中
int soundId = sPlayer .createSound(this,ResourceTable.Media_alert);
//设置创建成功监听回调
```

```
sPlayer.setOnCreateCompleteListener(new SoundPlayer.OnCreateCompleteListener() {
    @Override
    public void onCreateComplete(SoundPlayer soundPlayer, int soundId, int status) {
        if (status == 0) {//准备就绪
            int taskId = sPlayer.play(soundId);           //后台播放声频
            sPlayer.setVolume(taskId, 1.0f);              //设置音量
            sPlayer.setLoop(taskId, 1);                   //设置循环播放次数
            sPlayer.setPlaySpeedRate(taskId, 1.0f);       //设置播放速度
        }
    }
});
…
//释放短音资源,一般在退出时释放
sPlayer.deleteSound(soundId);
```

使用 SoundPlayer 播放系统音的一般代码如下：

```
//实例化对象,传递当前包名
SoundPlayer soundPlayer = newSoundPlayer("cn.edu.zut.soundplayerdemo");
//播放键盘敲击音,默认音量
soundPlayer.playSound(SoundPlayer.SoundType.KEY_CLICK);
//播放键盘敲击音,音量为 1.0
soundPlayer.playSound(SoundPlayer.SoundType.KEY_CLICK, 1.0f);
```

2. Player 类

Player 类，即播放器类，该类可用于控制声频播放。一个 Player 实例对象能够播放一个或多个多媒体文件。Player 类的常用方法如表 10-7 所示。

表 10-7 Player 类的常用方法

方法名称	说明
Player(Context context)	构造方法，根据上下文构造播放器
setSource(BaseFileDescriptor assetFD)	设置播放器的媒体资源，声频资源为文件描述符
setSource(Source source)	设置播放器的媒体资源，媒体源已由 Source 封装
setVolume(float volume)	设置播放的音量
setPlayerCallback(Player.IPlayerCallback callback)	注册播放器播放时回调监听器，用于监听播放过程中的状态变化
prepare()	准备播放环境及缓存
play()	开始播放
pause()	暂停播放
getCurrentTime()	获取当前播放的时长，单位是毫秒

续表

方法名称	说　明
getDuration()	获取当前播放媒体的总时长,单位是毫秒
getPlaybackSpeed()	获取播放速度
isNowPlaying()	判断播放器是否正在播放,返回真表示正在播放中
isSingleLooping()	返回当前是否为单曲循环,返回真表示单曲循环
enableSingleLooping(boolean looping)	开启单曲循环,looping 为 true 表示开启
rewindTo(long microseconds)	重新设置播放的进度位置
setPlaybackSpeed(float speed)	设置播放速度
stop()	停止播放
reset()	将播放器重置为初始状态
release()	释放播放器及相关资源

使用 Player 进行播放声频的一般步骤如下:

(1) 创建播放器 Player 对象。

(2) 设置播放源。

(3) 设置播放参数,包括设置回调、音量、速度等。

(4) 准备播放。

(5) 播放。

(6) 在播放过程中控制,如暂停、重置播放进度位置、停止等。

(7) 释放播放器。

19min

10.3.3 播放音乐示例

本节实现一个简易的音乐播放器应用,其功能包括播放音乐、停止播放、上一首、下一首、播放过程中显示进度等。

1. 示例的运行效果

本节实现的音乐播放器的运行效果如图 10-4 所示,其中,图 10-4(a)是启动后的界面效果,单击播放按钮,播放内置的声频,界面上方显示播放的声频文件名称,进度条随播放进展而变化,并显示当前播放时长和总时长,如图 10-4(b)所示。图 10-4(c)为播放完成时的当前声频界面。在任何时候单击上一首或下一首按钮都可以进行声频切换,如图 10-4(d)所示。

2. 项目结构及资源

本示例的项目结构及资源如图 10-5 所示,音乐播放器的主要功能实现在 PlayerSlice 中,ability_main.xml 为主布局文件。资源目录 media 下包括所使用的图片资源,start.png 为播放图标,stop.png 为停止图标,next.png 为下一首图标,prev.png 为上一首图标。资源目录 rawfile 目录下包含 3 个 MP3 格式的声频文件,分别是 guoge.mp3、JingleBells.mp3 和 myhomelandandme.mp3 文件,资源文件的名称不能为中文。

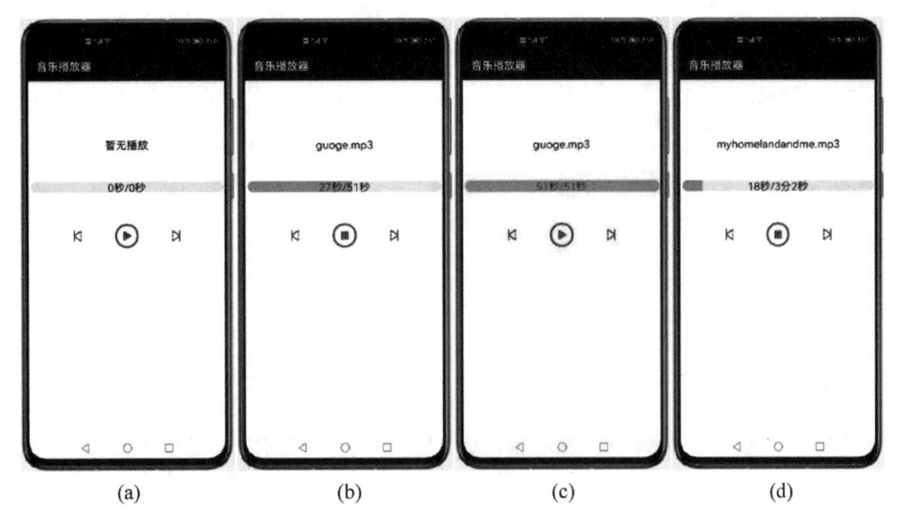

图 10-4 音乐播放器示例运行的效果

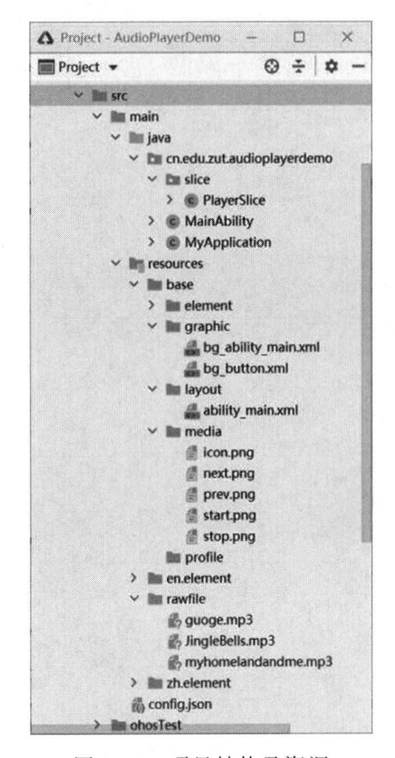

图 10-5 项目结构及资源

3. 主界面布局实现

音乐播放器示例的界面布局文件是 ability_main.xml，其代码如下：

```xml
//ch10\AudioPlayerDemo 项目中的 ability_main.xml
<?xml version = "1.0" encoding = "utf - 8"?>
< DirectionalLayout
    xmlns:ohos = "http://schemas.huawei.com/res/ohos"
    ohos:height = "match_parent"
    ohos:width = "match_parent"
    ohos:alignment = "center"
    ohos:orientation = "vertical">
    < Text
        ohos:top_margin = "100vp"
        ohos:id = " $ + id:title"
        ohos:height = "match_content"
        ohos:width = "match_content"
        ohos:layout_alignment = "center"
        ohos:text_size = "20vp"
        ohos:text = "暂无播放"
        />
    < ProgressBar
        ohos:id = " $ + id:progressbar"
        ohos:top_margin = "50vp"
        ohos:left_margin = "5vp"
        ohos:right_margin = "5vp"
        ohos:height = "match_content"
        ohos:width = "match_parent"
        ohos:progress = "0"
        ohos:progress_hint_text = "0s/0s"
        ohos:progress_hint_text_color = " # 000000"
        ohos:progress_width = "20vp"
        ohos:progress_color = "green"
        ohos:max = "100"
        ohos:min = "0"/>
    < DirectionalLayout
        ohos:height = "match_parent"
        ohos:width = "match_parent"
        ohos:top_margin = "50vp"
        ohos:alignment = "center"
        ohos:orientation = "horizontal">
        < Button
            ohos:id = " $ + id:prev"
            ohos:top_margin = "10vp"
            ohos:height = "30vp"
            ohos:width = "30vp"
            ohos:background_element = " $ media:prev"
            ohos:layout_alignment = "left"
            />
        < Button
```

```
            ohos:id = "$ + id:play"
            ohos:left_margin = "50vp"
            ohos:right_margin = "50vp"
            ohos:height = "50vp"
            ohos:width = "50vp"
            ohos:background_element = "$media:start"
            ohos:layout_alignment = "horizontal_center"
            />
        <Button
            ohos:id = "$ + id:next"
            ohos:top_margin = "10vp"
            ohos:height = "30vp"
            ohos:width = "30vp"
            ohos:background_element = "$media:next"
            ohos:layout_alignment = "right"
            />
    </DirectionalLayout>
</DirectionalLayout>
```

在主布局文件中，id 为 title 的文本组件，用于显示播放声频的名称。id 为 progressbar 的进度条组件，用于显示播放声频的进度。id 为 prev 的按钮是上一首按钮，id 为 play 的按钮是播放/停止按钮，id 为 next 的按钮是下一首按钮。

4. 主要代码实现

该项目中，主要包含了 3 个类文件，MyApplication.java、MainAbility.java 和 PlayerSlice.java。其中，声频控制的功能主要由 PlayerSlice 类实现，该类继承自 AbilitySlice 类。下面重点介绍 PlayerSlice 类的实现。

1）PlayerSlice 类的主要数据成员

```
//ch10\AudioPlayerDemo 项目中的 PlaySlice.java(部分)
//待播放的声频资源的位置
private final String musics[] = {
                                    "resources/rawfile/guoge.mp3",
                                    "resources/rawfile/myhomelandandme.mp3",
                                    "resources/rawfile/JingleBells.mp3"
                                };
int index = 0;                       //声频索引号，通过 music[index]确定具体的声频
private Player player;               //声频播放器
private Text musicTitle;             //用于显示正在播放的声频名称组件的引用
private Button playButton;           //播放/停止的按钮组件引用
private Button prevButton;           //上一首的按钮组件引用
private Button nextButton;           //下一首的按钮组件引用
private ProgressBar progressBar;     //进度条组件引用
```

2）PlayerSlice 类的主要方法实现

PlayerSlice 类继承了 AbilitySlice 类，因此其运行符合 Slice 的生命周期。创建时会首先运行其 onStart()方法，在该方法中进行初始化工作，onStart()方法的代码如下：

```
@Override
public void onStart(Intent intent) {
    super.onStart(intent);
    super.setUIContent(ResourceTable.Layout_ability_main);
    initView();//初始化界面组件
}
```

界面组件的初始化是由 ininView()方法实现的，其功能是完成组件初始化及监听器设置，对应的代码如下：

```
//初始化界面组件
private void initView() {
    //播放或停止按钮,设置监听
    playButton = (Button) findComponentById(ResourceTable.Id_play);
    playButton.setClickedListener(component -> playOrStop());

    //上一首按钮,设置监听
    prevButton = (Button) findComponentById(ResourceTable.Id_prev);
    prevButton.setClickedListener(component -> prev());

    //下一首按钮,设置监听
    nextButton = (Button) findComponentById(ResourceTable.Id_next);
    nextButton.setClickedListener(component -> next());

    //音乐标题,显示正在播放的音乐文件名
    musicTitle = (Text) findComponentById(ResourceTable.Id_title);

    //进度条,显示播放进度
    progressBar = (ProgressBar) findComponentById(ResourceTable.Id_progressbar);
    setStopUI();//设置播放停止时的界面显示
}
```

在 initView()方法中调用了 etStopUI()方法，该方法用于设置在声频播放停止时界面的显示状态，如将进度条值设置为 0、将显示设置为 0s/0s、播放按钮显示的是开始播放的图片资源 start.png。setStopUI()方法对应的代码如下：

```
//设置停止后的 UI 显示
private void setStopUI() {
    //将进度条的值设置为 0
```

```
        progressBar.setProgressValue(0);
        //设置进度条显示的文本
        progressBar.setProgressHintText("0s/0s");
        //获取播放按钮的背景图片
        Resource resourceStart = getResource(ResourceTable.Media_start);
        //停止后将按钮背景图设置为播放状态
        playButton.setBackground(new PixelMapElement(resourceStart));
    }
```

按钮 playButton 单击时设置的监听对应方法为 playOrStop()方法，该方法的代码如下：

```
    //播放或停止播放
    private void playOrStop() {
        //判断当前播放器的状态,即判断是否为正在播放
        if (player!= null && player.isNowPlaying()) {
            stop();      //调用方法停止播放
        } else {
            play(index);//调用方法播放第 index 个声频
        }
    }
```

停止播放方法 stop()对应的代码如下：

```
    //停止播放
    private void stop() {
        player.stop();//停止播放
        setStopUI();
    }
```

播放方法 play()对应的代码如下：

```
    //播放第 index 个声频
    private void play(int index) {
        if(player!= null){          //如果播放器不为空
            player.stop();          //停止原有的播放
            player.release();  //释放播放器及资源
        }
        //创建新的 Player
        player = new Player(getContext());

        //准备声频源
        Source source = null;
        RawFileDescriptor fd = null;
```

```
        try {
            //获得资源文件的文件描述符
            fd = getResourceManager().getRawFileEntry
                        (music[index]).openRawFileDescriptor();
        } catch (IOException e) {
            e.printStackTrace();
        }
        //创建声频源,依据文件描述符、文件位置及长度
        source = new Source(fd.getFileDescriptor(),
                        fd.getStartPosition(),fd.getFileSize());

        //设置播放源
        player.setSource( source );
        //设置回调,后台播放过程中在回调中更新进度
        player.setPlayerCallback(new PlayerCallback());

        player.prepare();                       //准备播放环境和缓冲数据
        player.play();                          //开始播放

        int duration = player.getDuration(); //获得时长
        setPlayUI(duration);                    //设置播放开始的UI界面
    }
```

Player对象一旦调用play()方法,便会开始在后台播放声频,播放声频不会阻塞主线程。为了在播放过程中监听播放状态,在播放声频前,一般需要设置回调监听器,以便能在播放过程中监听播放状态的变化。

实现播放器播放回调监听器,需要实现Player.IPlayerCallback接口,同时实现其中的监听方法监听播放器状态的变化。IPlayerCallback接口提供的部分监听方法及说明如表10-8所示。

表10-8 IPlayerCallback提供的部分接口方法说明

方法名称	说明
void onPrepared()	当媒体文件准备就绪时回调,一般发生在Player播放器对象调用prepared()方法执行成功后
void onMessage(int type,int extra)	当播放器收到一条消息时回调,如收到闹铃等
void onPlayBackComplete()	当播放完成时调用,如声频播放结束
void onError(int errorType,int errorCode)	当在播放过程中发生错误时,回调该方法
void onRewindToComplete()	当播放进度发生改变时回调,一般发生在Palyer播放器对象调用重新定位播放位置rewindTo(long)方法后
void onResolutionChanged(int width, int height)	当视频大小发生改变时回调,适用于通过Player播放视频时

表10-8并未列出IPlayerCallback接口提供的全部方法,实现该接口需要实现它的全部

抽象方法，本例中定义了 PlayerCallback 监听器类，其主要代码如下：

```
//回调类
class PlayerCallback implements Player.IPlayerCallback{
    @Override
    public void onPrepared() {
        HiLog.info(LABEL_LOG, "onPrepared");
        new Thread(new Runnable() {//启用线程实时监控播放进度
            @Override
            public void run() {
                HiLog.info(LABEL_LOG, "run…");
                while( player.isNowPlaying() )//播放中，不断更新进度
                {
                    int ct = player.getCurrentTime();
                    int dt = player.getDuration();
                    String currentTimeStr = formatTime(ct);
                    String durationStr = formatTime(dt);
                    //将进度条的值设置为播放器当前播放声频的时间
                    //设置进度条的显示内容，在 UI 线程中执行
                    getUITaskDispatcher().asyncDispatch(new Runnable(){
                        @Override
                        public void run() {
                            progressBar.setProgressValue(ct);
                            progressBar.setProgressHintText(
                                currentTimeStr + "/" + durationStr );
                        }
                    });
                    try {
                        Thread.sleep(500);  //每 500ms 更新一次
                    } catch (InterruptedException e) {
                        e.printStackTrace();
                    }
                }
            }
        }).start();  //启动线程
    }

    @Override
    public void onPlayBackComplete() {//当播放完时调用
        int dt = player.getDuration();
        String durationStr = formatTime(dt);
        HiLog.info(LABEL_LOG, "durationStr = %{public}s", durationStr);
        //在 UI 线程中执行
        getUITaskDispatcher().asyncDispatch(new Runnable() {
            @Override
```

```
                public void run() {
                    //设置进度完成
                    progressBar.setProgressValue(dt);
                    progressBar.setProgressHintText(durationStr + "/" + durationStr);
                    //获取播放按钮的背景图片
                    Resource resourceStart = getResource(ResourceTable.Media_start);
                    //停止后将按钮背景图设置为播放状态
                    playButton.setBackground(
                                new PixelMapElement(resourceStart));
                }
            });
        }

        //空实现
        @Override
        public void onError(int i, int i1) {      }
        //其他方法均采用空实现,这里省略了
    }
```

当用户操作上一首、下一首按钮时,需要实现声频文件的切换,当用户退出该应用时,需要停止播放器并释放资源,对应的实现代码如下:

```
    //上一首按钮单击时响应
    private void prev() {
        index = index - 1;              //上一首索引号
        if(index < 0)                   //共 3 首,循环
            index = 2;
        play(index);                    //播放第 index 首
    }

    //下一首按钮单击时响应
    private void next() {
        index++;                        //下一首索引号
        if(index > 2)                   //共 3 首,循环
            index = 0;
        play(index);                    //播放第 index 首
    }

    //重写 onStop()方法,退出时释放资源
    @Override
    protected void onStop() {
        super.onStop();
        if (player != null ) {
```

```
        if(player.isNowPlaying())
            player.stop();              //停止播放
        player.release();               //释放资源
    }
}
```

本节所述的播放音乐示例的完整代码可参考项目 ch10/AudioPlayerDemo。另外，播放声频除了播放资源声频外，还可播放系统中的声频文件、网络声频等，这些可以通过设置播放源实现。

10.4 视频播放

视频播放也是应用开发中常用的功能，特别是现在网络资源非常丰富，如在线直播、在线电影、网络视频等，因此，应用开发者需要掌握视频播放的开发方法。了解视频的基础知识有助于进行视频处理的相关开发。

10.4.1 视频开发基础

与静止图像不同，视频是活动的图像，它是由变化的一幅幅数字图像组成的，每一张图像称为一帧，多帧图像按照一定的时间顺序进行显示，并形成了视频。

视频基础概念包括视频帧率、分辨率、码率、编码、解码、格式等。

(1) 视频帧率是单位时间内视频播放的帧数，单位是 fps。通常所说的一个视频的 25 帧，指的就是视频帧率，即 1s 中显示 25 帧。视频帧率越高，通常视觉感觉视频越流畅。

(2) 视频分辨率是指单帧视频图像的分辨率，通常有 640×480 像素分辨率、1920×1080 像素分辨率等，一般分辨率越大图像越清晰，但通常视频也越大。

(3) 视频码率是指视频文件在单位时间内使用的数据流量，也叫码流率，单位为 kb/s。码率越大，说明单位时间内取样越多，数据流精度也越高。

(4) 视频编码是把一种形式的视频转换为另一种形式的过程。通常是通过编码器将原始的视频信息压缩为另一种格式，以方便存储或传输。

(5) 视频解码是视频编码的反向过程，通常是通过解码器将接收的数据还原为视频信息。

(6) 视频文件格式是指视频保存的格式。在储存视频时，有不同的视频文件格式把视频和声频放在一个文件中。常见的视频文件格式有 mp4、3gp、rm、avi、mov、m4v、flv、wmv 等。

10.4.2 播放视频接口及开发步骤

在 HarmonyOS 应用开发中，播放视频和播放声频类似，可以采用 Player 类提供的接口。和播放声频不同的是，播放视频设置的是视频源，播放器需要设置显示内容。

Player 类中关于声频播放控制的相关接口方法，如 play()、pause()、stop()等，在视频播放控制时同样适用。另外，该类针对播放视频，还提供了专门的相关接口方法，如表 10-9 所示。

表 10-9 Player 类与视频相关的主要方法说明

方法名称	说明
setSource(source)	设置播放源，视频源可以是资源文件、系统中存储的视频文件，也可以是来自网络的视频
setVideoSurface(Surface surface)	设置视频播放的显示对象
setSurfaceOps(SurfaceOps surfaceOps)	设置视频播放的显示参数
enableScreenOn(boolean screenOn)	设置视频播放时屏幕常亮
getVideoWidth()	获取视频宽度
getVideoHeight()	获取视频高度
setVideoScaleType(int type)	设置视频缩放类型

通过 Player 播放视频，需要设置一个视频源，该视频源可以封装在 Source 对象中，视频源可以是本地文件，也可以是网络视频资源。Source 类提供了多个构造方法，如表 10-10 所示。

表 10-10 Source 类与视频相关的主要方法说明

方法名称	说明
Source()	默认构造方法
Source(String uri)	根据 uri 构造视频源对象
Source(FileDescriptor fd)	根据文件描述符构建数据源
Source(FileDescriptor fd, long offset, long len)	根据文件描述符、偏移量及长度构建视频源

播放视频需要设置视频显示层对象(Surface 对象)，Surface 对象一般可以由 SurfaceProvider 对象获得，SurfaceProvider 是一个组件类，其使用方法和普通组件类似，在获得 SurfaceProvider 对象后可以通过以下代码获得对应的 Surface 对象。

```
//srufaceProvider 为 SurfaceProvider 对象,surface 为 Surface 引用
surface = surfaceProvider.getSurfaceOps().get().getSurface();
//设置播放器的播放画面的显示层对象,player 为 Player 对象
player.setVideoSurface(surface);
```

SurfaceOps 类提供了对 Surface 对象进行添加、删除监听器的方法，还包括其他的相关方法，其常用的方法如表 10-11 所示。

表 10-11 SurfaceOps 类主要方法说明

方法名称	说明
addCallback(SurfaceOps.Callback callback)	为该对象添加监听器
getSurface()	获取该对象关联的 Surface 对象
lockCanvas()	锁定 Canvas 对象
removeCallback(SurfaceOps.Callback callback)	为该对象移除监听器
setFixedSize(int width, int height)	将关联的 Surface 对象设置为固定大小
setFormat(int format)	设置 Surface 对象显示像素的编码格式
setKeepScreenOn(boolean isOn)	设置屏幕是否常亮

在应用中,播放视频的功能开发一般包含以下步骤:

(1) 创建视频播放器 Player 对象。

(2) 准备数据源,构建数据源 Source 对象。

(3) Player 对象通过调用 setSource(Source source)方法,为播放器设置数据源。

(4) Player 对象通过调用 prepare()方法,准备播放。

(5) 实现 IPlayerCallback 接口,构建对象,并为播放器对象设置播放回调,监控播放过程中的各种变化。如果播放过程中不需要监控,此步骤可以省略。

(6) Player 对象通过调用 setVideoSurface()方法设置播放 Surface,即显示图像层。被设置的 Surface 还可以设置监听器,监听 Surface 变化等。

(7) Player 对象通过调用 setSurfaceOps()方法设置播放 Surface 参数。被设置的 SurfaceOps 还可以添加监听器,以及监听参数变化等。

(8) Player 对象调用 play()方法,开始播放视频。

(9) 播放过程中,播放器可以调用 pause()方法或 play()方法,实现暂停或恢复播放。

(10) 播放过程中,播放器可以调用 rewindTo(long microseconds)方法,实现播放进度的变化。

(11) 播放过程中,播放器可以调用 getDuration()方法获得视频的总时长,可以调用 getCurrentTime()方法获得当前的播放进度位置。

(12) 播放过程中,播放器可以调用 stop()方法停止播放。

(13) 播放结束后,播放器需要调用 release()方法释放资源。

10.4.3 播放视频示例

16min

本节实现一个简易的视频播放器应用示例,其功能主要是播放一个网络视频,可以播放视频、暂停播放,可以点赞视频,在播放过程中显示进度,并且可以拖曳进度,运行效果如图 10-6 所示。

1. 项目结构及资源

本示例的项目结构及资源如图 10-7 所示,视频播放器的主要功能实现在 VideoAbilitySlice 中,ability_main.xml 为主布局文件。资源目录 media 下包括所使用的图片资源，play. png 为播放图标，stop. png 为停止图标，pause. png 为暂停图标，heart. png 为心形点赞图标。

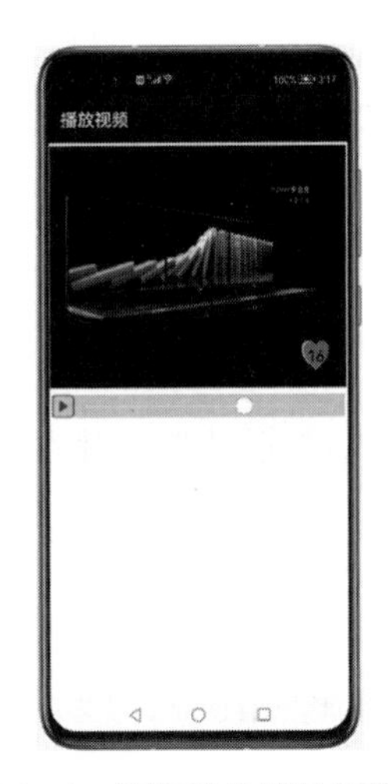

图 10-6　视频播放器运行效果

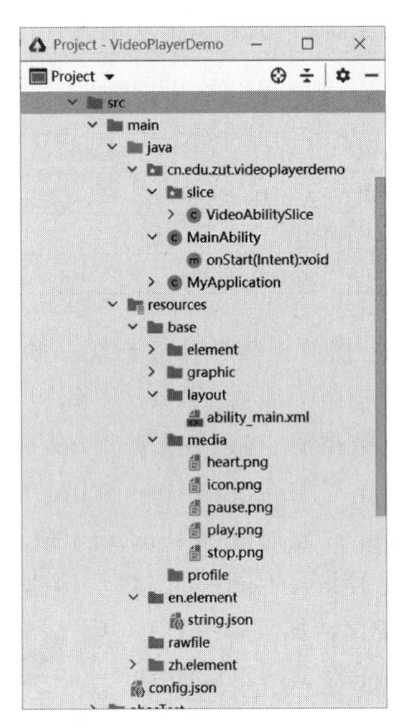

图 10-7　项目结构及资源

2. 布局实现

该示例的主布局文件为 ability_main. xml，其代码如下：

```
//ch10\VideoPlayerDemo 项目中的 ability_main.xml
<?xml version = "1.0" encoding = "utf - 8"?>
< DirectionalLayout
    xmlns:ohos = "http://schemas.huawei.com/res/ohos"
    ohos:width = "match_parent"
    ohos:height = "match_parent"
    ohos:background_element = "#FFFFFF">
    < StackLayout
        ohos:width = "match_parent"
        ohos:height = "match_content"
        ohos:background_element = "#CCCCCC"
        ohos:margin = "3vp"
        >
        < SurfaceProvider
            ohos:id = "$ + id:surfaceProvider"
            ohos:width = "match_parent"
            ohos:height = "280vp"
            />
```

```
        <Text
            ohos:id="$+id:text_heart"
            ohos:text="10"
            ohos:text_alignment="center"
            ohos:text_size="18vp"
            ohos:height="35vp"
            ohos:width="35vp"
            ohos:layout_alignment="bottom|right"
            ohos:background_element="$media:heart"
            ohos:right_margin="20vp"
            ohos:bottom_margin="20vp"/>
    </StackLayout>
    <DirectionalLayout
        ohos:height="match_content"
        ohos:width="match_parent"
        ohos:orientation="horizontal"
        ohos:margin="5vp"
        ohos:alignment="vertical_center"
        ohos:background_element="#CCCCCC"
        >
        <Button
            ohos:id="$+id:button_play_or_pause"
            ohos:height="26vp"
            ohos:width="26vp"
            ohos:background_element="$media:pause"
            ohos:layout_alignment="center"
            >
        </Button>
        <Slider
            ohos:id="$+id:slider"
            ohos:height="26vp"
            ohos:width="match_parent"
>
        </Slider>
    </DirectionalLayout>
</DirectionalLayout>
```

在布局中，使用了 SurfaceProvider 组件，该组件是一个 Surface 提供者组件，其提供了一个专用的绘图 Surface 对象，用于绘制图像，SurfaceProvider 可以满足快速绘制图像的要求。

3. 权限设置

本示例播放的视频来自网络，因此应用需要申请网络访问权限（ohos.permission.INTERNET），在配置文件 config.json 中使用 reqPermissions 属性对该权限进行声明，具体的代码如下：

```
//ch10\VideoPlayerDemo 项目中的 config.json(部分)
{
    "module": {
        "reqPermissions": [
            {
                "name": "ohos.permission.INTERNET"
            }
        ]
    }
}
```

4. 功能代码实现

该工程主要由 3 个类组成，MyApplication 和 MainAbility 类在包 cn.edu.zut.videoplayerdemo 下，VideoAbilitySlice 类继承自 AbilitySlice 类，在包 cn.edu.zut.videoplayerdemo.slice 下。VideoAbilitySlice 类是播放器实现的主要类，下面主要介绍该类的实现。

1）VideoAbilitySlice 类的数据成员

```
//ch10\VideoPlayerDemo 项目 VideoAbilitySlice.java 文件中的相关代码
//点赞心文本,显示点赞次数
private Text textOnHeart;
//播放、暂停按钮
private Button buttonPlayPause;
//进度条
private Slider slider;
//播放器
private Player player = null;
//播放器回调
private Player.IPlayerCallback playerCallback;
//播放显示组件
private SurfaceProvider surfaceProvider;
//SurfaceOps 回调
private SurfaceOps.Callback surfaceOpsCallBack;
//网络视频网址
String VIDEO_URI = "https://ss0.bdstatic.com/" +
" - 0U0bnSm1A5BphGlnYG/cae - legoup - video - target/" +
"93be3d88 - 9fc2 - 4fbd - bd14 - 833bca731ca7.mp4";
//单击监听器,包括播放暂停和点赞心
private Component.ClickedListener clickedListener;
//进度拖曳监听器
private Slider.ValueChangedListener sliderValueChangedListener;
//定时器,用来实时更新播放进度
private Timer timer = new Timer();
```

2）应用初始化

在 onStart ()方法中，主要完成初始化工作，包括组件的初始化和播放器的初始化，具体的代码如下：

```
//ch10\VideoPlayerDemo 项目 VideoAbilitySlice.java 文件中的相关代码
@Override
public void onStart(Intent intent) {
    super.onStart(intent);
    //设置布局
    super.setUIContent(ResourceTable.Layout_ability_main);
    initView();      //初始化界面组件
    initPlayer();    //初始化播放器
}
```

其中，initView()方法完成的是界面组件元素的初始化，initPlayer()方法完成的是播放器的初始化，它们的代码如下：

```
//ch10\VideoPlayerDemo 项目 VideoAbilitySlice.java 文件中的相关代码
//初始化组件
private void initView() {
    //将视频内容显示在 SurfaceProvider 组件中
    surfaceProvider = (SurfaceProvider) findComponentById
                                    (ResourceTable.Id_surfaceProvider);

    //创建 clickedListener 和 sliderValueChangedListener
    createViewListener();
    //初始化 txtInfoHeart、点赞心
    textOnHeart = (Text)findComponentById(ResourceTable.Id_text_heart);
    textOnHeart.setClickedListener(clickedListener);

    //初始化播放暂停按钮
    buttonPlayPause = (Button) findComponentById
                               (ResourceTable.Id_button_play_or_pause);
    buttonPlayPause.setClickedListener(clickedListener);

    //初始化进度条,进度可以拖曳
    slider = (Slider) findComponentById(ResourceTable.Id_slider);
    slider.setValueChangedListener(sliderValueChangedListener);

    //获取当前最前端窗口
    Window window = WindowManager.getInstance().getTopWindow().get();
    //将窗口设置为透明,以便显示播放图像
    window.setTransparent(true);
}
```

```
//初始化播放器
private void initPlayer() {
    //实例化播放器对象
    player = new Player(this);
    createPlayerCallback();                    //创建播放回调
    player.setPlayerCallback(playerCallback);//设置播放回调
    //surfaceProvider 对应的 SurfaceOpsCallBack 回调设置
    surfaceProvider.getSurfaceOps().get()
                   .addCallback(surfaceOpsCallBack);
}
```

3）回调监听实现

在初始化播放器时设置了播放回调监听器(playerCallback)，播放回调监听器可以用于监听播放器的状态变化，如视频就绪、播放完成、播放出错等，播放回调监听器的相应接口是Player.IPlayerCallback。这里通过匿名内部类的方式在创建播放回调监听器对象的同时实现了该接口，并重写了其中的接口方法。其中onPrepared()方法在播放就绪时响应，onPlayBackComplete()方法在播放完成时响应。为了能够及时根据播放进度更新界面中进度条的进度，在视频准备就绪后，这里创建了一个定时任务(timerTask)，在其中通过getUITaskDispatcher()方法获得界面专用任务分发器，使更新界面代码在UI线程中执行，通过定时器(timer)每间隔500ms执行一次界面进度更新，主要相关代码如下：

```
//ch10\VideoPlayerDemo 项目 VideoAbilitySlice.java 文件中的创建播放回调监听代码
private void createPlayerCallback() {
    playerCallback = new Player.IPlayerCallback() {
        @Override
        public void onPrepared() {
            HiLog.info(LOG_LABEL,"准备就绪.....");
            //将按钮图片设置为播放图标
            setButtonPlayPauseImage(ResourceTable.Media_play);
            //获得视频总时长,单位:毫秒
            int totalTime = player.getDuration() ;
            //准备视频之后设置进度条的最大值和最小值
            slider.setMaxValue(totalTime);
            slider.setMinValue(0);

            //定义一个定时任务,用来实时更新当前播放时间和进度条进度
            TimerTask timerTask = new TimerTask() {
                @Override
                public void run() {
                  //获得当前播放长度,单位:毫秒
                  int currentTime = player.getCurrentTime() ;
                  //在 UI 线程中更新进度
                  getUITaskDispatcher().asyncDispatch(new Runnable(){
```

```
                    @Override
                    public void run() {
                        //更新进度条进度
                        slider.setProgressValue(currentTime);
                    }
                });
            }
        };
        //启动定时任务,每 500ms 执行一次
        timer.schedule(timerTask, 0, 500);
    }

    @Override
    public void onPlayBackComplete() {
        //停止后,将按钮背景图设置为播放图片
        setButtonPlayPauseImage(ResourceTable.Media_play);
    }

    //此处省略了其他空实现的接口方法
  };
}
```

在初始化播放器时,通过以下代码设置了 surfaceProvider 对应的 SurfaceOpsCallBack 回调,代码如下:

```
//surfaceProvider 对应的 SurfaceOpsCallBack 回调设置
surfaceProvider.getSurfaceOps().get().addCallback(surfaceOpsCallBack);
```

SurfaceProvider 是一个组件,是 Surface 提供者,Surface 用来显示图像,播放器通过 setVideoSurface() 方法可以把播放的图像设置到对应的 Surface 上。通过创建 SurfaceOps.Callback 回调监听器,实现 SurfaceProvider、Surface 和 Player 的关联,这里使用匿名内部类的方式创建了 SurfaceOps.Callback 对象,并重写了其中的 surfaceCreated() 方法,在该方法中实现了它们的关联,同时设置了视频源并准备播放。相关的主要代码如下:

```
//ch10\VideoPlayerDemo 项目 VideoAbilitySlice.java 文件中创建 SurfaceOps 回调监听代码
//SurfaceOps 回调
SurfaceOps.Callback surfaceOpsCallBack = new SurfaceOps.Callback() {
    @Override
    public void surfaceCreated(SurfaceOps surfaceOps) {
        //将视频资源的 url 封装为 Source 对象
        Source source = new Source(VIDEO_URI);
        //为播放对象 player 设置播放源
```

```
            player.setSource(source);
            //设置显示在 sp 中
            player.setVideoSurface(surfaceProvider.getSurfaceOps().get()
                                        .getSurface());
            //准备播放
            player.prepare();
        }

        @Override
        public void surfaceChanged(SurfaceOps surfaceOps,
                                        int i, int i1, int i2) {
            //空实现
        }

        @Override
        public void surfaceDestroyed(SurfaceOps surfaceOps) {
            //空实现
        }
    };
```

4）播放、暂停视频功能实现

播放视频或暂停播放视频由按钮单击实现，通过为按钮设置组件单击监听器实现单击响应功能。播放和暂停采用的是同一个按钮，当视频处于播放中时，单击此按钮可实现视频暂停，同时按钮显示的图片为播放图标，当视频在播放中时，播放视频。播放、暂停视频功能实现的主要相关代码如下：

```
//ch10\VideoPlayerDemo 项目 VideoAbilitySlice.java 文件中的相关主要代码
//创建监听
clickedListener = new Component.ClickedListener() {
    @Override
    public void onClick(Component component) {
        int id = component.getId();
        switch(id){
            case ResourceTable.Id_button_play_or_pause:
                play_or_pause();//调用播放或暂停
                break;
                …
        }
    }
};
…
//设置监听器
buttonPlayPause.setClickedListener(clickedListener);
```

```
...
//播放、暂停按钮响应
private void play_or_pause() {
    if (player.isNowPlaying()) {//当播放中时
        //暂停
        player.pause();
        //暂停时,将按钮背景图设置为播放图片
        setButtonPlayPauseImage(ResourceTable.Media_play);
    } else {
        //播放
        player.play();
        //播放后,将按钮背景图设置为暂停图片
        setButtonPlayPauseImage(ResourceTable.Media_pause);
    }
}
```

5）拖曳功能实现

视频拖曳功能由滑块(Slider)组件实现,由于这里表示为视频的播放进度,因此也称它为可以拖曳的进度条。滑块对应的组件类是 Slider 类,在该类内部存在一个监听器接口 Slider.ValueChangedListener,可以用于进度值变化,重写监听器的 onTouchEnd()方法,使滑块拖曳滑动后,根据位置重新定位视频播放位置。滑块在视频准备就绪后,设置的最大值为视频长度、最小值为 0。拖曳功能实现的主要相关代码如下:

```
//ch10\VideoPlayerDemo 项目 VideoAbilitySlice.java 文件中的相关主要代码
//进度拖曳监听器
private Slider.ValueChangedListener sliderValueChangedListener;

...
//创建进度拖曳监听器
sliderValueChangedListener = new Slider.ValueChangedListener() {
    @Override
    public void onProgressUpdated(Slider slider, int i, boolean b) {
    }
    @Override
    public void onTouchStart(Slider slider) {
    }

    @Override
    public void onTouchEnd(Slider slider) {
        //拖曳视频进度
        int progress = slider.getProgress(); //获取进度条进度
        //重定位播放进度,注意参数的单位为微秒,乘以 1000 后变成毫秒
```

```
            player.rewindTo(progress * 1000);
        }
    };

    …
    //初始化进度条,进度可以拖曳
    slider = (Slider) findComponentById(ResourceTable.Id_slider);
    //设置进度拖曳监听器
    slider.setValueChangedListener(sliderValueChangedListener);

    …
    //在视频就绪监听中确定滑块的最大值和最小值
    int totalTime = player.getDuration() ;
    //准备视频之后设置进度条的最大值和最小值
    slider.setMaxValue(totalTime);
    slider.setMinValue(0);
```

6）点赞心

点赞心采用的是一个文本(Text)组件，该组件的背景图是一个心形的图片资源，通过设置单击监听，实现显示的数字增加，该组件单击的响应代码如下：

```
//ch10\VideoPlayerDemo 项目中 VideoAbilitySlice.java 文件中的点赞心响应方法
//响应点赞心
private void clickedHeart() {
int n = Integer.parseInt( textOnHeart.getText() );
    n++;
    textOnHeart.setText("" + n);
}
```

7）退出

当退出播放器 Slice 时，需要取消更新进度计时器及任务，停止播放器播放视频，并释放资源，重写的 onStop()方法如下：

```
//ch10\VideoPlayerDemo 项目中 VideoAbilitySlice.java 文件中的 Slice 退出方法
@Override
protected void onStop() {
    super.onStop();
    timer.cancel();                 //取消计时器
    timer.purge();                  //删除任务
    player.stop();                  //停止播放
    player.release();               //释放资源
}
```

小结

本章主要阐述了HarmonyOS应用开发中与多媒体相关的处理技术和方法,重点介绍了最常用的图像编辑、声频播放和视频播放,通过多媒体处理可以使开发的应用更加丰富多彩。HarmonyOS应用开发多媒体技术框架提供的接口除了本章介绍的以外,还提供了诸如拍照、录像、录音等很多应用程序接口,开发者可以举一反三,类比学习。

习题

1. 判断题

(1) PixelMap是位图类,位图是一个m×n的矩形点阵,每个点都有一种颜色,大量的点组成图像。(　　)

(2) AudioRenderer一般用于播放PCM声频流,SoundPlayer用于播放短声频。(　　)

(3) 在用Player播放声频时,如果需要接收声频播放时状态变化的信息,则必须设置监听器。(　　)

(4) Player可以用于播放视频,不能播放声频。(　　)

(5) Slider滑块组件可以响应用户的拖曳。(　　)

2. 选择题

(1) 关于ImageSource类说法不正确的是(　　)。

A. create()方法可创建ImageSource对象

B. 创建ImageSource对象时,SourceOptions不能为空

C. createPixelMap()方法用于解码图像

D. getImageInfo()方法用于获取图像源信息

(2) 在HarmonyOS中,以下哪个不是播放声频的类(　　)。

A. EventHandler　　B. AudioRenderer

C. Player　　D. SoundPlayer

(3) 关于声频播放说法不正确的是(　　)。

A. SoundPlayer可以播放系统提供的键盘音

B. SoundPlayer可以播放资源声频

C. SoundPlayer播放声频时可以控制播放循环次数

D. SoundPlayer播放声频后,中间不能停止

(4) 关于Player类的方法,以下说法不正确的是(　　)。

A. play()方法的功能是播放　　B. pause()方法的功能是暂停播放

C. stop()方法的功能是停止播放　　D. prepare()方法的功能是重新播放视频

3. 填空题

(1) 图像解码就是将不同的存档格式图片解码为无压缩的________格式,以方便在应用或者系统中进行相应的处理。

(2) 在 HarmonyOS 应用中显示图像一般使用__________组件。

(3) __________类用来描述图像的数据源,通常用于解码操作。

(4) __________类提供了对视频播放的管理,包括播放控制、播放设置和播放查询,如播放的开始/停止、播放速度设置和是否循环播放等。

(5) 播放视频需要设置视频显示层对象,Surface 对象一般可以由______________对象获得,它是一个组件类。

4. 上机题

(1) 实现一个图片编辑器,要求图片源能够从系统相册中选取。

(2) 改进本章实现的视频播放器,视频进度更新采用 EventHandler 方式。

第 11 章

设备管理

【学习目标】

■ 理解设备管理的一般方法

■ 掌握振动控制器、传感器的开发使用方法

■ 掌握位置服务的开发使用方法

■ 了解其他外部设备的使用开发方法

在智能手机的硬件系统里包括振动器、定位模块、传感器等多种硬件设备，本章将介绍如何通过系统提供的接口，完成这些设备的调用。

11.1 控制类小器件

10min

控制类小器件指的是设备上的LED和振动器。其中，LED主要用作指示（如充电状态）、闪烁功能（如三色灯）等；振动器主要用于闹钟、开关机振动、来电振动等场景。本节主要讲解振动器的使用。

1. 运作机制

控制类小器件的运作机制主要包含4个模块：控制类小器件API、控制类小器件Framework、控制类小器件Service和HD_IDL层，其相互关系如图11-1所示。

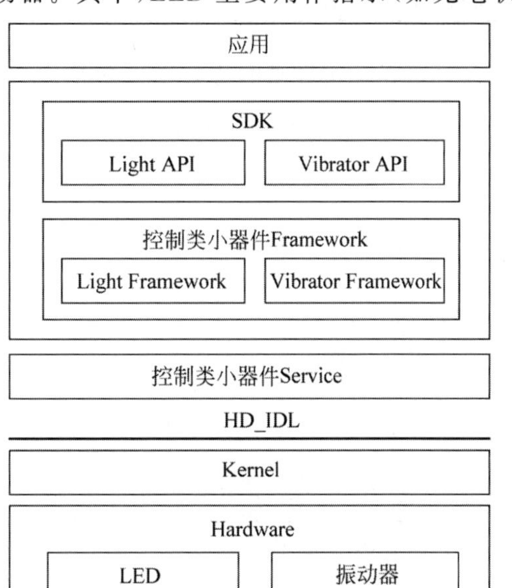

图 11-1 控制类小器件运作机制

（1）控制类小器件API：提供LED和振动器基础的API，主要包含灯的列表查询、打开灯、关闭灯等接口，振动器的列表查询、振动器的振动器效果查询、触发/关闭振动器等接口。

（2）控制类小器件Framework：主要实现灯和振动器的框架层管理，实现与控制类小

器件 Service 的通信。

(3) 控制类小器件 Service：实现灯和振动器的服务管理。

(4) HD_IDL 层：该层完成对不同设备的适配。

2. 相关类与接口

振动器模块提供的主要功能包括查询设备上振动器的列表、查询某个振动器是否支持某种振动效果、触发和关闭振动器等。振动控制使用 VibratorAgent 类，该类的主要方法如表 11-1 所示。

表 11-1　VibratorAgent 类的主要方法

方法名称	说明
getVibratorIdList()	获取硬件设备上的振动器列表
isSupport(int vibratorId)	根据指定的振动器 Id 查询硬件设备是否存在该振动器
isEffectSupport((int vibratorId,String effectId)	查询指定的振动器是否支持指定的振动效果
startOnce(int vibratorId,String effectId)	对指定的振动器创建指定效果的一次性振动
startOnce(String effectId)	对默认振动器创建指定效果的一次性振动
startOnce(int vibratorId,int duration)	对指定的振动器创建指定振动时长的一次性振动
startOnce(int duration)	对默认振动器创建指定振动时长的一次性振动
start(String effectId,boolean isLooping)	对默认振动器以预设的某种振动效果进行循环振动
start(int vibratorId,VibrationPattern vibrationEffect)	对指定的振动器创建自定义效果的波形或一次性振动
start(VibrationPattern vibrationEffect)	对默认振动器创建自定义效果的波形或一次性振动
stop(int vibratorId,String stopMode)	关闭指定的振动器指定模式的振动
stop(String effectId)	关闭默认振动器指定模式的振动

闪光灯模块提供的主要功能包括查询设备上闪光灯的列表、查询设备支持某个闪光灯的效果、打开和关闭闪光灯等。该模块可控制使用 LightAgent 类，该类的主要方法如表 11-2 所示。

表 11-2　LightAgent 类的主要方法

方法名称	说明
getLightIdList()	获取硬件设备上的灯列表
isSupport(intlightId)	根据指定灯 ID 查询硬件设备是否有该灯
isEffectSupport((int lightId,String effectId)	查询指定的灯是否支持指定的闪烁效果
turnOn(int lightId,String effectId)	对指定的灯创建指定效果的一次性闪烁
turnOn(int lightId,LightEffect lightEffect)	对指定的灯创建自定义效果的一次性闪烁
turnOn(String effectId)	对默认灯创建指定效果的一次性闪烁
turnOn(LightEffect lightEffect)	对默认灯创建自定义效果的一次性闪烁
turnOff(int lightId)	关闭指定的灯
turnOff()	关闭默认灯

在调用 Vibrator API 时，应先通过 getVibratorIdList()方法查询设备所支持的振动器的 ID 列表，以免调用振动接口异常。在使用振动器时，开发者需要配置请求振动器的权限 ohos.permission.VIBRATE，这样才能控制振动器振动。在调用 Light API 时，应先通过 getLightIdList()方法查询设备所支持的灯的 ID 列表，以免调用及打开接口异常。

3. 示例程序

本示例通过单击按钮实现手机的一次振动、自定义振动和停止振动，界面的效果图如图 11-2 所示。

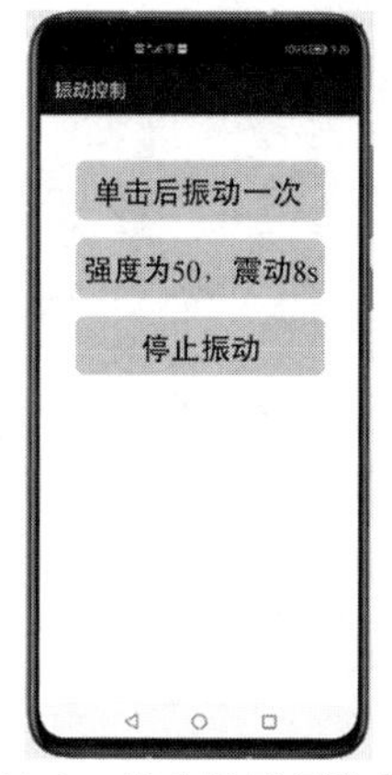

图 11-2　振动器示例效果图

1）界面设计

界面由 3 个按钮组成，详细的代码如下：

```
//ch11\Vibrator 项目中的 ability_main.xml
<?xml version = "1.0" encoding = "utf - 8"?>
<DirectionalLayout
    xmlns:ohos = "http://schemas.huawei.com/res/ohos"
    ohos:height = "match_parent"
    ohos:width = "match_parent"
    ohos:padding = "50vp"
    ohos:orientation = "vertical">
    <Button
        ohos:id = "$ + id:btn_once_turnon"
        ohos:height = "match_content"
        ohos:width = "match_parent"
        ohos:layout_alignment = "horizontal_center"
        ohos:background_element = "$graphic:background_ability_main"
        ohos:text_size = "100"
        ohos:padding = "10vp"
        ohos:bottom_margin = "20vp"
        ohos:text = "单击振动一次" />
    <Button
        ohos:id = "$ + id:btn_custom_turnon"
        ohos:height = "match_content"
        ohos:width = "match_parent"
        ohos:layout_alignment = "horizontal_center"
        ohos:background_element = "$graphic:background_ability_main"
        ohos:text_size = "100"
        ohos:bottom_margin = "20vp"
        ohos:padding = "10vp"
        ohos:text = "强度为 50,震动 8s" />
    <Button
        ohos:id = "$ + id:btn_shutdown"
        ohos:height = "match_content"
```

```
        ohos:width = "match_parent"
        ohos:layout_alignment = "horizontal_center"
        ohos:background_element = " $ graphic:background_ability_main"
        ohos:text_size = "100"
        ohos:bottom_margin = "20vp"
        ohos:padding = "10vp"
        ohos:text = "停止振动" />
</DirectionalLayout>
```

2）权限配置

控制设备上的振动器，需要在 config.json 文件里面进行配置请求权限。核心代码如下：

```
//ch11\Vibrator 项目中的 config.json(部分)
"reqPermissions": [
    {
        "name": "ohos.permission.VIBRATE"
    }
]
```

3）查询设备上的振动器

在 onStart()方法中实例化振动器代理，获取设备上的所有振动器，返回第 1 个振动器的 Id，以便后续使用，详细的代码如下：

```
//ch11\Vibrator 项目中的 MainAbilitySlice(部分)
//实例化振动器代理
vibratorAgent = new  VibratorAgent();
//获取振动器列表的 Id 列表
List < Integer > myVibratorList  =  vibratorAgent.getVibratorIdList();
//若本设备没有振动器
if (myVibratorList.isEmpty()) {
    return;
}
//使用振动器列表的第 1 个振动器的 Id
vibratorId  =  myVibratorList.get(0);
```

4）按钮单击事件处理

3 个按钮分别用于执行一次振动、自定义振动和停止振动，在振动开启前应该通过 isEffectSupport()方法检查振动器是否支持指定类型的振动效果。振动代码通过 startOnce()或 start()方法开启一次振动或自定义的振动，注意在开启时必须指定对应振动器的 Id，详细的实现代码如下：

```
//ch11\Vibrator 项目中的 MainAbilitySlice(部分)
class VibratorClickedListener implements Component.ClickedListener{
    @Override
    public void onClick(Component component) {
        switch (component.getId()){
            case ResourceTable.Id_btn_once_turnon:
                //检查是否支持指定类型的振动效果
                boolean isSupport = vibratorAgent.isEffectSupport(
                        vibratorId,
                        VibrationPattern.VIBRATOR_TYPE_CAMERA_CLICK);
                if(isSupport == false){
                    //若不支持,则使按钮变成不可用
                    btnOnceTrunon.setEnabled(false);
                }
                //开启一次振动
                boolean r1 = vibratorAgent.startOnce(vibratorId,
                        VibrationPattern.VIBRATOR_TYPE_CAMERA_CLICK);
                break;
            case ResourceTable.Id_btn_custom_turnon:
                //创建自定义振动效果,振动 8s,振动强度为 50
                VibrationPattern vibrationOnceEffect =
                      VibrationPattern.createSingle(8000, 50);
                //开启指定的振动效果
                boolean r2 = vibratorAgent.start(vibratorId,vibrationOnceEffect);
                break;
            case ResourceTable.Id_btn_shutdown:
                //停止振动
                boolean r3 = vibratorAgent.stop();
                break;
        }
    }
}
```

灯光小器件的使用和振动器的使用过程基本相同,开发者可以举一反三、类比学习。

11.2 位置服务

6min

移动设备已经应用到人们日常生活的方方面面,如查看所在城市的天气、新闻轶事、出行打车、旅行导航、运动记录等。这些习以为常的活动,都离不开定位用户设备的位置。

位置能力用于确定用户设备在哪里,系统使用位置坐标标示设备的位置,并用多种定位技术提供服务,如GNSS定位、基站定位、WLAN/蓝牙定位。使用设备的位置能力,需要用户进行确认并主动开启位置开关。如果位置开关没有开启,则系统不会向任何应用提供位置服务。

当应用在实现基于设备位置的功能时,如驾车导航、记录运动轨迹等,可以调用该模块的 API,完成位置信息的获取。位置能力作为系统为应用提供的一种基础服务,需要应用在所使用的业务场景向系统主动发起请求,并在业务场景结束时主动结束此请求,在此过程中系统会将实时的定位结果上报给应用。

1. 相关接口

1) Locator 类

Locator 类提供了用于启动位置请求、结束位置服务和获取系统缓存的位置结果的方法。该类在使用时需要检查是否已经获取用户授权(ohos. permission. LOCATION)访问设备位置信息,如未获得授权,则可以向用户申请需要的位置权限,该类的主要方法如表 11-3 所示。

表 11-3　Locator 类的常用方法

方法名称	说　明
Locator(Context context)	创建 Locator 实例对象
onLocationReport(Location location)	获取定位结果
onStatusChanged(int type)	获取定位过程中的状态信息
onErrorReport(int type)	获取定位过程中的错误信息
startLocating(RequestParam request,LocatorCallback callback)	向系统发起定位请求
requestOnce(RequestParam request,LocatorCallback callback)	向系统发起单次定位请求
stopLocating(LocatorCallback callback)	结束定位
getCachedLocation()	获取系统缓存的位置信息

RequestParam 类提供了用于在位置请求中配置参数的数据类,如应用场景、优先级、请求频度和精度等。LocatorCallback 提供了回调接口以报告设备位置,允许应用程序在启动定位服务后获取系统报告的定位结果,该接口需要实现的方法为 onLocationReport()方法。

2) Location 类

Location 类是有关坐标位置信息的数据类,信息包括纬度、经度、移动速度、移动方向和时间戳等,该类常见的方法如表 11-4 所示。

表 11-4　Location 类的主要方法

方法名称	说　明
calculateDistance(double startLatitude,double startLongitude,double endLatitude,double endLongitude)	计算两点之间的直线距离,单位是米
getAltitude()	获取设备当前位置的高度
getDirection()	获取设备的移动方向,单位是度
getLatitude()	获取设备的当前纬度,单位是度
getLongitude()	获取设备的当前经度,单位是度
getSpeed()	获取在当前位置设备的移动速度,单位是米/秒
getTimeStamp()	获取与当前位置相关的时间,单位是毫秒
setAltitude(double value)	设置设备当前位置的高度

续表

方法名称	说　　明
setDirection(double value)	设置设备的移动方向，单位是度
setLatitude(double value)	设置设备的当前纬度，单位是度
setLongitude(double value)	设置设备的当前经度，单位是度
setSpeed(float value)	设置在当前位置设备的移动速度，单位是米/秒
setTimeStamp(long value)	设置与当前位置相关的时间，单位是毫秒

3) GeoAddress 类

GeoAddress 表示描述地理位置的数据类，信息包括经度、纬度、国家代码和行政区域名称等，GeoAddress 类常用的方法如表 11-5 所示。

表 11-5　GeoAddress 常用方法

方法名称	说　　明
getAdministrativeArea()	获取当前位置的省一级管理名称，如河南省
getCountryCode()	获取国家对应的代码
getCountryName()	获取当前位置的国家名称
getDescriptions(int index)	获取当前位置的一般描述
getLatitude()	获取当前位置经度
getLocale()	获取当地信息，包括国家名称、国家代码、语言等
getLocality()	获取当前位置对应市级的城市名称，如：北京市
getLongitude()	获取当前位置的纬度
getPlaceName()	获取当前位置的地标名称
getPostalCode()	获取当前位置的邮政编码
getRoadName()	获取当前位置的主一级道路名称
getSubLocality()	获取当前位置对应的区县级城市名称
getSubRoadName()	获取当前位置的子一级道路名称

4) GeoConvert 类

进行坐标位置和地理编码位置信息的相互转化，使用的 GeoConvert 接口的说明如表 11-6 所示。

表 11-6　GeoConvert 类的常用方法

方法名称	说　　明
GeoConvert()	创建 GeoConvert 实例对象
GeoConvert(Locale locale)	根据自定义参数创建 GeoConvert 实例对象
getAddressFromLocation (double latitude, double longitude, int maxItems)	根据指定的经纬度坐标获取地理位置信息
getAddressFromLocationName(String description, int maxItems)	根据地理位置信息获取相匹配的包含坐标数据的地址列表
getAddressFromLocationName(String description, double minLatitude, double minLongitude, double maxLatitude, double maxLongitude, int maxItems)	根据指定的位置信息和地理区域获取相匹配的包含坐标数据的地址列表

图 11-3　当前位置效果图

getAddressFromLocation()方法用于实现将坐标位置转化为地理位置信息，getAddressFromLocationName()方法用于实现将地理位置描述转化为坐标位置。

8min

2. 示例程序

本示例打开应用后直接显示当前设备所在的坐标位置及地理位置，如图 11-3 所示。

1）界面设计

界面由 1 个 Image 控件和 3 个文本控件组成，详细的代码如下：

```
//ch11\Location 项目中的 ability_main.xml
<?xml version = "1.0" encoding = "utf - 8"?>
< DirectionalLayout
    xmlns:ohos = "http://schemas.huawei.com/res/ohos"
    ohos:height = "match_parent"
    ohos:width = "match_parent"
    ohos:padding = "50vp"
    ohos:orientation = "vertical">
    < Image
        ohos:height = "match_content"
        ohos:bottom_margin = "10vp"
        ohos:layout_alignment = "horizontal_center"
        ohos:width = "match_content"
        ohos:image_src = " $ media:loc"
        />
    < Text
        ohos:id = " $ + id:text_x"
        ohos:height = "match_content"
        ohos:width = "match_content"
        ohos:layout_alignment = "horizontal_center"
        ohos:padding = "5vp"
        ohos:bottom_margin = "10vp"
        ohos:text = ""
        ohos:text_size = "50"
        />
    < Text
        ohos:id = " $ + id:text_y"
        ohos:height = "match_content"
        ohos:width = "match_content"
        ohos:layout_alignment = "horizontal_center"
        ohos:padding = "5vp"
        ohos:bottom_margin = "10vp"
        ohos:text = ""
        ohos:text_size = "50"
```

```
        />
    <Text
        ohos:id = "$ + id:text_addr"
        ohos:height = "match_content"
        ohos:width = "match_content"
        ohos:layout_alignment = "horizontal_center"
        ohos:padding = "5vp"
        ohos:bottom_margin = "10vp"
        ohos:text_alignment = "horizontal_center"
        ohos:multiple_lines = "true"
        ohos:text = ""
        ohos:text_size = "50"
        />
</DirectionalLayout>
```

2）权限配置

访问设备的位置信息，必须申请 ohos.permission.LOCATION 权限，并且需要获得用户授权，权限申请的过程可参考 11.1 节控制类小器件的示例程序。

3）开启位置请求

位置服务通过 Locator 提供，首先需要实例化 Locator 对象。Locator 对象请求位置服务需要两个参数，分别为 RequestParam 对象和 LocatorCallback 对象。最后调用方法 requestOnce()方法发起位置请求，详细的代码如下：

```
//ch11\Location 项目中的 MainAbilitySlice.java(部分)
public void onStart(Intent intent) {
    super.onStart(intent);
    super.setUIContent(ResourceTable.Layout_ability_main);
    //初始化纬度文本控件
    txtX = (Text)findComponentById(ResourceTable.Id_text_x);
    //初始化经度文本控件
    txtY = (Text)findComponentById(ResourceTable.Id_text_y);
    //初始化位置文本控件
    txtAddr = (Text)findComponentById(ResourceTable.Id_text_addr);
    //实例化 locator 对象
    Locator locator = new Locator(getContext());
    //实例化定位服务场景
    RequestParam requestParam = new RequestParam(
            RequestParam.SCENE_NAVIGATION);
    //实例化定位服务的回调对象
    CurrentLocatorCallback locatorCallback = new
            CurrentLocatorCallback();
    //启动一次定位请求
    locator.requestOnce(requestParam, locatorCallback);
}
```

4）位置回调类 CurrentLocatorCallback

应用需要实现 LocatorCallback 回调接口，并将其实例化。系统在定位成功并确定设备的实时位置结果时，会通过 onLocationReport()方法接口上报给应用。应用程序可以在 onLocationReport()接口的实现中完成业务逻辑，具体的代码如下：

```
//ch11\Location 项目中的 MainAbilitySlice.java(部分)
/**
 * 定位回调类，实现 LocatorCallback 接口
 */
class CurrentLocatorCallback implements LocatorCallback {
    @Override
    public void onLocationReport(Location location) {
        int eventId = 0;
        long param = 0;
        //定义事件对象，把 location 传递到处理类中
        InnerEvent event =  InnerEvent.get(eventId,param,location);
        //获取当前应用的主线程
        EventRunner eventRunner = EventRunner.getMainEventRunner();
        //定义事件处理对象，并绑定到主线程中
        EventHandler eventHandler = new GPSEventHandler
                (eventRunner,txtX,txtY,txtAddr);
        //把事件发送到事件处理对象中
        eventHandler.sendEvent(event);
    }
    @Override
    public void onStatusChanged(int type) {
    }
    @Override
    public void onErrorReport(int type) {
    }
}
```

上述代码使用了 InnerEvent 类、EventRunner 类及 EventHandler 类，开发者可查阅并参考相关的技术文档。

5）事件处理类 GPSEventHandler

GPSEventHandler 类继承了 EventHandler 类，需要重写 processEvent()方法，该方法的详细代码如下：

```
//ch11\Location 项目中的 GPSEventHandler.java(部分)
protected void processEvent(InnerEvent event){
    super.processEvent(event);
    //获取事件传递过来的位置信息
    Location location = (Location) event.object;
    //获取位置的纬度
```

```
        double x = location.getLatitude();
        //获取位置的经度
        double y = location.getLongitude();
        String addr = "";
        //定义地理解码对象
        GeoConvert geoConvert = new GeoConvert();
        try {
            //通过坐标位置获取地理位置
            GeoAddress ga = geoConvert.getAddressFromLocation(x, y, 1).get(0);
            //获取地理位置的描述
            addr = ga.getDescriptions(0);
        } catch (IOException e) {
            e.printStackTrace();
        }
        //设置文本显示内容
        txtX.setText("纬度为" + x);
        txtY.setText("经度为" + y);
        txtAddr.setText("位置为" + addr);
    }
```

事件 event 中传递过来的 object 对象就是所需的 location 对象，可以强制转换为 Location 类型。

11.3 传感器

在 HarmonyOS 中，传感器是应用访问硬件传感器的一种设备抽象概念。应用根据系统提供的 API 查询设备上的传感器，然后订阅传感器的数据，最后根据传感器得到的数据定制相应的算法开发各类应用，例如指南针、运动健康、游戏等。

根据传感器的用途，可以将传感器分为六大类：运动类传感器、环境类传感器、方向类传感器、光线类传感器、健康类传感器和其他类传感器（如霍尔传感器），每一大类传感器包含不同类型的传感器，某种类型的传感器可能是单一的物理传感器，也可能是由多个物理传感器复合而成的。

1. 开发基础

HarmonyOS 中，传感器开发框架包括 4 层：Sensor API、Sensor Framework、Sensor Service 和 HD_IDL 层，其运作机制如图 11-4 所示。

（1）Sensor API：提供传感器的基础 API，主要包含查询传感器的列表、订阅/取消传感器的数据、执行控制命令等，从而简化应用开发。

（2）Sensor Framework：主要实现传感器的订阅管理，数据通道的创建、销毁、订阅与取消订阅，实现与 Sensor Service 的通信。

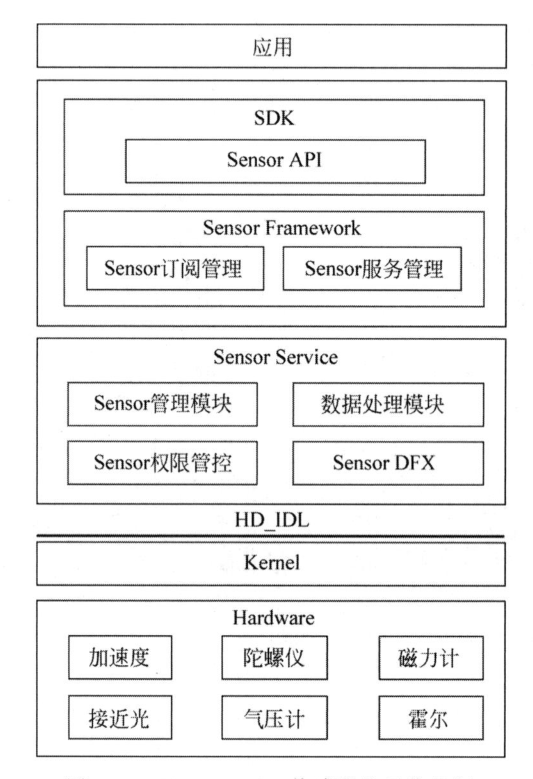

图 11-4 HarmonyOS 传感器的运作机制

(3) Sensor Service：主要实现 HD_IDL 层数据的接收、解析、分发，前后台的策略管控，对该设备 Sensor 的管理，Sensor 权限管控等。

(4) HD_IDL 层：对不同的队列、频率进行策略选择，以及对不同设备的适配。

针对某些传感器，开发者需要请求相应的权限才能获取相应传感器的数据，部分传感器及其相应的权限如表 11-7 所示。

表 11-7 部分传感器的权限列表

传感器类型	权限名称	敏感级别	权限说明
加速度传感器、加速度未校准传感器	ohos. permission. ACCELEROMETER	system_grant	允许订阅 Motion 组对应的加速度传感器的数据
陀螺仪传感器、陀螺仪未校准传感器	ohos. permission. GYROSCOPE	system_grant	允许订阅 Motion 组对应的陀螺仪传感器的数据
计步器	ohos. permission. ACTIVITY_MOTION	user_grant	允许订阅运动状态
心率	ohos. permission. READ_HEALTH_DATA	user_grant	允许读取健康数据

传感器的数据订阅和取消订阅接口应成对调用，当不再需要订阅传感器数据时，开发者

需要调用取消订阅接口进行资源释放。

2. 相关接口

由于手机传感器的种类众多，此处仅列出与方向传感器相关的几个类。

1）CategoryOrientationAgent 类

该类继承自 SensorAgent 类，当需要获取方向、旋转向量和屏幕旋转等信息时，可以使用该类。该类用于管理硬件设备上的方向传感器，用于获取所有的方向传感器、方向传感器中的一种类型的传感器或者特定类型的第 1 个传感器，通过该类可以设置或释放传感器数据回调对象，该类的主要方法如表 11-8 所示。

表 11-8　CategoryOrientationAgent 类的主要方法

方法名称	说明
getAllSensors()	获取属于方向类别的传感器列表
getAllSensors(int sensorType)	获取属于方向类别中特定类型的传感器列表
getSingleSensor(int sensorType)	查询方向类别中特定类型的默认 sensor
setSensorDataCallback(ICategoryOrientationDataCallback callback, CategoryOrientation sensor, long interval)	以设定的采样间隔订阅给定传感器的数据
setSensorDataCallback(ICategoryOrientationDataCallback callback, CategoryOrientation sensor, int mode, long maxDelay)	以设定的采样间隔和时延订阅给定传感器的数据
releaseSensorDataCallback(ICategoryOrientationDataCallback callback, CategoryOrientation sensor)	取消订阅指定传感器的数据
releaseSensorDataCallback(ICategoryOrientationDataCallback callback)	取消订阅所有传感器数据

2）CategoryOrientation 类

该类继承自 SensorBase，用于描述硬件设备上的方向传感器。该类用于描述方向类别中的传感器类型，例如方向类型传感器、旋转向量传感器和屏幕旋转传感器。

3）ICategoryOrientationDataCallback 接口

该接口继承自 ISensorDataCallback 接口，用于接收方向传感器的数据，当检测到任何方向传感器数据更改时，它会为应用层的调用提供数据。ISensorDataCallback 的接口如表 11-9 所示。

表 11-9　ISensorDataCallback 接口的主要方法

方法名称	说明
onAccuracyDataModified(SensorBase sensor, int i)	当传感器数据精度变化时调用
onCommandCompleted(SensorBase sensor)	当传感器命令执行完毕后调用
onSensorDataModified(SensorData data)	当传感器的数据变化时调用

4）CategoryOrientationData 类

该类继承自 SensorData 类，该类数据信息包括传感器的时间戳、精度、数据值和数据维度，此类还提供了构造 CategoryOrientationData 实例的方法。SensorData 类的主要方法如表 11-10 所示。

表 11-10 SensorData 类的主要方法

方法名称	说明
getAccuracy()	获取传感器的精度
getSensor()	获取一类传感器
getSensorDataDim()	获取传感器的数据长度
getTimestamp()	获取传感器的时间戳
getValues()	获取传感器的返回数据

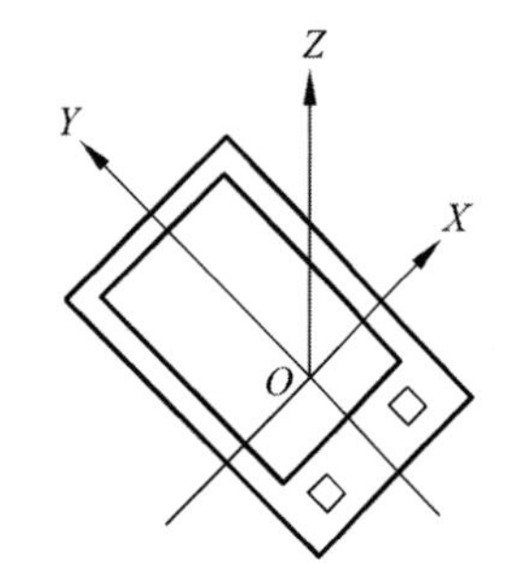

图 11-5 方向传感器的坐标系

方向传感器调用 getValues()方法返回的数据是 3 个元素 float 类型的 value 数组。value 数组的数据使用传感器的坐标系来表示，其坐标系如图 11-5 所示。value[0]表示绕 Z 轴旋转，表示方位角，即设备的 Y 轴与磁北极之间的角度。value[1]表示倾斜角，表示绕 X 轴旋转，即平行于设备屏幕的平面与平行于地面的平面之间的角度。value[2]表示旋转角，表示绕 Y 轴旋转，即垂直于设备屏幕的平面与垂直于地面的平面之间的角度。

当手机以正北方向水平放置时，3 个数据都为 0，具体的数据变化如表 11-11 所示。

表 11-11 手机放置状态与坐标系关系

手机状态	数值状态	数值范围
手机水平放置，顶部指向正北方	x、y、z 方向值都为 0	0
水平逆时针旋转	x 不断减少	360～0
水平顺时针旋转	x 不断增大	0～360
当手机左侧抬起时	z 不断减少	0～−180
当手机右侧抬起时	z 不断增大	0～180
当手机顶部抬起时	y 不断减少	0～−180
当手机底部抬起时	y 不断增大	0～180

7min

3. 示例程序

本示例打开应用后直接显示当前设备在三维空间的角度值，如图 11-6 所示。

1）界面设计

界面由 3 个文本控件组成，详细的代码如下：

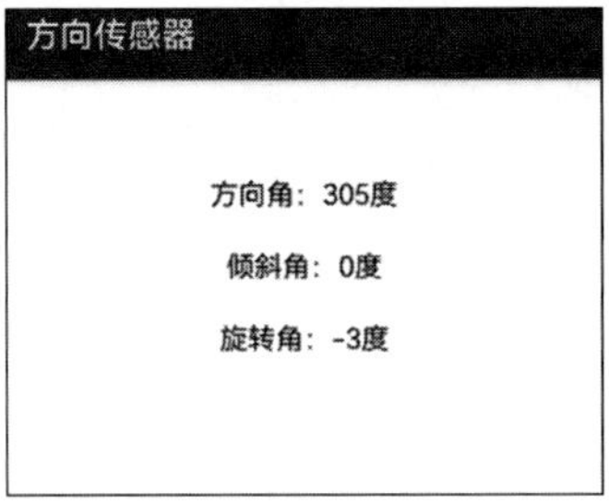

方向传感器

方向角：305度

倾斜角：0度

旋转角：-3度

图 11-6 设备在三维空间的角度

```
//ch11\Orient 项目中的 ability_main.xml
<?xml version = "1.0" encoding = "utf - 8"?>
< DirectionalLayout
    xmlns:ohos = "http://schemas.huawei.com/res/ohos"
    ohos:height = "match_parent"
    ohos:width = "match_parent"
    ohos:orientation = "vertical"
    ohos:padding = "50vp"
    >
    < Text
        ohos:id = " $ + id:text_degrees_angle"
        ohos:height = "match_content"
        ohos:width = "match_content"
        ohos:layout_alignment = "horizontal_center"
        ohos:text = "Hello World"
        ohos:text_size = "50"
        ohos:padding = "5vp"
        ohos:bottom_margin = "10vp"/>
    < Text
        ohos:id = " $ + id:text_elevation_angle"
        ohos:height = "match_content"
        ohos:width = "match_content"
        ohos:layout_alignment = "horizontal_center"
        ohos:text = "Hello World"
        ohos:text_size = "50"
        ohos:padding = "5vp"
        ohos:bottom_margin = "10vp"/>
    < Text
        ohos:id = " $ + id:text_rotation_angle"
        ohos:height = "match_content"
        ohos:width = "match_content"
        ohos:layout_alignment = "horizontal_center"
        ohos:text = "Hello World"
```

```
        ohos:text_size = "50"
        ohos:padding = "5vp"
        ohos:bottom_margin = "10vp"/>
</DirectionalLayout>
```

2）权限配置

如果设备上使用了传感器权限列表中的传感器，则需要请求相应的权限，这样开发者才能获取传感器数据。程序需要获取方向的数据，在 config.json 文件里面配置权限 ohos.permission.SENSOR_TYPE_DEVICE_ORIENTATION。

由于敏感权限需要用户授权，应用启动时或者调用订阅数据接口前，需要调用权限检查和请求权限接口，具体方法可参考 11.1 节示例程序。

3）订阅传感器数据

首先实例化传感器代理，通过传感器代理获得方向传感器，然后实例化回调对象，传感器代理将回调对象绑定到传感器上，具体的代码如下：

```
//ch11\Orient 项目中的 MainAbilitySlice.java(部分)
public void onStart(Intent intent) {
    super.onStart(intent);
    super.setUIContent(ResourceTable.Layout_ability_main);
    txtDegree = (Text)findComponentById(
            ResourceTable.Id_text_degrees_angle);
    txtRotation = (Text)findComponentById(
            ResourceTable.Id_text_rotation_angle);
    txtElevation = (Text)findComponentById(
            ResourceTable.Id_text_elevation_angle);
    //实例化传感器代理
    categoryOrientationAgent = new CategoryOrientationAgent();
    //获取传感器对象
    orientationSensor = categoryOrientationAgent.getSingleSensor(
            CategoryOrientation.SENSOR_TYPE_ORIENTATION);
    //实例化回调对象
    orientationDataCallback = new OrientationCallback() ;
    if (orientationSensor != null) {
        //订阅传感器数据
        categoryOrientationAgent.setSensorDataCallback(
                orientationDataCallback,
                orientationSensor, INTERVAL);
    }
}
```

4）创建传感器回调对象

实现 ISensorDataCallback 接口并接收方向传感器的数据，当检测到任何方向传感器的数据更改时，它会为应用层的调用提供数据。该部分的详细代码如下：

```
//ch11\Orient 项目中的 MainAbilitySlice.java(部分)
class OrientationCallback implements  ICategoryOrientationDataCallback{
    @Override
    public void onSensorDataModified(
                CategoryOrientationData categoryOrientationData) {
        int eventId = 0; long param = 0;
        //实例化事件,携带传感器数据
        InnerEvent event =  InnerEvent.get(
                eventId,param,categoryOrientationData.getValues());
        //获得主线程
        EventRunner eventRunner = EventRunner.getMainEventRunner();
        //实例化处理器,并绑定到主线程中
        EventHandler eventHandler = new SensorEventHandler(
                eventRunner,txtDegree,txtRotation,txtElevation);
        //处理器发送事件
        eventHandler.sendEvent(event);
    }
    @Override
    public void onAccuracyDataModified(
            CategoryOrientation categoryOrientation, int i) {
    }
    @Override
    public void onCommandCompleted(
            CategoryOrientation categoryOrientation) {
    }
}
```

5）接收并处理传感器数据

创建自定义的 Handler，处理传感器返回的数据，并显示在对应的文本框中。在显示数据时，由于度数数据的小数位比较长，调用 run()函数进行处理，仅保留整数部分，详细代码如下：

```
//ch11\Orient 项目中的 SensorEventHandler.java(部分)
@Override
protected void processEvent(InnerEvent event){
    super.processEvent(event);
    //对接收的 categoryOrientationData 传感器数据对象解析和使用
    float [] values = (float[]) event.object;
    //values[0]:方向角.方向感应器的数据范围是 0～359
    //360 和 0 表示正北,90 表示正东,180 表示正南,270 表示正西
    int x = (int)run(values[0]);
```

```
        //values[1]:倾斜角,即由静止状态开始,前后翻转
        //手机顶部往上抬起(0~-180),手机尾部往上抬起(0~180)
        int y = (int)run(values[1]);
        //values[2]:旋转角。即由静止状态开始,左右翻转
        //手机左侧抬起(0~-180),手机右侧抬起(0~180)
        int z = (int)run(values[2]);
        txtDegree.setText("方向角:" + x + "度");
        txtElevation.setText("倾斜角:" + y + "度");
        txtRotation.setText("旋转角:" + z + "度");
    }
```

6）run()函数

该函数实现对于正数采用四舍五入法取整；对于负数，先取绝对值，再采用四舍五入法取整，最后加上负号，详细的代码如下：

```
//ch11\Orient 项目中的 SensorEventHandler.java(部分)
private  float run(float num) {
    //判断是正数、负数还是 0,如果是负数,则返回 -1.0,如果是正数,则返回 1.0
    double a = Math.signum(num);
    if (a < 0.0)
        return 0.0f - Math.round(Math.abs(num));
    else
        return Math.round(num);
}
```

4min

11.4 设置管理

SystemSettings 类提供了系统设置的相关接口，包括 TTS、Wireless、Network、Input、Sound、Display、Date、Call、General 九类字段的存储和查询接口。应用程序通过 AppSettings 类提供的接口方法对其自身的能力进行查询。关于设置管理，开发者可查阅 SystemSettings 和 AppSettings 类的使用文档，此处不再赘述。

小结

本章对设备的管理做了详细介绍，包括振动控制、位置服务和传感器的使用等，并通过实例说明了开发中进行设备管理的基本方法。

习题

1. 判断题

（1）在使用振动器时，开发者需要配置请求振动器的权限 ohos.permission.VIBRATE，这样才能控制振动器振动。（　　）

(2) 基站定位的精度相对较高,不需要访问蜂窝网络。(　　)

(3) 对于某些传感器,应用需要请求相应的权限,获得权限后才能获取传感器的数据。(　　)

(4) 传感器数据订阅和取消订阅接口是成对调用的。(　　)

2. 选择题

(1) 以下不是控制类小器件 API 功能是(　　)。

A. 振动器的列表查询　　B. 振动器的振动器效果查询

C. 触发/关闭振动器等接口　　D. 振动器的服务管理

(2) 获取设备的位置信息使用的类是(　　)。

A. Locator　　B. Light　　C. Vibrator　　D. Sensor

(3) 以下关于获取设备的位置信息说法不正确的是(　　)。

A. 获取位置服务前需要检查是否已经获取用户授权访问设备的位置信息

B. 实例化 Locator 对象之后才能实例化 RequestParam 对象

C. 实例化 Locator 对象用于向系统提供位置上报的途径

D. 实例化 RequestParam 对象用于告知系统应提供的位置服务类型

(4) 以下关于传感器说法不正确的是(　　)。

A. Sensor API 是提供传感器的基础 API

B. Sensor Service 可以查询传感器的列表

C. Sensor Framework 主要实现传感器的订阅管理

D. HD_IDL 层对不同的 FIFO、频率进行策略选择

3. 填空题

(1) 设备振动控制主要使用________类。

(2) 在调用振动器 Vibrator API 时,应先通过________方法查询设备所支持的振动器的 ID 列表。

(3) ________类用于获取方向传感器,并设置或释放传感器的回调监听器。

4. 上机题

(1) 设计一个应用程序,查询并使用硬件设备上的振动器,完成一次振动。

(2) 设计一个应用程序,启动定位获取设备的位置信息并进行显示。

(3) 设计一个应用程序,使用设备的方向传感器,开发一个指南针应用。

第12章 天气预报应用案例

【学习目标】

■ 掌握 HarmonyOS 应用开发的基本流程

■ 掌握网络访问的技术，会解析 JSON 格式数据

■ 掌握使用第三方类库的方法，会在应用中进行综合应用开发

■ 掌握 ListContainer 的使用、综合运用组件进行应用 UI 设计

天气预报为人们的日常出行提供参考，本章实现一款简单的天气预报软件，通过该软件的实现让开发者熟悉 HarmonyOS 应用开发的一般过程及相关技术。

12.1 系统分析

在使用天气预报软件时，最常用的功能是查看当天及未来几天的天气情况，经过分析本应用的主要需求包括以下几点：

(1) 显示当前所在地的天气预报。

(2) 根据用户指定的城市显示天气预报。

(3) 显示的天气信息包括当前的天气情况、未来 24h 的天气概况、未来 7 天的天气概况。

(4) 当前的天气情况包括当前的阴晴雨雪、当前的温度、当前的空气质量指数(Air Quality Index，AQI)。

(5) 未来 24h 的天气包括阴晴雨雪和温度。

(6) 未来 7 天的天气包括阴晴雨雪、最低温度和最高温度。

(7) 天气数据信息来自于气象站，由气象站或由第三方服务提供。

12.2 系统设计

本系统采用分层架构，具体包括显示层、业务逻辑层、数据访问层、服务层和外部服务组成，应用的系统架构如图 12-1 所示。

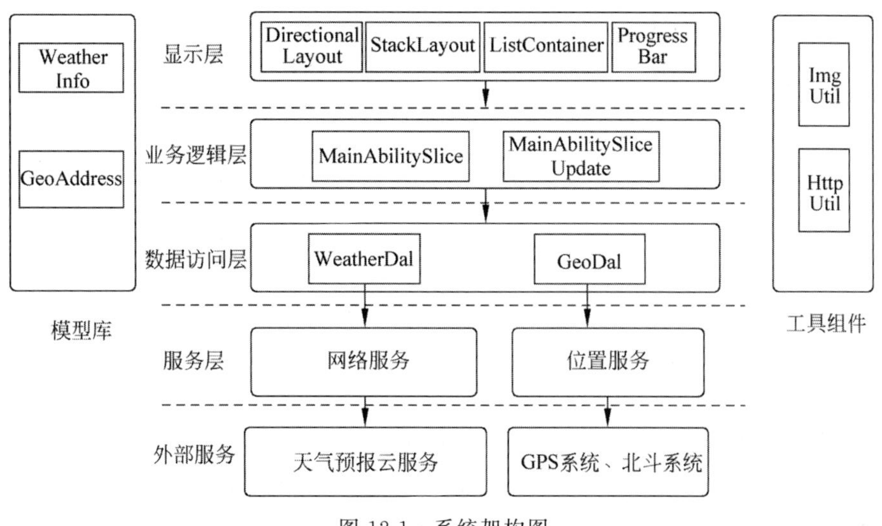

图 12-1 系统架构图

1. 外部服务

该应用需要的天气数据从外部获取。对于显示的天气数据从公共的天气预报接口请求获得；对于显示的位置信息则通过 GPS 系统或北斗导航系统获取。

经过对比分析，最终选择杭州网尚科技有限公司提供的天气预报服务，该服务可以免费使用，可以满足需求。

2. 服务层

HarmonyOS 系统包括位置服务子系统，位置服务子系统可完成与 GPS 系统、北斗导航系统的接入。开发者可以调用 HarmonyOS 位置服务的相关接口，如 Locator 类，获取设备实时位置。

对于天气预报服务的访问，可以通过网络管理模块调用 API 来使用指定网络进行数据传输调用，如使用 Socket 类。

3. 数据访问层

数据访问层负责显示数据的准备工作，数据访问层主要有 WeatherDal 和 GeoDal 两个类。WeatherDal 类负责处理天气数据，GeoDal 类负责处理地理数据。

4. 业务逻辑层

本层负责各种业务逻辑的处理，针对不同的具体的问题将数据访问层的数据进行整合，然后输出到显示层。本层还包括对 UI 各种事件的业务逻辑处理。本层主要有两个类，分别是 MainAbilitySlice 和 MainAbilitySliceUpdate 类。

5. 显示层

显示层使用 Java UI 框架进行设计，主要通过布局容器、列表组件等相关组件来完成。

6. 工具组件

主要由在应用开发过程中用到的一些工具类组成，包括 DateUtil 类、ImgUtil 类和

HttpUtil 类。

7. 模型库

主要是天气数据的实体类,包括 WeatherInfo 类、Daily 类、Hourly 类等。

12.3 系统实现

12.3.1 项目说明

1. 文件结构

本项目基于 Java 语言开发,项目的文件结构如图 12-2 所示。

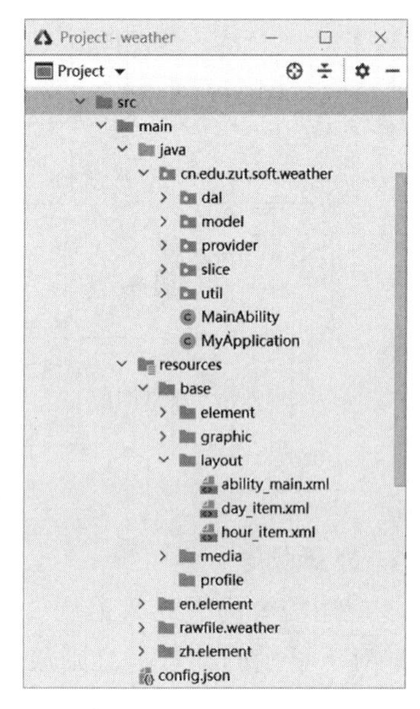

图 12-2 项目的文件结构图

项目的主要文件包括 Java 源码、resources 资源和 config 配置文件。包 cn. edu. zut. soft. weather 下有 dal、model、provider、slice 和 util 子包。其中 dal 包下面的类具用实现数据访问层的功能,model 包下是模型库的相关实体类,provider 包下是适配显示组件的数据提供类,slice 包下对应于界面的业务逻辑类,util 包是工具类的集合。resources 文件夹下 layout 存放的是布局文件,用于进行界面的显示,rawfile 存放的是各种天气图标文件,media 存放的是背景图片等。config. json 文件是应用的配置文件。注:rawfile 目录中的资源文件是通过指定文件路径和文件名称访问的,media 下的资源可以通过资源管理器获得。

2. 权限配置及实现

HarmonyOS 支持自定义权限,也可申请权限访问受权限保护的对象。如果声明使用权限的 grantMode 值是 system_grant,则权限会在应用安装的时候被自动授予。如果声明使用权限的 grantMode 值是 user_grant,则必须动态申请权限,经用户手动授权后才可使用。

1) 在 config. json 文件中声明所需要的权限

由于应用需要进行定位操作和网络的访问,因此需要在 config. json 文件中的 reqPermissions 字段中声明所需要的权限。修改配置文件,添加如下节点:

```
"reqPermissions": [
    {
        "name": "ohos.permission.INTERNET"
    },
    {
        "name": "ohos.permission.LOCATION"
```

```
        },
        {
            "name": "ohos.permission.GET_NETWORK_INFO"
        }
    ]
```

其中，ohos.permission.INTERNET 和 ohos.permission.GET_NETWORK_INFO 权限是访问互联网需要配置的权限，权限的 grantMode 值为 system_grant，ohos.permission.LOCATION 是访问位置服务所需要的权限，权限的 grantMode 值为 user_grant，因此对于 ohos.permission.LOCATION 需要在应用中动态申请权限。

2）使用 verifySelfPermission()方法接口查询应用是否已被授予权限

如果已被授予权限，则可以结束权限申请流程。如果未被授予权限，则继续执行下一步。

3）使用 canRequestPermission()方法查询是否可动态申请

如果不可动态申请，说明已被用户或系统禁止授权，则可以结束权限申请流程。如果可动态申请，则使用 requestPermissionFromUser 动态申请权限。动态申请权限的关键代码如下：

```
//如果应用没有相关授权
if (verifySelfPermission("ohos.permission.LOCATION") !=
        IBundleManager.PERMISSION_GRANTED) {
    //检查是否可以申请授权
    if (canRequestPermission("ohos.permission.LOCATION")) {
        //是否可以申请弹框授权(首次申请或者用户未选择禁止且不再提示)
        requestPermissionsFromUser(
                new String[] { "ohos.permission.LOCATION" } ,
                MY_PERMISSIONS_REQUEST_GPS );     //为请求代码
    }
}
```

4）重写回调函数 onRequestPermissionsFromUserResult()接收授权结果

根据 MY_PERMISSIONS_REQUEST_GPS 变量获取用户授权的结果，permissions 为申请的权限列表，grantResults 为授权的结果，若结果值为 IBundleManager.PERMISSION_GRANTED 则表示同意授权，程序继续执行，否则提醒用户。授权回调函数的核心代码如下：

```
/**
 * 对用户的授权结果进行后续处理
 * @param requestCode   申请代码
 * @param permissions   权限集合
```

```
 * @param grantResults 授权结果集合
  */
@Override
public void onRequestPermissionsFromUserResult (
        int requestCode, String[] permissions, int[] grantResults) {
    switch (requestCode) {
        case MY_PERMISSIONS_REQUEST_GPS: {
            //匹配 requestPermissions 的 requestCode 代码
            if (grantResults.length > 0 && grantResults[0] ==
                    IBundleManager.PERMISSION_GRANTED) {
                //授权成功,可以什么也不做
            } else {
                //显示授权失败
                ToastDialog dialog = new ToastDialog(getContext());
                dialog.setText("申请位置权限失败,请开启位置服务后重试!");
                dialog.setDuration(2000);
                dialog.show();
            }
            return;
        }
    }
}
```

ToastDialog 类用来在窗口上方显示简单的信息，这种对话框无须单击，显示后会自动消失。

12.3.2 显示层实现

天气预报显示界面的效果如图 12-3 所示，由 3 个布局文件组成，其中 ability_main.xml 为主文件，hour_item.xml 和 day_item.xml 为子布局文件，分别用于实现小时预报和未来一周预报。

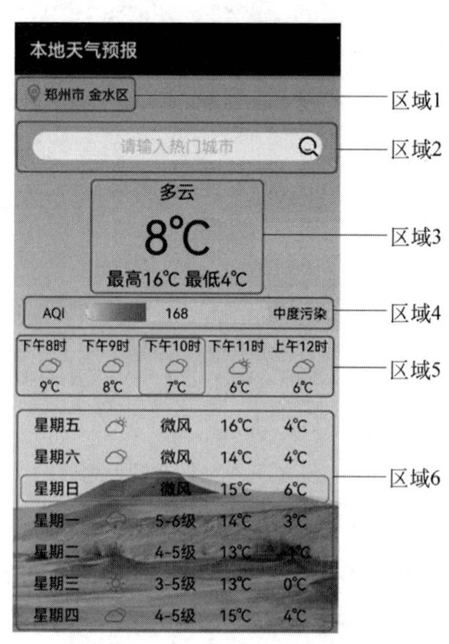

图 12-3 界面设计图

1. 主界面实现

主界面总体采用线性布局，为垂直方向，包括 6 个组件，这些组件分别对应于实现主界面的 6 个组成部分，主界面的代码结构如图 12-4 所示。

1）本地城市名称

该部分由位置图标和本地城市名称组成，城市名称由位置服务提供，如图 12-3 所示，对应于界面的区域 1，详细代码如下：

```
1   <?xml version="1.0" encoding="utf-8"?>
2   <DirectionalLayout
3       xmlns:ohos="http://schemas.huawei.com/res/ohos"
4       ohos:height="match_parent"
5       ohos:width="match_parent"
6       ohos:background_element="$media:bg"
7       ohos:orientation="vertical">
8
9       <DirectionalLayout...>
32
33      <StackLayout...>
60
61      <DirectionalLayout...>
96
97      <DirectionalLayout...>
142
143     <ListContainer...>
150
151     <ListContainer...>
158 </DirectionalLayout>
```

图 12-4　主界面的代码结构

```
//ch11\Weather 项目中的 ability_main.xml(部分)
<DirectionalLayout
    ohos:height = "match_content"
    ohos:width = "match_parent"
    ohos:margin = "10vp"
    ohos:orientation = "horizontal"
    >
    <Image
        ohos:id = "$ + id:locImg"
        ohos:height = "match_content"
        ohos:width = "match_content"
        ohos:image_src = "$media:loc"
        ohos:layout_alignment = "bottom"
        />
    <Text
        ohos:id = "$ + id:cidyName"
        ohos:height = "match_content"
        ohos:width = "match_content"
        ohos:text = ""
        ohos:text_size = "15vp"
        />
</DirectionalLayout>
```

本块区域使用线性布局，为水平方向，其中位置图标 locImg 使用了背景图片 loc。

2）城市查询区域

该部分由城市名称输入框和查询图标组成，用于用户指定的城市天气预报的查询，如

图 12-3 所示，对应于界面的区域 2，详细代码如下：

```
//ch12\Weather 项目中的 ability_main.xml(部分)
<StackLayout
    ohos:id="$+id:searchSL"
    ohos:height="match_content"
    ohos:width="match_parent"
    ohos:margin="20vp"
    ohos:visibility="hide"
    >
    <TextField
        ohos:id="$+id:cityKey"
        ohos:height="30vp"
        ohos:width="match_parent"
        ohos:background_element="$graphic:bg_text_fileld"
        ohos:hint="请输入热门城市"
        ohos:hint_color="#BEBEBE"
        ohos:text_alignment="center"
        ohos:text_size="18vp"
        />
    <Image
        ohos:id="$+id:imgSearch"
        ohos:height="30vp"
        ohos:width="30vp"
        ohos:image_src="$media:search"
        ohos:layout_alignment="right|top">
    </Image>
</StackLayout>
```

本块区域使用 StackLayout 进行布局，cityKey 位于下层，imgSearch 位于顶层，在输入框上方，以便用户进行单击。

cityKey 输入框使用 background_element 属性将显示效果设置为圆形，将背景颜色设置为灰色，实现代码如下：

```
//ch12\Weather 项目中的 bg_text_fileld.xml(部分)
<?xml version="1.0" encoding="UTF-8"?>
<shape xmlns:ohos="http://schemas.huawei.com/res/ohos"
        ohos:shape="rectangle">
    <corners
        ohos:radius="50"/>
    <solid
        ohos:color="#EEEEEE"/>
</shape>
```

3）当前气温区域

该部分采用线性布局，为垂直方向，由 3 个文本组成，显示当前天气、当前温度和当日温度范围，如图 12-3 所示，对应于界面的区域 3，详细代码如下：

```
//ch12\Weather 项目中的 ability_main.xml(部分)
<DirectionalLayout
    ohos:id = "$ + id:nowDL"
    ohos:height = "match_content"
    ohos:width = "match_content"
    ohos:layout_alignment = "center"
    ohos:orientation = "vertical"
    ohos:visibility = "hide">
    <Text
        ohos:id = "$ + id:nowState"
        ohos:height = "match_content"
        ohos:width = "match_parent"
        ohos:text = "晴朗"
        ohos:text_alignment = "horizontal_center"
        ohos:text_size = "20vp"
        />
    <Text
        ohos:id = "$ + id:nowTemp"
        ohos:height = "match_content"
        ohos:width = "match_parent"
        ohos:text = "18"
        ohos:text_alignment = "horizontal_center"
        ohos:text_size = "50vp"
        />
    <Text
        ohos:id = "$ + id:nowTempRange"
        ohos:height = "30vp"
        ohos:width = "match_parent"
        ohos:text = "最高 23 最底 9"
        ohos:text_alignment = "horizontal_center"
        ohos:text_size = "20vp"
        />
</DirectionalLayout>
```

4）当前 AQI 情况

该部分采用线性布局，为水平方向，由两个文本框和 1 个进度条组成，如图 12-3 所示，对应于界面的区域 4，详细代码如下。

```
//ch12\Weather 项目中的 ability_main.xml(部分)
<DirectionalLayout
```

```
    ohos:id="$+id:aqiDL"
    ohos:height="match_content"
    ohos:width="match_parent"
    ohos:orientation="horizontal"
    ohos:padding="10vp"
    ohos:visibility="hide">
    <Text
        ohos:id="$+id:aqi_value"
        ohos:height="match_content"
        ohos:width="1"
        ohos:layout_alignment="center"
        ohos:text="AQI"
        ohos:text_alignment="center"
        ohos:text_size="15vp"
        ohos:weight="1"
        />
    <ProgressBar
        ohos:id="$+id:aqi_bar"
        ohos:height="match_content"
        ohos:width="2"
        ohos:layout_alignment="center"
        ohos:max="500"
        ohos:min="0"
        ohos:progress="0"
        ohos:progress_hint_text_color="#000000"
        ohos:progress_hint_text_size="15vp"
        ohos:progress_width="20vp"
        ohos:text_alignment="center"
        ohos:weight="3"
        />
    <Text
        ohos:id="$+id:aqi_level"
        ohos:height="match_content"
        ohos:width="1"
        ohos:layout_alignment="center"
        ohos:text="良"
        ohos:text_alignment="center"
        ohos:text_size="15vp"
        ohos:weight="1"
        />
</DirectionalLayout>
```

其中 aqi_bar 以进度条的形式显示当前天气的 aqi 值，进度条的最大值为 500。

2. hour_item 实现

该部分为 1 个列表容器，列表项以水平方向排列，显示未来 24h 的天气情况，如图 12-3 所示，对应于界面的区域 5，容器的详细代码如下：

```
//ch12\Weather 项目中的 ability_main.xml(部分)
<ListContainer
    ohos:id = "$ + id:hoursWeather"
    ohos:height = "match_content"
    ohos:width = "match_parent"
    ohos:margin = "5vp"
    ohos:orientation = "horizontal">
</ListContainer>
```

列表项用来显示每小时的天气预报，采用线性布局，为垂直方向，由 3 部分组成：时间、天气图像和温度，详细的代码如下：

```
//ch12\Weather 项目中的 hour_item.xml
<?xml version = "1.0" encoding = "utf - 8"?>
<DirectionalLayout
    xmlns:ohos = "http://schemas.huawei.com/res/ohos"
    ohos:height = "match_content"
    ohos:width = "70vp"
    ohos:orientation = "vertical">
    <Text
        ohos:id = "$ + id:hourName"
        ohos:height = "match_content"
        ohos:width = "match_content"
        ohos:text = "下午 7 点"
        ohos:text_alignment = "horizontal_center"
        ohos:text_size = "15vp"
        />
    <Image
        ohos:id = "$ + id:hourImage"
        ohos:height = "match_content"
        ohos:width = "match_content"
        ohos:layout_alignment = "center"
        ohos:visibility = "visible"/>
    <Text
        ohos:id = "$ + id:hourTemp"
        ohos:height = "match_content"
        ohos:width = "match_content"
        ohos:text = "17"
        ohos:layout_alignment = "horizontal_center"
        ohos:text_size = "15vp"/>
</DirectionalLayout>
```

3. day_item 实现

该部分为 1 个列表容器，列表项以垂直方向排列，显示未来一周的天气情况，如图 12-3 所示，对应于界面的区域 6，容器的详细代码如下：

```
<ListContainer
    ohos:id = "$ + id:daysWeather"
    ohos:height = "match_parent"
    ohos:width = "match_parent"
    ohos:margin = "10vp"
    ohos:orientation = "vertical">
</ListContainer>
```

列表项用来显示每天的天气预报，采用线性布局，为水平方向，由 5 部分组成：时间、天气、风力、最高温度和最低温度，详细的代码如下：

```
//ch12\Weather 项目中的 day_item.xml
<?xml version = "1.0" encoding = "utf - 8"?>
<DirectionalLayout
    xmlns:ohos = "http://schemas.huawei.com/res/ohos"
    ohos:height = "match_content"
    ohos:width = "match_parent"
    ohos:margin = "5vp"
    ohos:orientation = "horizontal">
    <Text
        ohos:id = "$ + id:dayWeek"
        ohos:height = "match_content"
        ohos:width = "match_content"
        ohos:text = "星期六"
        ohos:weight = "1"
        ohos:text_alignment = "horizontal_center"
        ohos:text_size = "15fp"
        />
    <Image
        ohos:id = "$ + id:dayImage"
        ohos:height = "match_content"
        ohos:width = "match_content"
        ohos:weight = "1"
        ohos:layout_alignment = "center"
        ohos:visibility = "visible"/>
    <Text
        ohos:id = "$ + id:dayWind"
        ohos:height = "match_content"
        ohos:width = "match_content"
        ohos:text = "微风"
        ohos:weight = "1"
```

```
            ohos:text_alignment = "horizontal_center"
            ohos:text_size = "15fp"
            />
        <Text
            ohos:id = "$ + id:dayHighTemp"
            ohos:height = "match_content"
            ohos:width = "match_content"
            ohos:text = "26"
            ohos:weight = "1"
            ohos:text_alignment = "horizontal_center"
            ohos:text_size = "15fp"
            />
        <Text
            ohos:id = "$ + id:dayLowTemp"
            ohos:height = "match_content"
            ohos:width = "match_content"
            ohos:text = "10"
            ohos:weight = "1"
            ohos:text_alignment = "horizontal_center"
            ohos:text_size = "15fp"
            />
</DirectionalLayout>
```

12.3.3 模型库实现

1. 服务接口

1）请求方法

本案例的天气数据采用杭州网尚科技有限公司提供的服务接口，其服务接口通过阿里云云市场发布，可以免费使用。天气服务的接口调用网址为 http(s)://jisutqybmf.market.alicloudapi.com/weather/query，请求方法可以是 get 或者 post 方式，请求参数如表 12-1 所示。

表 12-1 查询天气服务参数

名称	类型	是否必须	说明
city	STRING	可选	城市(city、cityid、citycode 三者任选其一)
citycode	STRING	可选	城市天气代号(city、cityid、citycode 三者任选其一)
cityid	STRING	可选	城市 ID(city、cityid、citycode 三者任选其一)
ip	STRING	可选	IP
location	STRING	可选	经纬度，经度在前，以逗号分隔，如：39.983424，116.322987

2）授权码

打开阿里云控制台，可以看到天气预报产品下的所有信息，如图 12-5 所示。其中

AppCode为用户购买的产品代码，在进行网络访问时需要携带，通过把AppCode赋值给请求头部Authorization字段实现。

图 12-5 天气预报产品 AppCode

3）图标资源

天气服务提供了天气阴晴雨雪的图标库，下载网址为 http://api.jisuapi.com/weather/icon.zip。把下载的图标资源解压后放到项目的rawfile文件夹中，每幅图标的文件名编号和请求返回的天气数据中的img字段具有对应关系。

2. 返回示例数据

接口返回的天气数据为JSON格式，内容包括当前的天气情况、空气质量指数、未来24h预报、未来一周预报等，返回的示例数据如下：


```
{
    "status": "0",
    "msg": "ok",
    "result": {
        "city": "安顺",
        "cityid": "111",
        "citycode": "101260301",
        "date": "2015 - 12 - 22",
        "week": "星期二",
        "weather": "多云",
        "temp": "16",
        "temphigh": "18",
        "templow": "9",
        "img": "1",
        "humidity": "55",
        "pressure": "879",
        "windspeed": "14.0",
        "winddirect": "南风",
        "windpower": "2 级",
        "updatetime": "2015 - 12 - 22 15:37:03",
        "index": [
            {
                "iname": "空调指数",
                "ivalue": "较少开启",
```

```
            "detail": "很舒适,不需要开启空调."
        },
        {
            "iname": "运动指数",
            "ivalue": "较适宜",
            "detail": "天气较好,较适宜进行各种运动,但因气温较低."
        }
    ],
    "aqi": {
        "so2": "37",
        "so224": "43",
        "no2": "24",
        "no224": "21",
        "co": "0.647",
        "co24": "0.675",
        "o3": "26",
        "o38": "14",
        "o324": "30",
        "pm10": "30",
        "pm1024": "35",
        "pm2_5": "23",
        "pm2_524": "24",
        "iso2": "13",
        "ino2": "13",
        "ico": "7",
        "io3": "9",
        "io38": "7",
        "ipm10": "35",
        "ipm2_5": "35",
        "aqi": "35",
        "primarypollutant": "PM10",
        "quality": "优",
        "timepoint": "2021-12-09 16:00:00",
        "aqiinfo": {
            "level": "一级",
            "color": "#00e400",
            "affect": "空气质量令人满意,基本无空气污染",
            "measure": "各类人群可正常活动"
        }
    },
    "daily": [
        {
            "date": "2021-12-09",
            "week": "星期二",
            "sunrise": "07:39",
            "sunset": "18:09",
```

```
                "night": {
                    "weather": "多云",
                    "templow": "9",
                    "img": "1",
                    "winddirect": "无持续风向",
                    "windpower": "微风"
                },
                "day": {
                    "weather": "多云",
                    "temphigh": "18",
                    "img": "1",
                    "winddirect": "无持续风向",
                    "windpower": "微风"
                }
            }
        ],
        "hourly": [
            {
                "time": "16:00",
                "weather": "多云",
                "temp": "14",
                "img": "1"
            },
            {
                "time": "17:00",
                "weather": "多云",
                "temp": "13",
                "img": "1"
            }
        ]
    }
}
```

3. 生成实体类

应用需要对天气数据进行处理并显示到界面上，通过天气示例数据生成对应的实体类。可以使用 JSON 生成 Java 实体类在线工具进行类的生成，使用的工具的网址为 http://www.jsons.cn/json2java，操作界面如图 12-6 所示。

输入类名 WeatherInfo 和包名 cn.edu.zut.soft.weather.model，单击"生成 JavaBean"按钮，生成成功后单击"下载 JavaBean"按钮。

4. 将实体类添加到项目

把生成的实体类加入项目中，一共有 9 个类文件。其中 Aqi.java 文件在生成时由于天气数据中 key 的名称中有下画线，而生成的 Aqi 类的字段中却没有下画线，所以无法采用名称完全一致的对应方法。生成的类通过引入 org.codehaus.jackson.annotate.JsonProperty

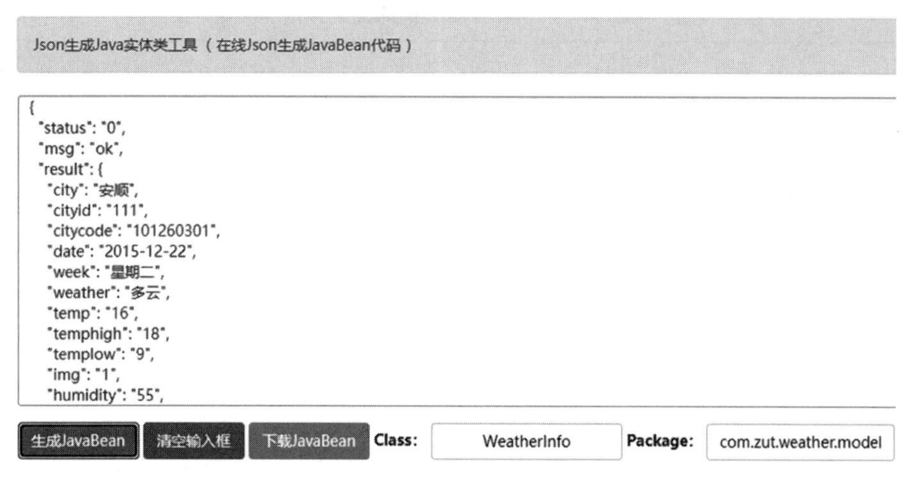

图 12-6　Json 在线生成 Java 实体类工具

注解类和 org. codehaus. jackson. annotate. JsonIgnoreProperties 注解类实现字段名称到数据中 key 名称的映射。为了项目不引入过多的第三方类，修改 Aqi 类使字段名称与天气数据中 key 的名称完全一致，并去掉对注解类的引用。

12.3.4　工具组件实现

工具组件一共有 3 个，分别为 HttpUtil 类、ImgUtil 类和 DateUtil 类。

1. HttpUtil 类

天气服务接口使用 HTTP 协议访问，HTTP 在运输层使用面向连接的 TCP。HttpUtil 类实现封装 Socket 类进行 HTTP 的 get 方式请求数据，过程如下。

1）获取默认的网络

NetManager 类可以管理和使用网络，通过该类可以激活网络、访问网络数据和绑定网卡，并使用监听器来发现网络状态的变化。NetManager 类的主要方法如表 12-2 所示。

表 12-2　NetManager 类的主要方法

方法名称	说明
addDefaultNetStatusCallback(NetStatusCallback callback)	添加默认的网络状态监听器
getAllNets()	获取所有可用的网络
getDefaultNet()	获取默认网络
getInstance(Context context)	获取网络管理的实例对象
hasDefaultNet()	检查当前是否有可用的默认数据网络
removeNetStatusCallback(NetStatusCallback callback)	取消网络状态监听器
setAppNet(NetHandle netHandle)	应用绑定该数据网络

通过把套接字绑定到 NetHandle 实例访问网络，NetHandle 类的主要方法如表 12-3 所示。

表 12-3 NetHandler 类的主要方法

方法名称	说明
bindSocket(FileDescriptor fd)	将文件绑定到当前网络
bindSocket(DatagramSocket socket)	将套接字绑定到当前网络
bindSocket(Socket socket)	将套接字绑定到当前网络
getAllByName(String host)	将主机名解析到所有 IP 地址
getByName(String host)	将主机名解析到 IP 地址
openConnection(URL url)	打开网络连接
openConnection(URL url,Proxy proxy)	打开网络连接

获取默认网络的详细代码如下：

```
//ch12\Weather 项目中的 HttpUtil.java(部分)
/**
 * 获取 netHandler 对象
 * @return
 */
private static NetHandle getNetHandler(){
    NetHandle netHandle = null;
    //获取网络管理实例
    NetManager netManager = NetManager.getInstance(null);
    if (netManager.hasDefaultNet()) {
        //获取当前默认的数据网络句柄
        netHandle = netManager.getDefaultNet();
    }
    return  netHandle;
}
```

2）获取网络连接

HttpsURLConnection 继承自 HttpURLConnection，支持数据的安全传输。HttpURLConnection 继承自 URLConnection，支持 HTTP。

在请求后对 HttpURLConnection 的 InputStream 或 OutputStream 调用 close()方法会释放与此实例关联的网络资源，但对任何共享的持久连接都没有影响。如果持久连接在当时处于空闲状态，则调用 disconnect()方法可能会关闭底层套接字。HttpURLConnection 的主要方法如表 12-4 所示。

表 12-4 HttpURLConnection 类的主要方法

方法名称	说明
disconnect()	断开与服务器端的连接
getHeaderField(int n)	返回指定序号的字段
getHeaderFieldKey(int n)	返回指定序号字段的名称
getRequestMethod()	获取请求方式
getResponseCode()	获取返回的状态码
getResponseMessage()	获取 HTTP 请求返回的消息
setRequestMethod(String method)	设置对 url 的请求方法，如 get、post 等

在获取 connection 连接后需要进行有关参数的设置，如将请求方法设置为 get，将请求数据的格式设置为 json，并将编码设置为 utf-8。获取网络连接的详细代码如下：

```
//ch12\Weather 项目中的 HttpUtil.java(部分)
/**
  * 获取 connection 对象
  * @param strUrl 请示的 URL 参数
  * @param APPCODE 请示的授权码
  * @return 返回 connection 对象
  */
private static HttpURLConnection getConnection(
        String strUrl, String APPCODE){
    HttpsURLConnection connection = null;
    URL url = null;
    URLConnection urlConnection = null;
    NetHandle netHandle = getNetHandler();
    try {
        //通过 strUrl 字符串封装 URL 对象
        url = new URL(strUrl);
        //获取 connection 对象
        urlConnection = netHandle.openConnection(url,
                java.net.Proxy.NO_PROXY);
        if (urlConnection instanceof HttpURLConnection) {
            connection = (HttpsURLConnection) urlConnection;
        }
        //将请示方式设置为 get
        connection.setRequestMethod("GET");
        //设置请求头部参数 Authorization
        connection.setRequestProperty("Authorization","APPCODE " + APPCODE);
        //设置请示头部参数 Content-Type
        connection.setRequestProperty("Content-Type",
                                      "application/json; charset=UTF-8");
    } catch (Exception e) {
        e.printStackTrace();
    }
    return connection;
}
```

此外，由于天气服务接口在调用时有安全性限制，需要在请求头部中携带 App_Code，在连接中进行设置，代码如下：

```
connection.setRequestProperty("Authorization","APPCODE " + APPCODE);
```

3）从网络流中读取数据

建立连接后，从 InputStream 对象中读取数据，并且采用 utf-8 编码字符串的方式返回，详细的代码如下：

```
//ch12\Weather 项目中的 HttpUtil.java(部分)
/**
 * 从连接里读取数据
 * @param connection 设置好的连接
 * @return 读取的字符串
 */
private static String getData(HttpURLConnection connection)
{
    String result = "";
    try {
        //获取连接的输入流对象
        InputStream in = connection.getInputStream();
        //缓冲区对象 out
        ByteArrayOutputStream out = new ByteArrayOutputStream();
        Byte[] buffer = new Byte[512];
        int len = 0;
        //从 in 输入流对象中循环读取数据,直到没有数据
        while ((len = in.read(buffer)) != -1) {
            //把读取的数据写入缓冲区
            out.write(buffer, 0, len);
        }
        out.flush();
        //把缓冲区数据取出来,放到 data 字节数组中
        Byte[] data = out.toByteArray();
        //关闭输入流对象
        in.close();
        //把字节数组转化为 utf-8 编码的字符串
        result = new String(data, "UTF-8");
    }
    catch (IOException e){
        HiLog.error(TAG, "读取数据出错!");
    }
    finally {
       return result;
    }
}
```

4）封装调用接口

doGet()方法为 HttpUtil 工具类提供的公共接口，提供以 get 的方式请求数据，在请求完毕后关闭连接，实现的代码如下：

```
//ch12\Weather 项目中的 HttpUtil.java(部分)
/**
 * 使用 HTTP 的 get 方式从网络上请示数据
 * @param APPCODE 授权码
 * @param strUrl 请示的 URL
 * @return
 */
public static String doGet(String APPCODE,String strUrl) {
    //获取连接
    HttpURLConnection connection = getConnection(strUrl,APPCODE);
    String html = "";
    try {
        //打开连接
        connection.connect();
        //如果返回正常
        if (connection.getResponseCode() == 200) {
            //从连接中读取数据
            html = getData(connection);
        }
        else {
            String msg = connection.getResponseMessage();
            HiLog.error(TAG, msg);
        }
    } catch (IOException e) {
        HiLog.error(TAG, e.getMessage());
    } finally {
        if (connection != null) {
            //断开连接
            connection.disconnect();
        }
        return html;
    }
}
```

2. ImgUtil 类

ImgUtil 类仅有 1 个静态方法 getPixelMapFromResource(),用于实现通过 resource 对象返回位图对象,详细的代码如下：

```
//ch12\Weather 项目中的 ImgUtil.java
/**
 * 通过图片 ID 返回 PixelMap
 * @return 图片的 PixelMap
 */
public static PixelMap getPixelMapFromResource(Resource resource) {
    try {
```

```
            //创建图像数据源 ImageSource 对象
            ImageSource imageSource = ImageSource.create(resource, null);
            return imageSource.createPixelmap(null);
        } catch (Exception e) {

        } finally {
            if (resource != null) {
                try {
                    resource.close();
                } catch (IOException e) {
                }
            }
        }
        return null;
    }
```

3. DateUtil 类

由于天气数据返回的未来 24h 的天气情况采用了 24h 制，显示时不太友好，需要转换成 12h 制。该类通过方法 ahour()实现，详细的代码如下：

```
//ch12\Weather 项目中的 DateUtil.java
/**
 * 把 24h 制时间换算成 12h 时间，并包括上午或下午
 * @return
 */
public static String ahour(String hour){
    SimpleDateFormat sdf1 = new SimpleDateFormat("HH:mm");
    SimpleDateFormat sdf2 = new SimpleDateFormat("ah");
    Date date = null;
    try {
        date = sdf1.parse(hour);
        hour = sdf2.format(date);
    } catch ( ParseException e) {
        e.printStackTrace();
    }
    return hour + "时";
}
```

12.3.5 数据访问层实现

数据访问层的主要功能是实现数据的获取并转换成对应的实体对象，本层主要有两个类，分别为 WeatherDal 类和 GeoDal 类。

1. WeatherDal 类

该类负责通过传入地理位置或者城市名称，获取对应城市的天气预报，天气预报的数据

以实体对象的方式返回。

1）类的成员说明

该类有3个成员，分别为host、path和APPCODE。host为访问天气预报的API的主机域名，path为访问天气预报的API的路径，APPCODE为访问天气服务时的授权码。类的成员及构造函数的定义如下：

```
//ch12\Weather 项目中的 WeatherDal.java(部分)
public class WeatherDal {
    String host;
    String path;
    String APPCODE;
    /**
     * @param host     服务器地址
     * @param path     服务器路径
     * @param APPCODE 访问时的授权码
     */
    public WeatherDal(String host, String path, String APPCODE) {
        this.host = host;
        this.path = path;
        this.APPCODE = APPCODE;
    }
}
```

2）字符串反序列化成对象

该方法实现把天气预报字符串反序列化为天气预报对象，详细的代码如下：

```
//ch12\Weather 项目中的 WeatherDal.java(部分)
/**
 * 把字符串转换成对象
 * @param result
 * @return
 */
private WeatherInfo toWeatherInfo(String result){
    //Gson 类为第三方类,实现字符串与对象之间的转换
    Gson gson = new Gson();
    //调用 fromJson()方法把 result 字符串反射成 WeatherInfo 对象
    WeatherInfo weatherInfo = gson.fromJson(result,
            WeatherInfo.class);
    return  weatherInfo;
}
```

在应用开发过程中，经常会引入一些优秀的第三方库，引入有3种方式。

(1) 通过编写gradle依赖进行引入。

(2) 通过外部Module的形式进行导入。

(3) 在项目依赖库目录中，直接放入编译好的库包。

本案例使用第 3 种方式，直接把下载好的库 jar 或 har 文件放入项目的 libs 文件夹中，并右击该文件，选择 Add as Library。

本案例中使用了 Gson 库，它是一个的基于 Java 的库，用于将 Java 对象序列化为 JSON，反之亦然，它是由谷歌开发的一个开源库。反序列化的使用方式如下：

```
Gson gson = new Gson();
WeatherInfo weatherInfo = gson.fromJson(result,WeatherInfo.class);
```

3) 通过坐标位置获取天气

requestWeather()方法为该类的外部接口，通过传入 Location 类型的参数，使用 get 的方式请求天气预报服务，返回 WeatherInfo 类型的对象，详细的代码如下：

```
//ch12\Weather 项目中的 WeatherDal.java(部分)
/**
  * 通过位置获取天气
  * @param location
  * @return
  */
public WeatherInfo requestWeather(Location location)
{
    //位置的纬度
    double latitude = location.getLatitude();
    //位置的经度
    double longitude = location.getLongitude();
    //拼接经纬度组合的字符串
    String loc = String.valueOf(latitude) + "," +
            String.valueOf(longitude);
    //拼接请求的 url
    String weatherUrl = host + path + "?location = " + loc;
    //发起网络请求,返回字符串
    String result = HttpUtil.doGet(APPCODE, weatherUrl);
    //把返回的结果实例化成 WeatherInfo 对象
    return toWeatherInfo(result);
}
```

4) 通过城市名称获取天气

通过传入 String 类型的城市名称，返回 WeatherInfo 类型的对象，详细的代码如下：

```
//ch12\Weather 项目中的 WeatherDal.java(部分)
/**
  * 通过城市名称获取天气
  * @param city
  * @return
```

```
 */
public WeatherInfo requestWeather(String city)
{
    //拼接请求字符串
    String weatherUrl = host + path + "?city=" + city;
    //请求天气数据
    String result = HttpUtil.doGet(APPCODE, weatherUrl);
    //把返回的结果实例化成 WeatherInfo 对象
    return toWeatherInfo(result);
}
```

2. GeoDal 类

使用坐标位置描述一个位置非常准确，但是并不直观，面向用户表达并不友好。HarmonyOS 应用开发 API 提供了地理编码转化能力及逆地理编码转化能力。其中地理编码包含多个属性来描述位置，包括国家、行政区、街道、门牌号、地址描述等，这样的信息更便于用户理解。

该 GeoDal 类通过 gaByLocation()方法可实现从坐标位置获取地理编码位置，详细的代码如下：

```
//ch12\Weather 项目中的 WeatherDal.java(部分)
/**
 * 通过坐标位置获取地理位置
 * @param location 提供有关地理位置信息的数据
 *                  包括纬度、经度、移动速度、移动方向和时间戳
 * @return  地理位置
 */
public static GeoAddress gaByLocation(Location location){
    //实现地理位置和地址信息之间的相互转换
    GeoConvert gv = new GeoConvert();
    //获取纬度
    double latitude = location.getLatitude();
    //获取经度
    double longitude = location.getLongitude();
    GeoAddress ga = null;
    try {
        //通过经纬度获取 GeoAddress 对象
        ga = gv.getAddressFromLocation(latitude, longitude, 1).get(0);
    } catch (IOException e) {
        HiLog.error(label, e.getMessage());
        e.printStackTrace();
    }
    return ga;
}
```

12.3.6 业务逻辑层实现

当界面进行初始化或者用户交互事件需要处理时，MainAbilitySlice类可完成业务逻辑的实现。

1. 类的成员说明

类的成员host、path和APPCODE是请求天气服务所需要的参数；locImg为本地图标，当单击时显示当地的天气预报；imgSearch为查询指定城市的图标按钮，当单击时显示该城市的天气预报；locator为位置服务对象；requestParam成员用于指定请求位置服务时的应用场景；locatorCallback为位置服务完成后的回调处理对象。具体的实现代码如下：

```
//ch12\Weather 项目中的 MainAbilitySlice.java(部分)
public class MainAbilitySlice extends AbilitySlice {
    //请求天气预报的域名
    private String host = "https://jisutqybmf.market.alicloudapi.com";
    //请求天气预报的 path
    private String path = "/weather/query";
    //请求天气的 APPCODE
    String APPCODE = "75110adfeabe4404ae7bb2ba2e90f7a9";
    //位置服务对象
    Locator locator;
    //本地图标
    Image locImg;
    //查找按钮图标
    Image imgSearch;
    //输入城市的文本框
    TextField cityKey;
    //请求定位的场景
    RequestParam requestParam;
    //定位对象 locator 的回调对象
    WeatherLocatorCallback locatorCallback;
    //查询显示区域
    StackLayout searchSL;
    //当前天气显示区域
    DirectionalLayout nowDL;
    //当前 aqi 显示区域
    DirectionalLayout aqiDL;
}
```

2. 类的初始化 onStart()

界面组件及位置服务对象在onStart()方法进行初始化，详细的代码如下：

```
//ch12\Weather 项目中的 MainAbilitySlice.java(部分)
public void onStart(Intent intent) {
```

```
        super.onStart(intent);
        super.setUIContent(ResourceTable.Layout_ability_main);
        //初始化位置服务对象
        initLocator();
        //初始化界面组件
        initComponents();
    }
```

3. 初始化界面 initComponents()

在界面组件初始化时，要对 locImg 和 imgSearch 图标进行设置单击事件的监听器，监听器类的实现见 ImageClickListener 类，详细的代码如下：

```
//ch12\Weather 项目中的 MainAbilitySlice.java(部分)
/**
 * 初始化界面组件
 */
private void initComponents(){
    locImg = (Image)findComponentById(ResourceTable.Id_locImg);
    imgSearch = (Image)findComponentById(ResourceTable.Id_imgSearch);
    //设置本地图标的单击处理监听器
    locImg.setClickedListener(new ImageClickListener());
    //设置本查询的单击处理监听器
    imgSearch.setClickedListener(new ImageClickListener());
    cityKey = (TextField)findComponentById(ResourceTable.Id_cityKey);
    //查询显示区域
    searchSL = (StackLayout)findComponentById(ResourceTable.Id_searchSL);
    //当前天气显示区域
    nowDL = (DirectionalLayout)findComponentById(ResourceTable.Id_nowDL);
    //当前 aqi 显示区域
    aqiDL = (DirectionalLayout)findComponentById(ResourceTable.Id_aqiDL);
}
```

4. 初始化定位服务 initLocator()

初始化定位服务的主要任务是实例化位置服务对象 locator，将位置服务的场景指定为导航模式。为位置服务实例化回调对象 locatorCallback，通过 locator.requestOnce()方法发送一次位置请求，详细的代码如下：

```
//ch12\Weather 项目中的 MainAbilitySlice.java(部分)
/**
 * 初始化定位服务
 */
private void initLocator() {
    //实例化定位对象
    locator = new Locator(getContext());
```

```
        //实例化定位应用场景
        requestParam = new RequestParam(RequestParam.SCENE_NAVIGATION);
        //实例化定位回调处理对象
        locatorCallback = new WeatherLocatorCallback();
        //实施一次定位请求
        locator.requestOnce(requestParam, locatorCallback);
    }
```

5. 定位服务回调类 WeatherLocatorCallback

WeatherLocatorCallback 类用于实现 LocatorCallback 接口，用来对接收的位置数据进行后续处理，实现的主要方法是 onLocationReport()方法。在 onLocationReport()方法中，根据返回的 location 返回天气数据更新界面。相关的代码如下：

```
    //ch11\Weather 项目中的 MainAbilitySlice.java(部分)
    /**
     * 定位结果返回后处理
     */
    class WeatherLocatorCallback implements LocatorCallback {
        @Override
        public void onLocationReport(Location location) {
            //通过位置信息得到地理位置对象
            GeoAddress geoAddress = GeoDal.gaByLocation(location);
            //更新界面，传入的参数为位置对象
            updateUi(location,null);
        }
        @Override
        public void onStatusChanged(int type) {
        }
        @Override
        public void onErrorReport(int type) {
        }
    }
```

6. 单击事件监听类 ImageClickListener

在界面上有两个图标需要绑定单击的监听事件，在实现上通过 component.getId()方法来区别单击对象。如果是位置图标被单击，则重新发送一个位置请求；如果是查找图标被单击，则分发一个新的任务进行网络请求，并更新到界面上。相关的代码如下：

```
    //ch12\Weather 项目中的 MainAbilitySlice.java(部分)
    /**
     * 按钮单击监听类
     */
    class ImageClickListener implements Component.ClickedListener{
```

```
        @Override
        public void onClick(Component component) {
            switch (component.getId()){
                //如果单击的是定位图标
                case ResourceTable.Id_locImg:
                    //实例化回调对象
                    locatorCallback = new WeatherLocatorCallback();
                    //发送一个定位请求
                    locator.requestOnce(requestParam, locatorCallback);
                    //清空查询文本内容
                    cityKey.setText("");
                    break;
                    //如果单击的是查询按钮
                case ResourceTable.Id_imgSearch:
                    //获取查询关键字
                    String key = cityKey.getText().trim();
                    if(key == "") break;
                    //获取任务分发器
                    TaskDispatcher globalTaskDispatcher =
                            getGlobalTaskDispatcher(TaskPriority.DEFAULT);
                    //分发一个异步任务,key 为城市关键字
                    globalTaskDispatcher.asyncDispatch(new Runnable() {
                        @Override
                        public void run() {
                            updateUi(null,key);
                        }
                    });
                    //定位图标,获取焦点
                    locImg.requestFocus();
                    break;
            }
        }
    }
```

globalTaskDispatcher 为全局并发任务分发器,由 Ability 执行 getGlobalTaskDispatcher() 方法获取,适用于任务之间没有联系的情况。一个应用只有一个全局的 TaskDispatcher,它在程序结束时才被销毁。TaskDispatcher 对象派发任务的主要方法如表 12-5 所示。

表 12-5　TaskDispatcher 类的主要方法

方 法 名 称	说　明
applyDispatch(Consumer < Long > task, long iterations)	对指定任务执行多次
asyncDispatch(Runnabletask)	如果派发任务是异步的,派发完任务就会立即返回
asyncDispatchBarrier(Runnable task)	在任务组上设立任务执行屏障后直接返回,指定任务将在任务组中的所有任务执行完成后再执行

续表

方法名称	说明
delayDispatch(Runnable task,long delayMs)	异步延迟派发任务，派发完后立即返回，内部会在指定的延迟时间后执行任务
syncDispatch(Runnable task)	如果派发任务是同步的，派发完任务就会等待
syncDispatchBarrier(Runnable task)	在任务组上设立任务执行屏障，同步等待任务组中的所有任务执行完成，再执行指定任务

7. 更新天气方法 updateUi()

由于按位置请求天气数据和按城市名称请求天气，不同之处仅在于参数不一样，处理过程都是一样的，因此方法有两个参数 location 和 key。对于这两个参数，使用时仅有一个有实际意义。对于传递参数为 location 类型的处理，还需要获取其对应的城市名称用于显示。详细的代码如下：

```
//ch12\Weather 项目中的 MainAbilitySlice.java(部分)
/**
 * 根据传入的位置或城市名称,获取天气数据,并更新到界面上
 * @param location
 * @param key
 */
private void updateUi(Location location, String key) {
    //定义天气工具对象
    WeatherDal weatherDal = new WeatherDal(host, path, APPCODE);
    WeatherInfo weatherInfo;
    //查询天气数据
    if(location == null) {
        weatherInfo = weatherDal.requestWeather(key);
    }
    else {
        weatherInfo = weatherDal.requestWeather(location);
        //通过位置信息得到地理位置对象
        GeoAddress geoAddress = GeoDal.gaByLocation(location);
        //拼接出城市名 + 区名
        key = geoAddress.getLocality() + ""
                + geoAddress.getSubLocality();
    }
    //获得主线程,用天气数据更新 UI
    String finalKey = key;
    getUITaskDispatcher().asyncDispatch(new Runnable() {
        @Override
        public void run() {
            if (weatherInfo == null) {
                new ToastDialog(getContext()).
```

```
                    setText("请重新输入城市名称!").show();
            } else {
                //实例化主 UI 工具对象
                MainAbilitySliceUpdate uiUtil = new
                        MainAbilitySliceUpdate(getAbility(), finalKey);
                //使用天气数据更新 UI
                uiUtil.update(weatherInfo);
                showDL();
            }
        }
    });
}
```

对于 UI 的操作需要在主线程中完成，getUITaskDispatcher()方法用于获取 UI 主线程，完成把天气数据显示到界面上。

8. 界面组件可见 showDL()

为了界面更加美观，在界面初始化时，可隐藏部分可视化组件。当获取天气数据后，把 searchSL、nowDL 和 aqiDL 显示出来，相关的代码如下：

```
//ch12\Weather 项目中的 MainAbilitySlice.java(部分)
/**
 * 界面组件可见
 */
private  void showDL(){
    searchSL.setVisibility(Component.VISIBLE);
    nowDL.setVisibility(Component.VISIBLE);
    aqiDL.setVisibility(Component.VISIBLE);
}
```

9. 界面更新辅助类 MainAbilitySliceUpdate

由于界面上的元素较多，把界面元素的赋值操作放到一个代码文件中会显得比较乱，因此，实现了专门的 MainAbilitySliceUpdate 类，用于把天气数据赋值给相应的显示组件，详细的代码如下：

```
//ch12\Weather 项目中的 MainAbilitySliceUpdate.java
/**
 * 初始化组件对象
 * @param ability
 * @param addr
 */
public MainAbilitySliceUpdate(Ability ability, String  addr) {
    this.ability = ability;
    this.addr = addr;
```

```
        cityName = (Text)ability.findComponentById(ResourceTable.Id_cidyName);
        cityKey = (TextField)ability.findComponentById(ResourceTable.Id_cityKey);
        nowState = (Text)ability.findComponentById(ResourceTable.Id_nowState);
        nowTemp = (Text)ability.findComponentById(ResourceTable.Id_nowTemp);
        nowTempRange = (Text)ability.findComponentById(ResourceTable.Id_nowTempRange);
        aqiLevel = (Text)ability.findComponentById(ResourceTable.Id_aqi_level);
        hourListContainer = (ListContainer) ability.
                findComponentById(ResourceTable.Id_hoursWeather);
        dayListContainer = (ListContainer) ability.
                findComponentById(ResourceTable.Id_daysWeather);
        pb = (ProgressBar)ability.findComponentById(
                ResourceTable.Id_aqi_bar);
        //设置进度条的渐变效果
        int[] colors = new int[]{Color.GREEN.getValue(),
                Color.RED.getValue(),Color.BLACK.getValue()};
        pb.setProgressColors(colors);
    }
    /**
     * 通过天气数据更新界面组件
     * @param weatherInfo 天气数据
     */
    public void update(WeatherInfo weatherInfo)
    {
        //获取当天天气数据
        Result result = weatherInfo.getResult();
        //设置地点名称
        cityName.setText(addr);
        nowState.setText(result.getWeather());
        nowTemp.setText(result.getTemp() + "℃");
        //获取当天最高温度
        String high = result.getTemphigh();
        //获取当天最低温度
        String low = result.getTemplow();
        nowTempRange.setText("最高" + high + "℃ 最低" + low + "℃");
        String strAqi = result.getAqi().getAqi();
        int aqi = Integer.valueOf(strAqi);
        pb.setProgressValue(aqi);
        pb.setProgressHintText(String.valueOf(aqi));
        String quality = result.getAqi().getQuality();
        aqiLevel.setText(quality);
        //获取当天24h天气数据
```

```
        List<Hourly> hourlyList = result.getHourly();
        //获取本周 7 天天气数据
        List<Daily> dailies = result.getDaily();
        //把要展示的 hourlyList 的所有数据封装到 HourBaseItemProvider 对象中
        HourBaseItemProvider itemProvider = new
                HourBaseItemProvider(hourlyList,ability);
        //把适配器交给列表并显示容器组件 hourListContainer
        hourListContainer.setItemProvider(itemProvider);
        //把要展示的 dailies 的所有数据封装到 DayBaseItemProvider 对象中
        DayBaseItemProvider dayBaseItemProvider = new
                DayBaseItemProvider(dailies,ability);
        //把适配器交给列表并显示容器组件 dayListContainer
        dayListContainer.setItemProvider(dayBaseItemProvider);
    }
```

需要注意的是，hourListContainer 和 dayListContainer 是列表容器，需要提供相适应的 ItemProvider。

10. 数据提供者 HourBaseItemProvider

HourBaseItemProvider 继承自 BaseItemProvider，与 hourListContainer 组件相关联，并为数据集中的每个项创建一个组件。当数据集中的内容发生更改时，将通知订阅者响应更改，并在界面上同步刷新更新的内容。该类需要重写 getCount()、getItem()、getItemId()和 getComponent()方法，其中在 getComponent()方法中，实例化列表容器的一个具体项，详细的代码如下：

```
//ch12\Weather 项目中的 HourBaseItemProvider.java
public class HourBaseItemProvider extends BaseItemProvider {
    //每小时天气数据列表
    List<Hourly> hours;
    //当前 ability 的上下文
    Ability ability;
    public HourBaseItemProvider(List<Hourly> hours, Ability ability) {
        this.hours = hours;
        this.ability = ability;
    }
    @Override
    public int getCount() {
        return hours.size();
    }
    @Override
    public Object getItem(int i) {
        return hours.get(i);
    }
    @Override
```

```
    public long getItemId(int i) {
        return i;
    }
    @Override
    public Component getComponent(int i, Component
            component,ComponentContainer componentContainer) {
        //通过资源文件,实例化布局对象
        DirectionalLayout dl = (DirectionalLayout) LayoutScatter.
                getInstance(ability).parse(ResourceTable.
                Layout_hour_item, null, false);
        //从布局对象中查找 hourName 组件,用于显示小时
        Text hourName = (Text)dl.findComponentById(ResourceTable.Id_hourName);
        //格式化小时显示样式
        String hour =  DateUtil.ahour(hours.get(i).getTime());
        //显示小时
        hourName.setText(hour);
        //从布局对象中查找 hourTemp 组件,用于显示温度
        Text hourTemp = (Text)dl.findComponentById(ResourceTable.Id_hourTemp);
        //显示温度
        hourTemp.setText(hours.get(i).getTemp() + "℃");
        //从布局对象中查找 Id_hourImage 对象,用于显示图标
        Image image = (Image)dl.findComponentById(ResourceTable.Id_hourImage);
        //获取小时天气中表示天气的图标名称
        String imgId = hours.get(i).getImg();
        //根据上下文,获取资源管理器
        ResourceManager manager = ability.getResourceManager();
        //拼接图标的路径
        String filePath = "resources/rawfile/weather/" + imgId + ".png";
        //资源管理器根据路径获取原始文件实体
        RawFileEntry rawFileEntry = manager.getRawFileEntry(filePath);
        Resource resource = null;
        try {
            //通过实体对象返回 resource 对象
            resource = rawFileEntry.openRawFile();
        } catch (IOException e) {
            e.printStackTrace();
        }
        //调用 immUtil,实现把资源转换成位图对象
        PixelMap map = ImgUtil.getPixelMapFromResource(resource);
        //为 image 组件设置位图
        image.setPixelMap(map);
        //返回布局组件
        return dl;
    }
}
```

以 XML 文件定义的组件，可以使用 LayoutScatter 类的 getInstance()方法调用 parse(int，ohos.agp.components.ComponentContainer，boolean)方法生成组件对象。

在 getComponent()方法中，调用 DateUtil.ahour()方法格式化时间，以便显示的时间效果更加友好。

11. 数据提供者 DayBaseItemProvider

该类为 dayListContainer 提供数据，基本与 HourBaseItemProvider 相同，仅在于数据来源不同，构造出来后显示的组件不同，详细的代码如下：

```
//ch12\Weather 项目中的 DayBaseItemProvider.java
public class DayBaseItemProvider extends BaseItemProvider {
    //未来每天的天气数据列表
    List<Daily> dailies;
    //当前 ability 的上下文
    Ability ability;
    public DayBaseItemProvider(List<Daily> dailies, Ability ability){
        this.dailies = dailies;
        this.ability = ability;
    }
    @Override
    public int getCount() {
        return dailies.size();
    }
    @Override
    public Object getItem(int i) {
        return dailies.get(i);
    }
    @Override
    public long getItemId(int i) {
        return i;
    }
    @Override
    public Component getComponent(int i, Component
            component,ComponentContainer componentContainer) {
        //从天气列表中获取当天天气
        Daily daily = dailies.get(i);
        //获取白天天气
        Day day = daily.getDay();
        //获取夜晚天气
        Night night = daily.getNight();
        //通过资源文件,实例化布局对象
        DirectionalLayout dl = (DirectionalLayout) LayoutScatter
                .getInstance(ability).parse(ResourceTable.
                Layout_day_item,null, false);
        //从布局对象中查找 dayWeek 组件,用于显示星期几
```

```
            Text dayWeek = (Text)dl.findComponentById(
                    ResourceTable.Id_dayWeek);
            //设置 dayWeek 组件显示星期几
            dayWeek.setText(daily.getWeek());
            //从布局对象中查找 dayWind 组件,用于显示风力
            Text dayWind = (Text)dl.findComponentById(ResourceTable.Id_dayWind);
            //设置 dayWind 显示风力
            dayWind.setText(day.getWindpower());
            //从布局对象中查找 highTemp 组件,用于显示最高温度
            Text highTemp = (Text)dl.findComponentById(ResourceTable.Id_dayHighTemp);
            //设置 highTemp 显示最高温度
            highTemp.setText(day.getTemphigh() + "℃");
            //从布局对象中查找 lowTemp 组件,用于显示最低温度
            Text lowTemp = (Text)dl.findComponentById(ResourceTable.Id_dayLowTemp);
            //设置 lowTemp 组件显示最低温度
            lowTemp.setText(night.getTemplow() + "℃");
            //从布局对象中查找 image 组件,用于显示当天天气
            Image image = (Image)dl.findComponentById(ResourceTable.Id_dayImage);
            //获取天气中表示天气的图标名称
            String imgId = day.getImg();
            //根据上下文,获取资源管理器
            ResourceManager manager = ability.getResourceManager();
            //拼接图标的路径
            String filePath = "resources/rawfile/weather/" + imgId + ".png";
            //资源管理器根据路径获取原始文件实体
            RawFileEntry rawFileEntry = manager.getRawFileEntry(filePath);
            Resource resource = null;
            try {
                //通过实体对象返回 resource 对象
                resource = rawFileEntry.openRawFile();
            } catch (IOException e) {
                e.printStackTrace();
            }
            //调用 immUtil,实现把资源转换成位图对象
            PixelMap map = ImgUtil.getPixelMapFromResource(resource);
            //为 image 组件设置位图
            image.setPixelMap(map);
            //返回布局组件
            return dl;
        }
    }
```

小结

本章实现了一个天气预报查询的应用案例，实现了本地天气和指定城市天气的查询和显示，通过访问网络服务获取天气信息，通过解析 JSON 格式数据为应用所用。在案例开发过程中综合运用了软件工程的开发方法，采用了分层的架构设计，使用的列表组件、网络数据访问、位置服务等相关技术都是在 HarmonyOS 应用开发中常用的技术，在项目实现中为了提高效率还使用了第三方类库。实践中，开发 HarmonyOS 应用是一个综合问题，开发者除了需要掌握 HarmonyOS 应用开发的基础知识和技术外，还需要具备系统分析、设计等诸多与软件工程相关的思想、知识和技术。开发者可以在实践中不断提高，以便能更好更快地开发出满意的应用。

附录 A 鸿蒙应用真实设备调试

通过 DevEco Studio 集成开发环境创建开发的 HarmonyOS 应用在开发阶段的多数情况下开发者会在模拟器中运行调试，但对于一些特殊功能，如播放视频、访问设备 GSP 等则需要在真实设备上进行调试。鸿蒙应用最终也要运行在真实的鸿蒙操作系统的真实设备上。

目前，HarmanyOS 应用真实设备调试主要有两种方式。

方式一：通过 DevEco Studio 自动化签名的方式对应用进行签名。

方式二：通过在 AppGallery Connect 上申请调试证书和 Profile 文件，然后进行签名。

方式一实现了方式二过程的自动化，下面介绍方式一的简要步骤。

1. 使用 DevEco Studio 创建唯一包名的项目

在所开发项目不依赖真实设备的场景下，一般在完成绝大部分开发后再考虑在真实设备上进行调试。在依赖真实设备的应用开发中，可能随时需要在真实设备上运行应用，但无论如何，都首先需要创建一个可以运行调试的应用。

特别注意，所创建项目的包名必须唯一，为了确保唯一性，一般采用所属机构的域名的倒序加项目名的方式，如 cn. edu. zut. soft. weather。

2. 创建对应的 AGC 项目和应用

AGC(AppGallery Connect)，即华为应用市场。开发者可以打开其服务网址 https://developer. huawei. com/consumer/cn/service/josp/agc/index. html # /，登录后在“我的项目”中创建所开发项目的对应 AGC 项目，并在项目中添加对应的应用。

特别注意，这里在添加应用所填的基本信息中应用包名必须和在 DevEco Studio 中创建的项目包名一致，即和项目配置文件 config. json 中的 bundlename 值一致。

3. 准备真实设备并连接

首先，打开真实设备的设置，进入“关于手机”，在“关于手机”中，连续单击 7 次版本号，此时会提示你正处在开发者模式。

其次，返回设置，打开系统和更新，其中会显示开发人员选项，在其中打开 USB 调试模式，并允许连接 USB 时总是弹出提示。

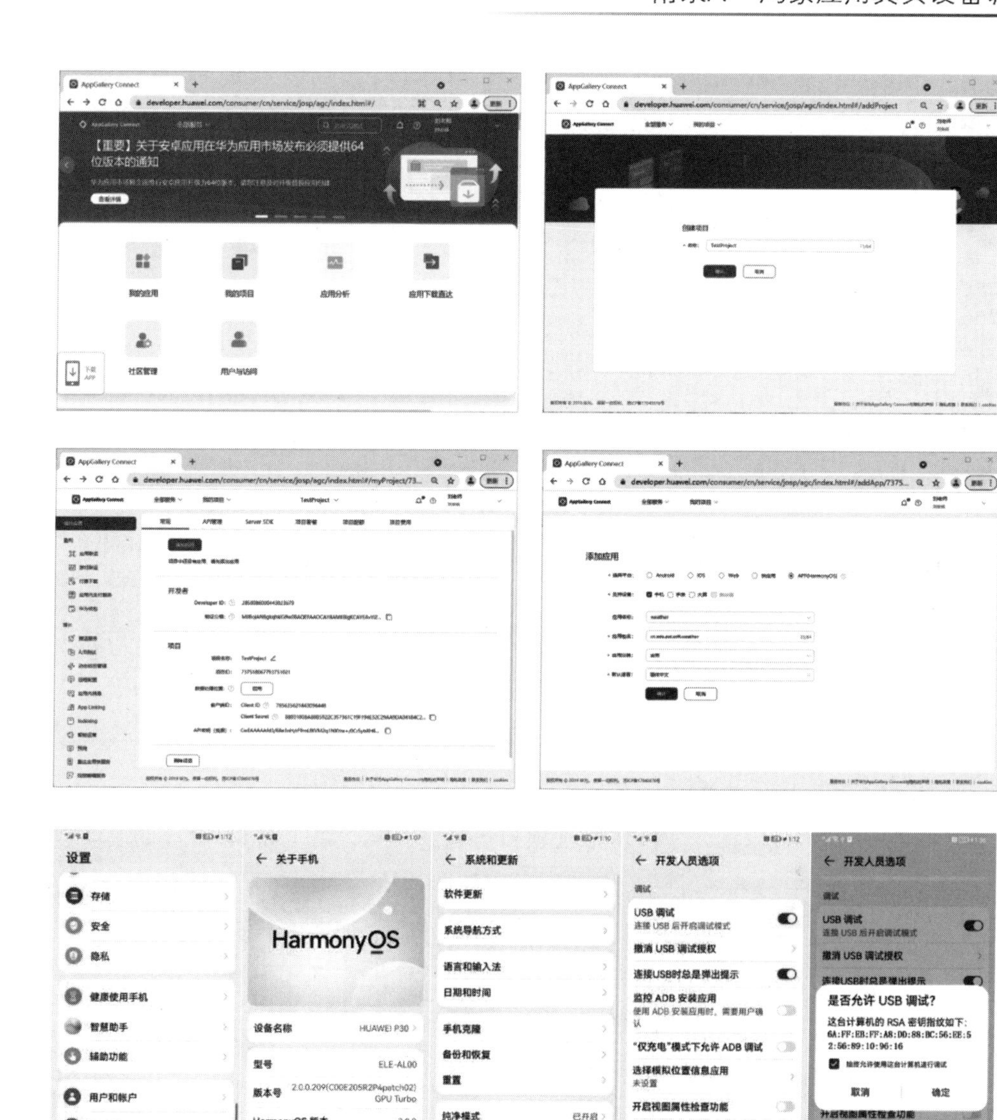

然后,通过 USB 线把手机连接到 DevEco Studio 所在的开发主机,在手机界面中弹出连接提示时,选择确定。

4. 在 DevEco Studio 中实现自动签名

在 DevEco Studio 的 File 菜单中选择 Project Structure...,然后选择 Project 中的 Signing Configs,勾选 Automatically generate signing。

此步骤中,如果没有登录华为开发者账号,则需要进行登录。如果没有提前连接真实设备,则会出现签名失败提示,需要连接真实设备并重试。

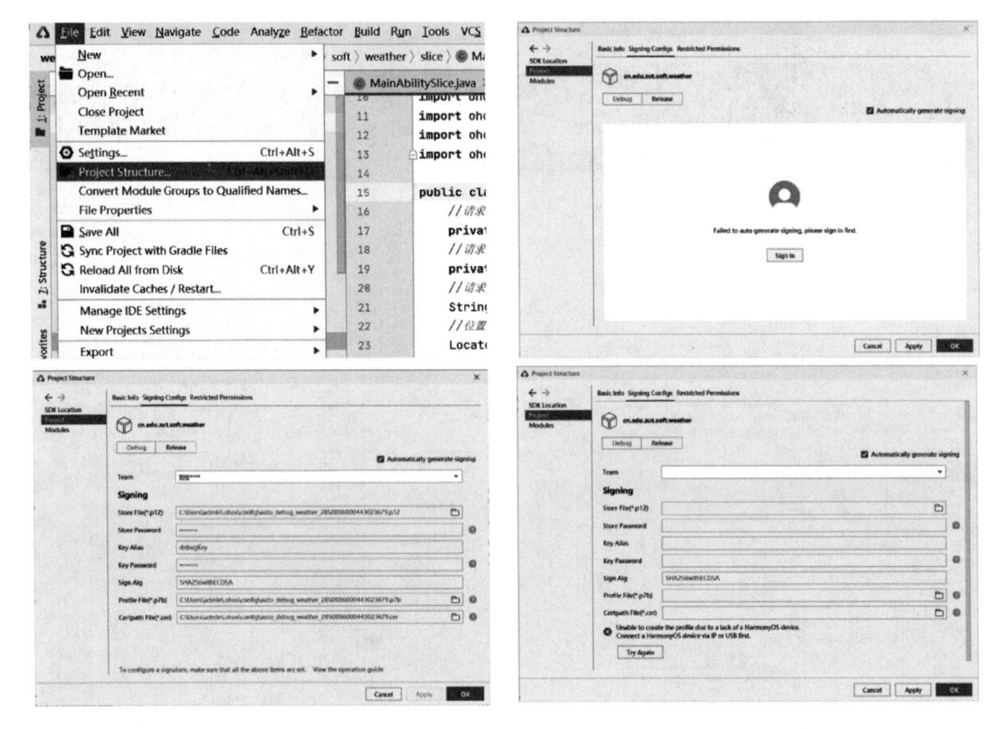

5. 在真实设备上运行项目

项目签名成功后,可以在开发环境中把项目运行到真实设备上,选择对应的真实设备运行即可。

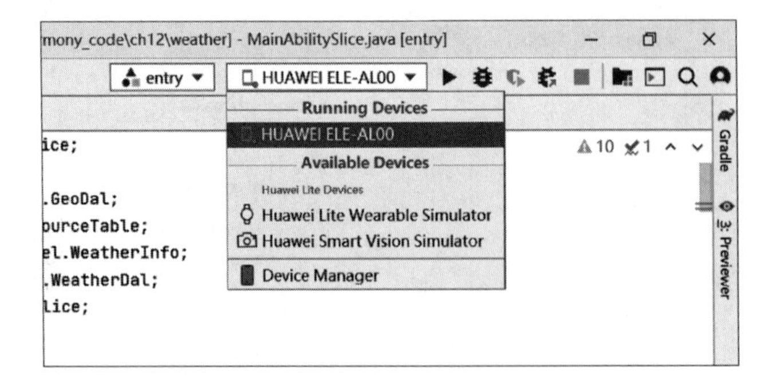

附录B 习题参考答案

第1章

1. 判断题：对、错、对、对、对

2. 选择题：B、A、B、D、C

3. 填空题：(1)HarmonyOS；(2)1+8+N；(3)应用层、框架层、系统服务层、内核层；(4)物联网

4. 问答题：略

第2章

1. 判断题：对、错、对、对、对

2. 选择题：(ABCD)(ABD)、C、A、(BCD)

3. 填空题：(1)DevEco Studio；(2)应用包(APP Pack)；(3)HarmonyOS Ability Package；(4)入口主模块(Entry)、特性模块(Feature)；(5)多个；(6)属性、值；(7)HiLog

4. 上机题：略

第3章

1. 判断题：对、对、对、对、对、对

2. 选择题：B、(B,D,E)、A、B、B、C，第(2)题前两个空可以互换

3. 填空题：(1)Component；(2)rectangle；(3)oval；(4)Text；(5)ohos:hint

4. 上机题：略

第4章

1. 判断题：错、错、对、对、对

2. 选择题：C、A、D、D、B

3. 填空题：(1)ClickedListener；(2)onClick()；(3)RadioContainer；(4)CommonEventManager；(5)NotificationHelper

4. 上机题：略

第5章

1. 判断题：对、对、对、对、错

2. 选择题：D、D、C、A、B

3. 填空题：(1)vertical；(2)DependentLayout；(3)StackLayout；(4)ohos:column_count；(5)PositionLayout

4. 上机题：略

第6章

1. 判断题：对、对、对、错、对、对、错、对、对

2. 选择题：A、B、C、(BC)、(AC)、D

3. 填空题：(1)type；(2)Page、Service、Data，3个没有顺序；(3)Slice或AbilitySlice；(4)setMainRoute()；(5)onStart()、

onActive()、onInActive()、onBackground()、onForeground()、onStop()；(6)onStart()；(7)Intent

4. 上机题：略

第7章

1. 判断题：对、对、错、对、对

2. 选择题：A、B、D、B、C

3. 填空题：(1)Ability；(2)onStart()；(3)IRemoteObject；(4)connectAbility()；(5)keepBackgroundRunning()

4. 上机题：略

第8章

1. 判断题：对、对、错、对、对

2. 选择题：(ABCD)、B、(ABCD)、A、D

3. 填空题：(1)Ability；(2)文件描述符；(3)DataAbilityPredicates；(4)creator()；(5)DeviceManager

4. 上机题：略

第9章

1. 判断题：对、对、对、对、对、错

2. 选择题：D、A、B、B、C

3. 填空题：(1)DatabaseHelper；(2)一个；(3)账号、应用、数据库；(4)OrmDatabase；(5)KvStoreObserver

4. 上机题：略

第10章

1. 判断题：对、对、对、错、对

2. 选择题：B、A、D、D

3. 填空题：(1)位图；(2)Image；(3)ImageSource；(4)Player；(5)SurfaceProvider

4. 上机题：略

第11章

1. 判断题：对、错、对、对

2. 选择题：D、A、B、C

3. 填空题：(1)VibratorAgent；(2)getVibratorIdList()；(3)CategoryOrientationAgent

4. 上机题：略

附录 C

英文缩写

英文缩写	英文全称	中文名称
ANS	Advanced Notification Service	高级通知服务
App	Application	应用程序
App Pack	Application Package	应用程序包
AQI	Air Quality Index	空气质量指数
CES	Common Event Service	应用包公共事件服务
CSS	Cascading Style Sheets	层叠样式表
DDS	Distributed Data Service	分布式数据服务
FA	Feature Ability	特性能力
HAP	HarmonyOS Ability Package	鸿蒙能力包
HDF	Hardware Driver Framework	硬件驱动框架
HML	HarmonyOS Markup Language	鸿蒙操作系统标记语言
HVD	HarmonyOS Virtual Device	鸿蒙操作系统虚拟机
IDE	Integrated Development Environment	集成开发环境
IoT	Internet of Things	物联网
KAL	Kernel Abstract Layer	内核抽象层
OHOS	OpenHarmonyOS	开源鸿蒙操作系统
ORM	Object Relational Mapping	对象关系映射
OS	Operating System	操作系统
PA	Particle Ability	元能力
PC	Personal Computer	个人计算机
RDB	Relational Database	关系型数据库
SDK	Software Development Kit	软件开发工具包
UI	User Interface	用户接口
URI	Uniform Resource Identifier	统一资源标识
XML	Extensible Markup Language	扩展标记语言

参考文献

[1] 华为 HarmonyOS 开发者官网[J/OL].[2021.10.16]. https://developer.harmonyos.com.

[2] HarmonyOS 技术社区[J/OL].[2021.10.16]. https://harmonyos.51cto.com.

[3] 董昱.鸿蒙应用程序开发[M].北京:清华大学出版社,2021.

[4] 徐礼文.鸿蒙操作系统开发入门经典[M].北京:清华大学出版社,2021.

[5] 李宁.鸿蒙征途 App 开发实战[M].北京:人民邮电出版社,2021.

[6] 陈美汝,郑森文,武延军,等.鸿蒙操作系统应用开发实践[M].北京:清华大学出版社,2021.

[7] 张荣超.鸿蒙应用开发实战[M].北京:人民邮电出版社,2021.